現代量子力学入門

基礎理論から量子情報・解釈問題まで

D. R. ベス [著] ／樺沢 宇紀 [訳]

Quantum Mechanics
A Modern and Concise Introductory Course

Daniel R. Bes

丸善プラネット株式会社

Daniel R. Bes

Quantum Mechanics

A Modern and Concise Introductory Course

Second, Revised Edition

Library of Congress Control Number: 2006940543

ISBN-10 3-540-46215-5 Springer Berlin Heidelberg New York
ISBN-13 978-3-540-46215-6 Springer Berlin Heidelberg New York

© 2007 Springer-Verlag Berlin Heidelberg.

This work is subject to copyright. All rights are reserved, whether the whole or part of the material is concerned, specifically the rights of translation, reprinting, reuse of illustrations, recitation, broadcasting, reproduction on microfilm or in any other way, and storage in data banks. Duplication of this publication or parts thereof is permitted only under the provisions of the German Copyrights Law of September 9, 1965, in its current version, and permission for use must always be obtained from Springer. Violations are liable to prosecution under the German Copyright Law.

Japanese edition Copyright ©2009 Maruzen Planet Co., Ltd., Tokyo.
Published by arrangement with Springer-Verlag Berlin Heidelberg.
本書はSpringer-Verlagの正式翻訳許可を得たものである。

Printed in Japan.

水素原子の絵図

西ブータンの城塞パロ・ゾン (Paro Dzong) にある曼荼羅(マンダラ)[1]. これは水素原子を描いたものかも知れない. 外側を囲む円は原子の固さを表し, 電子の束縛エネルギーに対応している. 中央に丸い原子核があり, その周囲に揺れ動く円が描かれているが, これは電子の軌道を表現したもののように見える. 電子の軌道は (図6.4 に示すように) 一定の位置を占めているわけではなく, エネルギーによっても異なり, いろいろな (波長の異なる) 放射光を伴う遷移も起こす. 中心の原子核の内部には 3 つのクォークがある.

目次

序	xi
著者による前書き	xv
第1章 緒言	1
第2章 量子力学の原理	5
2.1 古典物理学	5
2.2 量子力学の数学的な枠組み*	7
2.3 量子力学の基本原理	11
2.3.1 基本原理に関する注意	14
2.4 測定の過程	16
2.4.1 測定の概念	16
2.4.2 量子系に対する測定	17
2.5 基本原理からの帰結	19
2.6 交換関係と不確定性原理	24
2.7 ヒルベルト空間と演算子*	27
2.7.1 エルミート共役な演算子の性質*	30
2.7.2 ユニタリー変換*	31
2.8 確率論の概念*	32
練習問題	33
第3章 Heisenberg形式	37
3.1 行列形式	37
3.1.1 ヒルベルト空間の具体的表示	37
3.1.2 固有値方程式の解	39
3.1.3 2×2 行列の応用	41

    3.2　調和振動子 44
        3.2.1　固有値方程式 45
        3.2.2　調和振動子の解の性質 48
    練習問題 50

第4章　Schrödinger 形式　53

    4.1　時間に依存しない Schrödinger 方程式 53
        4.1.1　波動関数に対する確率解釈 55
    4.2　調和振動子の再検討 59
        4.2.1　Schrödinger 方程式の解 59
        4.2.2　解の空間分布の特徴 60
    4.3　自由粒子 63
    4.4　1 次元系の束縛問題 66
        4.4.1　無限に深い矩形井戸内の粒子と閉じ込めのない自由粒子の比較　66
        4.4.2　有限の深さを持つ矩形井戸内の粒子 68
    4.5　1 次元系の非束縛問題 71
        4.5.1　ポテンシャル段差 71
        4.5.2　矩形障壁 74
        4.5.3　走査型トンネル顕微鏡 76
    4.6　結晶のエネルギーバンド構造† 77
        4.6.1　エネルギー領域 I：$-V_0 \leq -E \leq -V_1$（強い束縛）† 79
        4.6.2　エネルギー領域 II：$-V_1 \leq -E \leq 0$（弱い束縛）† 80
    練習問題 81

第5章　角運動量　85

    5.1　固有値と固有状態 85
        5.1.1　行列形式による取扱い 85
        5.1.2　波動関数による取扱い 88
    5.2　スピン 91
        5.2.1　Stern-Gerlach の実験 91
        5.2.2　スピンの定式化 93
    5.3　角運動量の合成 96
    5.4　行列形式による角運動量の具体的な取扱い* 98
    5.5　軌道角運動量の具体的な取扱い* 100
        5.5.1　演算子 $\hat{L}_z$ の固有値方程式* 100

	5.5.2	演算子 $\hat{L}^2$ と $\hat{L}_z$ の固有値方程式*	100
5.6	軌道角運動量とスピン $s = 1/2$ の合成*		102
	練習問題		103

第6章　3次元ハミルトニアン問題　　　　　　　　　　　　　　　　　105

6.1	中心力ポテンシャル		105
	6.1.1	Coulomb ポテンシャルと調和振動子ポテンシャル	106
6.2	スピン-軌道相互作用		109
6.3	散乱理論の基礎		111
	6.3.1	境界条件	111
	6.3.2	部分波展開	111
	6.3.3	断面積	113
6.4	3次元の Coulomb 束縛問題と調和振動子問題の解*	115
6.5	球ベッセル関数の性質*		119
	練習問題		120

第7章　多体問題　　　　　　　　　　　　　　　　　　　　　　　　　123

7.1	ボゾンとフェルミオン		124
7.2	2電子問題		128
7.3	元素の周期律		129
7.4	固体中の電子の運動		134
	7.4.1	電子気体	134
	7.4.2	結晶における電子のエネルギーバンド構造†	137
	7.4.3	結晶格子構造におけるフォノン†	138
	7.4.4	量子ドット†	141
7.5	Bose-Einstein 凝縮†		144
7.6	量子 Hall 効果†		147
	7.6.1	整数量子 Hall 効果†	148
	7.6.2	分数量子 Hall 効果†	152
7.7	量子統計†		153
7.8	占有数表示 (第二量子化)†		156
	練習問題		159

第8章　近似法　　163

- 8.1　摂動論 163
- 8.2　変分法 166
- 8.3　He原子の基底状態 166
- 8.4　分子 167
  - 8.4.1　分子の内部運動と共有結合 168
  - 8.4.2　振動と回転運動 170
  - 8.4.3　特徴的なエネルギー尺度 172
- 8.5　行列の対角化 173
  - 8.5.1　周期ポテンシャルの近似的な取扱い† 173
- 8.6　粒子間距離の逆数の行列要素* 175
- 8.7　変数間の拘束条件の下での量子化† 176
  - 8.7.1　拘束条件† 177
  - 8.7.2　BRST処方について† 178
- 練習問題 179

第9章　時間依存性　　183

- 9.1　時間発展の原理 183
- 9.2　スピン状態の時間変化 186
  - 9.2.1　Larmor歳差運動 186
  - 9.2.2　磁気共鳴 187
- 9.3　ハミルトニアンの唐突な時間変化 189
- 9.4　時間に依存する摂動論 190
  - 9.4.1　遷移振幅と遷移確率 191
  - 9.4.2　時間変動のない摂動項の影響 191
  - 9.4.3　平均寿命と時間-エネルギーの不確定性関係 . . . 194
- 9.5　初等的な量子電磁力学† 194
  - 9.5.1　輻射場の古典的な記述† 195
  - 9.5.2　輻射場の量子化† 196
  - 9.5.3　光と荷電粒子の相互作用† 198
  - 9.5.4　光子の放射と吸収† 200
  - 9.5.5　緩和過程の選択則† 201
  - 9.5.6　レーザーとメーザー† 202
- 練習問題 204

第10章 量子もつれ・量子情報　207
10.1 概念的な枠組み................................. 207
10.2 量子もつれ..................................... 209
　　10.2.1 Bell状態................................. 210
10.3 複製不可能定理†................................ 212
10.4 量子暗号..................................... 212
10.5 量子遠隔移送 (量子テレポーテーション)............. 214
10.6 量子計算†.................................... 216
　　10.6.1 因数分解†............................... 216
10.7 量子ゲート†.................................. 220
　　10.7.1 1-量子ビット系†......................... 220
　　10.7.2 2-量子ビット系†......................... 221
　　10.7.3 n-量子ビット系†....................... 223
　　練習問題....................................... 224

第11章 量子力学の検証　225
11.1 2-スリット実験............................... 225
11.2 EPR状態とBellの不等式........................ 229

第12章 量子力学の解釈問題　233
12.1 測定に関する解釈の問題........................ 233
　　12.1.1 コペンハーゲン解釈....................... 233
　　12.1.2 2通りの別の解釈†....................... 236
12.2 干渉喪失 (デコヒーレンス)†.................... 237
12.3 密度行列†................................... 240
　　12.3.1 干渉喪失への適用†...................... 242
　　練習問題..................................... 244

第13章 量子力学の歴史　245
13.1 1920年代における中央ヨーロッパの情勢............ 245
13.2 量子物理前史 ($1860 \leq t \leq 1900$)............ 247
13.3 前期量子論 ($1900 \leq t \leq 1925$)............. 248
　　13.3.1 輻射の量子論........................... 248
　　13.3.2 物質の量子論........................... 250
13.4 量子力学の成立 ($1925 \leq t \leq 1928$)......... 253

13.5 哲学的な側面 257
　　 13.5.1 相補性原理 257
　　 13.5.2 Bohr-Einstein論争 258
13.6 その後の経緯 262

第14章 練習問題の略解と定数表　　　　　　　　　　　　　　**265**
14.1 練習問題の略解 265
14.2 基礎物理定数の単位と数値 276

参考文献　　　　　　　　　　　　　　　　　　　　　　　　　**277**

訳者あとがき　　　　　　　　　　　　　　　　　　　　　　　**283**

序

　量子力学は変革を続けている．本質的な部分が変わったわけではないが，2つの主要な進展によって，物理学者だけでなく，科学に関心を持つ一般の人々からも新たな注目を集めている．第1に単一の光子や原子や分子の操作を含む巧妙な実験が可能となり，量子力学系の非直観的で"奇怪（スポーキー）"な挙動の理論的予言に関わる事実が，かつてない信頼性の高い方法で明らかになりつつある．第2に著しく情報処理能力の高い量子計算機に関する展望が，急速に現実味をおびて来ている．これらの分野の進展のためには，大学における量子力学の教育を，さらに充実した質の高いものにして，学生たちに確実かつ明確に量子力学を"理解"させる必要がある．

　数式やその解法を，理解を抜きにして覚えさせるタイプの料理本的な量子力学の教科書は，学生が客観式テストに出題される標準的な問題を解いて及第点を取るためには役立つかも知れないが，物理学者としての活動に入って新天地を開拓してゆく能力を醸成することはない．他方，工学や生物学や計算機学を専攻する学生向けに用意された量子力学の"見世物的講義（ミッキー・マウス コース）"も，この学科が何に関係するかという概念をいくらか与えるかもしれないが，しばしば不正確な描像を植えつけたり，盲目的な信念を無批判に持たせるだけで終わってしまう．それに対して，本書は量子力学への深い理解に向かうための適切な出発点となる．本書の最大限に厳密な記述は，学生たちに古風で厳格な知的訓練を要求することになるだろう．

　今日の大学では，学部案内の小冊子における「物理学は楽しい（フィジクス・イズ・ファン）」といった声明に応じて，講義内容に対してあまりにも強く"娯楽性"が要求される．しかし物理学を習得するためには，厳しい知的訓練と高度の精神集中，学友との継続的な議論，研究室での定期的な諮問，そして粘り強い自己鍛錬に長い時間をかける必要がある．それらは"情熱（パッション）"——自然が如何に振舞うかを深く理解しようとする情熱——によって裏打ちされ得るものであるし，裏打ちされるべきである．学習の過程において，諸概念への新たな理解は，あたかも階段の段差のように不連続に訪れることが多い．学生たちは本書の精読を進めるうちに，そのような段階的な進歩を経験してゆくだろう．新

たな知的水準に到達できたときに得られる満足感は格別なものである！

本書における"単位面積あたりの情報密度"は非常に高い——1次元調和振動子から量子遠隔移送(テレポーテーション)まで，現在の量子力学の重要な側面を"すべて"含んでいる．基本的な原理から始めて，まず自由度の少ない(低次元ヒルベルト空間で表される)力学系(粒子系)の基本的な挙動を集中的に取り上げることによって，著者は量子力学の核心に直接的に入り込んでいる．Schrödinger(シュレーディンガー)形式よりも"先に"Heisenberg(ハイゼンベルク)形式を取り上げてあるが，私の見解では，これはその後一貫して必要になる精神的・数学的伎倆を研ぎ澄ますための有効な訓練となり，教育的見地から非常に効果的である．たとえば微分方程式に頼らずに調和振動子の量子化問題を解かせることは，状態や演算子をベクトルや行列によって扱うための啓発的教育になる．

Daniel Besはコペンハーゲン学派に属している．彼は量子力学の揺籃時代に，偉大な師の息子Åge BohrやBen Mottelsonの薫陶を受けて極めて正確に量子力学を身に着けたが，その知見が年月を経て熟成し，本書の記述へと反映されている．全体を通じて測定(観測)行為の本質的な役割と意味，およびそのことと Heisenberg(ハイゼンベルク) の不確定性原理や演算子の非可換性との関係が強調されているが，これは量子力学の非直観的な側面に対して，学生が最初に抱く抵抗感を乗り越えてゆくために役立つ．人間の頭脳は(それが宇宙の中で最も複雑なものであるにしても)著しく古典的な組織(システム)であり，その系統発生的・個体発生的な発達を促しているのは，生物と環境の間の"古典的な"物理的・情報的相互作用である．環境における形状や事象に対応して神経系に形成される表象は，著しく古典的な実体を伴う．したがって，このような古典的な頭脳が，人間の設計した道具を用いて微視的な領域を覗き込もうとすると，量子的な事象が無理に巨視的観測の可能な古典的概念へと翻訳され，奇妙な出来事や馴染み難い挙動として見えてしまうことは，実は全く自然なのである！ Besの本は量子力学的な"逆理"(パラドックス)を，実は"観測下にある自然界"に起こりうる奇妙ではない事実として認識し，理解し，受け入れることの助けになるだろう．一旦この認識に到達すれば，学生は正しい直観を，すなわち著者が好んで言うところの量子力学に対する"感覚"(フィーリング)を，自ら発展させることができるようになる．

第2章は量子力学の本質的な基礎の部分を含んでいる．したがって私の見解では——最初だけでなく，続く各章の読後にも——第2章を繰り返して読む必要がある．2つの追加的な原理に関する議論を除き，本書の残りの部分は量子力学の数式的な定式化(低次元ベクトルの取扱いに適したHeisenberg(ハイゼンベルク)形式と連続変数の取扱いに適したSchrödinger(シュレーディンガー)形式)と，その多くの応用について述べてある．取り上げられている題材は調和振動子から，凝縮系，原子核，電磁力学，量子計算など非常に幅広い．最後のものに関して言及するなら，本書の後ろの方で量子計算の本質に関する議論に入

る前に，すでに中ほどで，極めて自然な形で量子ビット (qubit) の概念が現れている点が興味深い．各章末に周到に準備された練習問題や，"よくある誤解"を指摘するリストは，理解を確実なものにするために特に有用であろう．末尾に量子力学の歴史を概説する章を据えていることも非常に好ましい——現在の大学の物理教程において歴史的経緯に関する教育が軽視されていることは遺憾である．過去に研究者たちが，歴史的な展開の中で，与えられた課題に対して如何にして新たな概念を熟成させてきたか (あるいはどのような隘路を経たか) を学ぶことによって，この分野における理解の幅を，さらに拡げることができるのである．

　最後に個人的な事柄に言及することを許していただきたい．私は60年以上前から Daniel Bes を知っている．我々自身が面識を持つ以前から，我々の父親たちはともにブエノス・アイレスにおいて計算機教育に携わっており，彼らは Daniel と私が通っていた小学校 (学年は違ったが) の PTA にも関わった．Daniel も私もブエノス・アイレス大学における学生となって (ここでも学年は違っていたが) 物理学科に入り，数年後にはともにロス・アラモスの客員研究員となった．我々は常に友人であったが，一緒に仕事をしたことはない——Daniel は最初から理論を手がけたが，私の職歴は宇宙線や素粒子の実験家として始まっている (図2.5 を参照されたい！)．今や長い年月の後に，互いに南北アメリカ大陸の正反対の端にいながら，この素晴らしい教科書を通じて，こうして専門分野における"もつれ合い^{エンタングル}"が起こることは，私にとってこの上ない喜びである．

University of Alaska-Fairbanks
January 2004

Juan G. Roederer
Professor of Physics Emeritus

著者による前書き

　本書では量子力学の解説を，その基本原理の説明から始める．この構成は理論的な記述のために好ましく，学生にとって理解しやすいはずである．Paul Dirac（ディラック）や Richard Feynman（ファインマン），最近では Julian Schwinger（シュウィンガー）が，このような構成を持つ典型的な教科書を執筆している．
　しかし現在までのところ，この流儀で書かれた本は入門コース用の教科書と見なされていない．本書の目的は，上記の方法を学部や大学院初年の学生が読めるような教科書へ適用することにある．
　実用的で現代的な描像へ可能な限り早く到達するために，最初の方で Heisenberg（ハイゼンベルク）の定式化と Schrödinger（シュレーディンガー）の定式化の両方の説明を系統的に行う．それから入門用の教科書として標準的な1次元問題や3次元問題，多体系，近似法，時間依存性の議論などの題材を扱う．それらに加えて，さらに現代的な題材も取り上げることにした．たとえば調和振動子のモデルを分子，原子核，輻射場の記述だけでなく，原子系の Bose（ボーズ）- Einstein（アインシュタイン）凝縮や，整数量子 Hall（ホール）効果などの最近の実験上の発見に関する記述にも応用する．
　このような説明の方法には，スピンを含むあらゆる量子力学的な物理量を自然に捉えられるという利点がある．スピンはそれ自身に概念的な価値があるというだけではなく，量子干渉や量子もつれ (entanglement)（エンタングルメント），量子系の時間依存性 (核磁気共鳴) などの基本的な量子現象や，量子情報分野への応用などの議論を容易に行うための素材にもなる．
　この教科書は2通りの読み方が可能である．第1は物理学の特定分野 (固体，分子，原子，原子核など) を扱うための素養を習得するための読み方であり，第2章から第9章までを普通に読み進んでもらえばよい．第2に量子計算や量子暗号，量子遠隔移送（テレポーテーション）などへの応用に関心がある人は，第4, 6, 7, 8章を省いて，できるだけ早く量子もつれ（エンタングルメント）の解説から始まる第10章に到達すればよい．第12章では量子力学における測定と解釈に関するさらに詳しい議論を行っている．最後に，初めて量子力

学にふれる読者のために，現在までに人類が経験した，この最も劇的な知的冒険の歴史を簡単に紹介した (第 13 章). この章は人類のこの挑戦が，すでに完了したものではなく，絶え間なく見直され続けているという感覚(フィーリング)を伝えることも意図している.

数学的な展開を扱ったり，何らかの面で難度の高い題材を含んでいる項目にはアステリスク (*) を付してある. 後者については再読時に目を通すことにして，最初はとばして読み進めてもよい.

物理学の多くの分野の題材を扱うためには，それぞれの分野における専門家の協力が必要である. 原稿の不備に関する指摘や有益な提案を，多くの同僚や友人から受けた. その人々とは Ben Bayman, Horacio Ceva, Osvaldo Civitarese, Roberto Liotta, Juan Pablo Paz, Alberto Pignotti, Juan Roederer, Marcos Saraceno, Norberto Scoccola, Guillermo Zemba たちである. しかし仮にまだ内容に不備が残っているとすれば，もちろんそれは彼らの責任ではない. Civitarese と Scoccola は原稿の作成においても多大の支援をしてくれた.

Favaloro大学 (UF) と Buenos Aires大学 (UBA) における講義で，学生から出た質問 (あるいは質問が出ないこと) も，原稿を良いものにするために役立った. UBA の Guido Berlin, Cecilia López, Darío Mitnik と講義を分担し合ったことも有益であった. Ricardo Pichel (UF) の興味に対して全面的に感謝している.

英語の原稿を直してくれた Peter Willshaw に謝意を表する. 図面を用意してくれた Martin Mizrahi と Ruben Weht にも多大の感謝を捧げる. Raul Bava は, iii頁に掲載した曼荼羅(マンダラ)へ私の注意を向けてくれた.

私を Springer-Verlag に紹介してくれた Arturo López Dávalos と，本書の出版に携わった Springer-Verlag の Angela Lahee, Petra Treiber にも謝意を表したい.

私の物理学者としての訓練は，Niels Bohr Institute と NORDITA (Copenhagen) の Åge Bohr と Ben Mottelson に多くを負っている. 1950年代に Niels Bohr(ボーア)は，彼が長年続けてきた国外の研究者との交流を発展させるために，全世界から物理学者が集まって研究を行い，互いに理解し合うための開かれた場所として彼の研究所を利用した. 1956年から 1959年にかけて私は南半球からの若い代表としてそこに在籍した. 私と妻は Margrethe と Niels (Bohr夫妻) に, Carlsberg にある彼らの家で会った. 私はそこに集った多くの客人とともに, Bohr の深遠でユーモアに満ちた話を聴いたことを思い出す. 彼はパイプの似合う父親役(ファーザー・フィギュア)であり，彼が長い話をする間に，パイプの火はたびたび消えそうになった. 後年, 私はしばしば Danish Institute を訪れたが, 1962年以降になると，もはや Bohr は居なかった.

妻 Gladys は, 私がこの本を執筆する間, 多大な負担を強いられた. ほとんど 2 年間, 心ここにあらずという状態の男と暮らすことは大変であろう. 彼女に対する感謝

の念を単なる謝辞で済ますことはできない．彼女はこのような状況を改善しようとする試みを (過去に経験してきた多くの場合と同様に) 決して諦めなかった．3人の息子 David, Martin, Juan も常に私の元気の源であり，いろいろ助けられてもいる．彼らは別の場所に居ても，私を勇気づけてくれるのである．Leo, Flavia, Elena や，孫娘たち Carla と Lara もそうである．

　私が長時間モニター画面の前で過ごしたときに，いつも愛犬 Mateo が散歩をねだってくれたことも私の支えとなった．彼は Schrödinger の猫には関心を示さないけれども．

Centro Atómico Constituyentes, Argentina,
January 2004

Daniel R. Bes
Senior Research Physicist

第 2 版における補足事項

文章全体にわたる些細な補足や修正の他に,第 2 版では以下の事項について加筆を施してある.

- ヒルベルト空間に関する,より分かりやすい解説 (2.2節).
- いくつかの理論的題材に関連した実際的な応用例の紹介:走査トンネル顕微鏡 (4.5.3項, ポテンシャル障壁の実例);量子ドット (7.4.4項, 半導体内部の単一粒子状態の実例);レーザーとメーザー (9.5.6項, 誘導放射の実例);結晶格子におけるフォノン (7.4.3項, 調和振動子モデルの多体系における応用例).
- 量子物理の基礎的理解に質的な変化を与えた,最近のいくつかの実験の紹介 (第 11章).
- 密度行列の概説 (12.3節) と,その干渉喪失(デコヒーレンス)モデルへの応用 (12.3.1項).

第 2 版では,少々程度の高い題材を扱う箇所にはダガー (†) を付すことにした.数学的な内容を持つ部分には,初版と同様にアステリスク (∗) を付けてある.

Ceva, Civitarese, Mitnik (初版と同様である),および Alejandro Hnilo と Augusto Roncaglia から有益な指摘を受けたことを嬉しく思う.後者二者からは,図面も提供いただいた.Teórica II (2006, UBA) を受講した学生たちから受けた刺激も非常に価値があった.英語を修正してくれた Polly Saraceno に感謝する.Adelheid Duhm (Springer-Verlag) と K. Venkatasubramanian (SPi, India) から受けた支援にも謝意を表する.

Buenos Aires, January 2007

Daniel R. Bes

第 1 章　緒言

　古典物理学の構築は 17 世紀初頭に始まり，19 世紀の末までにほぼ完成した．力学が Galileo Galilei（ガリレイ）と Isaac Newton（ニュートン）によって，電磁気学が Michael Faraday（ファラデイ）と James Maxwell（マックスウエル）によって，熱力学が Ludwig Boltzmann（ボルツマン）と Herman Helmholtz（ヘルムホルツ）によって，理論的にも実験的にも確立された．20 世紀の初めに Albert Einstein（アインシュタイン）が特殊および一般相対性理論を創り上げることで，古典物理の体系は真の完成に至った．

　古典物理学では，粒子の運動 (落体の運動，惑星の公転など) や，波の伝播 (光波や音波) が扱われる．物理学の体系を構築するためには，感覚的な推量よりも数学的な定式化を重んじる必要があった．すなわち数式を正確に扱うことによって，自然界の時間発展の正確な予言がなされた．古典物理学は決定論的な性格を備えており，客観的な実在性，すなわち自然界の挙動は観測者による影響を受けないという暗黙の仮定が教理（ドグマ）として存在した．

　しかし 20 世紀初頭から，古典的な概念に破綻が生じ始めた．物体による光波の吸収や放射は，エネルギー的に連続ではなく，基本的なエネルギー量 (量子) を単位として起こること (黒体輻射 [2])，さらには光が粒子のような挙動も示すこと (光電効果や Compton（コンプトン）効果 [3,4]) が明らかになった．また電子を用いた実験から回折像が得られ，電子が波としての性質を持つことも示された [5]．しかしながら最も物理学者たちを困惑させたのは，原子が正電荷を持つ小さな原子核と，その周囲にある負電荷を持つ軽い電子から構成されているという発見である [6]．古典物理学によると，このような系は 1 秒も経たないうちに崩壊するはずである！　また，あたかも同じ音管から発することのできる音が，一連の限られた周波数を持つように，適当な条件下で原子から放射される光の波長が，連続的ではなく一連の離散的な値に限られていることも，古典的には理解できない現象であった [7]．

　Niels Bohr（ボーア）は 1913 年に古典力学と古典電磁気学を部分的に放棄して，離散的なエネルギー準位を備えて安定に存在する水素原子の模型を考案した [8]．しかしこの模型は多分に応急処置的なものであり，Bohr 自身も新しい物理学の探索を促す先導者としての役割を自認していた．1925 年に Werner Heisenberg（ハイゼンベルク）は，最初は単独で [9]，またそのすぐ後から Max Born（ボルン）と Pascual Jordan（ヨルダン）の協力を得て [10]，古典論では

単純な変数として扱われている粒子の位置と運動量を (非可換な) 行列の形に置き換えた行列形式の量子力学を定式化した．また Paul Dirac(ディラック) も 1925 年に，物理量は演算子 (operator) によって表され (Heisenberg の行列は演算子の表示方法のひとつにあたる)，物理的な状態は抽象的なヒルベルト空間におけるベクトルによって表されるという概念を提示した [11]．1926 年には Erwin Schrödinger(シュレーディンガー) が，彼の名を冠せられることになる微分方程式に立脚した別のアプローチによって，微分形式による量子力学の定式化を行った [12]．

Heisenberg と Schrödinger の定式化[1])を両方とも示すならば，一方だけで済ますよりも少なくとも手間は 2 倍になるので，学部学生向けの多くの量子力学の教科書は Schödinger 形式に限定した議論をしている．しかしそのような解説は，あたかも量子力学が古典的な波動物理の一種であるといった誤った概念を与えかねない点で不適切であると私は主張したい．Schwinger(シュウィンガー) の意見を引用しよう [14]．

> この単純なアプローチ (de Broglie(ドゥ・ブロイ) 波と Schrödinger 方程式) が，すべての問題を扱うための普遍的な基礎と見なせるとは全く考えられない．

しかし両方の定式化を説明する際に，以下のことを心に留めておく必要がある．文章によって伝達される意味 (π) は，文章の分量の制約から不可避的に曖昧さ ($\Delta\pi$) を内在することになる．他方，文章の分量 (σ) は，意味をよく伝えようとするほど，煩瑣な記述が量的に増えてしまう ($\Delta\sigma$)．文章が総体として持つ意味の曖昧さは，記述を増やすことで低減できるが，煩瑣な記述を抑制して分量を抑えると，総体的な意味は曖昧になる．Bohr は正確 (accuracy) と簡明 (clarity) が相補的な概念 (13.5.1 項 ⟨p.257⟩) だと言った．つまり簡明な声明は，決して正確なものとはなりえない．曖昧の程度と煩瑣の程度の積は，必ずある普遍定数 k を上回る ($\Delta\pi \times \Delta\sigma \geq k$)．この相補不定量同士の積がどれだけ定数 k に近いかが，教科書の質を測る指標と見なされるべきであって，正確さのみ，あるいは簡潔さのみを評価するのは適切ではない[‡]．

行列形式と微分形式を両方とも取り上げている優れた教科書もいくつか存在する．それらは曖昧さが極めて少ない．しかしながら，そのような教科書は，大抵が非常に

---

[1])量子力学の定式化の方法は，まだ他にもある．同じ問題を扱えば，すべてが同じ結果を与えるが，扱う問題の性質との関係によって適用の難易が違ったり，定式化の方法を選ぶことで，より深い洞察が得られることもあり得る．定式化の方法としては経路積分 (Feynman)，位相空間 (Wigner)，密度行列，第二量子化，変分法，先導波 (パイロット波，Bohm)，Hamilton (ハミルトン) − Jacobi (ヤコビ) 形式 [13] などがある．本書では密度行列の概説を 12.3 節，第二量子化の形式を 7.8 節において与える．

[‡](訳註) 原書におけるこの段落の比喩 (π を正確 precision，$\Delta\pi$ を曖昧 indeterminacy，σ を単純 simplicity，$\Delta\sigma$ を詳述量 amount of detail と表現) は，そのまま訳出しても解りにくく，適切と思えない ("単純"の確定しない程度を"詳述量"と言えるか？)．訳者の裁量で表現に手を加えて，多少なりとも論旨が通りやすいようにした．

多くの題材を含んでいて学部の学生向きではない．これに対して，学部学生向きの典型的な教科書は十全な記述を欠いており，内容的に著しい曖昧さを生じている．本書ではHeisenberg形式とSchrödinger形式をほとんど同じ水準で両方とも記述することにより，このような曖昧さを抑制している．入門的な教科書としての使用を想定しているので，補足的な話題は最小限に留めるように心がけた．本書の説明の相補不定積がどの程度まで定数kに近づき得ているか，それは読者の判断に委ねたい．もし上述の目標を達成できているとすれば，従来よりも厳密で，かつ充分に読みやすい量子力学の入門書として，本書を学部の学生に役立ててもらえるであろう．

本書の読者は，あらかじめ線形代数，微積分，古典力学，電磁気学に習熟している必要がある．これら以外にも修了していれば有利な数学や物理の科目もないことはないが，それらは必須ではない．

読者はまず第2章で，ヒルベルト空間やエルミート演算子，ユニタリー演算子に関する密度の高い解説に直面する．このような解説を初めに配置することは，読者に対して，本書が物理ではなく主として数学的技法を解説する本のような (誤った) 印象を与える危険をはらんでいる．しかし2.2節，2.7節，2.8節は，本書全体で物理の記述に用いる数学的な道具を (本書を読む前提として必要な線形代数と微積分を除いて) すべて含んでいる．この"物理的"アプローチと整合する形で諸々の結果を完全に説明することが可能であり，余分の細々した数式運用の解説はあまり必要でない．数式の導出の過分な解説は，必ずしも量子力学を単に理解することと，量子力学を"使う"ことや"感じる"ことの隔たりを埋めるものではないと著者は主張したい．この最後の課程は，各章末の練習問題 (巻末に解答を与えてある) を解くことによって大いに促進される．単なる"黒板の板書者"ではなく，学生からの質問を誘発して回答を与えるような教師が介在すれば，上記のような隔たりを埋めるためのよい触媒となるであろう．

練習問題では数学的な難しさを最小限に抑えることによって，物理的な側面を強調した．ほとんどの場合，数学としては導関数と2×2行列を扱うことができれば充分である．

第 2 章　量子力学の原理

　本章では量子力学の定式化に用いられる数学的な道具について述べ，物理的な世界と数学的な形式との関係を示す．そのような関係から量子力学の基本原理が構成される[1]．物理的なあらゆる現象に対して，その基本原理が適用できる．その次に基本原理からの直接的な帰結，すなわち量子系における測定の本質と不確定性原理について述べる．このような記述の構成によって，多くの入門書にしばしば見られる欠点を回避する[2]．

2.1　古典物理学

　移動する物体を観測しているときに，その物体が一旦大きな仕切り板の背後に隠れたために観測が中断され，再びその物体が仕切り板のもう一方の端から現れて観測が再開されたならば，その物体が仕切り板の背後を移動していたものと想定するのが自然である (図 2.1)．これは客観的実在性の概念を暗に含んだ考え方であり，Einstein（アインシュタイン）が Boris Podolsky（ポドルスキー）および Nathan Rosen（ローゼン）と共に著した有名な EPR の逆理（パラドックス）の論文におけるひとつの仮定にもなっていた [16]．その仮定とは，「もし物理系を擾乱する要因がなければ，その系における物理量を正確に予測することが可能であり，そこには物理量に対応する客観的な実在が存在する」というものである．

　古典物理学は，いくつかの先験的な仮定に立脚して構成されているが，粒子の運動に関する最も注目すべき仮定は，時間に依存する連続関数としての軌道 $\mathbf{x}(t)$ が (もしくは運動量 $\mathbf{p}$ を併せて $\mathbf{x}(t)$ と $\mathbf{p}(t)$ が) 一意的に存在するというものである．軌道

---

[1] 少数の基本原理に立脚して量子力学の体系を提示する方法は，Dirac の教科書 [15] から始まっているが，この本は現在も重要な礎石としての価値を保持し続けている．

[2] 多くの入門書において，まず自由粒子に対する波動方程式の解を平面波 $\exp[i(kx - \omega t)]$ と仮定し，そこから運動量とエネルギーに対応する演算子を推定して，平面波を解として与えるような微分方程式を作っている．このような手続きは，以下の理由から極めて不満足なものである．(a) 平面波は波動関数として，ある種の難点を持っている．絶対値の自乗の空間積分が有限値にならない．(b) 量子力学が，微分形式だけに適用できる議論に立脚しているかのような誤解を生じる．(c) 位置を引数とする波動関数が，量子状態を記述する唯一の方法であるかのような誤った概念を与える．

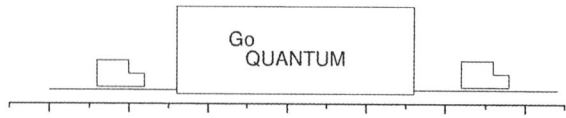

図2.1　大きな仕切り板の背後にも，自動車の径路の存在を想定することは，古典論的な客観的実在性の概念に立脚した推定にあたる．

(trajectory) の概念は，自然界の挙動とその数学的な記述を結びつける上で重要な役割を果たす．例えばこの概念の下で，次式のように Newton 力学の第 2 法則が定式化される．

$$\mathbf{F}(\mathbf{x}) = M \frac{d^2 \mathbf{x}}{dt^2} \tag{2.1}$$

古典的な粒子系の時間発展は，上記の運動方程式に基づいて連続的かつ決定論的に予言される．運動方程式は 2 階の微分方程式なので，ある任意の時刻において，系が含む各粒子の位置と運動量を与えれば，系の状態とその全時間にわたる挙動が完全に決まる．

Maxwell の電磁気学も古典物理学の一部である．電磁気学は，場 (field) の概念によって構築されているが，場の値は，対象となる時空全体の中の各点において特定される．粒子 (の個数) とは異なり，場の値は限りなく小さくなり得る．電磁気学も時間発展に関して決定論的な理論である．

古典物理学において，粒子と場の両方に共通する基本的な仮定は，次のようなものである．

- 対象とする物理系に影響を及ぼさない測定が可能である．

- 物理量の値の正確さに，原理的な制約はない．

古典論では実際に，物理的な特性と，それに対応する数値の間に区別を設ける必要がない．Schwinger（シュウィンガー）は古典物理学の性格を次のように表現している．

> (古典物理の本質は) 対象となる物理系に影響を与えないような測定の理想化の概念と，物理系に対応する数学形式の規定に基づき，系の物理的な特性と数値を同定することにある．何となれば，古典論には物理的な特性と，それを表す数値との連続的な対応を妨げる要因が存在しないからである．([14], p.11)

このような"自明な"仮定は，しかし量子力学においては妥当でない．そこで自然界の挙動と数学的な記述を対応させるために，別の方法を創り上げる必要が生じる．

2.2 量子力学の数学的な枠組み*

磁気能率(モーメント)を持った粒子のビームを，ある座標軸方向(たとえば z 軸方向)に縦方向の強度勾配を持つ磁場 $\mathbf{B}(\mathbf{r})$ が存在する領域へ，磁場と垂直な一方向(x 方向)から入射させると，各粒子の軌道は磁場方向に曲がる．個々の粒子の軌道の曲がり方は，その粒子の磁気能率 μ の磁場方向成分 μ_z に比例する．したがって非偏極のビーム($-|\mu| \leq \mu_z \leq |\mu|$ の範囲のすべての μ_z の値を持つ粒子が含まれる)を入射させ，磁場領域の背後にスクリーンを設けてビームの到達位置を観察する実験の結果を古典的に予想すると，ビームはスクリーン上で連続的に拡がった領域を照射するはずである．しかし1921年にOtto Stern(シュテルン)とWalther Gerlach(ゲルラッハ)が間隙(スリット)を通して形成した銀原子のビームを用いて上記の実験を行ったところ，それは互いに(z 方向に)離散した2つの線状領域へ分かれた．銀原子の基底状態の磁気能率は，電子のスピン(spin)と呼ばれる内部角運動量に比例しているので($\mu \propto \mathbf{S}$)，この結果を見るとスピンの磁場方向の成分は連続的な値を取らず，2通りの値だけが許容されることが明らかである[17]．これらの角運動量の値は，

$$\pm \frac{1}{2}\hbar; \qquad \hbar \equiv \frac{h}{2\pi} \tag{2.2}$$

と与えられた．h はPlanck(プランク)定数と名づけられており，作用の次元，すなわち[エネルギー]×[時間]の次元を持つ(実験の詳細は5.2.1項 ⟨p.91⟩，数値については p.276 を参照).

しかし物理量が2通りの値しか取らないという事実は，それだけで古典物理学を否定するものではないことに注意してもらいたい．例えばあなたが使うパーソナル・コンピューターはビット単位の基本動作をする．すなわちコンピューターは2種類の状態からひとつの状態を選ぶような過程を含んだ古典的な系(システム)の実例である[3]．古典系に相応しく，その状態は測定によって変わらない(ので古典的な計算機として安定な動作を実現している).

古典系とは異なる上記の量子系の状態(2通りのスピンを含む状態)を記述する一般的な方法は，"平面"内のベクトル(状態ベクトル)の形で与えられる．同一ビットの2つの状態を同時に考えて，その和を取ることは意味を持たないが，平面内の2つのベクトルを加算(合成)すると，平面内のもうひとつのベクトルが得られる．平面内の任意のベクトル Ψ を，2つの基本ベクトルの線形結合の形で表現することが可

---

[3] コンピューターは量子的な過程(半導体内部の電子の挙動など)を利用して機能を実現しているが，システムとして量子系ではない．

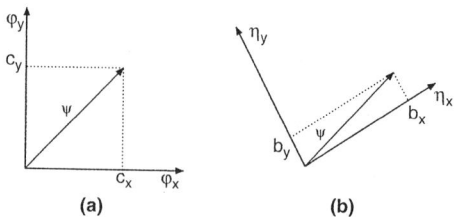

図2.2 2次元ベクトルの表現. 異なる基本ベクトルの組合せを用いると, 同じベクトル Ψ が違う表現で表される.

能である (図2.2(a))[§].

$$\Psi = c_x \varphi_x + c_y \varphi_y \tag{2.3}$$

φ_x と φ_y は互いに直交する単位ベクトルであり, c_x と c_y はそれぞれの"方向"の成分量を表している (振幅 amplitude と称する). 基本単位ベクトル同士の直交関係は, 内積 (スカラー積) を用いて $\langle \varphi_i | \varphi_j \rangle = \delta_{ij}$ と表現される[¶]. 一般の2つのベクトル Ψ と Ψ' の内積は, 次のように定義される.

$$\langle \Psi | \Psi' \rangle = c_x^* c_x' + c_y^* c_y' \tag{2.4}$$

量子力学では, 振幅の値として複素数が許容される.

ベクトル空間において極めて重要なもうひとつの性質は, 同じベクトル Ψ に対して, 座標軸を回転させて定義し直した別の基本ベクトルの組合せ η_x と η_y を用いた別の表現も可能だということである (図2.2(b)).

$$\Psi = b_x \eta_x + b_y \eta_y \tag{2.5}$$

[§](訳註) 2状態系の量子状態に対応する2次元ベクトルの成分は一般に複素数なので, 図2.2に示されているような平面における実ベクトルの概念は, 量子状態にそのまま対応する概念というより, 正しい概念を類推させるためのものである. 読者はここまでの記述から, 2つの基本状態 (スピンの z 成分が $+(1/2)\hbar$ と $-(1/2)\hbar$) の線形結合を考えても, 物理的にはそれに対応する状態が無いのではないかとの疑念を持つかも知れない. しかし磁場印加方向を非偏極ビームに対して垂直な z 方向以外のどの方向に選んでも, その方向に全く同様の分裂が起こる. 分裂前のビームは特定方向のスピン値が $\pm(1/2)\hbar$ に確定した粒子から構成されているのではなく, 個々の粒子が両方の状態の混ざった"重ね合わせ"状態にあると想定しなければならない (式(2.23)). z 方向のスピン値が $\pm(1/2)\hbar$ に確定している2状態を任意の複素係数を用いて重ね合わせることにより, z 方向以外の任意の方向のスピン状態を表現できる (式(5.28)参照).

[¶](訳註) δ_{ij} はクロネッカー (Kronecker) のデルタと呼ばれ, 次のように定義されている.

$$\delta_{ij} = \begin{cases} 1 & (i = j) \\ 0 & (i \neq j) \end{cases} \quad [i, j \text{ は整数}]$$

2.2. 量子力学の数学的な枠組み*

この2次元空間の概念を，任意次元の空間へ容易に一般化することができる．無限次元までを含めて，このような線形計量空間の概念を一般化したものをヒルベルト空間と呼ぶ[‡]．以下に，量子力学の観点から特に重要となるヒルベルト空間の性質の概要を示す．但しここで示す概念は，後からさらに発展させることになる (2.7節)．

- 任意のベクトル Ψ は (式(2.3) と同様に) 完全正規直交系をなす基本状態ベクトル φ_i の線形結合によって表現することができる[§]．

$$\Psi = \sum_i c_i \varphi_i; \quad c_i = \langle \varphi_i | \Psi \rangle \equiv \langle i | \Psi \rangle \tag{2.6}$$

$$\langle \varphi_i | \varphi_j \rangle = \delta_{ij} \tag{2.7}$$

- 線形演算子 $\hat{Q}$ は，ヒルベルト空間に属するベクトルに作用して，同じヒルベルト空間に属するベクトルを生成する．

$$\Phi = \hat{Q}\Psi \tag{2.8}$$

演算子は一般に，2.7節に示すような非可換代数 (noncommutative algebra) に従う．交換操作 (交換子) を，次のように定義する．

$$[\hat{Q}, \hat{R}] = \hat{Q}\hat{R} - \hat{R}\hat{Q} \tag{2.9}$$

複数の演算子の積をベクトルに作用させる際には，右端の演算子から始めて，順次左隣りの演算子を，その右に生成されたベクトルに作用させてゆく ($\hat{Q}\hat{R}\Psi = \hat{Q}(\hat{R}\Psi)$)．

- 演算子 $\hat{Q}$ に対して，$\hat{Q}\varphi_i$ が φ_i に比例するような φ_i が存在するならば[¶]，これを演算子 $\hat{Q}$ の固有ベクトル (eigenvector) と呼び (量子力学で用いる際には固有

[‡](訳註) "Hilbert space" という術語は，無限次元の複素線形計量空間だけを指す場合が多いが，この原書では有限次元の複素ベクトル空間も含めて，この言葉を使っている．訳稿も原書の流儀に従う．計量空間の "計量" は，内積が定義されていることを表す．なお，数学の術語に用いられている人名については，訳稿では原則として片仮名で慣用的な音訳表記をしておく (Hilbert space → ヒルベルト空間)．

[§](訳註) "完全正規直交系" は complete orthonormal system の訳語にあたる．"完全"(原書では抜けているので補った) は，対象として想定する有限次元もしくは無限次元ヒルベルト空間の全次元方向が含まれていることを意味し，"正規" はそれぞれが規格化 (normalize) されていること，すなわち自身との内積が 1 であることを意味する．"基本状態" の原語は basis state で，数学の術語としての basis は普通，"基底" と訳されるが，物理ではエネルギーが最低の状態 ground state に対して "基底状態" という訳語を充てるので，混同を避けるために 'basis state' の方は "基本状態" と訳出しておく．また "基本状態ベクトル" と同義で "基本ベクトル" という術語も用いる．

[¶](訳註) ここでの φ_i は基本ベクトルではなく，ヒルベルト空間内の任意のベクトルを候補と考えてよい (たまたま固有ベクトルが基本ベクトルに一致している場合を想定してもよいし，逆に，ある演算子の固有ベクトルと基本ベクトルが合致するように基本ベクトル系を設定しなお

状態 eigenstate とも呼ぶ),その比例定数 q_i を,$\hat{Q}$ の固有ベクトル φ_i に付随する固有値 (eigenvalue) と称する。
アイゲンバリュー

$$\hat{Q}\varphi_i = q_i\varphi_i \tag{2.10}$$

- ベクトル $\Phi_a = \hat{Q}\Psi_a$ と,もうひとつのベクトル Ψ_b の内積を,演算子 $\hat{Q}$ の Ψ_a と Ψ_b の間の行列要素 (matrix element) と称する。$\hat{Q}$ の行列要素は,記号としては次のように表される[4]。

$$\langle\Psi_b|\hat{Q}|\Psi_a\rangle \equiv \langle b|\hat{Q}|a\rangle \equiv \langle\Psi_b|\Phi_a\rangle \tag{2.11}$$

単位演算子 (無変換演算子すなわち $\hat{I} = 1$) の行列要素は,2つの状態間の内積 $\langle\Psi_a|\Psi_b\rangle \equiv \langle a|b\rangle = \langle\Psi_b|\Psi_a\rangle^*$ にあたる。ヒルベルト空間内の任意のベクトルのノルム (norm) $\langle\Psi|\Psi\rangle^{1/2}$ は必ず非負の実数 (正定値) になる。

- 演算子 $\hat{Q}$ に対してエルミート共役(きょうやく) (Hermitian conjugate) な演算子 $\hat{Q}^+$ は,次の関係によって定義される。(* は複素共役を表す。)

$$\langle a|\hat{Q}^+|b\rangle = \langle b|\hat{Q}|a\rangle^* \tag{2.12}$$

そして,次の条件,

$$\hat{Q}^+ = \hat{Q} \quad (\Leftrightarrow 行列要素に関して \langle b|\hat{Q}|a\rangle^* = \langle a|\hat{Q}|b\rangle) \tag{2.13}$$

を満たすような演算子 $\hat{Q}$ のことを,エルミート演算子 (Hermitian operator) と呼ぶ。任意のエルミート演算子が持つ各固有値 q_i はすべて実数であり,ひとつのエルミート演算子が持つ互いに独立な全固有ベクトル φ_i の組 $\{\varphi_i\} = \{\varphi_1, \varphi_2, \ldots\}$ は,ヒルベルト空間内で完全直交系を構成することができる[‡]。

してもよいが). 一般にひとつの演算子に対して複数の固有ベクトルが存在し得るので,それらの識別番号という意図で添字 i を付けてあるが,他方では固有ベクトルを持たない演算子もある。後述のように,固有ベクトルを持つ演算子の典型例がエルミート演算子であり,固有ベクトルを持たない演算子の典型例がユニタリー演算子である。

[4]) Dirac は $\langle a|$ と $|b\rangle$ を,それぞれブラ (bra),ケット (ket) と名づけた [15]。(以下訳註) "括弧" を意味する 'bracket' からつくった造語。ブラベクトル,ケットベクトルと呼ぶ場合もある。

[‡](訳註) ひとつのエルミート演算子が持つ,互いに方向の異なる (独立な) 固有ベクトルの数は,ヒルベルト空間の次元数に一致する。各固有ベクトルは,それぞれが複素定数係数の任意性を持つが (Ψ が $\hat{Q}$ の固有ベクトルならば,任意定数 c を掛けた $c\Psi$ も $\hat{Q}$ の固有ベクトルである),すべての固有ベクトルを"規格化"(正規化) すれば,ヒルベルト空間内で完全正規直交系をなすひと組の基本ベクトル系 $\{\varphi_i\}$ が得られる。ひとつのエルミート演算子が持つ固有値の数は有限個の場合も (ヒルベルト空間が無限次元であれば) 無限個の場合もあり,また無限個の固有値が離散的に並ぶ場合,連続的な実数値を取る場合など,いろいろなケースがあり得る。エルミート演算子に対応する概念として $\mathcal{H}^*_{ba} = \mathcal{H}_{ab}$ を満たす正方行列 $\mathcal{H}$ を一般にエルミート行列と称する。なお,基本ベクトルの組 (完全直交系) を括る $\{\cdots\}$ という記号は原書では使われていないが,訳稿を見やすくするために導入した。

- 行列要素 U_{ab} からなる行列 $\mathcal{U}$ が，次の関係，

$$(\mathcal{U}^{-1})_{ab} = U_{ba}^* \tag{2.14}$$

を満たす場合，これをユニタリー行列 (unitary matrix) と称する．完全正規直交系の下でユニタリー行列に対応するユニタリー変換 (unitary transformation) は，ベクトルのノルムを保存する変換である．また 2 組の完全正規直交系をなすベクトルの組は，ユニタリー変換によって互いに関係づけられる (図2.2)．

$$\eta_a = \sum_i U_{ai} \varphi_i \tag{2.15}$$

これらの数学上の抽象的な対象 (ベクトル，エルミート演算子，ユニタリー変換) は，良く知られた具体的な数学的道具である列ベクトルと行列 (第 3 章) や，座標を引数とする関数と微分演算子 (第 4 章) などによって表現できる．

2.3 量子力学の基本原理

本節では，2.2節で概説した数学的な道具と，量子力学における物理的な世界との関係を説明する．このためには状態や観測量(オブザーバブル)の表示，量子系に対する測定§の概念や，系の力学的な時間発展の法則などを規定する必要がある．量子力学の原理を通じて，これらの概念を明確化する．

原理 1 (状態と状態ベクトル)　物理系の状態は，ヒルベルト空間に属するひとつのベクトル Ψ——状態ベクトル (もしくは状態関数)——によって完全に記述される¶．

状態ベクトル Ψ が，物理系の状態を記述するための新しい手段を与える．これは測定結果の可能性に関する情報を含んだ抽象的な実体であって，粒子が確定した位置や運動量を持つような古典的な物理状態の概念とは異なる．

---

§(訳註) 国内の文献で，量子力学の解釈に関わるような文脈では"観測"という語を用いる場合が多い (おそらく"測定問題"より"観測問題"の方が慣用的である) が，本稿では原則として原書の 'measure' に対して"測定"，'observe' に対して"観測"を充てることにする．術語として両者に本質的な意味の違いはない．

¶(訳註) 数学的には"ひとつのベクトル"で正しいが，イメージを明確にするには数学的に少々拙劣ながら"原点を始点とするひとつのベクトル"と言いたいところである．実ベクトルを実空間内の有向線分に対応させる素朴な概念からの類推に基づいて"ひとつのベクトル"を表現する線分の始点は任意であるが (そもそも"ベクトル"は"方向"だけを持ったもので"位置"の情報は持たない)，それを便宜上，原点に固定しておいてもよいわけである (図2.2 ⟨p.8⟩)．つまり系の状態はヒルベルト空間内の原点を始点とする"矢印"によって表され，実はその"長さ"はすぐ後に言及がある通り物理的な意味を持たず，状態の変化は"単位長さを持つ矢印"の"方向"の変化に対応する．

任意の 2 つの状態ベクトルの和 (一般には線形結合) が，必ず同じヒルベルト空間に属する別のベクトルになり，その新たなベクトルに対応する状態を物理系において想定できるという事実は，重ね合わせの原理 (superposition principle) と呼ばれる．線形結合 $c_a\Psi_a + c_b\Psi_b$ のことを，Ψ_a と Ψ_b を混ぜ合わせて固めたような状態と解釈してはならない．その系は両方の成分状態をそのまま同時に含んでいる．単にひとつの粒子から成る系であって，別々の 1 粒子状態の線形結合を考える場合でも，この解釈が成立する．

状態の重ね合わせは，古典的な粒子の性質とは基本的に相容れない概念である．古典粒子の運動が，異なる軌道の重ね合わせで表されるということはあり得ない．硬貨投げをすれば，必ず表か裏かで決着がつくことになり，両方の状態の重ね合わせは起こらない．

状態ベクトルが完全に系の状態を記述するという原理 1 の規定によると，本来の状態ベクトルは，対象とする系が持つすべての自由度に関する情報を含んでいる．しかし通常の問題において関心の対象となるのは，系の全自由度ではなく，限られた一部の自由度である (たとえば磁気能率，運動量，角運動量など)．したがって系の全情報を含む状態ベクトル空間ではなく，着目する自由度に関する情報を持つ部分空間における " 完全系 " の下で，状態ベクトルを考えればよい．

ヒルベルト空間内の状態ベクトルは，その " 方向 " だけが区別の対象となり，あるベクトルに任意の複素定数を乗じても，それは元のベクトルと同じ物理状態を表すものと見なされる．通常は便宜的に，あらゆる状態ベクトルに一律に規格化条件，すなわちノルムの値が 1 であるという条件を課しておく．この制約の下でも複素係数の位相に関する任意性は残るが，ひとつの状態ベクトル全体に掛かる位相因子は物理的な意味を持たない．ただし線型結合 $c_a\Psi_a + c_b\Psi_b$ で表された状態ベクトルにおける各係数間の相対的な位相差は，物理的に重要な意味を持つことになる．

量子的な物理系と状態ベクトル Ψ の関係は，古典論における物理系と位置や運動量の変数 $\mathbf{x}$，$\mathbf{p}$ の関係よりも微妙なものである．この関係は，以下の 2 つの原理に立脚している．

原理 2 (物理量と演算子) それぞれの物理量 (観測量オブザーバブル) に対応して，ヒルベルト空間において作用するエルミート演算子が存在する．粒子の位置座標に対応する演算子 $\hat{x}$ と運動量に対応する演算子 $\hat{p}$ は非可換であり，

$$[\hat{x}, \hat{p}] = i\hbar \tag{2.16}$$

という交換関係 (commutation relation) を満たす[5]．

---

[5] この交換関係は相対論的不変性から [18]，空間並進 ($\hat{p}$ によって生成される．式(4.9)参照)

2.3. 量子力学の基本原理

交換子は式(2.9)で定義されており，$\hbar$は式(2.2)で既に扱っている．この物理定数の値(表14.1〈p.276〉)は，量子力学が関与してくる数値的領域の目安を与える．作用量が$\hbar$よりも遥かに大きい系に対しては，古典力学が適用できる．

上記の原理も，物理的な特性が単純に数値に同定される古典物理学(2.1節)とは根本的に異なっている．

古典論では1粒子に関する任意の物理量が，座標と運動量の関数 $Q = Q(x,p)$ として表現されるが，$x \to \hat{x}$ と $p \to \hat{p}$ という置き換えを施すと，古典的な物理量の式 $Q(x,p)$ から量子力学の演算子 $\hat{Q} = Q(\hat{x},\hat{p})$ が得られる．このようにして演算子 $\hat{Q}$ と，物理量もしくは観測量(オブザーバブル) Q の間に1対1の対応関係が成立する．しかし一方，純粋に量子力学的な演算子というものもある．スピンの演算子は，古典的物理量の置き換え操作からは得られない．

古典的なHamilton関数 $H(p,x)$ に対応する演算子をハミルトニアン(Hamiltonian)と呼ぶ．エネルギーを保存する1粒子系のハミルトニアンは，

$$\hat{H} = \frac{1}{2M}\hat{p}^2 + V(\hat{x}) \tag{2.17}$$

と与えられる‡．Mは粒子の質量，Vはポテンシャルである．

がLorentz変換と，$c \to \infty$ の極限においても交換しないという事実を用いて導出された．式(12.5)も参照．(以下訳註)"位置座標$\hat{x}$と運動量$\hat{p}$"は，対象とする物理系をもう少し一般化するなら"一般化座標$\hat{q}_i$と一般化運動量$\hat{p}_i$"である．点粒子以外で，古典的な対応物があるような物理系のモデル(剛体，弦，実場など)を量子化する際には，このように解析力学の予備知識が必要となる．なお，量子力学では物理量はほとんど同義でしばしば"observable"すなわち"観測可能量"という術語が用いられるが(本稿では簡潔に"観測量"とする)，この背景のひとつとしては，量子力学が成立する際に，新しい物理理論において観測可能な対象だけを記述するべきだとする批判主義的・実証主義的な考え方が強く意識されたという事情がある．実数で表され，物理系が取り得る可能性全般に相応する測定値に対応するような諸量はobservableであるが，たとえば定常状態にある原子内電子の"軌道"などは，量子力学ではもはや観測可能(observable)な対象とは見なし得ない(13.4節)．

‡(訳註) Hamilton関数の正確な定義を知りたい方は，解析力学の教科書を読む必要があるが，初等的な粒子系を扱う場合には系のエネルギーを粒子の座標と運動量を引数とした関数の形で表したものと見なし，量子化の際に式(2.16)もしくは式(5.1)の正準量子化条件を適用しておけば当面の支障はない．しかし一般にはスピンのように古典的な粒子系には明確に対応するものが存在しない物理変数も扱わなければならず(6.2節)，また初等的な粒子系の量子力学の水準から離れるならば，式(2.16)の交換関係の設定が唯一の可能な非可換代数の基本設定とも言い難くなるので，量子力学におけるハミルトニアンの形と非可換代数の導入方法は必ずしも先験的に自明ではない．初学者がこの議論に深入りする必要はないが，示唆的な例として，量子の排他律を導く単位質量の仮想調和振動子(フェルミオン多体系を扱う際に有用である)では，古典論からの類推 〈p.44〉とは異なる $\hat{H} = i\omega\hat{x}\hat{p}$ というハミルトニアンを採用して $\hat{x}\hat{p}+\hat{p}\hat{x}=0$, $\hat{x}^2 = \hbar/2\omega$, $\hat{p}^2 = \hbar\omega/2$ という代数規則を適用する必要がある．p.183訳註の運動方程式によって古典的な調和振動子の正準運動方程式に対応する $d\hat{x}/dt = \hat{p}$, $d\hat{p}/dt = -\omega^2\hat{x}$ が得られるので，これも量子力学的に調和振動子を具現するひとつの形と見なし得る($\hat{a} \equiv (\omega/2\hbar)^{1/2}\hat{x} + i(1/2\hbar\omega)^{1/2}\hat{p}$ とすれば $\hat{H} = \hbar\omega(\hat{a}^+\hat{a} - 1/2)$, $\hat{a}\hat{a}^+ + \hat{a}^+\hat{a} = 1$, $\hat{a}\hat{a} = \hat{a}^+\hat{a}^+ = 0$ に帰着する．式(7.62)-(7.63)参照)．広義の量子力学において最初に設定するLagrange関数もしくはHamilton関数，およ

原理3 (測定) 物理量 Q の測定結果として許容される値は，演算子 $\hat{Q}$ の固有値 q_i の何れかであるということが，物理量自体の属性としてあらかじめ決まっている．規格化された状態ベクトル Ψ で表される系を対象とした Q の測定によって，ある特定の固有値 q_j の値を得る確率[6]は，$\hat{Q}$ の各固有ベクトルを規格化した完全正規直交系 $\{\varphi_i\}$ で状態ベクトルを展開して $\Psi = \sum_i c_i \varphi_i$ と表したときの，固有ベクトル φ_j の係数 (振幅) の絶対値の自乗 $|c_j|^2$ である．

測定から得られる物理量の数値は実数であるという制約から，観測量(オブザーバブル)に対応する演算子をエルミート演算子 (式(2.13)) としなければならないことの理由のひとつである．ある系のエネルギー値として観測し得る値 E_i は，その系のハミルトニアンを用いた次の固有値方程式を解くことによって得られ，エネルギー固有状態 φ_i は，エネルギー値が確定している定常状態を表す．

$$\hat{H}\varphi_i = E_i \varphi_i \tag{2.18}$$

上記の3つの原理は，1粒子を含む系の静的 (定常的) な状況を扱う上で充分なものである．第3章と第4章において，典型的な1次元空間内の1粒子問題を扱う予定である．3次元空間の問題への展開は第5章と第6章で行う．

多粒子問題，および時間発展に関わる原理が，あと2つ残っているが，これらについてはそれぞれ第7章および第9章において論じる[§]．

2.3.1 基本原理に関する注意

古典物理学と同様に量子力学も1粒子系から多粒子系，そして場を含む系に至るまでの多様な系へ適用される．したがって量子力学は，それ自身が特定の物理理論で

び変数の非可換代数の基本設定は，個別の問題における試行的な仮定であり (解析力学を拠り所にした正準量子化の手続きが類推指針として有効な場合が多いにしても，それを現実の量子系へ適用可能と考えるのは仮定である) そこから量子力学の手続きに基づいて予言される結果が実験事実と対応すれば，むしろそのことが最初の仮定の妥当性の根拠となる．つまり量子力学は，古典力学の対応原理的な書き換えだけにとどまるものではなく，古典力学よりも広範囲の対象を扱うための枠組みとなるのである [15]．

[6] 確率論の概念については2.8節で述べる．

[§] (訳註) 本書は定常状態にある量子力学系 (と，その測定) を主要な対象として構成してあり，時間発展についてはほとんど第9章だけに限定した話題という形になっている．Newton力学に喩えれば，慣性の法則 (第1法則) だけを延々と論じ，運動方程式 (第2法則) は付け足しという体裁である (古典的には周期運動をしているような状態が，量子力学的には時間変化のない定常状態にあたるので対応関係は単純ではないが)．しかし"力学"の本質を時間発展の予見性と捉える立場からは，最初から一般的な枠組みとして時間発展を含んだ原理・法則が用意されていて，可能な解の中の (重要な) 特例として定常状態があると考えたいところである (4.1.1項 〈p.55〉などで問題が顕在化している)．エネルギー固有状態が定常状態として特別な意味を持つということも，第9章の時間発展の原理を知ることによって初めて理解できるようになる．

あるというよりも，むしろ様々な物理理論を展開するための枠組みを規定していると捉えるべきである．

この教科書では，状態ベクトルは現実そのものではなく，現実に関して我々が知りうる知識を表現する数学的な道具であるという解釈を採用している．その知識には，系に対して為し得る試験(測定)の方法や，そこから得る可能性のある，それぞれの結果とその確率が含まれている[7]．

我々は物理的な世界と数学形式の間に新たな関係性を仮定した．物理量は数学的なある種の演算子(非可換量)に対応し，物理系の状態は抽象的な状態ベクトルに対応する．状態ベクトルは演算子の作用の対象となる．その物理量の属性として，許容される測定値のすべての値が，演算子の固有値として予言される．そして系の状態ベクトルと演算子の各固有関数から，その状態に対する測定結果として，それぞれの値が選び出される確率を導く規則によって，数学形式から物理的な世界へのフィードバックが為される．この物理的な世界と数学形式の間の双方向の関係は簡単なものではない．David Mermin は次のように述べている [19]．

> 量子力学の学習において最も困難な部分は，抽象的な形式を実験室の現実的な現象へと適用する方法について，良い感覚(フィーリング)を獲得することである．量子力学の形式を有効に適用する際に，現実の現象に対して過渡に単純化した抽象モデルの形成を余儀なくされる．よい物理学者は，現実的な現象の中のどのような特徴が抽象モデルで扱うべき本質的な部分なのか，またどのような特徴が本質とは無関係で無視できる部分なのかを見通す直観力に優れている．

ある原理が何を意味しないかを述べることも，何を意味するかを述べることと同じくらい役に立つ．以下に，量子状態に関するよくある誤解を引用してみる [20]．

- 「状態ベクトルは，物理的な世界の記述に用いられる他の様々なベクトル場と類似のものである」

  状態ベクトルは電磁気学で扱う電場や磁場などとは根本的に異なる．電磁場は(ヒルベルト空間ではなく)現実の空間内において運動量やエネルギーなどを伝搬する場であり，外部から場に対して与えられた変化は，媒質に依存する有限の速

---

[7] したがって我々は測定の過程に関して収縮解釈 (reduction interpretation) を採用している．これは歴史的にも最も多数の物理学者が受け入れてきた解釈であるが，量子系の測定の問題について，別の議論を第 12 章で紹介する予定である．(以下訳註) 量子力学の解釈問題に関して 'reduction' という語は，いわゆる波動関数 (第 4 章) のように連続固有値を持つ物理変数 (位置 x など) で表示した状態ベクトルがデルタ関数 (1 点集中 [位置確定] 状態を表す関数) に瞬時に移行するような，いわゆる "収縮" だけでなく，スピンの測定のように離散的な複数の状態の重ね合わせが，ひとつの状態に瞬時に確定するような場合も対象として含んだ概念である．その意味で "収縮" という訳語は語感的に問題がないわけではないが，他に適当な訳語も見あたらないので，通例に従って "収縮" と訳出する．

度で実空間を伝わってゆく¶.

- 「物理系において許容される状態は,エネルギー固有状態だけである」
  この誤解は,おそらく一般に固有値方程式(2.18) の解の重要性が強調されることと,次の命題からの錯誤に起因する——「物理系において許容されるエネルギーの値は,系のエネルギーを表す演算子 (ハミルトニアン) の固有値だけである」という声明は正しい.

- 「状態ベクトルは古典的な物理系の統計集団(アンサンブル)を記述する」
  標準的なコペンハーゲン解釈によれば,状態ベクトルは単一の系の状態を記述する.古典的な統計集団の概念は,量子力学の統計的解釈として許容できる解釈には含まれていない.

- 「状態ベクトルは単一の物理系の時間平均に関する性質を記述する」
  状態ベクトルは単一系の,ある特定の時刻における状態を記述する,という命題が正しい.

2.4 測定の過程

この節では,物理系に対する測定の過程に含まれるいくつかの基本的な概念を論じる[8]).

2.4.1 測定の概念

2つの系があって (もしくは3つ以上の場合へと一般化してもよい),一方の存在が他方の状態に影響を与え,逆の方向にも影響があれば,それらは相互作用を及ぼしあう.一般に (必ず,ということではないが) 異なる初期状態からは,異なる変化が生じる.

通常の測定行為は,対象となる物理系に,測定器と相互作用を持たせる過程を含んでいる.測定器は測定すべき物理量,すなわち観測量(オブザーバブル) (長さ,重さ,等々) の値を決定する.

広義の測定行為には2段階の重要な過程が含まれる.第1に測定の対象となる系を用意して,初期条件を定める過程がある.第2の過程も量子系の場合に極めて重要

¶(訳註) これに対し,状態ベクトルはヒルベルト空間における (原点を始点とする) 単一ベクトルで表され,ベクトル場ではない.系に変化を与えると,状態ベクトルは (原点を始点としたままで) 方向を変える.

[8]) 文献 [21] も参照されたい.特に 1.2 節, 2.1 節, 3.6 節.

なものとなるが，それは測定器が (巨視的な) 変化を起こす過程である．その変化は，人間の認知系による知覚が可能でなければならない．多くの場合，この変化は測定器の一端にある検出器において起こる．その変化が数値の形で表現可能であれば，物理量の値が決まる．

Bohr による"現象"という言葉の定義は「すべての実験状況を含めた環境を特定した下で取得される観測結果」である ([22] p.64)．これは基本的な考え方において，EPR による客観的実在性の定義 (2.1節) とは全く対照的である．

2.4.2 量子系に対する測定

古典系と量子系の根本的な違いは，後者では測定器をどれだけ洗練しても，必ず測定行為自体が，系の状態を瞬時に非可逆的に変えてしまうという点にある[9]．これは 2.3節に示した原理からの帰結である．

Ψ で表される状態にある系を対象として物理量 Q の測定を考えると，測定前の Ψ は $\hat{Q}$ の規格化固有ベクトル系を用いた式(2.6) のような展開表現が可能であり，Q の測定結果として一般に許容される一連の q_i の値の中から，何れかの q_j の値が定まる．その直後に同じ測定を繰り返せば，確実に同じ q_j の値が得られるはずである．したがって最初の測定行為によって，一連の係数 c_i が，δ_{ij} に変更されたことになる．言い換えると，系の状態は測定行為の結果として，測定結果を固有値として持つような固有状態へ瞬時に移行した (状態の収縮を起こした) のである (図2.3)．測定前の初期状態が，たまたま測定する物理量に対応する演算子のひとつの固有状態になっている場合だけは，例外的に測定行為に伴う状態の収縮が起こらない．

ある初期状態として規格化された状態ベクトル Ψ が与えられていても，測定行為によってどの固有状態へ移行するかは分からない．測定前の状態ベクトルからは，測定結果としてそれぞれの許容値が得られる確率 $|c_i|^2$ が決まるだけである．このような確率の決まり方は，下記の諸事実と整合している．

- 確率を表す値は常に正である．

- すべての可能な結果に関する確率の総和は 1 になる (Ψ の規格化)．

- 固有ベクトル同士に想定される直交性 (式(2.7)) により，測定前の初期状態が φ_i であれば，測定結果として q_i 以外の結果を得る確率はすべてゼロになる．

---

[9] 古典系も測定によって影響を受けるが，必要に応じてその影響をいくらでも抑制することが可能であり，また計算に基づいてその影響を予言できるものと仮定されている．

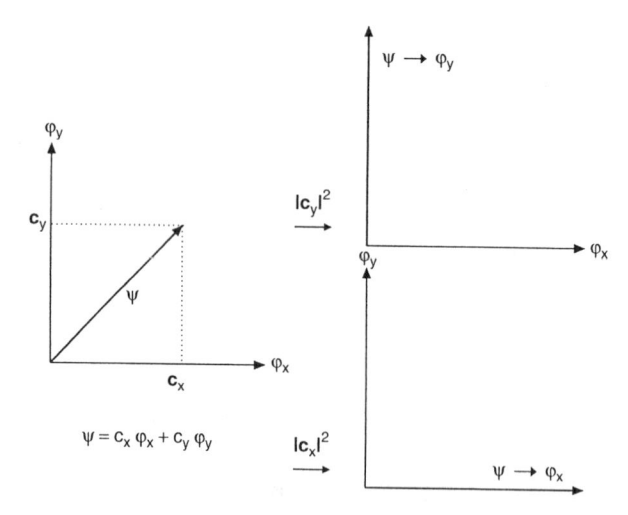

図2.3 量子系に対して測定を施す際に起こる状態の収縮 (リダクション).

状態ベクトル Ψ から予言できるものが,測定結果として各固有値 q_i を得る確率 $|c_i|^2$ に過ぎないという事実は,量子力学が本来的に持つ非決定論的な性格を表している.我々が系に関して知り得る知識を,たとえば測定を2回行うことによって改善するのは不可能である.何故なら2回目の測定をするときには,初めの状態 Ψ がすでに φ_i に変わってしまっているからである.

2.3.1項 〈p.14〉で採用した解釈によれば,このようにして状態ベクトルから得られる知識は,系自身の物理過程に関する知識というよりも,むしろ系に対して測定を行うときに,系の状態が瞬時に移行(ジャンプ)する過程に関する知識である.

式(2.6) の展開において,基本状態系 $\{\varphi_i\}$ の中に共通の固有値 $q_k = q$ を持つ部分集合 $\{\varphi_k\}$ が存在すれば,この固有値が測定結果となる確率は $\sum_k |c_k|^2$ である.測定値として q を得たとき,系は次の状態 (規格化した形で示す) に移行している.

$$\Psi' = \frac{1}{\sqrt{\sum_k |c_k|^2}} \sum_k c_k \varphi_k \tag{2.19}$$

予言される確率は,同じ初期状態 Ψ を用意した多数の測定結果によって,その正しさが判定される.

エルミート演算子の対角行列要素[10]は,演算子の各固有値すべてを,確率の重み

---

[10] 同じベクトルを両側に用いている行列要素を,対角 (diagonal) 要素と呼ぶ. (以下訳註) 通

をつけて足し合わせることによって得られる.

$$\langle \Psi | \hat{Q} | \Psi \rangle = \sum_i q_i |c_i|^2 \qquad (2.20)$$

演算子の対角要素は,演算子の期待値もしくは平均値とも呼ばれる.平均値は,単独の測定から得ることのできる q_i のどの値にも必ずしも一致する必要はなく,同じ状態にある多くの系の測定から得た値の平均値と見なされる.

ある測定における結果の不確かさ,すなわち測定値の標準偏差 ΔQ は,偏差の自乗平均平方根 (root mean square) によって定義される.

$$\begin{aligned}\Delta Q &= \langle \Psi | \{\hat{Q} - \langle \Psi | \hat{Q} | \Psi \rangle\}^2 | \Psi \rangle^{1/2} \\ &= \{\langle \Psi | \hat{Q}^2 | \Psi \rangle - \langle \Psi | \hat{Q} | \Psi \rangle^2\}^{1/2}\end{aligned} \qquad (2.21)$$

上式に現れる Q^2 の期待値は,次のように与えられる.

$$\langle \Psi | \hat{Q}^2 | \Psi \rangle = \sum_i q_i^2 |c_i|^2 \qquad (2.22)$$

2.5 基本原理からの帰結

この節では思考実験の形で,量子力学の原理からの帰結をいくつか示す.実は,逆にそのような実験の結果を一般化することによって量子力学の原理を導くことも可能である.

2つの独立な基本状態 $\varphi_\pm$ から構成されるヒルベルト空間を考える.これらの状態が演算子 $\hat{S}$ の固有状態であり,それぞれに付随する固有値が ±1 であると仮定しよう.したがって固有値方程式 $\hat{S}\varphi_\pm = \pm\varphi_\pm$ が成立している.これらの状態を用いた内積の値は $\langle \varphi_+ | \varphi_+ \rangle = \langle \varphi_- | \varphi_- \rangle = 1$, $\langle \varphi_+ | \varphi_- \rangle = 0$ である.このような演算子によって表される観測量の例は多い.たとえば本書では,スピンの z 方向成分[11]を頻繁に用いることになる (2.2節, 3.1.3項 ⟨p.41⟩, 5.2節, 9.2節など).

まず,通過する粒子に対して,その内部で2通りの固有状態が分離して顕在化する弁別器(フィルター)を用意する.粒子のビームを通すと,フィルターの入り口側の部分では Stern

---

常は,任意の同じベクトルで挟んだということではなく,そのとき採用している基本ベクトル系の中から同じベクトルを選んで演算子を挟んだものを"対角要素"と呼び,異なる基本ベクトルで演算子を挟んだものを"非対角要素"と呼ぶ.具体的には 3.1節を参照.

[11] もうひとつの例として,光子の偏極(偏光)状態がある (9.5.2項 ⟨p.196⟩). 2状態実験の多くのものは光学的デバイスを用いて実現されている. (以下訳註) 電子などの物質粒子に関するスピン演算子の固有値は $\pm\hbar/2$ であるが (式(3.15)),ここでは議論を簡単にするために ±1 に置き換えてある.

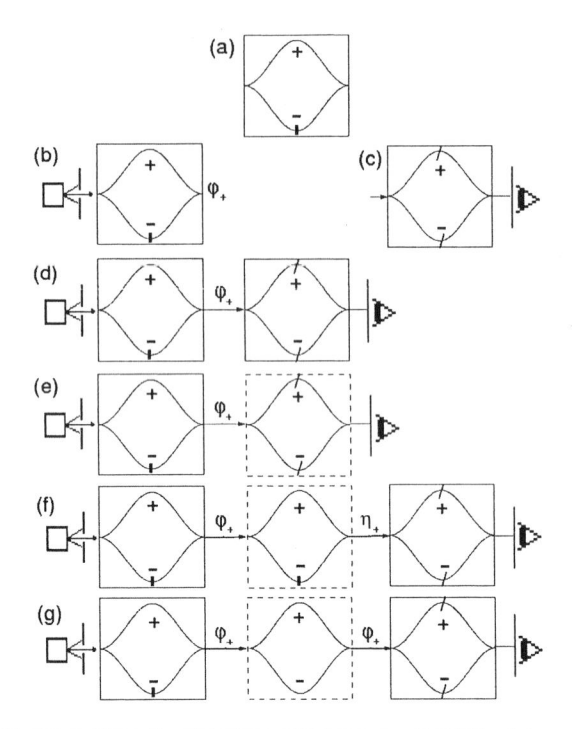

図2.4　2.3節に示した量子力学の基本原理を理解するための思考実験．(a) φ フィルターの模式図．(b) φ_+ 状態の粒子を用意するための第1のフィルター．(c) 検出器 (最後段のフィルターと撮像板) と観察者．(d-g) 実験 (本文参照)．縦の太い短線はフィルター内部で分離したビームの一方を遮蔽する固定板を表し，斜めの細い短線は自由に開閉できる遮蔽板を表す．それぞれの実験において，一方のチャネルを開放してもう一方を閉じた測定，およびこれらの開閉を逆にした測定を実施する．

- Gerlach の実験 (5.2.1項 ⟨p.91⟩) のように $\varphi_\pm$ に対応する2つのビームへの分離が起こる．出口側の部分では，それぞれのビームが分離前のビーム軌道軸上へ戻される．ビームが分離を起こしている部分において，それぞれの径路を遮(さえぎ)ることも可能になっている[‡]．これを φ フィルターと呼ぶことにしよう．φ_- 側を遮断してあるフィルターの様子を模式的に図2.4(a) に示す．フィルターが箱に収められていることを，正方形の枠で表現している．

どのような測定実験を行うにしても，ある決まった初期状態を持つ測定対象を最初

[‡](訳註) 粒子は短時間でフィルターを通過し，その内部の一方の径路 (チャネル) を遮断しない限り，内部で自発的な干渉喪失 (デコヒーレンス．12.2節) は起こらないものとする．

2.5. 基本原理からの帰結

に準備する必要がある (2.4.1項 ⟨p.16⟩). 元々の粒子は，その発生源から $\varphi_\pm$ の未知の線形結合状態 Ψ で放出される.

$$\Psi = \langle\varphi_+|\Psi\rangle\varphi_+ + \langle\varphi_-|\Psi\rangle\varphi_- \tag{2.23}$$

これらの粒子をビーム状にして y 軸方向に出射する. 以下に紹介する事例では，まず第1のフィルターで φ_- を遮ることにより，φ_+ 状態の粒子だけから成るビームを用意する (図2.4(b)).

実験系の後段に，状態の選別の程度を測定する検出器の一部として，もうひとつのフィルターを設置する. 検出器は粒子の到来位置を表示する撮像表示板(スクリーン)を供えており，実験者はそれを観察する (図2.4(c)).

第1の実験として，検出器を第1のフィルターのすぐ後ろに設置して観察を行う (図2.4(d)). 検出器において φ_- チャネルを遮ると，すべての粒子が検出器のフィルターを通過する. 他方，検出器において φ_+ を遮る場合には，粒子は検出器のフィルターを全く通過しない. これらの結果に対応する振幅はそれぞれ $\langle\varphi_+|\varphi_+\rangle = 1$ と $\langle\varphi_-|\varphi_+\rangle = 0$ であり，これに対応する確率 $|\langle\varphi_+|\varphi_+\rangle|^2$ と $|\langle\varphi_-|\varphi_+\rangle|^2$ も，それぞれ 1 と 0 である.

ここで $\varphi_\pm$ とは別の基本状態の組合せ $\eta_\pm$ を考えてみよう. これらは正規直交条件として $\langle\eta_+|\eta_+\rangle = \langle\eta_-|\eta_-\rangle = 1$, $\langle\eta_+|\eta_-\rangle = 0$ を満たす (図2.2(b) ⟨p.8⟩). このとき，固有値方程式 $\hat{R}\eta_\pm = \pm\eta_\pm$ を満たすエルミート演算子 $\hat{R}$ が存在して，それが $\hat{S}$ と非可換であることを容易に証明できる. そこで検出器のフィルターに必要な変更措置を加えて $\eta_\pm$ の2状態の選別を行うようにする. たとえば $\hat{R}$ をスピンの x 方向成分とするならば，検出器を y 軸の周りに 90° まわせばよい. 破線で表した箱は内部で $\eta_\pm$ 状態への分離と選別が施される η フィルターを表す (図2.4(e)).

第1のフィルターを通過した φ_+ 状態は，2番目の η フィルターを通るときにスピンの方向が変わるが，それは結果の状態があらかじめ確定していない確率過程となる. 第1のフィルターにおける状態 $\varphi_\pm$ を新たな基本状態系で展開すると，このような過程に対応する表現が得られる.

$$\varphi_\pm = \langle\eta_+|\varphi_\pm\rangle\eta_+ + \langle\eta_-|\varphi_\pm\rangle\eta_- \tag{2.24}$$

原理 3 ⟨p.14⟩ によると，検出器のフィルターを通った粒子が η_+ 状態になっている確率は $|\langle\eta_+|\varphi_+\rangle|^2$ であり，η_- 状態になっている確率は $|\langle\eta_-|\varphi_+\rangle|^2$ である. 検出器のフィルターにおいて η_- チャネルを遮断すると，粒子が η_+ 状態で検出される確率が $|\langle\eta_+|\varphi_+\rangle|^2$, 粒子が検出器のフィルターで遮られて検出されない確率が

$1-|\langle\eta_+|\varphi_+\rangle|^2 = |\langle\eta_-|\varphi_+\rangle|^2$ と与えられる。これはMalus の法則§の量子力学版であるが，一見すると古典的な結果と似ているようにも見える．しかし検出器のフィルターによる通過粒子の選別は確率的なもので，検出される個々の粒子は初めの φ_+ 状態の方向に関する情報を完全に失っている．

図2.4(e) の実験において，検出器を図5.3 (後出, p.92) のStern - Gerlach実験のような分離状態そのものの観測器に置き換えることを考えよう．ビームを古典的な波のように捉えるならば，撮像表示板上では総和強度を保って分離した 2 つのスポットが同時に現れると予想される．しかし，たとえば電子ビームを用いてこのような実験を行った場合に，素電荷の分割は決して起こらない．量子力学は，ひとつの粒子が分離観察器に入るときに，それぞれのスポット位置に，分割されていない 1 粒子が現れる確率を与える[12]．我々は古典的な波の分離を扱っているのではない．

古典論的な予想とは著しく異なる結果を与える実験を，あと 2 通り考える．検出器のフィルターを φ 型に戻し，第 1 のフィルターと検出器の間に η 型のフィルターを挿入する (図2.4(f))．第 1 のフィルターによって用意された φ_+ 状態の粒子に対し，中間のフィルターで η_+ 状態を選別して通過させる．スピンの例で言えば，たとえば第 1 のフィルターを通過した粒子は z 軸の正方向のスピン状態を持ち，中間のフィルターを通過した粒子は x 軸の正方向のスピン状態を持つ．検出器では $\varphi_\pm$ 状態のどちらかを選択して，スピンが z 軸方向の正負どちらを向いているかを検出する．ここで 2 通りの基本状態系について，式(2.24) と逆の変換式を考えると[13]，中間フィルター ($\eta_\pm$) から検出器 ($\varphi_\pm$) への過程を扱うことができる．

$$\eta_\pm = \langle\varphi_+|\eta_\pm\rangle\varphi_+ + \langle\varphi_-|\eta_\pm\rangle\varphi_- \tag{2.25}$$

この式を式(2.24) に代入して，実験に関係する項を見ると，この実験全体を対象とした場合に，検出器に $\varphi_\pm$ 状態の粒子が現れる振幅として，それぞれ次の係数因子が見いだされる[14]．

$$\langle\varphi_+|\eta_+\rangle\langle\eta_+|\varphi_+\rangle \tag{2.26}$$

$$\langle\varphi_-|\eta_+\rangle\langle\eta_+|\varphi_+\rangle \tag{2.27}$$

---

§(訳註) 光を 2 段の偏向フィルターに垂直に通すときに，偏向フィルターの透過軸方向の相対角度を θ とすると，透過光強度が $\cos^2\theta$ に比例するという法則．1808年に E. L. Malus により発見された．

[12] 粒子は後段の観測器に入射する丁度そのときに，すでに 2 通りの径路のどちらを辿るかを選んで確定するという考え方もあり得る．しかしこの解釈は図2.4(g) の実験結果と整合しない．

[13] 式(2.24) と式(2.25) の振幅は $\langle\varphi_+|\eta_\pm\rangle = \langle\eta_\pm|\varphi_+\rangle^*$，$\langle\varphi_-|\eta_\pm\rangle = \langle\eta_\pm|\varphi_-\rangle^*$ のように関係を持つ．後出の表2.1 (p.28) を参照．

[14] 素過程の振幅の積を，右側から左側へ読めば実際の順序に対応するように並べ替えてある．

2.5. 基本原理からの帰結

第 1 のフィルターにおいて φ_- 成分の粒子を除去しているにもかかわらず，検出器のフィルターからは $\varphi_\pm$ の両方の成分が現れる．古典物理において φ_- 成分の再生を説明する方法はない．この例は，互いに非可換なエルミート演算子によって表される 2 つの観測量(オブザーバブル)を同時に確定することはできないという，量子力学における基本的な規則を具現している．R の値 ($\eta_\pm$ の区別) を確定すると，それに伴って S の値 ($\varphi_\pm$ の区別) に関するそれ以前の情報は破壊されてしまう．

この実験の結果は，2.3節の原理 1 〈p.11〉とも整合する．第 2 のフィルターを通った直後の状態ベクトル η_+ は，粒子のこの時点におけるすべての可能性に関する情報を含んでおり，それ以前の粒子状態の履歴は，その後の粒子に何が起こるかということとは無関係である．第 2 のフィルターの内部に設置された遮蔽板に粒子が衝突することに伴い，粒子のそれ以前の情報は失われるのである．

この実験を，第 2 のフィルターの内部における遮蔽板を両方とも外してやり直すならば (図2.4(g))，全振幅は 2 つの中間状態が関わる振幅それぞれの和として与えられる．

$$\langle\varphi_+|\eta_+\rangle\langle\eta_+|\varphi_+\rangle + \langle\varphi_+|\eta_-\rangle\langle\eta_-|\varphi_+\rangle = \langle\varphi_+|\varphi_+\rangle = 1 \tag{2.28}$$

$$\langle\varphi_-|\eta_+\rangle\langle\eta_+|\varphi_+\rangle + \langle\varphi_-|\eta_-\rangle\langle\eta_-|\varphi_+\rangle = \langle\varphi_-|\varphi_+\rangle = 0 \tag{2.29}$$

ここでは基本状態系 $\{\eta_+,\eta_-\}$ の完全性¶を適用した (式(2.47)参照)．すべての粒子の振舞いが，式(2.28) の過程に該当し，式(2.29) の振幅は観測されない．式(2.27) と式(2.29) を比べると，後者の方が粒子の径路 (チャネル) を増やしているにも関わらず，検出される粒子が無くなっている．

最後の実験結果は，古典的な波の干渉パターンを得る実験において見られる相殺的干渉と等価なものである．古典的な干渉現象は，物理的な波の挙動と関係している．しかし波の場合とは異なり，粒子は検出器のフィルターの出口に設けられた撮像表示板上で，必ず不可分な粒(つぶ)として検出され，決して粒(つぶ)の片割れが検出されることはない．したがって，これらの実験は粒子-波動の二重性[15]を具現しており，二重性は上記のように原理 1－3 に基づいて説明される．

粒子が 2 通りの中間径路のうち，どちらを通ったかという有名な設問は，量子力学において意味をなさない．そもそも原理的に，最後の結果に影響を与えずに中間径路

¶(訳註) $\{\varphi_i\}$ を完全正規直交系とすると $\Sigma_i|\varphi_i\rangle\langle\varphi_i| = 1$ となる (式(2.46)参照)．ここでは $|\eta_+\rangle\langle\eta_+| + |\eta_-\rangle\langle\eta_-| = 1$. 正確を期するならば "完全正規直交性" (p.9 訳註参照) とする方がよいが，簡略表現として "完全性" (原書では closure property) が用いられている．
[15] 粒子が示す干渉性 (波動性) を，もっと直観的に把握しやすい 2-スリット実験の実例については 11.1 節を参照されたい．

を決定することが不可能だからである．中間径路を決定してしまうと，検出器において φ_+ だけでなく，$\varphi_\pm$ 両方の状態を検出する確率が現れる．

この実験において重要な点は，中間径路を通過する粒子が，遮蔽の有無以外に，2通りの径路間の相対的な位相を変えるような外部からの余計な擾乱 (たとえば外部電場の影響) を受けていないということである．

図2.4(f) の検出器を，ここでも Stern-Gerlach の検出器に置き換えることを考えよう．実験者は次々に検出する $\varphi_\pm$ の順序の情報も得る (ビームが含む粒子が少なく計数の時間間隔が充分に長ければ)．原理3 〈p.14〉によれば，我々が実験から抽出できる情報は相対的な確率 $|\langle\varphi_\pm|\eta_+\rangle|^2$ だけのはずなので，この順序は完全に乱雑になっている．

2.6 交換関係と不確定性原理

この節では，2つのエルミート演算子 $\hat{R}$, $\hat{S}$ の間の交換関係に伴って，それぞれに対応する物理量の値を同時に決定しようとする際に，原理的に精度の制約が生じることを示す．Heisenberg（ハイゼンベルク）が唱えた粒子の運動量と位置座標の間の不確定性原理は，任意の観測量の組合せへと一般化され，それらは演算子間の交換関係からの帰結と見なされる．

2つのエルミート演算子 $\hat{R}$ と $\hat{S}$ を考え，そこから第3の (エルミートではない) 演算子 $\hat{Q}$ を，次のように定義する．

$$\hat{Q} \equiv \hat{R} + i\lambda\hat{S} \tag{2.30}$$

λ は実定数である．次に示す正定値ノルムの自乗‡(式(2.41)参照)，

$$0 \leq \langle\hat{Q}\Psi|\hat{Q}\Psi\rangle = \langle\Psi|\hat{Q}^+\hat{Q}|\Psi\rangle$$
$$= \langle\Psi|\hat{R}^2|\Psi\rangle + i\lambda\langle\Psi|[\hat{R},\hat{S}]|\Psi\rangle + \lambda^2\langle\Psi|\hat{S}^2|\Psi\rangle \tag{2.31}$$

を，λ に関して最小化するには，

$$\lambda_{\min} = -\frac{i}{2}\frac{\langle\Psi|[\hat{R},\hat{S}]|\Psi\rangle}{\langle\Psi|\hat{S}^2|\Psi\rangle}$$
$$= -\frac{i}{2}\frac{\langle\Psi|[\hat{R},\hat{S}]^+|\Psi\rangle^*}{\langle\Psi|\hat{S}^2|\Psi\rangle}$$

---

‡(訳註) $\hat{R}^2$ も $\hat{S}^2$ もエルミート演算子であり，これらの期待値すなわち式(2.31) 2行目の第1項と第3項は実数である．全体がノルムの自乗にあたる量で実数でなければならないという制約から，第2項の $i\langle\Psi|[\hat{R},\hat{S}]|\Psi\rangle$ も実数ということになり，式(2.31) は実係数を持つ単純な λ の2次式である．

2.6. 交換関係と不確定性原理

$$= \frac{i}{2} \frac{\langle \Psi | [\hat{R}, \hat{S}] | \Psi \rangle^*}{\langle \Psi | \hat{S}^2 | \Psi \rangle} \tag{2.32}$$

と置けばよい．第 2 式においてエルミート共役の定義 (2.12) を用いた．最後の式の導出に用いた関係 $[\hat{R}, \hat{S}]^+ = -[\hat{R}, \hat{S}]$ はエルミート演算子の性質によっている (式 (2.40) 参照)．この $\lambda_{\min}$ を式 (2.31) に代入すると，

$$0 \leq \langle \Psi | \hat{R}^2 | \Psi \rangle - \frac{1}{4} \frac{|\langle \Psi | [\hat{R}, \hat{S}] | \Psi \rangle|^2}{\langle \Psi | \hat{S}^2 | \Psi \rangle} \tag{2.33}$$

すなわち，

$$\langle \Psi | \hat{R}^2 | \Psi \rangle \langle \Psi | \hat{S}^2 | \Psi \rangle \geq \frac{1}{4} |\langle \Psi | [\hat{R}, \hat{S}] | \Psi \rangle|^2 \tag{2.34}$$

という不等式が得られる．それぞれの物理量の偏差の演算子 $\hat{r}$, $\hat{s}$ を，

$$\hat{r} \equiv \hat{R} - \langle \Psi | \hat{R} | \Psi \rangle, \quad \hat{s} \equiv \hat{S} - \langle \Psi | \hat{S} | \Psi \rangle \tag{2.35}$$

と定義すると，これらの期待値はそれぞれについてはゼロである．しかしこれらの不確かさの積は，次の不等式によって下限値に制約を与えられる (標準偏差の定義は式 (2.21) 参照)．

$$\Delta r \Delta s \geq \frac{1}{2} |\langle \Psi | [\hat{r}, \hat{s}] | \Psi \rangle| \tag{2.36}$$

観測量に対応する演算子は，対象となる状態 Ψ を決めれば，式 (2.35) のような偏差の形に直すことが常に可能である．もし同じ状態 Ψ を持つ多数の量子系を準備して 2 グループに分け，一方ではそれぞれ r の測定を行い，もう一方ではそれぞれ s の測定を行うと，両者の測定結果の標準偏差 Δr と Δs の積は，必ず式 (2.36) を満たさなければならない．

2 つの観測量として位置座標と運動量を選んだ場合，式 (2.16) は Heisenberg（ハイゼンベルク）の不確定性関係 (不確定性原理) に帰着する．

$$\Delta x \Delta p \geq \frac{\hbar}{2} \tag{2.37}$$

この関係が量子力学の基本原理，特に式 (2.16) の交換関係からの直接的な帰結であることを強調しておく．これは測定器の性能をいくら改善しても決して解消できない，我々が物理系について知り得る知識に関する不可避的な制約を規定している．

系の状態が演算子 $\hat{r}$ の固有状態であるならば，観測量 r の測定によって，その固有状態に付随する固有値が得られる．この時，これと非可換な演算子 $\hat{s}$ に対応する観測量 s の値は全く決まらない ($\Delta s \to \infty$)．このような実例としては，平面波によっ

て記述される自由粒子の定常状態 (4.3節) がある．この粒子の運動量は完全な正確さで決定できるが，粒子の位置は全く特定できず，全空間に及ぶ不確かさを持つ．

式(2.36)からのもうひとつの帰結は，状態ベクトル Ψ が同時に $\hat{r}$ と $\hat{s}$ の固有状態になり得るとすると，それは両者の演算子が可換である場合に限られるということである．両者が互いに可換の場合にのみ不確定積はゼロになり得る．これらの演算子同士が可換であることに加えて，もし演算子 $\hat{s}$ の固有値状態系の部分集合を基本状態系として選んだときに，それらの基本状態に関する固有値がすべて互いに異なれば[§]，同じ状態系の部分集合によって表示した $\hat{r}$ は対角行列になる (2.7.1項〈p.30〉参照)．

Heisenberg は粒子-波動の二重性の逆理(パラドックス)を解消するために，不確定性原理を思いついた[¶]．粒子の本質的な性質として空間における完全な局在性があるが，波としての明確な性質は，粒子が決まった運動量を持つときにだけ現れる．このことに対する Heisenberg の解釈は，これら両極端の古典的な記述方法は，一方が完全に破綻するときだけに，もう一方が成立するというものであった．中間的な状況においては，どちらの描像も妥当ではない．しかしながら量子力学は (巨視的な物体の運動だけではなく) 素粒子の運動の軌跡も扱う必要がある．Heisenberg の回答は，運動量の値が $\mathbf{p}_0(t)$ 付近に，位置座標が $\mathbf{x}_0(t)$ 付近に，ある程度の範囲内で同時に収まっているような状態 Ψ を構築することが可能である，というものである．素粒子の軌跡は古典的な粒子の軌道と類似しているが，運動量の値も位置の値も，それぞれある程度の拡がり (不確かさ) を持つ．粒子が運動量 $\mathbf{p}$ を持つ振幅 $\langle \mathbf{p}|\Psi\rangle$ は，ある程度の数値範囲 $\Delta \mathbf{p}$ に及んでおり，粒子が位置 $\mathbf{x}$ に存在する振幅 $\langle \mathbf{x}|\Psi\rangle$ も，ある程度の数値範囲 $\Delta \mathbf{x}$ に分布している．そして，それらの拡がり方は，不確定性関係の制約に従っているのである [24]．

素粒子の軌跡の実例として，図2.5 に π 中間子 (pion) が炭素の原子核と反応する様子を示す [25]．軌跡のデータにおいて，その長さ，素点の密度，散乱方向を測ることにより，これらの粒子の質量，エネルギー，電荷を決定できる．π 中間子の運動エネルギーを 10 MeV とすると，π 中間子の質量 $(139\,\mathrm{MeV}/c^2)$ から，運動量は $p_\pi = 53\,\mathrm{MeV}/c$ である[‡]．軌跡に垂直な方向の位置の不確かさは，その太さから

[§] (訳註) 固有状態間の直交性が確保されているということである．互いに独立な固有ベクトルに同じ固有値が重複して付随していると，それらの固有ベクトルによって張られる (縮退した) 部分空間内で固有状態の選び方に任意性が生じるので，エルミート演算子の固有状態という条件だけからは，必ずしも直交性が保障されない．式(2.44) 参照．

[¶] (訳註) Heisenberg の動機は霧箱において観察される電子の飛跡のようなものの解釈に端を発しており (本段落後半)，むしろ粒子の描像の方を強調する形で不確定性を考察した (位置と運動量は粒子の属性であって，波動のそれではない)．この段落の前半で述べられているのは，Bohr の相補性の観点に基づく不確定性原理の再解釈と見るべきであろう (p.257参照)．

[‡] (訳註) 素粒子物理では，このような電子ボルト (eV) を基調とした単位がよく用いられる．電子質量は $m_e \approx 0.511\,\mathrm{MeV}/c^2$ ($\approx 9.11 \times 10^{-31}$ kg)，運動量については $1\,\mathrm{MeV}/c \approx$

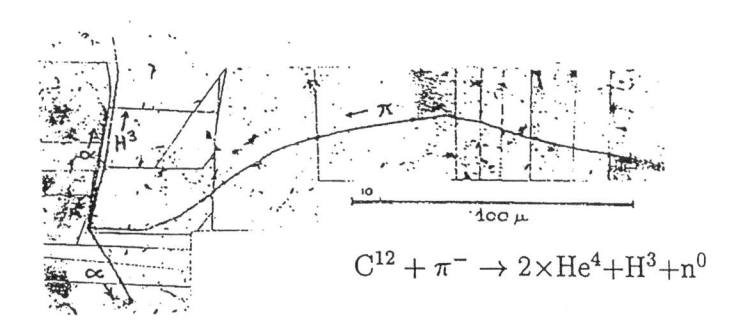

$$C^{12} + \pi^- \to 2\times He^4 + H^3 + n^0$$

図2.5　π中間子の軌跡の観測例 (原著者の許可を得て転載).

$\approx 1\,\mu m$ と推定され，この方向の運動量の不確かさは (不確定性の許容下限において) $\Delta p_\perp \approx 10^{-7}$ MeV/c 程度と想定できる．運動量の不確かさ $\Delta p_\perp/p_\pi \approx 10^{-9}$ は，割合としては非常に小さくて，目に見えるような軌跡の違いをもたらすものではない．

2.7　ヒルベルト空間と演算子*

ヒルベルト空間は，3次元ユークリッド空間を一般化したものにあたる (表2.1)．通常の空間と同様に，2つのベクトルから線形結合 $c_a\Psi_a + c_b\Psi_b$，および内積 $\langle\Psi_b|\Psi_a\rangle = c_{ab}$ をつくる操作が明確に定義されている[16]．通常の実空間では c_a, c_b, c_{ab} が実数に限定されているが，量子力学で用いるヒルベルト空間では，これらが複素数になる点が本質的な違いである．

2つのベクトルの内積がゼロになるとき，それらは互いに直交していると言う．ベクトル Ψ が，あるベクトル系の部分集合 $\{\Psi_a, \Psi_b, \ldots, \Psi_d\}$ の線形結合[17]によって表現できない場合 ($\Psi \neq c_a\Psi_a + c_b\Psi_b + \cdots + c_d\Psi_d$)，それらに対して線形独立であると称する．

上記の2つの概念に基づき，正規直交性の要請を満たす基本ベクトル系 $\{\varphi_i\}$ の定義が可能となる．その上，任意のベクトル Ψ が，基本ベクトル系の線形結合によって

5.34×10^{-22} kg·m/s である．$c \approx 2.998 \times 10^8$ m/s は光速を表す．
[16] これらの基本的な操作の定義は，ヒルベルト空間の具体化の方法によって異なる (後出，式(3.2)，式(3.4)と式(4.1)，式(4.2))．本章ではただ，それらの操作が可能であって，$\langle a|b\rangle = \langle b|a\rangle^*$，$\langle a|a\rangle \geq 0$ であることだけを仮定している．
[17] "線形結合" (linear combination) という言葉は，通常は有限個の項の結合だけを指すが，我々はこの術語の定義を，無限個の項の加算までを含むように拡張する．

表現し得るなら，その基本ベクトル系は完全性を持つと言える[18](式(2.6)参照)．一般のベクトル Ψ の，正規化した基本ベクトル φ_i との内積 $\langle i|\Psi\rangle$ は，Ψ を φ_i へ射影した成分量にあたり，Ψ が含む φ_i 状態の振幅 c_i と見なされる．表2.1 の中に，2つのベクトル Ψ_a と Ψ_b の内積，およびベクトル Ψ のノルムを，振幅 c_i を用いた表現で与えてある．

完全な基本状態系が含む状態の数は，ヒルベルト空間の次元数 ν と一致する．通常の実空間の次元数は 3 である．本書で扱うヒルベルト空間の次元数は，2から無限大までに及ぶ．

§通常の空間におけるベクトルの概念は，回転変換 $\hat{R}_\eta(\theta)$ の下での変換性によって

表2.1　通常のユークリッド実空間とヒルベルト空間の対応関係

	ユークリッド空間	ヒルベルト空間
ベクトル	$\mathbf{r}$	Ψ
重ね合わせ	$\mathbf{r} = c_a \mathbf{r}_a + c_b \mathbf{r}_b$	$\Psi = c_a \Psi_a + c_b \Psi_b$
内積	$\langle \mathbf{r}_a|\mathbf{r}_b\rangle = \mathbf{r}_a \cdot \mathbf{r}_b = c_{ab}$	$\langle \Psi_a|\Psi_b\rangle = \langle \Psi_b|\Psi_a\rangle^* = c_{ab}$
	c_a, c_b, c_{ab}：実数	c_a, c_b, c_{ab}：複素数
正規直交性	$\langle \mathbf{v}_i|\mathbf{v}_j\rangle = \delta_{ij}$	$\langle \varphi_i|\varphi_j\rangle = \langle i|j\rangle = \delta_{ij}$
次元数 ν	3	$2 \leq \nu \leq \infty$
完全性	$\mathbf{r} = \sum_i x_i \mathbf{v}_i$	$\Psi = \sum_i c_i \varphi_i$
ベクトルの成分	$x_i = \langle \mathbf{v}_i|\mathbf{r}\rangle$	$c_i = \langle \varphi_i|\Psi\rangle$
内積	$\langle \mathbf{r}_a|\mathbf{r}_b\rangle = \sum_i x_i^{(a)} x_i^{(b)}$	$\langle \Psi_a|\Psi_b\rangle = \sum_i \left(c_i^{(a)}\right)^* c_i^{(b)}$
ノルム	$\langle \mathbf{r}|\mathbf{r}\rangle^{1/2} = \left(\sum_i x_i^2\right)^{1/2}$	$\langle \Psi|\Psi\rangle^{1/2} = \left(\sum_i |c_i|^2\right)^{1/2}$
演算子	$\hat{R}_\eta(\theta) \mathbf{r}_a = \mathbf{r}_b$	$\hat{Q} \Psi_a = \Psi_b$
交換子	$\left[\hat{R}_x(\pi/2), \hat{R}_y(\pi/2)\right] \neq 0$	$[\hat{Q}, \hat{R}]$
固有値	$D_i \mathbf{v}_i = \lambda \mathbf{v}_i$	$\hat{Q} \varphi_i = q_i \varphi_i$

---

[18]関数を正規直交系で展開する例として最も馴染みのあるものは，基本関数(基本ベクトル)を $\exp(ikx)$ とするフーリエ展開である．$\{\exp(ikx)\} = \{\exp(ik_1 x), \exp(ik_2 x), \ldots\}$ は1次元空間内の自由粒子のエネルギー固有状態であり，1次元空間内の粒子の状態を表すために採用できる完全直交系である(4.3節参照)．

§(訳註) 訳者の見解では，本項のこれ以下 2つの段落の記述と表2.1 の最後の 3行は不適切であり，[ユークリッド実空間]↔[ヒルベルト空間] の対応関係としては [直交行列(回転行列を含む)]↔[ユニタリー演算子]，[実対称行列]↔[エルミート演算子] と考えるのが妥当である．量子力学において観測量に対応する演算子(固有ベクトルと固有値を持ち，これらが系の状態と測定値に対応する)はエルミート演算子であり，本文でもここまでエルミート演算子の重要性の方を強調しているので，これに対応するユークリッド空間の操作として，表2.1 の最後の三行では実対称行列による変換を提示し，これについて明確な説明を与えるべきであろう．実対称行列も

2.7. ヒルベルト空間と演算子*

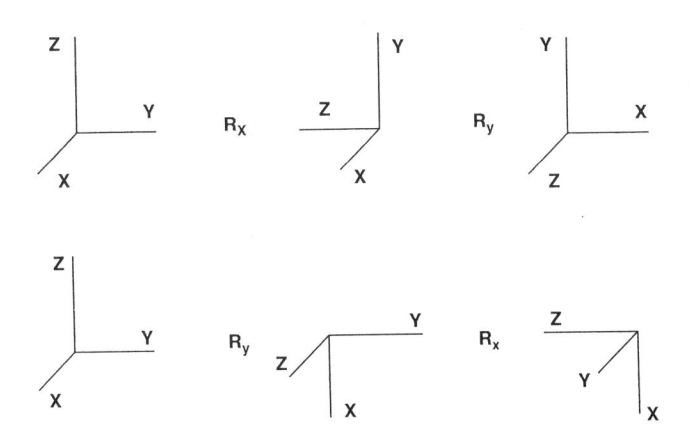

図2.6 2種類の回転 R_ν (ν 軸のまわりの $\pi/2$ の回転. ν として x と y の2種類を考える) を続けて施す操作の例. 2種類の回転を施す順序によって, 操作を終えた後の軸の向きが異なる.

規定される (η は回転軸を, θ は回転角を表す). 回転操作同士は一般に非可換であるが, このことについては, たとえば x 軸のまわりの $\pi/2$ 回転を行った後に y 軸のまわりに $\pi/2$ 回転を行う場合と, これらの操作の順序を入れ替えた場合とで比較してみれば理解できる (図2.6). ヒルベルト空間内のベクトルも, 演算子 $\hat{Q}$ を作用させることで変換される. 演算子 $\hat{Q}$ も一般に, 非可換な代数に従う. このような代数的性質を扱うために, 式(2.9)において交換子を定義したのである.

実空間における拡張変換 (dilation) $\hat{D}$ は, 元のベクトルを, それに実定数を掛けた同じ方向のベクトルへと変換する. この操作を, 式(2.10)の固有ベクトルと固有値の概念によって, さらに一般化することができる.

固有ベクトルと固有値を持ち, 固有ベクトルによって完全直交系を構成できるという性質を持つ. 拡張変換は固有値がすべて1以上の同じ値という実対称行列変換の特例にあたり, これを固有ベクトルが相互の直交性を保ったまま任意の方向を向いてよいものとして, 各固有ベクトル方向の"倍率もしくは縮小率"(固有値)が違ってもよいように一般化した変換(異方的拡張・縮小変換)が実対称行列による変換のイメージである. 互いに非可換な(すなわち固有ベクトル系の向きが互いに異なる)一般の実対称行列による連続変換は, 等方的な拡張変換とは違って, どちらの方向性を持った拡張・縮小を先に施すかによって最後の変換結果が異なる(先にどちらの方向を拡張させておくかによって, 別方向の拡張の影響は異なってくる)ことが, 観測量の非可換性の本質に対応している.

2.7.1 エルミート共役な演算子の性質*

演算子 $\hat{Q}$ に対してエルミート共役な演算子 $\hat{Q}^+$ は，式(2.12)によって定義されているが，次のような書き方も可能である．

$$\langle \Psi_b | \hat{Q} | \Psi_a \rangle = \langle \hat{Q} \Psi_a | \Psi_b \rangle^* = \langle \hat{Q}^+ \Psi_b | \Psi_a \rangle \tag{2.38}$$

以下の性質を，簡単に確認できる．

$$(\hat{Q} + c\hat{R})^+ = \hat{Q}^+ + c^* \hat{R}^+ \tag{2.39}$$

$$(\hat{Q}\hat{R})^+ = \hat{R}^+ \hat{Q}^+ \tag{2.40}$$

式(2.12)により，状態 $\hat{Q}\Psi$ のノルムは次のように表される．

$$\langle \hat{Q}\Psi | \hat{Q}\Psi \rangle^{1/2} = \langle \Psi | \hat{Q}^+ \hat{Q} | \Psi \rangle^{1/2} \tag{2.41}$$

ここで，$\hat{Q}$ がエルミート演算子 ($\hat{Q}^+ = \hat{Q}$) で，その各固有ベクトル(固有状態)が φ_i，それぞれに付随する固有値が q_i であるとする．この場合には，

$$\langle i | \hat{Q} | i \rangle = q_i \langle i | i \rangle, \quad \langle i | \hat{Q} | i \rangle^* = q_i^* \langle i | i \rangle$$

$$\langle i | \hat{Q} | i \rangle = \langle i | \hat{Q} | i \rangle^* \to q_i = q_i^* \tag{2.42}$$

となるので (式(2.12)-(2.13)参照)，エルミート演算子の固有値は必ず実数である．
次に，この固有ベクトル系を用いた非対角項を考えると，

$$\langle j | \hat{Q} | i \rangle = q_i \langle j | i \rangle, \quad \langle i | \hat{Q} | j \rangle^* = q_j^* \langle i | j \rangle^* = q_j^* \langle j | i \rangle \tag{2.43}$$

であり，式(2.12)-(2.13)により $\langle j | \hat{Q} | i \rangle = \langle i | \hat{Q} | j \rangle^*$ なので，

$$0 = (q_i - q_j) \langle j | i \rangle \tag{2.44}$$

となる．すなわち異なる固有値に属する固有状態同士は直交する．それら各々に適切な規格化係数を掛けることによって，正規直交系を作ることが可能である．正規直交系を成すこれらの各固有状態は，それぞれ位相の自由度を除いて一意的に決まる．

ひとつのエルミート演算子の固有ベクトル系によって，与えられた物理系に関する完全正規直交系を構成することができる．すなわち物理系の任意の状態を表す状態ベクトル Ψ を，必ず基本状態 φ_i の線形結合によって表現できる(式(2.6)参照)．

フィルターの機能に相当する射影演算子 (projection operator) $|i\rangle\langle i|$ を，

$$|i\rangle\langle i|\varphi_j = \langle i|j\rangle\varphi_i = \delta_{ij}\varphi_i \tag{2.45}$$

のように定義する．$\{\varphi_i\}$ の完全性により，任意の Ψ に関して，

$$\sum_i |i\rangle\langle i| \Psi = \Psi \tag{2.46}$$

となる．すなわち単位演算子 (無変換演算子) を $\sum_i |i\rangle\langle i|$ と表現することができる．この性質は基本状態系の完全正規直交性からの帰結である．エルミート演算子同士の積の行列要素は，すべての可能な中間状態を間に入れて作った個別のエルミート演算子の行列要素の積を，すべて足し合わせることによって計算できる．

$$\langle i|\hat{Q}\hat{R}|j\rangle = \sum_k \langle i|\hat{Q}|k\rangle\langle k|\hat{R}|j\rangle \tag{2.47}$$

2.7.2　ユニタリー変換*

式(2.15) に与えたユニタリー行列 $(\mathcal{U}_{ai}) = (\langle\varphi_i|\eta_a\rangle) = (\langle i|a\rangle)$ は，基本状態系 $\{\varphi_i\}$ を別の基本状態系 $\{\eta_a\}$ に変換する．このような行列は，物理的な観測量には対応せず，エルミート行列ではない．

式(2.15) の (もしくは式(3.14)，後出) 逆変換は，次のように与えられる．

$$\varphi_i = \sum_a \langle a|i\rangle \eta_a \tag{2.48}$$

したがってユニタリー行列の逆変換行列 $\mathcal{U}^{-1}$ は，元の変換行列 $\mathcal{U}$ の転置行列にあたる．

$$\mathcal{U}^{-1} = (\langle a|i\rangle) = \mathcal{U}^+, \quad \mathcal{U}^+\mathcal{U} = \mathcal{U}\mathcal{U}^+ = \mathcal{I} \tag{2.49}$$

$\mathcal{I}$ は単位行列を表す．本来，式(2.49) を満たす行列をユニタリー行列と称する (式(2.14)参照)．式(2.49) により，次の関係が得られる．

$$\sum_i \langle a|i\rangle\langle i|b\rangle = \langle a|b\rangle = \delta_{ab}$$

$$\sum_a \langle i|a\rangle\langle a|j\rangle = \langle i|j\rangle = \delta_{ij} \tag{2.50}$$

各基本状態を $\eta = \hat{\mathcal{U}}\varphi$ によって変換すると，物理量を表す演算子 $\hat{Q}$ を作用させたベクトルの変換 $\hat{\mathcal{U}}\hat{Q}\varphi$ は，

$$\hat{\mathcal{U}}\hat{Q}\varphi = \hat{\mathcal{U}}\hat{Q}\hat{\mathcal{U}}^+\hat{\mathcal{U}}\varphi = \hat{R}\eta \tag{2.51}$$

となるので，演算子の変換規則は次のように与えられる．

$$\hat{R} = \hat{U}\hat{Q}\hat{U}^+ \tag{2.52}$$

ユニタリー変換の前後では，ベクトルのノルム以外に，演算子を行列表示したときの行列式 (determinant) や対角和 (trace)(トレース) も保存する．

$$\begin{aligned}\det(\langle a|\hat{R}|b\rangle) &= \det(\langle i|\hat{Q}|j\rangle) \\ \mathrm{trace}(\hat{Q}) &\equiv \sum_i \langle i|\hat{Q}|i\rangle = \mathrm{trace}(\hat{R}) \equiv \sum_a \langle a|\hat{R}|a\rangle\end{aligned} \tag{2.53}$$

2.8 確率論の概念*

確率論 (probability theory) では，ある試行事象の結果として q_i が得られる確からしさ (確率) P_i を論じる．確率は次式で定義される．

$$P_i \equiv \lim_{N\to\infty} \frac{n_i}{N} \tag{2.54}$$

ここでは N 回の試行結果のうち，q_i という結果が得られた回数を n_i と書いており，$N \equiv \sum_i n_i$ である．$N \to \infty$ という極限操作を実際に行うことは不可能だが，確率を論じるには，結果のゆらぎを抑制するために，充分に試行回数 N を多くしておく必要がある．

P_i として許容される数値の範囲は，

$$0 \leq P_i \leq 1 \tag{2.55}$$

である．もし $P_i = 0$ であれば，それは q_i という結果が絶対に得られないことを表す．$P_i = 1$ であれば，毎回の試行において必ず q_i という結果が得られる．

2 つの試行事象 A と B が統計的に互いに独立であるとすると，前者の結果として q_{Ai}，後者の結果として q_{Bj} を併せて得る確率は，それぞれの確率の積によって与えられる¶．

$$P_{(Ai \text{ and } Bj)} = P_{Ai} P_{Bj} \tag{2.56}$$

¶ (訳註) この部分では記号の使い方を原書と変えている．原書では「2 つの試行 (i, j) が…」となっており，式(2.56) は $P_{(i \text{ and } j)} = P_i P_j$ だが，これでは "2 つの試行事象" の意味が正しく伝わらない恐れがあるので，訳者の判断で試行を識別する A，B の記号を導入してある．具体的には，たとえばサイコロ A とサイコロ B を同時に振って，それぞれ出た目の数を結果と見なすと，$q_{A1} = 1, q_{B2} = 2, \ldots, q_{A6} = 6, q_{B1} = 1, q_{B2} = 2, \ldots, q_{B6} = 6$ で，$P_{(A1 \text{ and } B1)} = P_{A1} P_{B1} = (1/6)^2$, $P_{(A1 \text{ or } B1)} = P_{A1} + P_{B1} = 1/6 + 1/6$ といったことである．

また，2つの事象が相互に排他的であれば，q_{Ai} または q_{Bj} の結果を得る確率は，それぞれの確率の和で表される．

$$P_{(Ai \text{ or } Bj)} = P_{Ai} + P_{Bj} \tag{2.57}$$

P_i ($i = 1, 2, \ldots$) の一連の値をまとめたものを (離散的な) 確率分布と呼ぶ．2.4 節に用いた平均 $\langle Q \rangle$，平方平均の平方根 $\langle Q^2 \rangle^{1/2}$，標準偏差 (standard deviation) ΔQ は，以下に示す式によって与えられる．

$$\langle Q \rangle = \sum_i q_i P_i$$

$$\langle Q^2 \rangle^{1/2} = \left(\sum_i q_i^2 P_i \right)^{1/2}$$

$$\Delta Q = \langle (Q - \langle Q \rangle)^2 \rangle^{1/2} = \left(\langle Q^2 \rangle - \langle Q \rangle^2 \right)^{1/2} \tag{2.58}$$

試行結果として得られる値が q_i ($i = 1, 2, \ldots$) のように離散的ではなく，位置座標 x のように連続的であれば，和 $\sum_i$ が積分 $\int dx$ に置き換わり，確率分布 P_i の代わりに，次の性質を持つ確率密度分布 $\rho(x)$ が適用される．

$$1 = \int_{-\infty}^{\infty} \rho(x) dx, \quad \langle Q \rangle = \int_{-\infty}^{\infty} q(x) \rho(x) dx \tag{2.59}$$

練習問題　(＊略解 p.265)

＊問1　状態 Ψ が，$\Psi = c_1 \Psi_1 + c_2 \Psi_2$ のように2つの状態の線形結合で与えられている．振幅 c_1 と c_2 は任意の複素数で，Ψ_1 と Ψ_2 は規格化されている．

1. $\langle 1|2 \rangle = 0$ を仮定して状態 Ψ を規格化せよ．
2. Ψ で表される状態を持つ系が，状態 Ψ_1 にある確率 (状態 Ψ_1 と状態 Ψ_2 を区別する測定によって Ψ_1 に移行する確率) を求めよ．

＊問2　状態 Ψ について問1と同様の仮定を置くが，ここでは $\langle 1|2 \rangle = c \neq 0$ とする．

1. Ψ_1 に対して直交し，規格化された線形結合状態 $\Psi_3 = \lambda_1 \Psi_1 + \lambda_2 \Psi_2$ を求めよ．
2. ベクトル Ψ を，Ψ_1 と Ψ_3 の線形結合によって表せ．

問3　式(2.39) と式(2.40) を証明せよ．ヒント：演算子 $\hat{Q}$, $\hat{R}$ に対して逐次，エルミート共役の定義を適用せよ．たとえば $\langle \Psi_b | \hat{Q} \hat{R} | \Psi_a \rangle = \langle \hat{R} \Psi_a | \hat{Q}^+ | \Psi_b \rangle^*$ から始めればよい．

問4　次の関係式を証明せよ．

$$[\hat{Q}, \hat{R}] = -[\hat{R}, \hat{Q}], \quad [\hat{Q}\hat{R}, \hat{S}] = [\hat{Q}, \hat{S}]\hat{R} + \hat{Q}[\hat{R}, \hat{S}] \tag{2.60}$$

*問5 1粒子の位置座標 $\hat{x}$ とハミルトニアン (2.17) の交換関係を求めよ．その結果から，1粒子系において位置とエネルギーを同時に決定できるかどうかを論じてみよ．

*問6 以下の交換関係を求めよ．

1. $[\hat{p}^n, \hat{x}]$．n は整数とする．
2. $[f(\hat{p}), \hat{x}]$．ヒント：$f(\hat{p})$ を $\hat{p}$ について冪展開して上記 1 の結果を適用せよ．

問7 交換関係 (2.16) が，$\hat{x}$ と $\hat{p}$ がエルミート演算子であるという事実と整合することを証明せよ．

*問8 $\{\varphi_i\}$ を基本状態系 (完全正規直交系) とする．

1. 任意の状態 Ψ に対する演算子 $\hat{R} = \sum_i |i\rangle\langle i|$ の作用を計算せよ．
2. $\hat{Q}\varphi_i = q_i\varphi_i$ が満たされているものと仮定して，演算子 $\hat{R} \equiv \prod_i(\hat{Q} - q_i)$ の任意状態 Ψ への作用を計算せよ．

*問9 1粒子系ハミルトニアン (2.17) の固有ベクトルで構成した基本状態系によって演算子 $\hat{p}$ と演算子 $\hat{x}$ の行列要素をつくる．そのときの両者の間の関係を見いだせ．

*問10 次のような固有値方程式，

$$\hat{F}\varphi_1 = f_1\varphi_1; \quad \hat{F}\varphi_2 = f_2\varphi_2; \quad \hat{G}\eta_1 = g_1\eta_1; \quad \hat{G}\eta_2 = g_2\eta_2$$

の下で，各固有状態の間に次のような関係が成立している．

$$\varphi_1 = \frac{1}{\sqrt{5}}(2\eta_1 + \eta_2); \quad \varphi_2 = \frac{1}{\sqrt{5}}(\eta_1 - 2\eta_2)$$

1. 観測量 F と G の値を同時に決定することは可能か？
2. F を測定して固有値 f_1 を得たとする．その直後に G と F の測定を (この順序で) 行った．想定し得る各結果と，それぞれの確率を求めよ．

*問11 運動量演算子の固有状態を φ_p として，物理系の状態が次のように与えられていると仮定する．

$$\Psi = \frac{1}{\sqrt{6}}(\varphi_{2p} + \varphi_p) + \sqrt{\frac{2}{3}}\varphi_{-p}$$

1. 運動エネルギー K を測定した場合に，想定し得る各結果と，それぞれの確率を求めよ．
2. 運動エネルギーの期待値と，標準偏差を計算せよ．
3. 測定の結果，固有値 $k_p = p^2/2M$ が得られたとする．そのとき状態ベクトルはどうなっているか？

練習問題 (第 2 章)

*問12 不確定性関係 (2.37) の下で，自動車の速度と位置の測定精度として許容される数値の組合せの例を m.k.s. 単位系で評価してみよ．

*問13 10 MeV の陽子ビームを，5 mm 径の穴を通すことによって絞る．

1. 全エネルギー拡がり $\Delta E \approx 10^{-3}$ MeV に対して，不確定性原理によるエネルギー拡がり ΔE_H が無視できることを示せ．

2. ビームと垂直な y 方向の運動量が，不確定性原理の制約だけから決まっていると仮定すると，陽子がビーム内で y 方向に 5 mm 移動する (横切る) には，ビームの向きに沿った移動距離 x はどれだけ必要か．

第 3 章 Heisenberg形式

本章では量子力学の原理を最も単純に具体化する方法を提示する．すなわち列ベクトルによって状態ベクトルを表し，正方行列によって演算子を表す．この形式は有限次元ヒルベルト空間において状態を表現できる物理系の定式化に適している．しかし無限次元ヒルベルト空間において記述される調和振動子についても，この形式の下で扱うことが可能である．

3.1 行列形式

3.1.1 ヒルベルト空間の具体的表示

Heisenberg形式（ハイゼンベルク）において，状態ベクトル Ψ は，各基本状態の複素振幅 c_j を，各行にひとつずつ置いた列ベクトルの形で表現される．

$$\Psi = (c_i) \equiv \begin{pmatrix} c_a \\ c_b \\ \vdots \\ c_\nu \end{pmatrix} \tag{3.1}$$

行数がヒルベルト空間の次元数を表す．2つの列ベクトルの線形結合によって，もうひとつの列ベクトルが形成されるが，これは各行の振幅を共通の係数を用いて線形結合することによって作られる．

$$\alpha_B \Psi_B + \alpha_C \Psi_C = (\alpha_B b_i + \alpha_C c_i) = \begin{pmatrix} \alpha_B b_a + \alpha_C c_a \\ \alpha_B b_b + \alpha_C c_b \\ \vdots \\ \alpha_B b_\nu + \alpha_C c_\nu \end{pmatrix} \tag{3.2}$$

内積を作るためには，Ψ に対して共役な行ベクトル Ψ^+ を定義しておく必要がある．

$$\Psi^+ = (c_a^*, c_b^*, \ldots, c_\nu^*) \tag{3.3}$$

2つのベクトル Ψ_B と Ψ_C の内積は，Ψ_B に共役な行ベクトル Ψ_B^+ と，列ベクトル Ψ_C の積によって定義される．

$$\langle \Psi_B | \Psi_C \rangle = \sum_{i=a}^{\nu} b_i^* c_i$$

$$\langle \Psi | \Psi \rangle = \sum_{i=1}^{\nu} |c_i|^2 = 1 \quad \text{(規格化条件)} \tag{3.4}$$

ひとつの有用な基本状態の組 (完全正規直交系) として，j 番目の振幅が $c_j = \delta_{ij}$ である列ベクトル φ_i の組合せ $\{\varphi_i\}$ が考えられる．この基本状態系を用いると，任意のベクトル (3.1) が，次のように展開される．

$$\Psi = c_a \begin{pmatrix} 1 \\ 0 \\ \vdots \\ 0 \end{pmatrix} + c_b \begin{pmatrix} 0 \\ 1 \\ \vdots \\ 0 \end{pmatrix} + \cdots + c_\nu \begin{pmatrix} 0 \\ 0 \\ \vdots \\ 1 \end{pmatrix} \tag{3.5}$$

表2.1 〈p.28〉に示されたすべての性質を，これらの基本列ベクトルの枠組みの中で再現することができる．

演算子は正方行列によって表される．

$$\hat{Q} = (\langle i | \hat{Q} | j \rangle) \equiv \begin{pmatrix} \langle a|\hat{Q}|a\rangle & \langle a|\hat{Q}|b\rangle & \cdots & \langle a|\hat{Q}|\nu\rangle \\ \langle b|\hat{Q}|a\rangle & \langle b|\hat{Q}|b\rangle & \cdots & \langle b|\hat{Q}|\nu\rangle \\ \vdots & \vdots & \ddots & \vdots \\ \langle \nu|\hat{Q}|a\rangle & \langle \nu|\hat{Q}|b\rangle & \cdots & \langle \nu|\hat{Q}|\nu\rangle \end{pmatrix} \tag{3.6}$$

物理的な観測量に対応する行列は，エルミート行列である (式(2.12))．初期状態を選ぶ番号 j が列番号となり，終状態 i を選ぶ番号が行番号となる[‡]．$a,b,\ldots,\nu$ の順序は，行と列で同じ順序を採用する限りにおいて (すなわち同じ状態で挟んだ $\langle i|\hat{Q}|i\rangle$ のような要素が対角要素となるようにしておけば) どのような順序にしても構わない．行列要素 $\langle i|\hat{Q}|j\rangle$ は式(2.11)に従って与えられる．$\{\varphi_i\}$ を基本状態系とすると，この状態系で $\hat{Q}\varphi_i$ を展開したときの係数が $\hat{Q}$ の行列要素にあたる．

$$\hat{Q}\varphi_i = \sum_j c_j^{(i)} \varphi_j \quad \rightarrow \quad \langle j|\hat{Q}|i\rangle = c_j^{(i)} \tag{3.7}$$

[‡](訳註) 式(2.26)-(2.27) のところで見たように，右側のブラを初めの状態 (測定や弁別操作や摂動が施される前の状態)，左側のケットを後の状態と捉えることが多い．(9.4節も参照．)

列ベクトルに行列を掛けると，通常は別の列ベクトルになり，その成分は次のように変換される．

$$\Psi_B = \hat{Q}\Psi_C \leftrightarrow b_i = \sum_j \langle i|\hat{Q}|j\rangle c_j \tag{3.8}$$

行列同士の積は，行列になる．

$$\hat{S} = \hat{Q}\hat{R} \leftrightarrow \langle i|\hat{S}|j\rangle = \sum_k \langle i|\hat{Q}|k\rangle\langle k|\hat{R}|j\rangle \tag{3.9}$$

上式は基本状態系の完全性に基づく式(2.47)と整合している．行列同士の掛け算は一般に非可換であるが，これは量子力学的な演算子の表示として相応しい性質である．

3.1.2 固有値方程式の解

固有値方程式(2.10)は，行列形式において次のように表される．

$$\begin{pmatrix} \langle a|\hat{Q}|a\rangle & \langle a|\hat{Q}|b\rangle & \cdots & \langle a|\hat{Q}|\nu\rangle \\ \langle b|\hat{Q}|a\rangle & \langle b|\hat{Q}|b\rangle & \cdots & \langle b|\hat{Q}|\nu\rangle \\ \vdots & \vdots & \ddots & \vdots \\ \langle \nu|\hat{Q}|a\rangle & \langle \nu|\hat{Q}|b\rangle & \cdots & \langle \nu|\hat{Q}|\nu\rangle \end{pmatrix} \begin{pmatrix} c_a \\ c_b \\ \vdots \\ c_\nu \end{pmatrix} = q \begin{pmatrix} c_a \\ c_b \\ \vdots \\ c_\nu \end{pmatrix} \tag{3.10}$$

これは ν 本の連立斉一次方程式§と等価である (i の個数が式の数に対応する).

$$\sum_{j=1}^{\nu} \langle i|\hat{Q}|j\rangle c_j = qc_i \tag{3.11}$$

固有値 q と列ベクトルの各成分振幅 c_i が，決定すべき未知数である[1]．

式(3.11)の解は，行列 $(\langle i|\hat{Q}|j\rangle)$ が対角行列として表されるような基本ベクトル系による表示を採用すれば容易に得られる．$(\langle i|\hat{Q}|j\rangle)$ が対角行列ならば，$\langle i|\hat{Q}|j\rangle = \delta_{ij}q_i$

---

§(訳註) "斉一次方程式"は 'linear homogeneous equation' の訳語にあたる．"斉"もしくは"斉次"(homogeneous)は，式が 1 次項だけから成り，0 次項 (定数項) を含まないことを意味する．'linear' を"線形"と訳したり"一次"と訳したりしているが，意味の上で区別はない．他の語との組合せの慣用性を考慮して訳し分けている (たとえば訳者には"連立一次方程式"は慣用的だが"連立線形方程式"は慣用的でないように思われる)．

[1] この式は，一般的な固有値方程式 $\hat{Q}\Psi = q\Psi$ の両辺に，式(2.6) の展開を適用することによって，直接に得ることもできる．$\Sigma_j c_j \hat{Q}\varphi_j = q\Sigma_j c_j \varphi_j$ となるので，両辺の φ_i との内積を取ると，式(3.11) になる．

すなわち各固有値が対角要素として並ぶ．i番目の固有ベクトルの成分は，式(3.5)で見たように $c_j = \delta_{ij}$ と与えられる．たとえば $i = 2$ 番目の固有ベクトルに関して，

$$\begin{pmatrix} q_1 & 0 & \cdots & 0 \\ 0 & q_2 & \cdots & 0 \\ \vdots & \vdots & \ddots & \vdots \\ 0 & 0 & \cdots & q_\nu \end{pmatrix} \begin{pmatrix} 0 \\ 1 \\ \vdots \\ 0 \end{pmatrix} = q_2 \begin{pmatrix} 0 \\ 1 \\ \vdots \\ 0 \end{pmatrix} \tag{3.12}$$

となる．連立斉一次方程式(3.11)には自明な解 $c_i = 0 \ (i = 1, 2, \ldots, \nu)$ があるが，これを除いて考える．自明でない解が存在するためには，行列式がゼロでなければならない．

$$\det\left(\langle i|\hat{Q}|j\rangle - q\delta_{ij}\right) = 0 \tag{3.13}$$

上式は q に関する ν 次方程式である．ここから得られる ν 個の解が，演算子 $\hat{Q}$ の固有値となる．

式(3.13)のように行列式がゼロになるということは，式(3.11)の ν 本の式のうちのひとつが，残りの $\nu - 1$ 本の式の線形結合によって与えられることを意味する．したがって任意の1本の式を省き（たとえば行列の最後の行に対応する式を省く），残りの式を c_a で割ると $\nu - 1$ 本の非斉次連立一次方程式が得られ，各固有値 q に対して比 $c_b/c_a, c_c/c_a, \ldots, c_\nu/c_a$ が定まる[2]．さらに規格化条件(3.4)によって $|c_a|^2$ の値が決まり，固有ベクトルの各成分振幅は，ベクトル全体に掛かる位相因子の自由度を除いて確定する．全体の位相因子は物理的な意味を持たないが，ベクトルの中の各振幅相互の位相差は物理的に重要であることを注意しておく．

行列の対角化の際に，新たな基本状態系 $\{\eta_a\}$ を導入する必要がある．それぞれの新たな基本状態は，元の基本状態 φ_i の線形結合の形で表現できる．

$$\eta_a = \sum_i \langle i|a\rangle \varphi_i \tag{3.14}$$

基本状態を変換（ユニタリー変換）する各振幅 $\langle i|a\rangle$ は式(2.14)で定義してあるようなユニタリー行列 $\mathcal{U} = (\langle i|a\rangle)$ の要素を構成する．この要素の絶対値の自乗 $|\langle a|i\rangle|^2$ は，物理系の状態が η_a であるときに $\{\varphi_i\}$ を固有ベクトル系として持つような演算子に対応する観測量の測定を行って，固有ベクトル φ_i に付随する固有値 q_i を測定値として得る確率でもあるし，また物理系の状態が φ_i であるときに $\{\eta_a\}$ を固有ベクトル系として持つような観測量の測定を行って，η_a に付随する固有値 r_a を測定値として得る確率でもある．

---

[2] 式(3.13)のいくつかの解（固有値）が重根となって一致する場合，非斉次の連立一次方程式を得るために，更に式の本数を減らさなければならない．

3.1.3 2 × 2 行列の応用

対角化されているエルミート行列の例として、スピンの z 成分を表す、

$$\hat{S}_z = \frac{\hbar}{2}\begin{pmatrix} 1 & 0 \\ 0 & -1 \end{pmatrix} \tag{3.15}$$

を考えると (5.2.2項 〈p.93〉)、基本ベクトルにあたるスピンが上向き (z の正方向) と下向き (z の負方向) の状態の固有ベクトルは、次のように表される。

$$\varphi_{\uparrow z} \equiv \varphi_{(S_z=\hbar/2)} = \begin{pmatrix} 1 \\ 0 \end{pmatrix}, \quad \varphi_{\downarrow z} \equiv \varphi_{(S_z=-\hbar/2)} = \begin{pmatrix} 0 \\ 1 \end{pmatrix} \tag{3.16}$$

次に、スピン系に限らず、一般の 2 状態系に作用する 2×2 エルミート行列、

$$\begin{pmatrix} \langle a|\hat{Q}|a\rangle & \langle a|\hat{Q}|b\rangle \\ \langle b|\hat{Q}|a\rangle & \langle b|\hat{Q}|b\rangle \end{pmatrix} \tag{3.17}$$

を対角化することを考えてみよう。永年方程式(3.13) から求まるエルミート行列の 2 つの固有値 q_+ と q_- は、

$$q_{\pm} = \frac{1}{2}\left(\langle a|\hat{Q}|a\rangle + \langle b|\hat{Q}|b\rangle\right) \pm \frac{1}{2}\sqrt{\left(\langle a|\hat{Q}|a\rangle - \langle b|\hat{Q}|b\rangle\right)^2 + 4\left|\langle a|\hat{Q}|b\rangle\right|^2} \tag{3.18}$$

であり、行列の 2 つの固有ベクトルの成分振幅は、次のように与えられる。

$$\left.\frac{c_b}{c_a}\right|_{\pm} = \frac{q_{\pm} - \langle a|\hat{Q}|a\rangle}{\langle a|\hat{Q}|b\rangle}, \quad (c_a)_{\pm} = \left(1 + \left|\frac{c_b}{c_a}\right|_{\pm}^2\right)^{-1/2} \tag{3.19}$$

ここで、可変のパラメーターを含むエルミート行列の例として、対角和(トレース)をゼロと想定して $\langle a|\hat{Q}|a\rangle = Q$, $\langle b|\hat{Q}|b\rangle = -Q$ と置き¶、$\langle a|\hat{Q}|b\rangle = \langle b|\hat{Q}|a\rangle = 2$ としたときの 2 つの固有値 $q_{\pm}$ を、Q の関数として図3.1に示す。q_+ の値は常に $|Q|$ を上回り、q_- は常に $-|Q|$ を下回る。$\langle a|\hat{Q}|b\rangle \neq 0$ であれば Q を変えても 2 つの固有値は交わることなく乖離した状態を保つ。$\Delta = q_+ - |Q| = \sqrt{Q^2 + |\langle a|\hat{Q}|b\rangle|^2} - |Q|$ は、演算子 $\hat{Q}$ の固有値の大きい方が、状態 φ_a と φ_b が $\hat{Q}$ を介して重なり合う効果 (遷移) によって増加する量を表しており、$Q = 0$ の点 ($\langle a|\hat{Q}|a\rangle, \langle b|\hat{Q}|b\rangle \to 0$) において最大になる。

¶(訳註) ここでパラメーター Q をかなり唐突に導入しているが、本質的な意味合いは、対角要素間の差を決める (変える) ような物理系のパラメーター (設定を可変と見なす) ということである。対角和をゼロと置いたり、非対角要素を Q に全く依存しない定数 ($= 2$) と置いたりしているのは、簡単な計算例を提示するための便宜的・恣意的な措置である。次の脚註も参照。

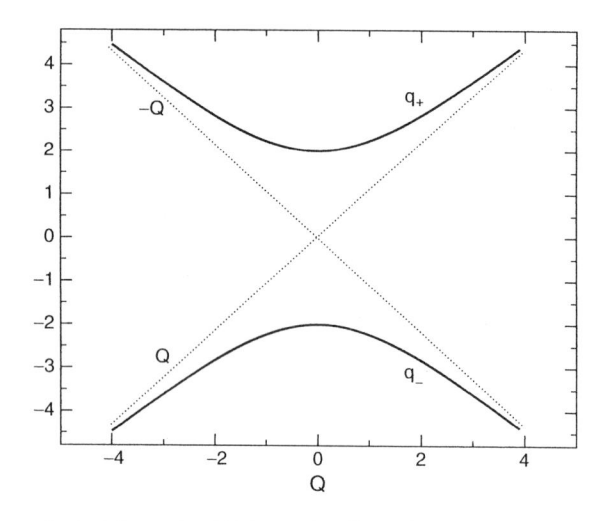

図3.1　2×2 系の固有値 $q_\pm$ を，対角行列要素の差の $1/2$ にあたるパラメーター Q の関数として示した固有値曲線 (実線).

　自然界において 2 つの基本状態を持つ物理系の例は多い[3]．代表例として，ひとつの電子と 2 つの陽子の系 (H_2^+) がある．電子に対して陽子は遥かに重いので，陽子の運動を無視する近似は理に適っている．2 つの状態 φ_a と φ_b は，それぞれの陽子に電子が束縛された状態を表す．すなわち基本状態は，ひとつの水素原子と単独の陽子が共存する状態である．この場合はハミルトニアン $\hat{H}$ が，式(3.17) と式(3.18) における $\hat{Q}$ の役割を果たす．φ_a と φ_b が重なり合って生じる余分の束縛エネルギー Δ が，分子としての束縛状態を許容することになる．したがってイオン化した水素分子が安定して存在できることは，純粋に量子力学的な効果に因っている．8.4.1項 ⟨p.168⟩ でもこの問題を論じる予定である.

　非対角行列で表される演算子の別の単純な例として，スピンの x 成分 $\hat{S}_x$ (式(5.23) 参照) を取り上げると，式(3.18) と式(3.19) を容易に計算できる.

---

[3] 実際には多状態系であっても，そのうち 2 つの状態の固有値が他の固有値から充分に離れていて，それを非交差則 (no-crossing rule) が適用できる 2 状態系と見なせる場合が多い．2.5 節も参照．(以下訳註) 物理系を特徴づけるパラメーターをひとつ含んだ 2 状態系ハミルトニアンの下で，通常はパラメーターを変えていっても 2 つのエネルギー準位 (固有値) が交わらないことを非交差則と呼ぶ．最も代表的な例は，この段落でも言及されているような 2 原子分子における電子状態を，原子間距離をパラメーターとして表した系である．物理系のパラメーターを動かしても，大抵の場合は永年方程式が重根を持つ条件である $\langle a|\hat{Q}|a\rangle = \langle b|\hat{Q}|b\rangle$ と $\langle a|\hat{Q}|b\rangle = 0$ (式(3.18)参照) を同時に満足できない．しかし例外的にこの条件を満たし得る系も無いわけではなく，そのような固有値の縮退は偶然縮退と呼ばれる．

3.1. 行列形式

$$\hat{S}_x = \frac{\hbar}{2}\begin{pmatrix} 0 & 1 \\ 1 & 0 \end{pmatrix} \tag{3.20}$$

式(3.18)により固有値は $S_x = \pm\hbar/2$ と求まり，これらに対応する固有ベクトルは次のように与えられる．

$$\begin{aligned}\boldsymbol{\eta}_{\uparrow x} &= \frac{1}{\sqrt{2}}\begin{pmatrix} 1 \\ 1 \end{pmatrix} = \frac{1}{\sqrt{2}}\boldsymbol{\varphi}_{\uparrow z} + \frac{1}{\sqrt{2}}\boldsymbol{\varphi}_{\downarrow z} \\ \boldsymbol{\eta}_{\downarrow x} &= \frac{1}{\sqrt{2}}\begin{pmatrix} 1 \\ -1 \end{pmatrix} = \frac{1}{\sqrt{2}}\boldsymbol{\varphi}_{\uparrow z} - \frac{1}{\sqrt{2}}\boldsymbol{\varphi}_{\downarrow z}\end{aligned} \tag{3.21}$$

これらの式は $\hat{S}_x$ の 2 つの固有状態を $\hat{S}_z$ の固有状態 (3.16) によって表現している．状態 $\boldsymbol{\eta}_{\uparrow x}$ と状態 $\boldsymbol{\eta}_{\downarrow x}$ はどちらも，スピンの z 成分を測定したときに，上向き状態になる確率と下向き状態になる確率を等しく含んでいる．しかし各振幅の符号の相対関係の違いが，2 つの固有状態を区別する重要な意味を持つ．

ユニタリー変換行列，

$$\mathcal{U} = \frac{1}{\sqrt{2}}\begin{pmatrix} 1 & 1 \\ 1 & -1 \end{pmatrix} \tag{3.22}$$

は，式(3.14) に従って，演算子 $\hat{S}_z$ の固有状態の組にあたる基本ベクトル系を，$\hat{S}_x$ の固有状態の基本ベクトル系へと変換する．

$$\mathcal{U}\begin{pmatrix} 1 \\ 0 \end{pmatrix} = \frac{1}{\sqrt{2}}\begin{pmatrix} 1 \\ 1 \end{pmatrix}, \quad \mathcal{U}\begin{pmatrix} 0 \\ 1 \end{pmatrix} = \frac{1}{\sqrt{2}}\begin{pmatrix} 1 \\ -1 \end{pmatrix} \tag{3.23}$$

同じ変換の下で，演算子 $\hat{S}_z$ は，次のように演算子 $\hat{S}_x$ に変換される (式(2.52))．

$$\begin{pmatrix} 0 & 1 \\ 1 & 0 \end{pmatrix} = \mathcal{U}\begin{pmatrix} 1 & 0 \\ 0 & -1 \end{pmatrix}\mathcal{U}^+ \tag{3.24}$$

スピン成分の演算子 $\hat{S}_z$ から $\hat{S}_x$ へのユニタリー変換の前後で，演算子を表現する行列の対角和(トレース)は不変で，ゼロを保っている．変換前の $\hat{S}_z$ の固有値と変換後の $\hat{S}_x$ の固有値は同じ組合せになっているが，この結果は物理的な理由から予想されることである．すなわち固有値は，採用する座標系には依存しない物理的な意味を持っており，等方的な空間において導入する座標系に回転を施しても，物理的な実体の性質とは無関係である．

3.2 調和振動子

ここで調和振動子 (harmonic oscillator) の問題を解く[‡]ことにするが，これは2.3節に示した基本原理から直接に求められる．1次元調和振動子のエネルギーを表すハミルトニアンは，次のように与えられる．

$$\hat{H} = \frac{1}{2M}\hat{p}^2 + \frac{M\omega^2}{2}\hat{x}^2 \tag{3.25}$$

ω は古典的な角振動数にあたる (図3.2 参照)．

調和振動子のポテンシャルは物理学において，おそらく最も広範に利用されているポテンシャルの形である．一般に，安定状態の近傍のポテンシャルは，このポテンシャルモデルで表現できる (分子の振動運動 (8.28) など)．

問題にあたる際には，まずそこに含まれる諸量の大きさの目安を見いだしておくと都合がよい．このためにHeisenberg(ハイゼンベルク)の不確定性原理 (2.37) を利用する．調和振動子のエネルギーの式において $\hat{x} \to \Delta x$, $\hat{p} \to \hbar/2\Delta x$ と置き換えてみると，

$$E \geq \frac{\hbar^2}{8M(\Delta x)^2} + \frac{M\omega^2(\Delta x)^2}{2} \tag{3.26}$$

となり，右辺を Δx に関して最小化すると，最低エネルギーを与える Δx が，

$$(\Delta x)_{\min} = \sqrt{\frac{\hbar}{2M\omega}} \tag{3.27}$$

と求まる．これを参考にして (1 程度の定係数は適宜除く) 調和振動子を特徴づける諸量を次のように設定することができる．

$$x_c = \sqrt{\frac{\hbar}{M\omega}}, \quad p_c = \sqrt{\hbar M\omega}, \quad E_c = \hbar\omega \tag{3.28}$$

[‡](訳註) 初等量子力学において「…の問題を解く」とは，"…"のハミルトニアンの固有値方程式を解いて，エネルギー固有値とエネルギー固有状態 (定常状態) を求め，そこから目的に応じて各定常状態における種々の観測量の期待値を求めるという意味である．第9章で論じられる量子力学における時間発展の原理から，エネルギー固有状態は定常的に存続できる状態であることが分かる (式(9.40) で $\Delta E \to 0$ とすると $\Delta t \to \infty$ になる)．電子などの荷電粒子の系では逆も真となる．つまり，その系において定常的に存続できる状態 (の諸性質) とそのエネルギー値を求めるという意味で「問題を解く」という言葉が使われている．ハミルトニアン以外の物理量に対応する演算子の固有値問題を扱う場合でも，例えばスピン演算子 $\hat{S}_z$ は z 方向の外部磁場が存在する場合にハミルトニアンに $\hat{S}_z$ に比例する項が付加されるという事情があり，やはり定常的に存続し得る基本状態を見いだすという意図が背景としてある．

3.2.1 固有値方程式

調和振動子のハミルトニアンについて，固有値方程式(2.18) を解くことを考える．ここから未知の固有値 E_i と固有状態 φ_i を求めなければならない．解を得るための道具は，交換関係 (2.16) である．

まず，無次元の演算子 $\hat{a}^+$ と $\hat{a}$ を，次のように定義する．

$$\hat{a}^+ \equiv \sqrt{\frac{M\omega}{2\hbar}}\hat{x} - \frac{\mathrm{i}}{\sqrt{2M\hbar\omega}}\hat{p}, \quad \hat{a} \equiv \sqrt{\frac{M\omega}{2\hbar}}\hat{x} + \frac{\mathrm{i}}{\sqrt{2M\hbar\omega}}\hat{p} \tag{3.29}$$

$\hat{x}$ と $\hat{p}$ は物理的な観測量に対応するので，エルミート演算子である．したがって $\hat{a}$ と $\hat{a}^+$ は定義式(3.29) により，互いにエルミート共役である．これらは次の交換関係を満たす．

$$[\hat{H}, \hat{a}^+] = \hbar\omega\hat{a}^+ \tag{3.30}$$

$$[\hat{a}, \hat{a}^+] = 1 \tag{3.31}$$

$\hat{H}$ の固有状態 (調和振動子の定常状態) である φ_i と φ_j を用いて，式(3.30) の両辺について式(2.11) のような行列要素を構築する[§]．

$$\langle i|[\hat{H}, \hat{a}^+]|j\rangle = (E_i - E_j)\langle i|\hat{a}^+|j\rangle = \hbar\omega\langle i|\hat{a}^+|j\rangle \tag{3.32}$$

上式から，2 つの固有状態のエネルギー差 $E_i - E_j$ と $\hbar\omega$ が等しくない場合には，$\langle i|\hat{a}^+|j\rangle$ はゼロでなければならないことが分かる．この事実は，$\hat{a}^+$ によって関係づけられる 2 つの固有状態について，その固有値 (固有エネルギー) の差が必ず $\hbar\omega$ であることを示している[¶]．ここからのもうひとつの帰結として，a^+ によって順次生成される各固有状態の系列に対して，固有エネルギーの $\hbar\omega$ の増加に応じて番号を 1 増やすようにして，整数 n による番号付けが可能であることが分かる．

$\hat{a}$ と $\hat{a}^+$ が互いにエルミート共役であることから，次の関係が得られる．

$$\langle n+1|\hat{a}^+|n\rangle = \langle n|\hat{a}|n+1\rangle^* \tag{3.33}$$

最後に，式(3.31) の期待値を展開してみる[‡]．

[§](訳註) $\langle i|\hat{H}\hat{a}^+ - \hat{a}^+\hat{H}|j\rangle$ を計算するとき，第 1 項の $\hat{H}$ は式(2.38) のようにして，左側の"ブラ"の方に作用させればよい．$\hat{H}$ はエルミート演算子なので $\hat{H}^+ = \hat{H}$ である．第 2 項の $\hat{H}$ は右側の"ケット"に作用させる．

[¶](訳註) $|j\rangle$ に対して，$\langle i|\hat{a}^+|j\rangle = 0$ を満たすような $|i\rangle$ がそもそも有るのかという問題もあるが，$\hat{H}$ がエルミート演算子で，その固有ベクトル系が完全系でなければならないという要請から，その存在は保証される．

[‡](訳註) 式(3.34) の 1 行目から 2 行目への移行の際に，まず $\hat{H}$ の固有状態系 $\{|i\rangle\}$ の完全性を利用した無変換演算子 $\sum_i |i\rangle\langle i|$ を挿入して (式(2.46)参照)，結果的にはゼロ以外の寄与を持つひとつの射影だけが残っていると解さなければならない．すなわち $\langle n|\hat{a}\hat{a}^+|n\rangle = \langle n|\hat{a}\sum_i |i\rangle\langle i|\hat{a}^+|n\rangle = \langle n|\hat{a}|n+1\rangle\langle n+1|\hat{a}^+|n\rangle$ という式の運用をしている．

$$1 = \langle n|[\hat{a}, \hat{a}^+]|n\rangle$$
$$= \langle n|\hat{a}|n+1\rangle\langle n+1|\hat{a}^+|n\rangle - \langle n|\hat{a}^+|n-1\rangle\langle n-1|\hat{a}|n\rangle$$
$$= \left|\langle n+1|\hat{a}^+|n\rangle\right|^2 - \left|\langle n|\hat{a}^+|n-1\rangle\right|^2 \tag{3.34}$$

これは $y_n = \left|\langle n+1|\hat{a}^+|n\rangle\right|^2$ に関する $1 = y_n - y_{n-1}$ という形の漸化式であって，その解は，

$$\left|\langle n+1|\hat{a}^+|n\rangle\right|^2 = n + c \tag{3.35}$$

と与えられる．c は定数である．左辺は必ずゼロ以上なので，量子数 n は下限値を持たなければならない．これを $n = 0$ と置くことにする．これは基底状態 (エネルギー固有値が最低の状態) φ_0 に対応する．このように仮定すると，$\langle 0|\hat{a}^+|-1\rangle$ はゼロにならなければならず，この要請の下で定数 $c = 1$ が定まる．そうすると式(3.33)により $\langle -1|\hat{a}|0\rangle = 0$ となるが，これは次式と等価である．

$$\hat{a}\varphi_0 = 0 \tag{3.36}$$

すなわちエネルギー基底状態に対して演算子 $\hat{a}$ を作用させると，それ以上エネルギー量子を減らすことが不可能であるために，状態そのものが消滅する．$\hat{a}$ をエネルギー量子の消滅演算子 (annihilation operator)，$\hat{a}^+$ を生成演算子 (creation operator) と呼ぶ§．

基底状態に対して演算子 $\hat{a}^+$ を繰り返し作用させることによって，直交系全体を構築することができる．

$$\varphi_n = \frac{1}{\sqrt{n!}}\left(\hat{a}^+\right)^n \varphi_0, \quad n = 0, 1, \ldots \tag{3.37}$$

これらの状態は量子数 n によって識別される．これらの状態はエネルギー量子の個数演算子 $\hat{n} = \hat{a}^+\hat{a}$ の固有状態でもあり，その固有値が n である¶．

$$\hat{n}\varphi_n = \frac{1}{\sqrt{n!}}\hat{a}^+[\hat{a}, (\hat{a}^+)^n]\varphi_0 = \frac{1}{\sqrt{n!}}\hat{a}^+ n(\hat{a}^+)^{n-1}\varphi_0 = n\varphi_n \tag{3.38}$$

$1/\sqrt{n!}$ は，各固有状態を規格化する因子である．

§ (訳註) ここまで $\hat{a}^+$ と $\hat{a}$ の代数によって，調和振動子のエネルギー固有状態系の中に，ある基底状態から始まって固有値が $\hbar\omega$ 間隔で無限大まで続く系列がひとつだけ含まれることが証明されたことになる．もうひとつの要点を指摘しておくと，$\hat{a}^+$ と $\hat{a}$ によって調和振動子におけるあらゆる観測量を表すことができるので，この系列は調和振動子の任意の状態を表す無限次元ヒルベルト空間において完全系を成す．すなわち $\{|n\rangle\}$ は完全正規直交系となる．

¶ (訳註) 式(3.38) の最初の式変形には $\hat{a}(\hat{a}^+)^n\varphi_0 = \{\hat{a}(\hat{a}^+)^n - (\hat{a}^+)^n\hat{a}\}\varphi_0 = [\hat{a}, (\hat{a}^+)^n]\varphi_0$ を用いればよいが (問6 (p.51) も参照)，このように交換子を利用する方法は高踏的である．別の考え方:式(3.35) で $c = 1$ とし，n を $n-1$ に置き換えた関係 $|\langle n|\hat{a}^+|n-1\rangle|^2 = |\langle n-1|\hat{a}|n\rangle|^2 = n$ に基づいて，$\hat{a}\varphi_n = \sqrt{n}\varphi_{n-1}$ と $\hat{a}^+\varphi_{n-1} = \sqrt{n}\varphi_n$ (本当は位相因子 $\exp(i\theta)$ の任意性はあるが，$\exp(i0) = 1$ を選んでおいて支障はない) から $\hat{n}\varphi_n = n\varphi_n$ が導かれる．

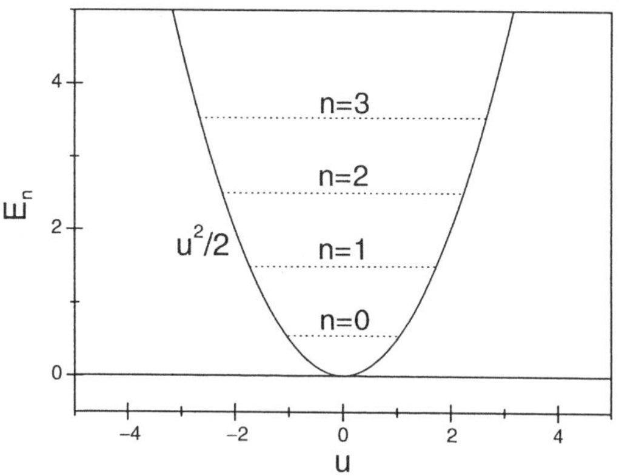

図3.2　調和振動子のポテンシャルと，エネルギー固有値．エネルギー準位が $\hbar\omega$ 間隔で無限大まで存在する．横軸には無次元の位置座標変数 $u = x/x_c$ を用いた．

$\hat{x}$ と $\hat{p}$ の行列要素を求めるために，式(3.29) の逆変換を用いる．

$$\hat{x} = \sqrt{\frac{\hbar}{2M\omega}}(\hat{a}^+ + \hat{a}), \quad \hat{p} = \mathrm{i}\sqrt{\frac{M\hbar\omega}{2}}(\hat{a}^+ - \hat{a}) \tag{3.39}$$

ゼロにならない行列要素は非対角要素において生じ，次のように与えられる．

$$\langle n{+}1|\hat{x}|n\rangle = \langle n|\hat{x}|n{+}1\rangle = \sqrt{\frac{\hbar}{M\omega}\frac{n+1}{2}}, \tag{3.40}$$

$$\langle n{+}1|\hat{p}|n\rangle = \langle n|\hat{p}|n{+}1\rangle^* = \mathrm{i}\sqrt{M\hbar\omega\frac{n+1}{2}} \tag{3.41}$$

式(3.39) を元のハミルトニアン (3.25) に代入すると，

$$\hat{H} = \hbar\omega\left(\hat{a}^+\hat{a} + \frac{1}{2}\right) = \hbar\omega\left(\hat{n} + \frac{1}{2}\right) \tag{3.42}$$

となる．演算子 $\hat{n}$ は，エネルギー量子数 n $(= 0, 1, 2, \ldots)$ を固有値として持つ．ハミルトニアンは $\hat{n}$ の固有状態系を用いることで対角表示され ($\hat{n}$ と $\hat{H}$ は共通の固有状態系を持つ)，ハミルトニアンの固有値は，次のように与えられる (図3.2).

$$\langle n|\hat{H}|n\rangle = E_n = \hbar\omega\left(n + \frac{1}{2}\right) \tag{3.43}$$

生成演算子と消滅演算子は，多体系の量子物理においてしばしば用いられるし (7.4.3 項 ⟨p.138⟩，7.8節)，場の量子論においても基本的な道具となる．フォノンや光子や中

間子の生成や消滅が，生成演算子と消滅演算子によって表現されることになる (9.5.2 項 ⟨p.196⟩ と 9.5.3項 ⟨p.198⟩).

ここまで量子力学の原理と不可分な演算子間の交換関係 (2.16) に基づいて，直接的に行列要素 $\langle n|\hat{a}^+|m\rangle$ を導出した．ハミルトニアンが式(2.16) の関係を満たす 2 つの演算子を含んだ斉二次式で表されるような任意の物理系に対して，ここで得た結果を適用することができる．

3.2.2 調和振動子の解の性質

以下に，前項で求めた数学的に厳密な調和振動子問題の解を用いて，量子力学に関する性質をいくつか導いてみる[4]．調和振動子の空間的な拡がりに関する議論は次章の 4.2節に譲る．

- 古典論で最初に想定されるような，振動子が平衡位置に静止した $x = p = 0$ という状態は，同時に位置座標と運動量が確定することになるので，不確定性原理から許されない．式(3.26) の Δx に最小値 (3.27) を代入すると[5]，ハミルトニアン (3.43) において $n=0$ と置いた次のゼロ点エネルギー (zero-point energy) が得られる．

$$E_0 = \frac{1}{2}\hbar\omega \tag{3.44}$$

これが調和振動子が持つことのできるエネルギーの下限値である．この純粋に量子力学的な効果は，実は量子力学が成立する前にすでに観測されていた．Roger Mulliken（マリケン）は 1924年に，同じ元素に属する異なる同位体原子から成る 2 分子系の振動スペクトル (8.4.2項 ⟨p.170⟩ 参照) の実験データが，式(3.44) のゼロ点エネルギーを考慮することによって，より良く説明されることを示していた [26]．ゼロ点エネルギーの概念は，分子間に働くVan der Vaals（ファン・デル・ワールス）力の説明 (第 8 章の問11 ⟨p.181⟩) から，無限個の調和振動子の基底状態と等価な形で表される電磁気的な真空 (9.5.2項 ⟨p.196⟩) による質量効果の思弁にまで，広範囲に及んでいる．

- 完全系の性質 (2.47) と，$\hat{x}$ と $\hat{p}$ の行列要素 (3.40), (3.41) により，交換子 $[\hat{x},\hat{p}]$ の行列要素が次のように与えられる．

---

[4] 本書ではこの後も，厳密解が得られる問題をいろいろ見てゆくことになるが，読者は量子力学において大抵の問題が厳密に解けるものと誤解してはならない．大多数の問題において厳密解を得ることは困難であり，その都度，適切な近似解を見つけたり，計算容量を適当な水準に落とすための洞察が必要となる．

[5] この手続きは，一般には単にオーダーの見積りのための妥当性しか持たない．これによって正確なゼロ点エネルギーが得られることは，調和振動子系の特別な性質である．

3.2. 調和振動子

$$\langle n|[\hat{x},\hat{p}]|m\rangle = \langle n|\hat{x}|n+1\rangle\langle n+1|\hat{p}|m\rangle + \langle n|\hat{x}|n-1\rangle\langle n-1|\hat{p}|m\rangle$$
$$-\langle n|\hat{p}|n+1\rangle\langle n+1|\hat{x}|m\rangle - \langle n|\hat{p}|n-1\rangle\langle n-1|\hat{x}|m\rangle$$
$$= i\hbar\delta_{nm} \tag{3.45}$$

演算子 $\hat{x}^2$ や $\hat{p}^2$ の行列要素も同様の方法によって構築できる.

$$\frac{M\omega}{\hbar}\langle n|\hat{x}^2|n\rangle = \frac{1}{\hbar M\omega}\langle n|\hat{p}^2|n\rangle = n + \frac{1}{2} \tag{3.46}$$

上の関係は, 運動エネルギーの期待値とポテンシャルの期待値が等しいことを意味している (ヴィリアル定理[‡]の例にあたる).

観測量の偏差 (自乗平均平方根) ΔQ の定義 (2.21) を適用すると, 調和振動子の固有状態における不確定積 $\Delta x \Delta p$ は, 次のように与えられる.

$$(\Delta x)_n (\Delta p)_n = \frac{E_n}{\omega} = \hbar\left(n + \frac{1}{2}\right) \geq \frac{1}{2}\hbar \tag{3.47}$$

この不等式は不確定性原理 (2.6節) を表している. これで 2 つの演算子の間の交換関係と, それらに対応する物理量を測定するときの結果の不確かさの間に, 密接な関係が示された.

- パリティ(parity) 変換, すなわち空間反転操作 $\hat{\Pi}(x \to -x)$ は, 量子力学において重要な役割を持つ. 運動エネルギーも, 調和振動子のポテンシャルもパリティ変換の前後で変わらないので, 次の可換関係が成立する.

$$[\hat{H}, \hat{\Pi}] = 0 \tag{3.48}$$

この可換性の帰結として, 2 つの演算子 $\hat{H}$ と $\hat{\Pi}$ の固有値を同時に知ることが可能である (2.6節参照). 調和振動子のハミルトニアンの固有状態は, パリティ演算子 $\hat{\Pi}$ の固有状態にもなっている. いかなる状態を対象にしても, パリティ変換 $\hat{\Pi}$ を 2 回施すと状態は元に戻るはずなので, $\hat{\Pi}^2$ が単一の固有値 $\pi^2 = 1$ を持つという事実によって $\hat{\Pi}$ の固有値が決まる. すなわち $\hat{\Pi}$ には 2 通りの固有値 $\pi = \pm 1$ だけが許される. $\hat{\Pi}$ の固有状態は, パリティ変換の下で変わらない ($\pi = 1$, 偶関数) か, もしくは符号を反転させる ($\pi = -1$, 奇関数). 調和振動子ではパリティ変換の下で $\hat{a}^+$ と $\hat{a}$ が符号を変えるので, 量子数 n の固有状態のパリティは, 次のようになっている.

$$\hat{\Pi}\varphi_n = (-1)^n \varphi_n \tag{3.49}$$

[‡](訳註) "ヴィリアル" (virial) は元々ラテン語で "力" を意味するが, 19世紀に R. Clausius (クラウジウス) が気体分子運動論的な考察において, 各粒子の位置ベクトルとそれが受ける力の内積の総和の時間平均 (に比例する量) をヴィリアルと名付けた. 1個の調和振動子を対象にすれば, ヴィリアルはポテンシャルエネルギーの時間平均値に相当する. 量子力学ではヴィリアル定理を, 時間平均を量子力学的な期待値に置き換えて再解釈する.

練習問題　(＊略解 p.266)

＊問1　次の行列を考える．
$$\begin{pmatrix} 0 & 1 & 0 \\ 1 & 0 & 1 \\ 0 & 1 & 0 \end{pmatrix}$$

1. 固有値をすべて求め，対角化を施しても対角和 (トレース) が保存することを示せ．
2. 各固有値に対応する固有ベクトルを求めよ．
3. 異なる固有値に対応する固有ベクトルの間の直交性を確認せよ．
4. 式(3.5) で用いた基本ベクトル系を，この行列の固有ベクトル系へ変換するユニタリー変換を構築せよ．

＊問2　次の行列を考える．
$$\begin{pmatrix} a & c \\ c & -a \end{pmatrix}$$

1. a, c を実数として，これらの関数として固有値を求めよ．
2. c に関する冪展開において，$|c| \ll |a|$ であれば奇数次項が消えることを示せ．
3. $|c| \gg |a|$ の場合は1次の項が残ることを示せ．

＊問3　以下に示すベクトルにおいて，どれとどれが線形独立か？
$$\varphi_1 = \begin{pmatrix} i \\ 1 \end{pmatrix}, \quad \varphi_2 = \begin{pmatrix} -i \\ 1 \end{pmatrix}, \quad \varphi_3 = \begin{pmatrix} 1 \\ i \end{pmatrix}, \quad \varphi_4 = \begin{pmatrix} 1 \\ -i \end{pmatrix}$$

＊問4　次の2つの演算子を考える．
$$\hat{Q} = \begin{pmatrix} 0.5 & 0 & 0 \\ 0 & 0.5 & 0 \\ 0 & 0 & -1 \end{pmatrix}, \quad \hat{R} = \begin{pmatrix} 0 & 0.5 & 0 \\ 0.5 & 0 & 0 \\ 0 & 0 & 1 \end{pmatrix}$$

1. それぞれの固有値をすべて求めよ．
2. これらの演算子が可換かどうかを調べよ．
3. もし可換であれば，両方の演算子の同時固有ベクトルを求めよ．

＊問5　z方向成分が $\cos\beta$，x方向の成分が $\sin\beta$ の単位ベクトルを考える．この方向のスピンを表す演算子を $\hat{S}_\beta = \hat{S}_z \cos\beta + \hat{S}_x \sin\beta$ と表すことができる．

1. $\hat{S}_\beta$ の固有値を対称性を利用して求めよ．

2. 行列を対角化せよ.
   3. $\hat{S}_z$ が対角化されるような基本ベクトル系によって，$\hat{S}_\beta$ の各固有状態が含む振幅を求めよ.

問6 式(3.29)で定義したエネルギー量子の消滅・生成演算子 $\hat{a}$ と $\hat{a}^+$ について，次の関係を示せ.
$$[\hat{a}, (\hat{a}^+)^n] = n(\hat{a}^+)^{n-1}$$

*問7 1. $V(\hat{x}) = V_0 + c\hat{x}^2/2$ という形のポテンシャルを持つ粒子について，3番目の励起状態のエネルギーを求めよ.
   2. $V(\hat{x}) = c\hat{x}^2/2 + b\hat{x}$ という形のポテンシャルを持つ粒子について，エネルギー固有値を求めよ.

*問8 1. 問7の振動子系を特徴づける距離 x_c(式(3.28)参照)を，質量 M とポテンシャルパラメーター c の関数として表せ.
   2. c を9倍にすると，エネルギー固有値の間隔はどうなるか？
   3. x_c は，調和振動子ポテンシャルの中でエネルギー $\hbar\omega/2$ を持って運動する古典粒子の最大変位にあたることを示せ.

*問9 調和振動子のエネルギー固有状態に関して，行列要素 $\langle n+\eta|\hat{x}^2|n\rangle$ と $\langle n+\eta|\hat{p}^2|n\rangle$ を $\eta = 1, 2, 3, 4$ について求めよ.
   1. 固有状態の完全性と，行列要素の式(3.41)を適用して，
   2. $\hat{x}^2$ と $\hat{p}^2$ を $\hat{a}^+$ と $\hat{a}$ を用いて表し，固有状態(3.37)に対して作用させよ.
   3. 運動エネルギーとポテンシャルエネルギーの比 $\langle n+\nu|\hat{K}|n\rangle/\langle n+\nu|\hat{V}|n\rangle$ ($\nu = 0, \pm2$) を求めよ. 符号の違いを量子力学の見地から説明せよ.

*問10 同じパリティを持つ異なる調和振動子の固有状態を線形結合した状態について，位置座標の期待値を計算せよ.

*問11 1. 調和振動子の2つのエネルギー固有状態 φ_0 と φ_1 を線形結合(および規格化)して，期待値 $\langle\Psi|\hat{x}|\Psi\rangle$ を最大にする状態 $\Psi = c_0\varphi_0 + c_1\varphi_1$ を構築せよ.
   2. 上記のような状態について，位置座標，運動量，パリティ演算子の期待値を求めよ.
   註記：化学結合では，このような線形結合で形成される Ψ と似た状態において電子が原子からはみ出す効果が機能している場合がある．この状況を混成(hybridization)と呼ぶ．

問12 式(3.37)が規格化されていることを示せ.

第 4 章　Schrödinger形式

本章では，まず粒子の位置座標を引数とする波動関数 (wave function) を用いて，量子力学の基本原理を微分形式で定式化する方法を 4.1 節に示す．時間に依存しないSchrödinger方程式（シュレーディンガー）を導入することによって，空間内の粒子の位置座標をあらわに示した形で量子力学的な問題を扱えるようになる．

調和振動子の問題を再び 4.2 節で取り上げる．読者は 3.2 節の取扱いと比べて，量子力学の 2 通りの定式化を対照することができる．

力を受けていない 1 粒子に関する Schrödinger 方程式の解を 4.3 節で扱う．この問題を一般的に考えると規格化の扱い方に困難が生じ得るが，ここでは非常に広く無限に深いポテンシャル井戸の中の 1 粒子問題と，閉じている大きな 1 次元空間 (円環通路) における 1 粒子問題に限定した議論を行う (4.4.1 項)．これらの解を，概念的にも応用の観点からも興味深いいくつかの状況へと応用してみる．ポテンシャル段差 (4.5.1 項) と矩形障壁 (4.5.2 項) の問題は，散乱実験に対する素朴なモデルとなる．さらに自由粒子の解を，有限の矩形井戸における束縛状態の問題 (4.4.2 項) や，周期ポテンシャルの問題 (4.6 節)，現実的なトンネル顕微鏡の問題 (4.5.3 項) にも応用してみる．

4.1　時間に依存しない Schrödinger 方程式

本章で提示する量子力学の定式化において，状態ベクトルは座標を引数とする複素関数 $\Psi(x)$ によって表される．このように表現された状態ベクトルは状態関数 (state function) もしくは波動関数と呼ばれる．2 つの波動関数を線形結合すると，別の波動関数が得られる ($\Psi(x)$ は線形空間を形成する)．

$$\Psi(x) = \alpha_B \Psi_B(x) + \alpha_C \Psi_C(x) \tag{4.1}$$

内積は次のように定義される ($\Psi(x)$ が属する線形空間は計量性を持つ)．

$$\langle \Psi_B | \Psi_C \rangle = \int_{-\infty}^{\infty} \Psi_B^*(x) \Psi_C(x)\, \mathrm{d}x \tag{4.2}$$

第4章 Schrödinger 形式

Ψ の表現を上記のように選んだことの結果として,位置座標の演算子は,単なる座標変数そのものになる.

$$\hat{x} = x \tag{4.3}$$

交換関係 (2.16) を実現するために,運動量演算子を,次のように設定する必要がある[1]).

$$\hat{p} = -i\hbar \frac{d}{dx} \tag{4.4}$$

任意関数 $f(x)$ に交換子を作用させると,上記の設定の下で交換関係 (2.16) が成立することを確認できる.

$$[x, \hat{p}]f = -i\hbar x \frac{df}{dx} + i\hbar \frac{d(xf)}{dx} = i\hbar f \tag{4.5}$$

演算子としての x が,式(2.12) と式(2.13) に照らしてエルミート演算子であることの証明は容易である.運動量も次に示すように,エルミート演算子である.

$$\int_{-\infty}^{\infty} \Phi^* \hat{p} \Psi dx = -i\hbar \Phi^* \Psi \Big|_{-\infty}^{\infty} + i\hbar \int_{-\infty}^{\infty} \Psi \frac{d}{dx} \Phi^* dx$$
$$= \left(\int_{-\infty}^{\infty} \Psi^* \hat{p} \Phi dx \right)^* \tag{4.6}$$

上式では $\Phi(\pm\infty) = 0$ としたが,これは束縛系を含む多くの場合において成立する仮定である.運動量演算子の固有状態 (固有関数) については 4.3 節で論じる.

空間内での距離 a の並進操作 (translation) は,次のユニタリー演算子,

$$\hat{\mathcal{U}}(a) = \exp\left(\frac{i}{\hbar} a\hat{p} \right) \tag{4.7}$$

によって表される.このことは,次式によって推定できる[§].

$$\hat{\mathcal{U}}(a)\Psi(x) = \sum_n \frac{a^n}{n!} \frac{d^n \Psi}{dx^n} = \Psi(x+a) \tag{4.8}$$

---

[1]) x の任意の関数を式(4.4) の右辺に加えても交換関係 (2.16) は成立するけれども,自由空間の一様性を想定するならば,そのような項は省かなければならない.(以下訳註) 通常は位置座標による表示の方が便利なので式(4.3)-(4.4) を採用するが,$\hat{x} = i\hbar(d/dp)$, $\hat{p} = p$ とおいて"運動量空間における状態関数" $\Psi(p)$ を扱うことにも,理論上は全く同等の正当性がある.

[§](訳註) $\exp((i/\hbar)a\hat{p})$ について $\exp(0)$ の近傍でテイラー展開 (Taylor expansion) を行い,$\Psi(x+a)$ に関しては $\Psi(x)$ の近傍でのテイラー展開を考える.関数 $\Psi(x)$ の収束半径が有限であれば,その範囲外の a は式(4.8) の適用範囲外になるが,式(4.7) の並進演算子にはそのような制約はないと考えておいてよい.

4.1. 時間に依存しない Schrödinger 方程式

空間内における有限距離の並進操作は，次のような無限小並進操作を連続的に作用させることによって生成される．

$$\hat{U}(\delta a) = 1 + \frac{i}{\hbar}\delta a \hat{p} \tag{4.9}$$

この観点から，運動量演算子 $\hat{p}$ は，並進操作の生成子 (generator) と呼ばれることもある．

物理的な観測量の古典的な表式 $Q(x,p)$ において，引数を演算子 (4.3) と (4.4) に置き換えると，それに対応する量子力学的な演算子 $\hat{Q} = Q(x,\hat{p})$ が微分演算を含んだ形で与えられる[2]．完全正規直交系を構成する任意の関数系 $\{\varphi_i(x)\}$ が与えられれば，演算子 $\hat{Q}$ の行列要素を式(2.11) と式(4.2) に従って与えることができる．このように行列を構築する手続きを通じて，量子力学のSchrödinger形式とHeisenberg形式を関係づけることができる．

1粒子系を表すハミルトニアン (2.17) の下で，エネルギーの確定している定常状態の波動関数 (状態ベクトル) が満たすべき固有値方程式は，

$$-\frac{\hbar^2}{2M}\frac{d^2\varphi_i}{dx^2} + V(x)\varphi_i = E_i\varphi_i \tag{4.10}$$

である．この式は時間に依存しない Schrödinger 方程式 (time-independent Schrödinger equation) と呼ばれている．

4.1.1 波動関数に対する確率解釈

1粒子系の状態を表す波動関数から，粒子が特定の位置 x で見いだされる確率密度 (probability density) の概念 (式(2.59)) を通じて，その状態に関するある種の情報を引き出すことができる [27]．

$$\rho(x) = |\Psi(x)|^2 \tag{4.11}$$

1粒子系の状態が $\Psi(x)$ によって表されるとき，その粒子が $L_1 \leq x \leq L_2$ の領域において見いだされる確率は，次式によって与えられる．

$$\int_{L_1}^{L_2}|\Psi(x)|^2 dx \tag{4.12}$$

---

[2] 古典論において対象とする物理量が積 QR を含み，Q と R が量子力学で非可換な演算子の組合せに対応する場合，この手続きには曖昧さが生じる．このような場合には，順序を入れ換えた積を平均化して作ったエルミート演算子 $(1/2)(\hat{Q}\hat{R} + \hat{R}\hat{Q})$ を用いる．式(2.40) 参照．

第4章 Schrödinger形式

場所を限定せず，粒子がどこかで見いだされる確率は 1 でなければならない．

$$1 = \langle \Psi | \Psi \rangle = \int_{-\infty}^{\infty} \Psi^*(x)\Psi(x)\,\mathrm{d}x \tag{4.13}$$

これは波動関数が規格化されていなければならないことを意味する¶．

粒子を $L_1 \leq x \leq L_2$ において見いだす確率 (4.12) の，時刻 t の経過に伴う変化を考察してみよう．すなわち波動関数において時間依存性を許容することにする[3]($\Psi = \Psi(x,t)$)．

$$\begin{aligned}\frac{\mathrm{d}}{\mathrm{d}t}\int_{L_1}^{L_2}|\Psi(x,t)|^2\,\mathrm{d}x &= \int_{L_1}^{L_2}(\dot{\Psi}^*\Psi + \Psi^*\dot{\Psi})\,\mathrm{d}x \\ &= \frac{\mathrm{i}}{\hbar}\int_{L_1}^{L_2}\left[(\mathrm{i}\hbar\dot{\Psi})^*\Psi - \Psi^*(\mathrm{i}\hbar\dot{\Psi})\right]\mathrm{d}x\end{aligned} \tag{4.14}$$

後出の時間に依存する Schrödinger 方程式(9.5) に従い，$\mathrm{i}\hbar\dot{\Psi}$ を $\hat{H}\Psi$ に置き換えることができる．式(4.14) の中でポテンシャルに比例する項は相殺するので，運動エネルギー項からの寄与だけが残る．

$$\begin{aligned}\frac{\mathrm{d}}{\mathrm{d}t}\int_{L_1}^{L_2}|\Psi(x,t)|^2\,\mathrm{d}x &= -\frac{\mathrm{i}\hbar}{2M}\int_{L_1}^{L_2}\left(\frac{\mathrm{d}^2\Psi^*}{\mathrm{d}x^2}\Psi - \Psi^*\frac{\mathrm{d}^2\Psi}{\mathrm{d}x^2}\right)\mathrm{d}x \\ &= \frac{\mathrm{i}\hbar}{2M}\int_{L_1}^{L_2}\frac{\mathrm{d}}{\mathrm{d}x}\left(-\frac{\mathrm{d}\Psi^*}{\mathrm{d}x}\Psi + \Psi^*\frac{\mathrm{d}\Psi}{\mathrm{d}x}\right)\mathrm{d}x\end{aligned} \tag{4.15}$$

上式を，次のように微分形式で表現し直す．

$$\frac{\partial \rho}{\partial t} + \frac{\partial j}{\partial x} = 0 \tag{4.16}$$

¶(訳註) 波動関数 $\Psi(x)$ について前章までの記述との対応関係を明示すると $\Psi(x_\mathrm{a}) \equiv \langle x_\mathrm{a}|\Psi\rangle$ である．$|x_\mathrm{a}\rangle$ は演算子 $\hat{x} = x$ の固有値 x_a に付随する規格化固有状態であり，これをすべての x_a の値について集めた連続無限個のベクトルの組 $\{|x_\mathrm{a}\rangle\}$ は完全正規直交系となる．$\rho(x_\mathrm{a}) = |\Psi(x_\mathrm{a})|^2 = |\langle x_\mathrm{a}|\Psi\rangle|^2$ なので，式(3.14) の部分の記述から，これが状態 Ψ に対して粒子の位置を測定したときに，測定結果が x_a となる確率 (ここでは固有値 x_a が連続的なので，正しくは確率 "密度") であることを類推できる．$\hat{x}$ の固有状態 $|x_\mathrm{a}\rangle$ を Schrödinger形式に直した x を引数とする関数は，いわゆるデルタ関数 $\delta(x - x_\mathrm{a})$ になる．原著者はデルタ関数 $\delta(x)$ のあらわな使用を意図的に避けているようだが，これは $x = 0$ のところで ∞，$x \neq 0$ では 0 となり，$x = 0$ を含む領域で積分を施すと $\int\delta(x)\mathrm{d}x = 1$ となるような性質を持つ "超関数" であって，必ず最終的には被積分関数の中の因子となるような形で用いられる．任意の連続関数 $f(x)$ について $\int\delta(x - x_\mathrm{a})f(x)\mathrm{d}x = f(x_\mathrm{a})$ が成り立つ．

[3] 波動関数の時間発展の性質については第 9 章で論じる予定であるが，ここで波動関数に内在する粒子の存在確率の流れ (流束密度) の概念を見ておくために必要な措置として，波動関数の時間依存性 (9.5) を先取りして扱う．(以下訳註) p.14 訳註も参照されたい．なお解析力学では常套的な表記法であるが，数量文字の上に付けた点は時間微分を表す ($\dot{\Psi} \equiv \partial\Psi/\partial t$)．

4.1. 時間に依存しない Schrödinger 方程式

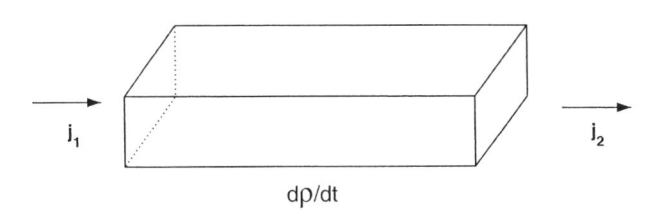

図 4.1 1方向の粒子存在確率の流れに関する確率密度の保存．ある領域における密度の時間変化率は，その領域の両端における密度の流束の差に等しい．

ここで導入した確率流束密度 (確率の流れ) j は，次式で定義される．

$$j(x,t) \equiv -\frac{i\hbar}{2M}\left(-\frac{\partial \Psi^*}{\partial x}\Psi + \Psi^*\frac{\partial \Psi}{\partial x}\right) \tag{4.17}$$

式 (4.16) は連続の方程式 (continuity equation) であり，流体力学において質量保存を表す式と類似のものである．例として x 方向に伸びている四角柱の領域があり，$x = L_1$ 面と $x = L_2$ 面における面積 $\mathcal{A}$ の矩形断面を結んでいると考えよう (図 4.1 参照．粒子の運動を x 方向に限定して考える)．この角柱領域内において粒子を見いだす確率の時間変化，

$$-\frac{\partial}{\partial t}\int_{L_1}^{L_2}\rho\,\mathrm{d}x$$

は，角柱領域から外部へ出てゆく流束と，外部から角柱領域に入る流束の差 $\mathcal{A}\bigl[j(L_2) - j(L_1)\bigr]$ に等しい．

確率密度と確率流束密度は，量子力学を表現する Schrödinger 形式に，空間的な拡がりの概念を付与する．この形式の空間表示的な性格は，化学において特に有用である．原子近傍に存在する電子の確率密度分布の様子 (図 6.4 ⟨p.116⟩) が，元素間の化学的な親和性と関係づけられることになる．

確率流束密度の式 (4.17) は，量子力学における状態ベクトル (波動関数) が複素数であることの必然性を強く示唆している．波動関数を実数と仮定してしまうと，確率流束密度は必ずゼロになり，定常的な流れを扱うことすらできなくなる．

ここで再び量子力学に関して流布している誤解の例を列挙してみよう [20]．

- 「確率流束密度 $j(x)$ は，1 粒子の中の x に位置する部分が持つ速度に関係している」

  波動関数で表される粒子は不可分な対象 (点粒子) であり，かつ一般には如何な

る意味においても確定した位置と確定した運動量を持たない．上記の声明はひとつの粒子が，位置と運動量の確定した部分から構成されているような誤った印象を与える．波動関数は，ひとつの粒子(たとえば電子)が要素部分から構成されていることを表すわけではない．

- 「任意のエネルギー固有状態において，確率密度分布はハミルトニアンが備えている対称性と同じ対称性を持つ」

  空間反転に関して見ると，パリティ不変なハミルトニアンの下で，この命題はパリティが偶の状態だけに当てはまり，これが成立しないパリティが奇の状態も存在する(4.2節参照)．中心力ポテンシャルを持つ3次元系でも，球対称な確率密度を持つ状態は角運動量の量子数が $l=0$ の状態だけに限られ，それ以外の球対称ではない状態も存在する(図5.2 ⟨p.90⟩)．

- 「量子状態 $\Psi(x)$ は，確率密度分布 $|\Psi(x)|^2$ によって完全に特定される」

  確率密度は実数であり，量子状態が備えているすべての情報を含んでいない．たとえば運動量に関係した情報は，確率密度分布には含まれない．

- 「波動関数は無次元量である」

  波動関数は $[長さ]^{-dN/2}$ という次元を持つ．d は空間の次元数，N は粒子数(第7章)である．

- 「波動関数 $\Psi(x)$ は，通常の3次元空間における関数である」

  これは1粒子系を扱う場合にのみ正しい．2粒子系の場合，波動関数 $\Psi(x_1,x_2)$ は6次元の配位空間において定義される(第7章)．

- 「波動関数は，古典物理に現れる各種の波と似たものである」

  電磁波や音波のような波動と異なり，波動関数は量子力学的な粒子系の状態を抽象的に表象したものである．波動関数が表している複素波は，空間内において粒子と相互作用をするような実体的なものではない．

確率密度と確率流束密度は，空間内の各点において局所的に定義される．他の量子力学的な予言をするためには，全空間にわたる積分計算が必要となる．たとえば演算子 $\hat{Q}$ の期待値は，次式によって与えられる．

$$\langle\Psi|\hat{Q}|\Psi\rangle \equiv \int_{-\infty}^{\infty} \Psi^*(x,t)\hat{Q}\Psi(x,t)\,\mathrm{d}x \tag{4.18}$$

$\hat{Q}$ が粒子の位置座標 x だけに依存する演算子であれば，この定義式はBorn(ボルン)の確率密度(4.11)の解釈に基づく直接の帰結として理解できる．しかし $\hat{Q}$ が $\hat{p}$ のような微分

演算子を含む場合に，式(4.18) の右辺を $\int \Psi (\hat{Q}\Psi)^* \mathrm{d}x$ としてもよい．$\hat{Q}$ が物理的な演算子 (エルミート演算子) であれば，両者は等価である[‡]．

4.2 調和振動子の再検討

調和振動子のハミルトニアン (3.25) を対象とすると，Schrödinger方程式 (4.10) は，次のように与えられる．

$$-\frac{\hbar^2}{2M}\frac{\mathrm{d}^2\varphi_n(x)}{\mathrm{d}x^2} + \frac{M\omega^2}{2}x^2\varphi_n(x) = E_n\varphi_n(x) \tag{4.19}$$

4.2.1 Schrödinger方程式の解

物理学では方程式を，無次元の変数によって書き直しておくと便利である．この措置によって，煩わしい諸定数が除かれるだけでなく，得られた解を一般的な問題へ応用しやすくなる．したがって，ここでは位置座標 x を振動子系の特徴的な距離で割った変数と，エネルギー E を特徴的エネルギーで割った変数を導入する (式(3.28)参照)．

$$u = x/x_c, \quad e = E/\hbar\omega \tag{4.20}$$

そうすると Schrödinger方程式は，次のように簡略化される．

$$-\frac{1}{2}\frac{\mathrm{d}^2\varphi_n(u)}{\mathrm{d}u^2} + \frac{1}{2}u^2\varphi_n(u) = e_n\varphi_n(u) \tag{4.21}$$

この式の解は，次の境界条件を満たす必要がある．

$$\varphi_n(\pm\infty) = 0 \tag{4.22}$$

固有関数 (波動関数) と固有値は，次のように与えられる．

$$\varphi_n(u) = N_n \exp\left(-\frac{1}{2}u^2\right)H_n(u), \quad e_n = n + \frac{1}{2} \tag{4.23}$$

[‡](訳註) $\{|x\rangle\}$ が完全正規直交系を成すことにより，式(2.46) からの類推で，無変換演算子を $\int_{-\infty}^{\infty}\mathrm{d}x|x\rangle\langle x|$ と表現できる．したがって式(4.18) の [左辺] $= \langle\Psi|\int\mathrm{d}x|x\rangle\langle x|\hat{Q}|\Psi\rangle = \int\langle\Psi|x\rangle\langle x|\hat{Q}\Psi\rangle\mathrm{d}x =$ [右辺] である．$\hat{Q}$ がエルミート演算子なら [左辺] $= \langle\Psi|\hat{Q}^+|\Psi\rangle = \langle\Psi|\hat{Q}^+\int\mathrm{d}x|x\rangle\langle x|\Psi\rangle = \int\langle\hat{Q}\Psi|x\rangle\langle x|\Psi\rangle\mathrm{d}x = \int(\hat{Q}\Psi)^*\Psi\mathrm{d}x$ となる．

表4.1 調和振動子問題の解. P_n は式(4.28)の滲み出し確率.

n	e_n	H_n	$N_n\pi^{1/4}x_c^{1/2}$	$P_n(\%)$
0	1/2	1	1	15.7
1	3/2	$2u$	$1/\sqrt{2}$	11.2
2	5/2	$4u^2 - 2$	$1/2$	9.5
5	11/2	$32u^5 - 160u^3 + 120u$	$1/16\sqrt{15}$	5.7

H_n は次数 $n = 0, 1, 2, \ldots$ のエルミート多項式である[4]. この次数が各固有関数と各固有値を順次識別するための量子数 n となる. N_n は規格化条件 (4.13) により, 位相の不定性を除いて一意的に決まる.

$$N_n = \left(2^{n/2}\pi^{1/2}n!\,x_c\right)^{-1/2} \tag{4.24}$$

ハミルトニアンはエルミート演算子なので, その規格化した固有関数は完全正規直交系を構成する.

$$\langle n|m\rangle = \int_{-\infty}^{\infty}\varphi_n^*\varphi_m\,dx = \delta_{nm}, \quad \Psi(x) = \sum_n c_n\varphi_n \tag{4.25}$$

量子数 $n = 0, 1, 2, 5$ の解を, 表4.1 と図4.2 に示す.

4.2.2 解の空間分布の特徴

Schrödinger形式に備わっている空間表示的性質により, 得られた調和振動子の解について以下の特徴が見いだされる.

- **確率密度** 確率密度分布は $(n = 0$ 状態を除いて$)$ 節点(ノード)を持つ. このような節点の存在は, 振動子が往復運動をくりかえす軌跡 $x(t)$ を辿り, その振動範囲内のすべての点を逐次通過するような古典的描像とは相容れない. 量子力学的描像によれ

---

[4]読者は表4.1 に示した式が, 正しい解であることを自ら確認してみるとよい. 次の積分公式を用いること.

$$\int_{-\infty}^{\infty}\exp(-u^2)u^{2n}\,du = \frac{(2n-1)!!}{2^n}\pi^{1/2}, \quad \int_{-\infty}^{\infty}\exp(-u^2)u^{2n+1}\,du = 0$$

(以下訳註) $H_n(x)$ は, エルミートの微分方程式 $H_n''(x) - 2xH_n'(x) + 2nH_n(x) = 0$ を満たす n 次多項式である. 常微分方程式の教科書や数学公式集を参照されたい.

4.2. 調和振動子の再検討

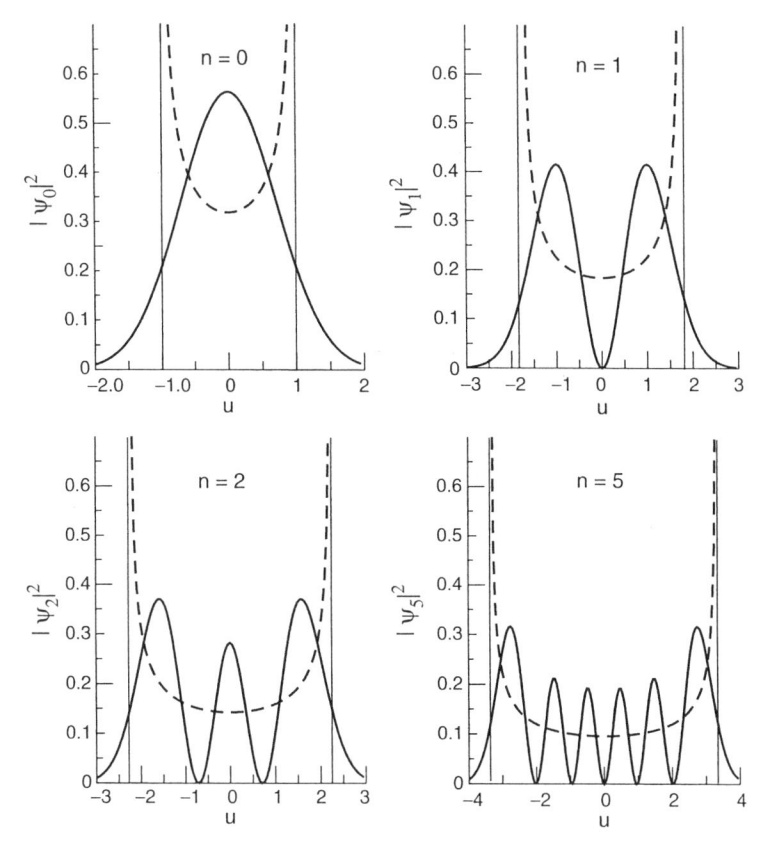

図4.2 調和振動子における量子力学的な $n = 0, 1, 2, 5$ の状態の確率密度分布 (実線) と, それに対応する同じエネルギーを持つ古典的な定常振動状態の時間平均確率密度分布 (破線) を無次元座標 u の関数として示した図. 垂直な線は古典的な振幅 $\pm x_n$ に対応する範囲を表している.

ば, 節点の位置において振動子が見いだされることは決してない. 量子力学的な確率分布の形は, オルガンの音管の内部に生ずる音波のような定在波を連想させる. 波動関数に与える境界条件 (ここでは式(4.22)) が, 音管の両端の役割を担っている.

- 古典論と量子力学とで確率密度分布を比較してみる. 古典論において振動子をある特定の位置に見いだす時間平均確率は, その位置における速度 $v = (2E/M - \omega^2 x^2)^{1/2}$ に反比例し, 古典的描像の下で時間平均を取った振動子の存在確率密度は $P_{\text{clas}} = \omega/\pi v$ と表される. 古典的描像では, エネルギーによって振動範囲

$-x_n \leq x \leq x_n$ が確定し，その範囲内のどこかに振動子を見いだす確率は必ず1になる．エネルギーが $\hbar\omega(n+1/2)$ の振動子の古典的振幅は $x_n = x_c(2n+1)^{1/2}$ である．古典的確率密度は原点において極小値を取り，許容される振動範囲の両端において発散する[§]．他方，量子力学的な確率密度分布を見ると，$n=0$ の基底状態において，このような古典論における分布とは正反対の特徴 (原点で最大，両側で単調減衰，無限遠までの分布の拡がり) を備えている．しかし n が大きくなると，量子力学的な確率密度分布が次第に古典論の極限に近づく傾向が見られる[5] (図4.2)．

- **トンネル効果** 古典的な位置の許容範囲 $-x_c \leq x \leq x_c$ の外部において古典的な振動子は負の運動エネルギーを持ち，運動量が虚数になるので，存在が禁じられる．しかし量子力学では不確定性原理により，振動子の位置と運動量を同時に決定できないので，上記の推論が成立しない．たとえば基底状態に対して測定を行い，古典的な許容範囲の外部にあたる $x_c \leq x \leq \sqrt{2}x_c$ に振動子が見いだされたと仮定しよう．この区間内で確率密度は N_0^2/e $(x=x_c)$ から N_0^2/e^2 $(x=\sqrt{2}x_c)$ まで $1/e$ に低下する分布を持つ[¶]．振動子の位置が，この区間内のどこかにあると確定したならば，測定直後の粒子の位置の不確かさは，

$$\Delta x \approx 0.41 x_c \tag{4.26}$$

である．そうすると Heisenberg（ハイゼンベルク）の不確定性原理 (2.37) に基づいて，そのときの運動量の不確かさには，

$$\Delta p \geq 1.22\sqrt{\hbar\omega M} \tag{4.27}$$

という条件が課される．これを運動エネルギーの不確かさに換算すると，$(\Delta p)^2/2M \geq 0.744\hbar\omega$ である．基底状態のエネルギーは $\hbar\omega/2$ であり，この区間においてポテンシャルは $\hbar\omega/2$ から $\hbar\omega$ まで増加するので，古典的な運動エネルギーは 0 から $-\hbar\omega/2$ となるが，上記の不確定性を考慮すると，運動エネルギーが負に確定しない．すなわちこの区間においても量子力学的には振動子の運動量が虚数に確定せず，古典的には禁じられているこの領域にも振動子の存在確率が滲み出してしまう．このように量子力学的な粒子の存在確率が，古典的には禁じられた空間領域へ滲み出す効果を一般にトンネル効果 (tunnel effect) と呼ぶ．

[§] (訳註) 確率密度が局所的に発散することは想定してもよいが，もちろんそれを空間積分して得られる確率が発散することはない．量子力学では不確定性原理の制約があるため，定常状態としては局所的な発散も生じ難い．

[5] これは前期量子論で Bohr が広範に用いた対応原理 (correspondence principle) に相当する性質の例と見ることができる．

[¶] (訳註) 立体表記の e は自然対数の底を表す．$e \approx 2.71828\ldots$

- 振動子が，古典的には禁じられている外部領域のどこかで見いだされるトンネル滲み出しの確率は，次式で与えられる．

$$P_n = \frac{2^{n+1}}{\pi^{1/2}n!}\int_{\sqrt{2n+1}}^{\infty} e^{-u^2}|H_n|^2 du \tag{4.28}$$

この確率はもちろん有限であり，基底状態では16％となる．量子数 n を増やすと (振動子のエネルギーを高くすると)，振動子の挙動が古典的挙動に近くなることに伴い，滲み出しの確率も低下する (表4.1 ⟨p.60⟩ 参照)．

4.3　自由粒子

粒子に力が働いていない1粒子系は，ポテンシャル関数を $V(x) = V_0$ のように定数と置いたハミルトニアンによって扱われる．まず初めに粒子のエネルギーが $E \geq V_0$ の場合を考察しよう．Schrödinger方程式は，

$$-\frac{\hbar^2}{2M}\frac{d^2\varphi_k(x)}{dx^2} = (E - V_0)\varphi_k(x) \tag{4.29}$$

と与えられる．E を指定したときに，上式は基本解として次のような2つの線形独立な平面波 (平面進行波)[‡]の解を持つ．

$$\varphi_{\pm k}(x) = A\exp(\pm ikx), \quad k = \frac{\sqrt{2M(E-V_0)}}{\hbar} \tag{4.30}$$

これらは自由粒子ハミルトニアン $\hat{H} = -(\hbar^2/2M)(d^2/dx^2) + V_0$ の，固有値 E に付随する固有関数にあたる．A は定数である．ここで固有関数を識別するために導入したパラメーター k は波数 (wave number) と呼ばれ，長さの逆数の次元を持つ．式 (4.30) はエネルギー ($\hat{H}$) と運動量 ($\hat{p}$) の同時固有関数であり，粒子の等速運動状態を表している．固有値はそれぞれ，

$$E = \frac{\hbar^2 k^2}{2M} + V_0, \quad p = \pm\hbar k \tag{4.31}$$

である．調和振動子 (束縛系の代表例である) において離散的なエネルギー固有値だけが許容される状況とは異なり，自由粒子のエネルギー固有値は V_0 以上の任意値が

[‡](訳註) "平面波"は'plane wave'の訳語で，元々は3次元空間内で波面 (等位相面) が平面の波 (たとえば $\exp\{i(k_x x + k_y y + k_z z)\}$) という意味であるが，1次元系や2次元系でも類推概念としてこの術語が用いられる．第9章の時間発展の規則 (原理5 ⟨p.184⟩) に従って時間依存因子 $\exp(-iEt/\hbar)$ を付け加えると，波面が一様に進行する並進波を表すことになる (式 (9.8)-(9.9)参照)．

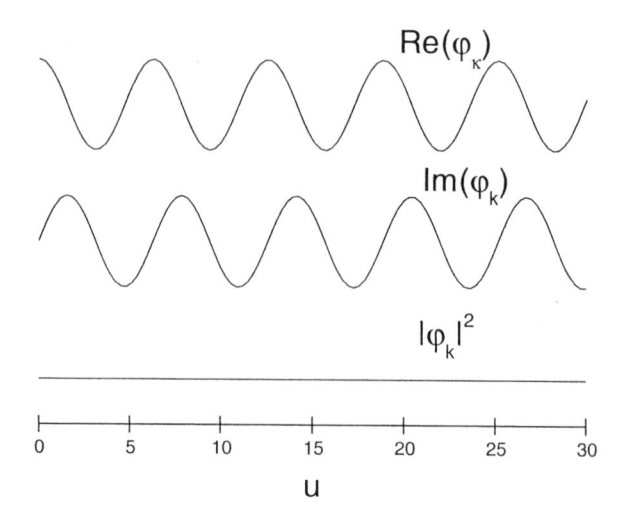

図4.3　1次元平面波の実部，虚部，および絶対値の自乗を，無次元の位置座標 $u = kx$ の関数として示した図．u をラジアン単位で示してある．

連続的に許容されている．運動量固有値も連続的である．平面波解 (4.30) は，次のようなde Broglie（ドゥ・ブロイ）の関係を満たす [28]．

$$|p| = \hbar|k| = \frac{h}{\lambda} \tag{4.32}$$

λ は粒子に伴う波の波長である．式(4.30) のそれぞれの平面波 φ_{+k} と φ_{-k} は，全空間にわたって粒子の存在確率密度が一定である (図4.3)．

$$\rho_{\pm k}(x) = \varphi_{\pm k}^*(x)\varphi_{\pm k}(x) = |A|^2 \tag{4.33}$$

これは Heisenberg の不確定性原理と整合する結果である．これらの状態においては粒子の運動量が正確に決まっているので ($\Delta p = 0$)，粒子の位置がまったく分からない ($\Delta x = \infty$) ということにしないと，不確定性関係の不等式(2.37) が成立しない．平面波状態における確率流束密度は，次のように与えられる．

$$\begin{aligned}j_{\pm k}(x) &= -\mathrm{i}\frac{\hbar}{2M}\left[\varphi_{\pm k}^*(x)\frac{\mathrm{d}\varphi_{\pm k}(x)}{\mathrm{d}x} - \varphi_{\pm k}(x)\frac{\mathrm{d}\varphi_{\pm k}^*(x)}{\mathrm{d}x}\right] \\ &= \pm\frac{|A|^2\hbar k}{M}\end{aligned} \tag{4.34}$$

これらの結果は平面波状態が備えている空間的に一様な拡がり (完全な非局在性) を表しており，全空間にわたって波動関数を規格化しようとすると問題が生じる．対応策として以下の方法がある．

- より進んだ数学的道具を適用して問題を解く．
- 4.4.1項〈p.66〉に示すように，何らかの技巧(トリック)によって対処する．
- 異なる領域の間の確率の比だけに着目することによって，規格化の手続きを回避してしまう (4.5.1項〈p.71〉, 4.5.2項〈p.74〉)．

同じエネルギーにおいて 2 つ解が縮退[6]しているので，エネルギー固有値 E の下での一般解は，これらの基本解の線形結合の形で与えられる．

$$\Psi(x) = A_+ \exp(\mathrm{i}kx) + A_- \exp(-\mathrm{i}kx), \quad k = \frac{\sqrt{2M(E-V_0)}}{\hbar} \qquad (4.35)$$

次に $E < V_0$ の場合を考えてみよう．これは古典論では意味をなさない条件である．しかし既に調和振動子の解の検討において，古典論において許容されない状況も量子力学では無視できないという事例を見た (4.2.2項の第3項目：トンネル効果〈p.62〉)．このときの一般解は，次のような 2 つの基本解の線形結合で与えられる[7]．

$$\Psi(x) = B_+ \exp(\kappa x) + B_- \exp(-\kappa x) \qquad (4.36)$$

$$\kappa = -\mathrm{i}k = \frac{\sqrt{2M(V_0-E)}}{\hbar}$$

この一般解は無限遠において発散する．すなわち $x \to \pm\infty$ において $|\Psi| \to \infty$ である．しかしながら，このような解を全面的に拒絶するべきではない．扱う問題によって，発散を含まないように留意しながら，このような解を利用する必要も生じ得る．たとえば位置座標の対象範囲を $x > a$ に限定して $E < V_0$ の解を考える場合[§]には，$B_+ = 0$ と置けばよい．

---

[6] ある物理系を表すハミルトニアンの下で，同じエネルギー固有値に付随して，互いに線形独立な固有状態 (波動関数) が 2 つ以上存在する場合，その物理系において，それらの状態は縮退 (degenerate) していると言う．

[7] 式(4.35)と式(4.36)は，k が実数か虚数かという点だけが異なるにすぎない．

[§] (訳註) このとき $x < a$ では別のポテンシャル項を持つハミルトニアンを想定する (4.5.1項〈p.71〉)．位置座標が別々のポテンシャル項を持つ領域に区分される場合，まずはそれぞれの区間の範囲内で波動関数を求め，同じエネルギー固有値を持つ波動関数同士を適切な接続条件を満たすように接続して全体の波動関数を求めるという手続きが採られる (この後の4.4-4.5節)．

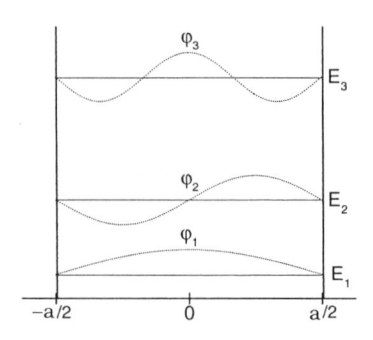

図4.4 無限に深い矩形井戸ポテンシャル．量子数 $n = 1, 2, 3$ について，エネルギー E_n (水平線分) と波動関数 $\varphi_n(x)$ (曲線) を示した．

4.4 1次元系の束縛問題

4.4.1 無限に深い矩形井戸内の粒子と閉じ込めのない自由粒子の比較

まず無限に高い障壁に挟まれた，幅が a の矩形井戸形ポテンシャルに閉じ込められた粒子を考える (図4.4)．ポテンシャル関数を $|x| \leq a/2$ において $V(x) = 0$, $|x| \geq a/2$ において $V(x) = \infty$ と設定する．

井戸の両端の境界点に設定されているポテンシャル関数の無限大の不連続段差は，Schrödinger方程式において，波動関数の2階微分によって相殺されなければならない．これは波動関数が境界点において連続ではあるが，波動関数の1階の導関数が境界点において有限の不連続を持つ ("傾き"が不連続に変化する) という条件によって実現できる．この場合，波動関数は古典的に許容されない井戸の外において完全にゼロになるので，波動関数の連続性の仮定によって，境界点では一意的に $\Psi(\pm a/2) = 0$ となる[¶]．

式(3.48)により，ハミルトニアンの固有関数に対して同時にパリティが確定していることを要請してもよい．式(4.35)において $A_+ = A_-$ と置くとパリティが偶 (even) の状態，$A_+ = -A_-$ と置くとパリティが奇 (odd) の状態が表される．固有関数は井戸の内部において，

[¶] (訳註) 4.2節の調和振動子の例で見たように，一般には古典的に許容されないポテンシャル領域にも量子力学的な存在確率は滲み出すが，この例では井戸の外においてポテンシャルが有限値ではなく無限大なので，井戸外へのトンネル効果 (確率の滲み出し) が起こらない特例となっている．すなわち量子力学的な取扱いの下でも，Schrödinger方程式(4.10)において $V(x) = \infty$ と置くと $\varphi = 0$ という解しか許容されない．粒子の存在確率の密度が同じ位置で一意的に決まるべきだという要請が，波動関数の連続性を仮定するひとつの根拠である．

4.4. 1次元系の束縛問題

$$\varphi_n^{\text{even}}(x) = \sqrt{\frac{2}{a}} \cos(k_n x), \quad \varphi_n^{\text{odd}}(x) = \sqrt{\frac{2}{a}} \sin(k_n x) \tag{4.37}$$

と与えられ，井戸の外部では何れも必ずゼロである．井戸の両端における波動関数の連続性から，次の条件が定まる．

$$\frac{k_n a}{2\pi} = n', \quad n' = \frac{1}{2}, 1, \frac{3}{2}, 2, \ldots \tag{4.38}$$

半整数の n' はパリティが偶の状態，整数の n' はパリティが奇の状態に対応する．エネルギー固有値は，次のように与えられる．

$$E_n = \frac{\hbar^2 k_n^2}{2M} = \frac{\hbar^2 \pi^2}{2M a^2} n^2, \quad n = 2n' = 1, 2, \ldots \tag{4.39}$$

読者は調和振動子問題の解 (3.2.2項 ⟨p.48⟩ と 4.2.2項 ⟨p.60⟩) に見られた量子力学的な諸性質とよく似た性質が，無限に深い矩形井戸の解においても見られることを自ら確認するとよい．但しトンネル効果だけは例外であって，無限大のポテンシャル段差の外部へは，確率密度の滲み出しが起こらない．

　無限に深い矩形井戸の幅を広く設定すると，金属 (導体) 試料の内部に閉じ込められている電子に対するポテンシャルモデルと見ることもできる．ただし金属内電子を扱うための通常の電子気体モデル (electron gas model) では，試料端の影響を除いて内部の状況を考察するために，電子が試料の寸法よりは充分に小さく，かつ結晶格子に比べて充分に大きな寸法 a を持つ一様な素領域に存在するものと想定する (電子間の相互作用は無視する)．

　式(4.37) によって表される定在波は，確率流束密度がゼロであり，金属電子による電荷やエネルギーの輸送を扱うことができない．そこで初等的な金属電子論では，基本状態として式(4.30) のような自由な平面波 $\exp(\pm ikx)$ を採用するのが適当である．この指針の下で，素領域に対する新たな境界条件として，波動関数がその右端 $x = a/2$ と左端 $x = -a/2$ で一致するという条件を採用してみる (周期境界条件)．これは同じ状態の素領域が連続して無限個接続しているという想定と等価である．素領域の右端に到達した電子は，そこで跳ね返されるのではなく，隣の素領域の左端に入っていく．これと同じ条件下で，a を巨視的に充分に大きく設定するならば，これは自由空間における粒子を扱う普遍的なモデルとしても適切なものとなる．この境界条件は $\Psi(x) = \Psi(x+a)$ と表され，これを自由粒子の方程式(4.29) の基本解である平面波 ($\propto \exp(ikx)$) に対する波数の制約として表現すると，

$$\frac{k_n a}{2\pi} = n, \quad n = 0, \pm 1, \pm 2, \ldots \tag{4.40}$$

となる．完全に閉じ込められた定在波の場合 (4.38) と比べて，許容される状態の総数は変わっていない．定在波において現れた半整数の n' の代わりに，周期境界平面

波では n に負の整数が現れる．符号が互いに異なる $\pm n$ の状態は同じエネルギー固有値に属し，縮退している．周期境界条件を課した自由粒子のエネルギー固有関数とエネルギー固有値は，次のように与えられる．

$$\varphi_n(x) = \frac{1}{\sqrt{a}} \exp(\mathrm{i}k_n x), \quad E_n = \frac{\hbar^2 k_n^2}{2M} \tag{4.41}$$

4.3節で言及したように，これらの関数は運動量 $\hat{p}$ の固有関数でもあり，その固有値は $\hbar k_n$ である．運動量固有値は (そしてエネルギー固有値も) 離散的に与えられ，それらを決める波数の離散間隔は，

$$\Delta k = \frac{2\pi}{a} \tag{4.42}$$

である．しかし素領域の寸法 a を充分に大きく設定して，固有値の間隔を目的に応じて充分に狭くできるならば，恣意的に導入した領域の有限な寸法に伴う離散性の影響を問題にせずに，このモデルを利用できる[‡]．

量子力学では，許容される状態をすべて考慮した総和計算を行うことが多い．式 (4.41) のような平面波を波動関数の基本状態として用いる場合には，波数空間を考え，波数に関する和を，式 (4.42) に基づく状態密度因子 $a/2\pi$ を伴った波数空間積分に置き換えて計算を行うことができる．

$$\sum_k f_k \to \frac{a}{2\pi} \int f_k \mathrm{d}k \tag{4.43}$$

この金属電子モデルを，周期結晶構造を含むように拡張したモデルについて 4.6 節で論じる．3 次元電子気体に関する計算は 7.4.1 項 ⟨p.134⟩ において扱う予定である．

4.4.2　有限の深さを持つ矩形井戸内の粒子

ポテンシャル関数を，今度は井戸の内部 $|x| < a/2$ において $V(x) = -V_0$，井戸の外部で $V(x) = 0$ と置いてみる．ここでは粒子が負のエネルギーを持ち，井戸に束縛された安定な状態だけを考察する．すなわちエネルギー固有値を $-E$ と置いて $-V_0 \leq -E \leq 0$ の条件を満たす定常状態を対象とする．

[‡](訳註) 真空中の完全な自由粒子を扱う場合であっても，無限大の空間をそのまま考えると固有値 (4.31) が連続無限個あるために種々の数式運用が難しくなる．そこで常套的に，まず寸法 a の有限空間を想定して固有値を離散無限個としておき，但し最後に $a \to \infty$ とすることで固有値の離散間隔 Δp, ΔE をいくらでもゼロに近づけられる (連続極限を想定できる) という体裁にしておくことになる．但し金属電子を対象とする場合には，素領域の寸法 a を，電子が金属内部の不規則ポテンシャルやフォノン (結晶格子の熱振動) による散乱を受けずに進行できる典型的な距離 (平均自由行程) の範囲内で設定しなければならないという制約がある (散乱に伴い k は変わる)．それでもこのような制約の下で充分に有用な金属電子論を構築し得るのである．

4.4. 1次元系の束縛問題

調和振動子の場合と同様に，このポテンシャルもパリティ変換 $x \to -x$ の下で不変なので，固有関数をパリティ変換に関して偶か奇の状態と見なしてよい．したがって井戸の内部 $|x| \leq a/2$ では式(4.35)の $\Psi(x)$ を適用し，まずは次の付帯条件を付け加えればよい（ここでは E と V_0 の符号を通例とは逆にしているので k の式を置き換える）．

$$A_+ = \pm A_-, \quad k = \frac{\sqrt{2M(V_0 - E)}}{\hbar}$$

そしてパリティ変換における不変性から，井戸の右端 $x = a/2$ における境界条件(接続条件)だけを考えれば充分である．井戸の右側の外部の波動関数の形は，式(4.36)において $B_+ = 0$，$\kappa = (1/\hbar)\sqrt{2ME}$ と置くことで与えられる．

Schrödinger方程式の解が全空間にわたって妥当なものとなるためには，ポテンシャルが有限の不連続段差を含む場合でも，波動関数自体とその1階の導関数が全空間点において連続でなければならない．まずパリティが偶の状態 ($A_- = A_+$) だけを考え，井戸右端の内外において波動関数の1階微分と波動関数自体の比 $\Psi'(x)/\Psi(x)$ が適正に接続するという条件を設定すると，

$$\frac{\kappa}{k} = \tan \frac{ka}{2} \tag{4.44}$$

という関係式が得られる．解析的に導けるのはここまでで，式(4.44)は数値計算か，もしくは以下に示すグラフを利用した方法(図4.5)で解かなければならない[§]．井戸の内外でエネルギー固有値が等しくなければならないので，方程式においてエネルギーをあらわに扱わないのであれば，$E = V_0 - \hbar^2 k^2 / 2M = \hbar^2 \kappa^2 / 2M$ という条件から，

$$\frac{\kappa}{k} = \sqrt{\frac{2MV_0}{\hbar^2 k^2} - 1} \tag{4.45}$$

を成立させておく必要がある．k の代わりに $\theta \equiv ka/2$ という無次元変数を導入すると，上式と式(4.44)により κ を消去して，θ に関して，

$$\sqrt{\frac{MV_0 a^2}{2\hbar^2 \theta^2} - 1} = \tan \theta \tag{4.46}$$

という超越的な方程式が得られる．右辺の $\tan \theta$ は区間 $0 \leq \theta \leq \pi/2$ においてゼロから無限大まで単調増加し，同じ区間において左辺は無限大からある有限値まで単調減少する．したがってこの区間内に，2つの曲線の交点がひとつ存在し，これが最低

[§](訳註) κ, k, E が未定であって，これらは互いに関係し合っているので，どれかひとつが決まれば全部が決まり，波動関数の解が得られたことになる．すぐ後に導入される θ は k に定係数を掛けた変数なので，θ が決まれば解が求まったことになる．

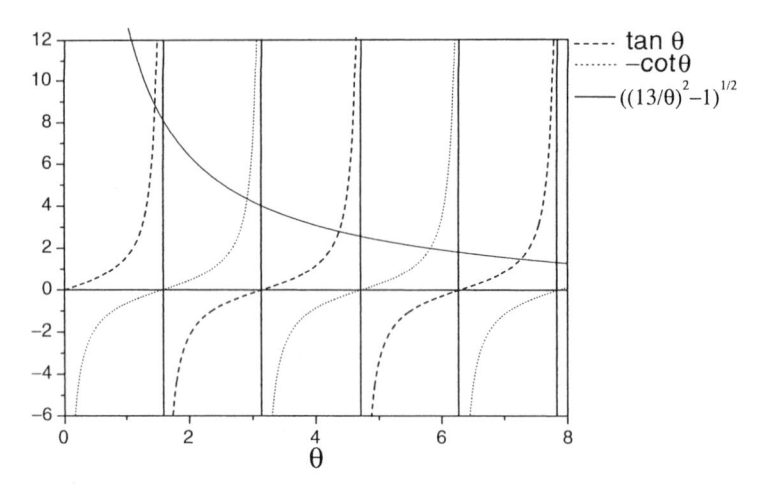

図4.5 有限の深さの矩形井戸に束縛された状態の解を見いだすためのグラフ．実線で示した曲線 $\sqrt{(13/\theta)^2 - 1}$ と破線との交点はパリティが偶の状態，実線と点線との交点はパリティが奇の状態の解に対応する．ここでは $MV_0a^2/\hbar^2 = 338$ と置いた．

の固有値に対応することになる．同様の議論により，式(4.46)の解を順次見つけることができる．偶のパリティを持つ n 番目の解は，$(n-1)\pi \leq \theta \leq (n-1/2)\pi$ の区間において見いだされる．

調和振動子の場合とは異なり，ポテンシャル井戸に束縛された解の数は限られている．式(4.46)において左辺が虚数になると等式条件が成立しないので，θ の実数解には次のような上限の制約がある．

$$\theta \leq \theta_{\max}, \quad \theta_{\max} = \sqrt{\frac{MV_0a^2}{2\hbar^2}} \tag{4.47}$$

一方，波動関数が奇関数 $(A_- = -A_+)$ の場合の井戸端部における接続条件からは，式(4.44)の代わりに，

$$-\frac{1}{\tan(ka/2)} = -\cot\frac{ka}{2} = \frac{\kappa}{k} \tag{4.48}$$

という条件式が得られる．古典的な解と異なり，井戸内領域 $|x| \leq a/2$ における粒子の確率密度分布は一定ではない．そして古典論では存在が許容されない井戸の外部にも，確率密度が滲み出す (トンネル効果)．しかし n が大きくなると，確率密度分布が古典論の挙動に近づく傾向が見られる．

空間的に局在していて規格化が可能な (束縛された) 状態が持ち得るエネルギー固有値は必ず離散的である．逆に無限遠まで減衰しない存在確率を持つ状態のエネルギー固有値は，連続的に固有値が許容されるエネルギー領域に属している．後者の例は有限の深さ井戸においても，エネルギー固有値が正 (井戸上端以上) の状態に見ることができる (4.5.2項〈p.74〉)．

4.5　1次元系の非束縛問題

本節では1次元系において非束縛状態にある粒子が，ポテンシャルによって散乱される現象を考察する．一定のポテンシャルを持つ左側の領域から粒子が入射してきて，中央部のポテンシャル構造に衝突して左側へ反射したり，右側へ透過したりする状況を考えてみよう．右側にもポテンシャルが一定の領域を想定するが，右側からの粒子の入射はないものとする．そうすると波動関数には次のような境界条件が課される．

- $x \to -\infty$ の領域では $A_+ \exp(\mathrm{i}kx)$ という項を含む．
- $x \to +\infty$ の領域では $A_- \exp(-\mathrm{i}kx)$ という項を含まない．

4.5.1　ポテンシャル段差

ひとつの有限な不連続段差を持つポテンシャルを，$x < 0$ において $V(x) = 0$，$x > 0$ において $V(x) = V_0 > 0$ と表現することができる (図4.6)．これは例えば導線が極めて狭い間隙によって分断され，両側の電位が異なる場合の内部電子に対するポテンシャルのモデルにあたる．電子は間隙を通過するときに，ポテンシャルの変化を感じる．

$E_a < V_0$ の場合

古典的に考えると左側から入射した粒子は $x = 0$ において反射され，右側の $x \geq 0$ の領域には侵入できない．しかし量子力学的な状況はこれと異なる．$x \leq 0$ における波動関数は入射波と反射波の重ね合わせの形で与えられ (式(4.35))，その波数は $V_0 = 0$ と置いた値を取る．$x \geq 0$ における波動関数には式(4.36) が適用される．ただし，この領域における発散を避けるために $B_+ = 0$ と置く．

波動関数と，その1階の導関数の $x = 0$ における接続条件は，次のように与えられる．

$$A_+ + A_- = B_-, \quad A_+ - A_- = \mathrm{i}\frac{\kappa}{k}B_- \tag{4.49}$$

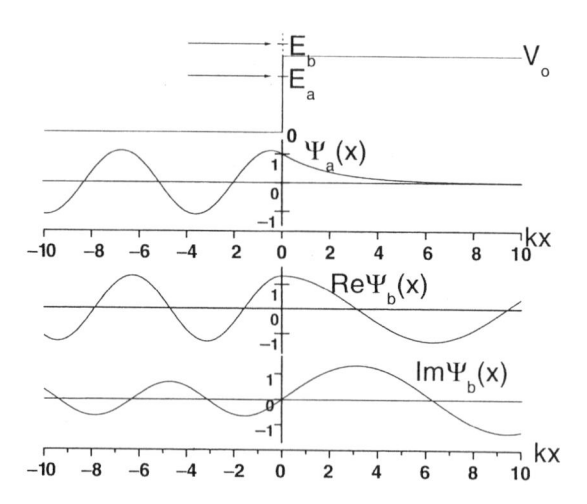

図4.6 ポテンシャル段差への粒子の入射. 波動関数 Ψ_a と Ψ_b のエネルギーは, それぞれ $E_a = (3/4)V_0$ と $E_b = (5/4)V_0$ である.

したがって $A_\pm$ は B_- を用いて,

$$A_+ = \frac{1}{2}B_-\left(1 + i\frac{\kappa}{k}\right), \quad A_- = \frac{1}{2}B_-\left(1 - i\frac{\kappa}{k}\right) \tag{4.50}$$

と表され, 波動関数全体は次のように与えられる.

$$\Psi_a(x) = \frac{1}{2}B_-\left[\left(1 + i\frac{\kappa}{k}\right)\exp(ikx) + \left(1 - i\frac{\kappa}{k}\right)\exp(-ikx)\right]$$

$$= B_-\left[\cos(kx) - \frac{\kappa}{k}\sin(kx)\right] \quad (x \leq 0)$$

$$\Psi_a(x) = B_- \exp(-\kappa x) \quad (x \geq 0) \tag{4.51}$$

左側の $x \leq 0$ における解は入射波と反射波の重ね合わせである. 両者の振幅の絶対値が等しいので定在波が形成され, この領域において $\tan(kx) = k/\kappa$ を満たす位置 x が定在波の節点となる (4.2.2項の最初の項目:確率密度 ⟨p.60⟩). 入射波と反射波の確率流束密度は, 次のようになっている.

$$j_\mathrm{I} = -j_\mathrm{R} = \frac{\hbar k}{M}\frac{|B_-|^2}{4}\left(1 + \frac{\kappa^2}{k^2}\right) \tag{4.52}$$

4.5. 1次元系の非束縛問題

反射係数 (reflection coefficient) は，入射流束密度に対する反射流束密度の比によって定義される．この例では，

$$R \equiv \left| \frac{j_\mathrm{R}}{j_\mathrm{I}} \right| = 1 \tag{4.53}$$

となる．波動関数 (4.51) が実数で表されることは，双方向の確率流束密度が相殺し合っていることと関係している．

量子力学的なトンネル効果によって $x \geq 0$ の領域にも確率密度が滲み出している．その滲み出し距離 $\Delta x \approx 1/\kappa$ は，この領域における粒子の運動量や運動エネルギーの不確かさと，次のように関係している．

$$\Delta p \approx \frac{\hbar}{\Delta x} \approx \sqrt{2M(V_0 - E_a)}, \quad \Delta E \approx \frac{(\Delta p)^2}{2M} \approx V_0 - E_a \tag{4.54}$$

上記の不確定性関係は，4.2.2項 ⟨p.60⟩ で論じた調和振動子の場合と本質的に同じものである．

$E_b > V_0$ の場合

古典論では入射粒子が完全に段差を乗り越える¶．そのときに速度は低下するが，その後も右向きの進行を続ける．量子力学的に見ると，この場合も $x \leq 0$ における波動関数には式(4.35) において $V_0 = 0$ と置いたものが適用される．すなわち入射波と反射波の重ね合わせとなる．$x \geq 0$ においても式(4.35) を適用できるが，波数は $k_b = \sqrt{2M(E_b - V_0)}/\hbar$ に置き換わり，右側からの粒子の入射を想定しないので，左向きの進行波を表す第2項は不要である．右側の領域における右向きの進行波 (透過波) $\exp(ik_b x)$ の振幅を C と書く．$x = 0$ における波動関数とその1階の導関数の接続条件により，次の関係が与えられる．

$$A_+ + A_- = C, \quad A_+ - A_- = \frac{k_b}{k} C \tag{4.55}$$

これらの式により，反射波と透過波の振幅が入射波の振幅に比例する形で与えられ，波動関数全体が次のように表される．

$$\Psi_b(x) = \begin{cases} A_+ \left[\exp(ikx) + \dfrac{k - k_b}{k + k_b} \exp(-ikx) \right] & (x \leq 0) \\ A_+ \dfrac{2k}{k + k_b} \exp(ik_b x) & (x \geq 0) \end{cases} \tag{4.56}$$

¶(訳註) ここでは滑らかに傾斜したポテンシャル段差から，傾斜領域を狭く急峻にしていった極限概念として不連続段差を考えている．

入射波，反射波，および透過波の確率流束密度は，それぞれ次のように表される．

$$j_\mathrm{I} = \frac{\hbar k}{M}|A_+|^2$$
$$j_\mathrm{R} = -\frac{\hbar k}{M}\left(\frac{k-k_b}{k+k_b}\right)^2|A_+|^2 \qquad (4.57)$$
$$j_\mathrm{T} = \frac{\hbar k_b}{M}\left(\frac{2k}{k+k_b}\right)^2|A_+|^2$$

透過係数 (transmission coefficient) は $T = |j_\mathrm{T}/j_\mathrm{I}|$ と定義される．反射係数と透過係数はそれぞれ，

$$R = \left(\frac{k-k_b}{k+k_b}\right)^2, \quad T = \frac{4k k_b}{(k+k_b)^2} \qquad (4.58)$$

と与えられる．この場合，電流が保存する条件から予想される通りに，$R+T=1$ の関係が成立している．

入射粒子に対して反射成分が生じるのは何故だろう？ 量子力学的な状況は，屈折率が異なる 2 つの媒体の境界を通過する光の状況と似ている．入射する光は界面を完全には透過せず，その一部は反射される．

波動関数 (4.51) と (4.56) は，$k_b(E) = i\kappa(E)$ という置き換えによって，相互に移行する関係にある．

4.5.2 矩形障壁

$|x| > a/2$ において $V(x) = 0$，$|x| < a/2$ において $V(x) = V_0 > 0$ と表されるポテンシャルの矩形障壁を考える (図 4.7)．この障壁に左側から $E \leq V_0$ の粒子が入射するものとしよう．古典的には障壁の左端 $x = -a/2$ で粒子の反射だけが起こる．

障壁外の領域 $x \leq -a/2$ と $x \geq a/2$ において，Schrödinger方程式の解は式(4.35)の形となり，両側の波数 k の値は共通 ($V_0 = 0$ と置いた値) である．

しかしながら障壁の右側 $x \geq a/2$ では，右側から粒子の入射がないと考えるので透過波 $C\exp(ikx)$ の成分だけが存在する．障壁内領域 $-a/2 \leq x \leq a/2$ における解は，式(4.36)の形を取る．この範囲内では無限遠における発散を問題にする必要はないので，2 つの項のどちらも省くことはできない．以上の考察から全体で 5 つの振幅を扱うことになる．障壁両端における波動関数の接続条件から，これらの振幅の間に 4 本の関係式が与えられるので，入射波の振幅 A_+ を用いて残りの 4 つの振幅を表すことができる．また更に入射波，反射波，透過波，障壁内部それぞれの確率流

4.5. 1次元系の非束縛問題

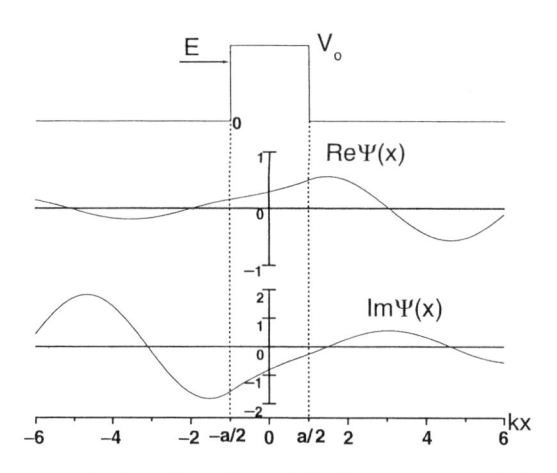

図4.7 矩形障壁に入射した粒子の波動関数. $E = 3V_0/4$ と置いた.

束密度 j_I, j_R, j_T, j_B を求め，反射係数 R および透過係数 T を得ることができる．

$$j_\mathrm{I} = \frac{\hbar k}{M}|A_+|^2, \quad j_\mathrm{R} = -\frac{\hbar k}{M}|A_-|^2$$

$$j_\mathrm{T} = \frac{\hbar k}{M}|C|^2, \quad j_\mathrm{B} = \frac{2\hbar\kappa}{M}\left[\mathrm{Re}(B_+)\mathrm{Im}(B_-) - \mathrm{Re}(B_-)\mathrm{Im}(B_+)\right]$$

$$R = \left|\frac{j_\mathrm{R}}{j_\mathrm{I}}\right| = \frac{\sinh^2(\kappa a)}{\dfrac{4E}{V_0}\left(1 - \dfrac{E}{V_0}\right) + \sinh^2(\kappa a)}$$

$$T = \left|\frac{j_\mathrm{T}}{j_\mathrm{I}}\right| = \left|\frac{j_\mathrm{B}}{j_\mathrm{I}}\right| = \frac{\dfrac{4E}{V_0}\left(1 - \dfrac{E}{V_0}\right)}{\dfrac{4E}{V_0}\left(1 - \dfrac{E}{V_0}\right) + \sinh^2(\kappa a)} \quad (4.59)$$

$\kappa a > 1$ であれば，透過係数は障壁幅 a に対して指数関数的に減衰する．

$$T \approx \frac{16E}{V_0}\left(1 - \frac{E}{V_0}\right)\exp(-2\kappa a) \quad (4.60)$$

このように障壁を越えられるエネルギーを持たない粒子が，ポテンシャル障壁を透過する確率が存在することは，調和振動子(4.2.2項〈p.62〉の第3項目) やポテンシャル段差(4.5.1項〈p.71〉) において論じた量子力学的トンネル効果の，もうひとつの発

図4.8 走査型トンネル顕微鏡

現形態である．具体的にはこのような有限の厚さの障壁を介した透過型のトンネル効果が，原子核の α 崩壊現象や，トンネル顕微鏡などにおいて生じている．

矩形井戸ポテンシャルに対して外部から粒子が入射する問題の解析も，矩形障壁と同様の手続きによって行える．ただし井戸内の波動関数として，式(4.36)の代わりに式(4.35)を充てる．この場合も井戸外において入射波，反射波，透過波の各成分が存在し，反射係数と透過係数の和は1になる．

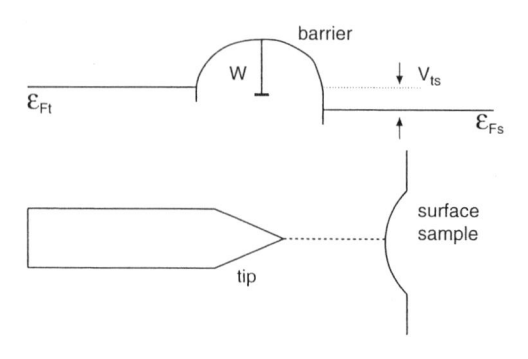

4.5.3 走査型トンネル顕微鏡

走査型トンネル顕微鏡 (scanning tunneling microscope：STM) は1980年代に Gerd Binnig と Heinrich Rohrer によって開発された [29]．この装置では金属試料 (導体試料) の表面に，極めて鋭い先端を持つ導電性の探針(プローブ)を近づける．金属内部の電子は電子気体モデルに従い，ほとんど自由に動くことができる (4.4.1項 ⟨p.66⟩，7.4.1項 ⟨p.134⟩ 参照)．金属電子はFermi(フェルミ)エネルギー ϵ_F 以下のすべての準位をほとんど完全に満たしている．金属表面は内部電子に対してポテンシャル障壁を形成しているが，電子は探針先端と試料表面の間の障壁をトンネル効果によって透過できる (図4.8)．トンネル電流は透過係数 T (式(4.60)) に比例するので[8]，探針先端-試料表面間の距離が狭まると，トンネル電流は指数関数的に増加する．探針は圧電素子に取り付けら

---

[8] 探針と試料の間に電圧 V_{ts} を印加することによって，探針もしくは試料のどちらかに空いた準位を用意する必要がある．トンネル遷移する電子は，電位差に伴い一方のFermiエネルギーが相対的に低下することで生じる空いた準位に入る．

れており，その素子への電圧印可によって探針の動きを高精度で制御することが可能である．金属試料の表面に沿って，探針の走査(スキャン)がゆっくりと行われる．

探針先端-試料表面間の実効的なトンネル減衰係数 κ は，式(4.36)で用いられているエネルギー差 $V_0 - E$ を，試料と探針の仕事関数 (work function：金属内部の電子に対して，表面の障壁を完全に越えて外部へ脱出させるために与える必要のある最低エネルギー，約 4 eV) の平均 W に置き換えて推定される．したがって $\kappa \approx 2\,\text{Å}^{-1}$ であり，探針電流は先端-試料表面間の距離 (試料表面の凹凸) に対して，オングストローム以下の水準で極めて敏感に依存する[‡]．

STM は金属試料に限らず，一般の試料の表面構造を原子尺度で調べる目的で，基礎研究にも工業的な用途にも利用されている．物理的な分野だけでなく，たとえば導電性基板上に生物系の試料を載せて，それに対して微弱な電流を流して検出するといった応用も可能である．

4.6 結晶のエネルギーバンド構造[†]

固体元素の結晶は，N 個の正イオン (N は充分に大きい) が配列していて空間的な周期構造を持ち，電子がイオンの配列から生じる周期的な電位ポテンシャル場 (結晶場) の中を運動しているというモデルによって扱われる．図4.9の上側に周期性の条件 $V(x+d) = V(x)$ を満たす1次元結晶のポテンシャルを描いてある (d は結晶格子定数)．本節では，このような周期ポテンシャル場にある1粒子状態の特徴を調べてみる．

古典的に考えると，図4.9のようなポテンシャル場の中にある低エネルギー電子は，ひとつのイオンに束縛され，他のイオンの位置に移ることは不可能である．しかし量子力学的にこの問題を扱うならば，単一の原子近傍だけに電子が局在できるのは，イオン間の距離 d が極めて大きい場合だけである．$d \to \infty$ の極限では，個々のイオンに束縛された，同じエネルギーを持つ孤立した1電子状態が，イオンの数に対応して N 個存在する．それらの状態は互いに直交し (すなわち内積 (4.2) がゼロである)，N 重にエネルギー縮退している．しかしながら d を現実的な格子定数程度の距離まで縮めると，別々のイオン位置の間でトンネルによる電子の遷移が可能となり，個々の局在状態が重なり合って結晶内部で電子の遍歴が起こるようになるためにエネルギーの縮退が解け，N 個のエネルギー固有値は，あるエネルギー帯 (バンド) の範囲内に拡がって分布するようになる．このような描像が数式的にどのように表現されるかを以

[‡](訳註) 微細な表面凹凸を平均化して捉えて巨視的に決めた試料面に対して，探針の高さを一定に保つ方式と，探針電流を一定に保つように探針を上下微動させる方式がある．

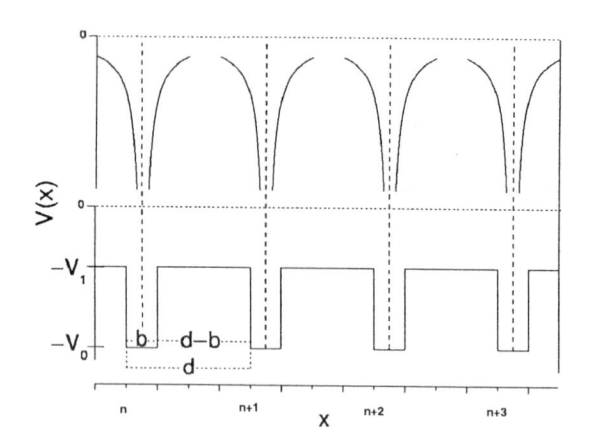

図4.9　周期ポテンシャル．上は結晶内部において現実的に想定されるポテンシャルの例である．下はこれを模式的に単純化したモデルであり，各イオンのポテンシャルを矩形井戸に置き換えてある．

下に示す．

無限に続く周期ポテンシャル ($N \to \infty$ と考える) の中で運動する粒子の波動関数は，必ず次の形を持つことが分かっており，これはBloch（ブロッホ）の定理として知られている[§]．

$$\varphi_k(x) = \exp(\mathrm{i}kx)\, u_k(x) \tag{4.61}$$

k は実数であり，$u_k(x)$ は結晶場と同じ周期を持つ関数で $u_k(x+d) = u_k(x)$ を満たす [30]．

結晶内部のポテンシャルにおいて本質的に重要な特徴は，詳細な形状よりもむしろ全体的な周期性なので，実際のポテンシャルの代わりに矩形井戸を並べたポテンシャルモデル[¶]を考える (図4.9)．すでに我々は単独の矩形ポテンシャルを扱う方法を学んだ．ここではポテンシャル関数を基本区間 $0 \leq x \leq d$ の中で $V(x) = -V_0$ (井戸内部：$0 \leq x \leq b$) および $V(x) = -V_1$ (井戸外部：$b \leq x \leq d$) と置き，周期性 $V(x+d) = V(x)$ を仮定する．電子のエネルギーを $-E$ と表し，$-E < 0$ の状態を対象とする．すなわち電子は結晶内部に閉じ込められており，負のエネルギーを持つ．

[§](訳註) $V(x+d) = V(x)$ なので，規格化された $\Psi(x)$ が Schrödinger 方程式の解であれば $\Psi(x+nd)$ も同じエネルギー固有値に属する解でなければならなず (n は任意の整数)，両者の違いとしては位相因子の違いだけが許容されるということから，この定理が証明される．

[¶](訳註) Kronig-Penney (クローニッヒ-ペニー) モデルと呼ばれている．

4.6.1 エネルギー領域 I : $-V_0 \leq -E \leq -V_1$ (強い束縛)[†]

4.3節に従い,$nd \leq x \leq (n+1)d$ の範囲における波動関数は,次のように与えられる.

$$\Psi(x) = \begin{cases} A_+ \exp(ik_b x) + A_- \exp(-ik_b x), & nd \leq x \leq nd+b \\ B_+ \exp(\kappa_b x) + B_- \exp(-\kappa_b x), & nd+b \leq x \leq (n+1)d \end{cases} \tag{4.62}$$

$$k_b = \frac{1}{\hbar}\sqrt{2M(V_0 - E)}, \quad \kappa_b = \frac{1}{\hbar}\sqrt{2M(E - V_1)} \tag{4.63}$$

したがって,周期関数 $u_k(x)$ は次の形を持つ.

$$u_k(x) = \begin{cases} A_+ \exp\bigl[i(k_b - k)x\bigr] + A_- \exp\bigl[-i(k_b + k)x\bigr], \\ \qquad\qquad\qquad\qquad nd \leq x \leq nd+b \\ B_+ \exp\bigl[(\kappa_b - ik)x\bigr] + A_- \exp\bigl[-(\kappa_b + ik)x\bigr], \\ \qquad\qquad\qquad\qquad nd+b \leq x \leq (n+1)d \end{cases} \tag{4.64}$$

Blochの定理に基づく $u_k(x)$ の周期性から,たとえば区間 $(n+1)d \leq x \leq (n+1)d+b$ を考えると,

$$u_k(x) = A_+ \exp\bigl[i(k_b-k)(x-d)\bigr] + A_- \exp\bigl[-i(k_b+k)(x-d)\bigr] \tag{4.65}$$

でなければならない.

波動関数に対する接続条件,あるいは等価的に $u_k(x)$ の接続条件として,$A_\pm$,$B_\pm$ に関する4本の斉一次式 ($x=b$ において2本,$x=d$ において2本) が与えられる.したがって $A_\pm$,$B_\pm$ がすべてゼロではない非自明解が存在するためには,これらの振幅に関する連立一次方程式の係数行列について,その行列式がゼロにならなければならない.この条件から,許容される E の値に関して,次の形の式が得られる.

$$f(E) = \cos(kd) \tag{4.66}$$

上式の $f(E)$ は,次のように与えられる (図4.10 参照).

$$f(E) = \frac{\kappa_b^2 - k_b^2}{2k_b\kappa_b} \sinh\bigl[\kappa_b(d-b)\bigr]\sin(k_b b) \\ + \cosh\bigl[\kappa_b(d-b)\bigr]\cos(k_b b) \tag{4.67}$$

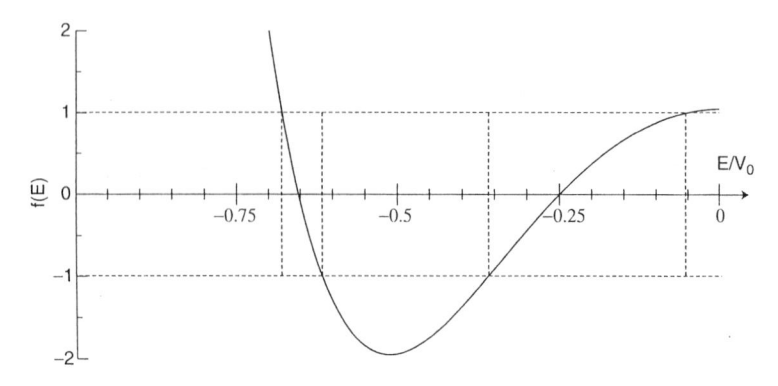

図4.10 図4.9 の下に示した周期的な矩形ポテンシャル場において許容される粒子 (電子) のエネルギー範囲 (エネルギーバンド) を与える関数 $f(E)$ の例．$E/V_0 = -0.5$ の位置が領域 I (強い束縛) と領域 II (弱い束縛) の境界にあたる．$-1 \leq f(E) \leq 1$ の区間がエネルギーバンドである．

4.6.2　エネルギー領域 II: $-V_1 \leq -E \leq 0$ (弱い束縛)[†]

問題を解く手順は前項と同様であるが，井戸外 (イオン間) 領域 $b \leq x \leq d$ においても式(4.36)ではなく，式(4.35)を $k_c = (1/\hbar)\sqrt{2M(V_1 - E)}$ と修正して適用する点だけが前項と異なる．許容エネルギー範囲に関する条件式(4.66)の形はそのまま利用できるが，左辺の $f(E)$ は次式に置き換わる．

$$f(E) = -\frac{k_c^2 + k_b^2}{2k_b k_c}\sin[k_c(b-d)]\sin(k_b b) + \cos[k_c(d-b)]\cos(k_b b) \tag{4.68}$$

$|f(E)| \leq 1$ を満たす E の許容値の区間が，いわゆるエネルギーバンドである．図4.10 に領域 I と領域 II の全域にわたって $f(E)$ の例を示してある[‡]．この計算例では $V_1 = V_0/2$, $d = 4b$, $b = \hbar\sqrt{2/MV_0}$ と置いてある．

k を $2\pi/d$ の整数倍だけ増やしても，条件式(4.66) は変わらない．したがって次の限定された区間，

[‡](訳註) $f(E)$ は領域 I と領域 II の境界 (井戸上端エネルギー) において接続し，全体として連続関数となる．式(4.66) から $-1 \leq f(E) \leq 1$ を満たすような E の範囲内だけにエネルギー固有値が許容されることになるが，$f(E)$ は一般に図4.10のように ±1 よりも広い範囲で E に対して不規則振動をする部分を持つ関数であり，E の許容範囲として複数の区間が存在する．それぞれの許容区間をエネルギーバンド (エネルギー帯) と呼び，ひとつのバンドの上限とその次のバンドの下限の間のエネルギー領域を禁制帯 (バンドギャップ) と呼ぶ．最もエネルギーの低いバンドが，各井戸内の基底状態を重ね合わせた状態に対応する．

$$-\frac{\pi}{d} \leq k \leq \frac{\pi}{d} \tag{4.69}$$

において k を考えれば充分であり，この範囲内だけで k を定義すればよい．

以上は結晶内部のポテンシャル構造 (矩形井戸端における波動関数の接続条件) に基づく考察であるが，波動関数全体に関しては，ここでも 4.4.1 項 ⟨p.66⟩ で論じた周期境界条件を採用し，その周期を $a = Nd$ と置くことにする§．そうすると，境界条件から許容される k の値は，次のようになる．

$$\exp(ik_n Nd) = 1, \quad k_n = \frac{2\pi n}{Nd}, \quad n = 0, \pm 1, \pm 2, \ldots, \pm \frac{1}{2}N \tag{4.70}$$

上式の最後に示した n の許容値は，式 (4.69) の制限を考慮して決めたものであり，規則的に配列したイオン系 (の素領域) において許容されている k の値の数に対応している．この結果は，古典的には各イオンに束縛されているはずの電子も，現実の結晶内では量子力学的に遍歴性を持つという，本節の最初で言及した事実と整合している．

練習問題 (∗略解 p.267)

問1 式 (4.23) と表 4.1 ⟨p.60⟩ を参照して，調和振動子に関して以下のことを示せ．

1. 演算子 a (式 (3.29)) は，基底状態の波動関数 $\varphi_0(x)$ を消滅させる．
2. 演算子 a^+ を $\varphi_1(x)$ に作用させると，$\sqrt{2}\varphi_2(x)$ になる．

ヒント：演算子 a, a^+ を微分演算子によって表現せよ．

∗問2 左端が原点に位置する無限に深い矩形井戸ポテンシャルを考える．すなわち $0 < x < a$ において $V(x) = 0$, その他の領域において $V(x) = \infty$ とする．

1. 許容されるエネルギーと波動関数を計算せよ．
2. 本文において，井戸の中央を原点として導出した結果と比較し，物理的に結果が一致していることを説明せよ．
3. 得られた波動関数は，パリティの確定値を持つか？

∗問3 矩形井戸内において運動する粒子の基底エネルギー (最低のエネルギー固有値) を，Heisenberg の不確定性原理と関係づけよ．

∗問4 $|x| \geq a/2$ において $V(x) = \infty$, $-a/2 \leq x \leq 0$ において $V(x) = V_0 \geq 0$, $0 < x < a/2$ において $V(x) = 0$ のように内部段差を持つ無限に深い矩形井戸の中を運動する粒子の固有値方程式を求めよ．$0 \leq E \leq V_0$ とする．

---

§(訳註) すなわちここで N の定義を結晶全体の原子数ではなく，結晶内部で周期境界条件を適用する仮想素領域内の原子数に変更している．再度 4.4.1 項 ⟨p.66⟩ を参照されたい．

*問5 $\sum_k E_k$ の計算に,式 (4.43) の積分近似を適用する際に発生する誤差を推定せよ.次式を利用すること.
$$\sum_{n=0}^{\nu} n^2 = \frac{\nu}{6}(\nu+1)(2\nu+1)$$

*問6 自由電子気体が幅 a の 1 次元井戸に閉じ込められていると仮定する.

1. エネルギー状態密度 (単位エネルギー幅あたりに存在する許容状態数) $\rho(E)$ を,エネルギー E に対する関数として求めよ.
2. $E = 1\,\text{eV}$, $a = 1\,\text{cm}$ として ρ の値を計算せよ.

*問7 $x < 0$ において $V(x) = \infty$, $0 < x < a/2$ において $V(x) = 0$, $x > a/2$ において $V(x) = V_0$ の,外部が非対称な矩形井戸を考える.

1. エネルギー固有値を与える式を書け.
2. その式を 4.4.2 項〈p.68〉で得た有限の深さを持つ矩形井戸に対する式と比較せよ.
3. 有限の深さを持つ矩形井戸内の波動関数は,井戸端 $x = a/2$ における値が $V_0 \to \infty$ の極限においてゼロになり,古典的に禁じられた領域に波動関数が侵入しなくなることを示せ.

*問8 深さが V_0 で,井戸の中央が原点に位置する幅 a の矩形井戸について,無次元の特性定数 (4.47),すなわち,
$$\theta_{\max} = \frac{a}{\hbar}\sqrt{\frac{MV_0}{2}}$$
が区間 $(0, \pi/2)$, $(\pi/2, \pi)$, $(\pi, 3\pi/2)$, $(3\pi/2, 2\pi)$ にある場合を考え,パリティが偶の状態 (even-parity states : EPS) とパリティが奇の状態 (odd-parity state : OPS) の数を求めよ.

*問9 ポテンシャル段差に対して,上段側から入射する粒子の反射係数と透過係数を計算せよ.ポテンシャルを $x \leq 0$ において $V(x) = 0$, $x \geq 0$ において $V(x) = V_0 = 1\,\text{eV}$ と設定し,粒子は右側から $E = 2\,\text{eV}$ の運動エネルギーで入射するものとする.

*問10 ある金属試料の内部において,電子が持つ最大のエネルギー (Fermi エネルギー) が $5\,\text{eV}$ であるとする.そのエネルギー準位にある電子に,金属表面の障壁を越えさせて外部に脱出させるために外部から与える必要のある最低エネルギー (仕事関数) を $3\,\text{eV}$ とする.

1. 電子 (の存在確率密度) が表面の障壁から外部に向けて滲み出す距離を推定せよ.金属試料全体は,この距離に比べて充分に長い幅を持つ矩形井戸と見なせるものとする.
2. 次に,表面障壁が金属外部において無限遠まで続いておらず,$20\,\text{Å}$ の厚さしかない場合を考えて,外部への透過係数を推定せよ.

*問11 幅 a の矩形のポテンシャル障壁における透過係数を,$\kappa a \ll 1$ および $\kappa a \gg 1$ の極限について求めよ.

練習問題 (第4章)

*問12　STMにおける探針先端-試料表面間距離の変動検出感度を求めよ．探針電流の1%以上の変動が検出できるものと仮定し，$\kappa = 2\,\text{Å}^{-1}$ とせよ．

*問13　1. 周期ポテンシャルを持つ1粒子ハミルトニアンの固有関数は，運動量演算子の固有関数ではないことを示せ．

2. なぜ，これらは運動量の固有状態ではないのか？

3. 運動量の期待値の式を与えよ．

*問14　静的な周期ポテンシャル場から影響を受けながら運動する粒子を扱う際に，実効的にその粒子が本来の質量とは別の有効質量を持ち，式(4.31)のような自由粒子と同じ形の分散関係 (エネルギー-波数の関係) を持つ擬似自由粒子と見なす近似がしばしば有用となる．式(4.66)で与えられているエネルギーバンドの端において適用できる有効質量 M_eff を求めよ．

ヒント：式(4.66)の両辺を展開し，そこから得られる $\Delta E(k^2)$ の式を運動エネルギーの式(4.31)に加えよ．

*問15　運動量の固有状態(4.41)をいろいろな波数のものについて作為的に重ね合わせて (線形結合して)，確率密度が空間的に1箇所付近に局在するようにしてある波動関数 $\Psi(x)$ を波束 (wave packet) と呼ぶ．例えば，それぞれの状態の振幅を $c_p = \eta \exp\left[-p^2/\alpha^2\right]$ $(p = \hbar k)$ のように重みづけた重ね合わせによって，そのような波束が形成される．

1. 規格化条件 $\sum_p |c_p|^2 = 1$ を満たすように η を求めよ．
2. 確率密度分布 $|\Psi(x)|^2$ を計算せよ．
3. 行列要素 $\langle\Psi|\hat{x}|\Psi\rangle$ および $\langle\Psi|\hat{x}^2|\Psi\rangle$ を求めよ．
4. 行列要素 $\langle\Psi|\hat{p}|\Psi\rangle$ および $\langle\Psi|\hat{p}^2|\Psi\rangle$ を求めよ．
5. Heisenberg の不確定性関係 (2.37) を確認せよ．

ヒント：式(4.43)に従って，和を積分に置き換えよ．

$$\int_{-\infty}^{\infty} \exp\left[-(x+i\beta)^2/\alpha^2\right]dx = \alpha\sqrt{\pi}; \quad \int_{-\infty}^{\infty} f(k)\exp[ikx]dx = 2\pi f(0)$$

第 5 章 角運動量

　本章と次の第 6 章では，3 次元空間における単一粒子の問題を扱う．本章では量子力学的な角運動量の問題を，行列形式と微分形式の両方の観点から論じる．対応する結果を比較することにより，最も重要な量子力学的観測量であるスピンの存在が浮き彫りになる．角運動量同士の加算 (合成) の方法についても述べる．

　交換関係 (2.16) を，3 次元の場合へそのまま拡張することができる．

$$[\hat{x}_i, \hat{p}_j] = i\hbar \delta_{ij}, \quad i = x, y, z, \quad j = x, y, z \tag{5.1}$$

古典物理における 1 粒子系の角運動量は，粒子の位置と運動量から決まる物理的ベクトル量 **L** である．これは外部からの回転力 (トルク) $\boldsymbol{\tau}$ が働いていない場合に，保存量として重要な意味を持つ．

$$\mathbf{L} = \mathbf{r} \times \mathbf{p}, \quad \frac{d\mathbf{L}}{dt} = \boldsymbol{\tau} \tag{5.2}$$

Schrödinger の流儀に従うならば，式(5.2) の中の運動量を，

$$\hat{p}_i \to -i\hbar \frac{\partial}{\partial x_i} \tag{5.3}$$

のように微分演算子に置き換えることで問題を量子化できる．この措置の下で，角運動量に関して以下の交換関係が成立することになる．

$$[\hat{L}_x, \hat{L}_y] = i\hbar \hat{L}_z, \quad [\hat{L}_y, \hat{L}_z] = i\hbar \hat{L}_x, \quad [\hat{L}_z, \hat{L}_x] = i\hbar \hat{L}_y \tag{5.4}$$

$$[\hat{L}^2, \hat{L}_x] = [\hat{L}^2, \hat{L}_y] = [\hat{L}^2, \hat{L}_z] = 0 \tag{5.5}$$

5.1 固有値と固有状態

5.1.1 行列形式による取扱い

　交換関係 (5.4) を，改めて量子力学的な角運動量の定義と見なすことにしよう．このように定義した角運動量が，式(5.2) のような軌道角運動量 (orbital angular momentum) を量子力学的に扱う手段となることはもちろんであるが,更に純粋に量子力学的な起源を持つ別種の角運動量までを包括する,より一般的な概念を表すことになる.このような観点の下で,これ以降,起源を区別せずに広義の角運動量を表す場合の記号として $\hat{J}_i$ を充て,これが式(5.4)と同じ形の交換関係,

$$[\hat{J}_i, \hat{J}_j] = i\hbar \epsilon_{ijk} \hat{J}_k \tag{5.6}$$

を満たすものと規定する.ϵ_{ijk} はレヴィ-チヴィタ (Levi-Civita) のテンソル[1]と呼ばれる因子である.これに対し,記号 $\hat{L}_i$ は式(5.2)に対応する軌道角運動量だけに充てることにする.

上記の交換関係によれば,角運動量の自乗と,一方向の角運動量成分は同時に正確に確定できるが,別方向の角運動量成分を同時に確定させることはできない.したがって通常は,角運動量の自由度に関わる基本状態として,$\hat{J}^2$ と $\hat{J}_z$ の同時固有関数を採用する.等方的な空間では,特定の方向を特別扱いする理由がないので,z 方向を任意に選んでよい.

角運動量を扱う方法は,行列形式で調和振動子を扱った方法 (3.2.1項〈p.45〉) とよく似たものである.具体的な内容は5.4節で言及する予定だが,得られる結果の要点は以下の通りである.

- 演算子 $\hat{J}^2$ と $\hat{J}_z$ の同時固有状態を,適切に定義した2つの量子数 j, m によって φ_{jm} と書き,それぞれの固有値方程式を次のように表すことができる¶.

$$\hat{J}^2 \varphi_{jm} = \hbar^2 j(j+1) \varphi_{jm}, \quad \hat{J}_z \varphi_{jm} = \hbar m \varphi_{jm} \tag{5.7}$$

角運動量の大きさを指定する量子数 j と,角運動量の z 成分(射影)を指定する量子数 m が取り得る値には,次のような制約がある.

$$-j \leq m \leq j, \quad j = 0, \frac{1}{2}, 1, \frac{3}{2}, \ldots \tag{5.8}$$

m は整数もしくは半整数である.まず j を決めると,その同じ j の下における m の増減は,1を単位として許容される‡.

---

[1] i, j, k が正巡回的であれば(たとえば $i=z, j=x, k=y$)$\epsilon_{ijk}=1$,逆巡回的であれば(たとえば $i=z, j=y, k=x$)$\epsilon_{ijk}=-1$,それ以外の場合(i, j, k の2つ以上が共通)は $\epsilon_{ijk}=0$ である.(以下訳註)式(5.6)の右辺は "Einstein (アインシュタイン) の規約" に従って見なければならない.すなわち同じ添字記号を持つ因子の積として表記された式(項)は,その添字を一緒に変えたそれぞれの積の総和と見なす.式(5.6)の右辺は $i\hbar \Sigma_k \epsilon_{ijk} \hat{J}_k$ を意味する.

¶(訳註) $\hat{J}^2$ の固有値は $\hbar^2 j(j+1)$,$\hat{J}_z$ の固有値は $\hbar m$ ということである.よって状態 φ_{jm} の角運動量の大きさは $\hbar \{j(j+1)\}^{1/2}$,角運動量の z 成分(z 方向射影)は $\hbar m$ である.但し「角運動量(の大きさ)は j である」「スピン(の大きさ)は s である」のような量子数を用いた簡略表現も許容されている.

‡(訳註) 式(5.8)の第1式を書き直すと $m = -j, -j+1, \ldots, j-1, j$ である.

5.1. 固有値と固有状態

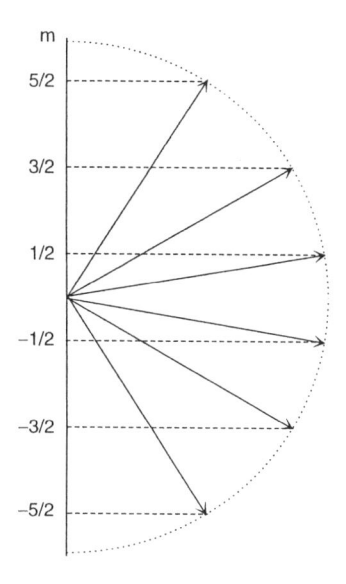

```
        m
       5/2
       3/2
       1/2
      -1/2
      -3/2
      -5/2
```

図5.1 角運動量量子数 $j = 5/2$ の状態に対して，特定方向成分 (紙面縦方向) を確定させた場合の方向量子化．

- j が決まると，m の最大値は j であり，自明な不等関係として $j^2 < j(j+1)$ が成立するので $m^2 < j(j+1)$ であり，角運動量の特定方向成分は，角運動量 J の大きさよりも常に小さい ($j = 0$ のみ例外)．つまり角運動量ベクトルの方向を，たとえば完璧に z 方向に確定させることはできない．この事実は角運動量の成分の間の非可換性 (5.6) と整合している．すなわち角運動量ベクトルの向きが z 方向に確定するということは，J_x と J_y が同時にゼロに確定することを意味する．そのとき角運動量の大きさが確定していれば J_z まで一緒に確定することになる．しかし交換関係 (5.6) の制約から，これらの量が 2 つ以上同時に確定することはあり得ない (問3 ⟨p.103⟩ 参照)．

図5.1 に，$j = 5/2$ の下で z 方向の角運動量成分を確定させる場合に，角運動量ベクトルが向くことのできる方向の制約 (方向量子化) を，z 軸を縦軸方向に含む面に投影した形で示す．この図は角運動量ベクトルが歳差運動を行い，その終点が z 軸のまわりを円軌道を描いて回っているという描像を誘発しやすいが，この描像は誤りである．先ほど述べたように，そもそも角運動量の大きさと向きが完全に確定して，角運動量ベクトルの終点が一箇所に決まるという想定が，不確

定性関係に抵触している[§].

- 式(5.7) で用いた φ_{jm} を基本ベクトルとして $\hat{J}_x$ と $\hat{J}_y$ を行列表示すると，非対角行列要素が現れる．すなわち，

$$\langle j'm'|\hat{J}_x|jm\rangle = \delta_{j'j}\delta_{m'(m\pm 1)}\frac{\hbar}{2}\sqrt{(j\mp m)(j\pm m+1)}$$
$$\langle j'm'|\hat{J}_y|jm\rangle = \mp\delta_{j'j}\delta_{m'(m\pm 1)}\frac{i\hbar}{2}\sqrt{(j\mp m)(j\pm m+1)} \quad (5.9)$$

のように，m が互いにひとつずれた基本状態間だけに，ゼロでない行列要素が現れる．

- $\hat{J}_x$, $\hat{J}_y$, $\hat{J}_z$, $\hat{J}^2$ の何れによっても，角運動量の大きさを表す量子数 j の異なる状態が結びつけられることはない[¶].

- 並進演算子 (4.7) と同様に，回転操作を表すユニタリー演算子は，

$$\mathcal{U}(\boldsymbol{\alpha}) = \exp\left(\frac{i}{\hbar}\boldsymbol{\alpha}\cdot\hat{\mathbf{J}}\right) \quad (5.10)$$

と表される．回転操作は，回転軸の向き (ベクトル $\boldsymbol{\alpha}$ の方向) と回転角度 ($\boldsymbol{\alpha}$ の大きさ α) によって特定される．演算子 $\hat{J}_i$ は i 軸のまわりの回転操作の生成子とも呼ばれる．

5.1.2 波動関数による取扱い

軌道角運動量の概念は，球対称な物理系 (たとえば原子や原子核など) の問題において特に有用である．球対称系を扱う際には，次のように極座標を導入すると便利である．

$$x = r\sin\theta\cos\phi, \quad y = r\sin\theta\sin\phi, \quad z = r\cos\theta$$
$$dx\,dy\,dz = r^2\sin\theta\,dr\,d\theta\,d\phi \quad (5.11)$$
$$0 \leq \theta \leq \pi, \quad 0 \leq \phi \leq 2\pi, \quad 0 \leq r \leq \infty$$

極座標を採用すると，軌道角運動量は次のように表される．

$$\hat{L}_z = i\hbar\left(\sin\phi\frac{\partial}{\partial\theta} + \cot\theta\cos\phi\frac{\partial}{\partial\phi}\right)$$

[§](訳註) J_z が確定していれば J_x も J_y も確定できないので (式(5.6))，これら各々については色々な値を取る確率が分布しているものと見なければならない．
[¶](訳註) したがって，まず j を決めて，その下で議論を進めるという論法が可能である．

5.1. 固有値と固有状態

$$\hat{L}_y = i\hbar \left(-\cos\phi \frac{\partial}{\partial \theta} + \cot\theta \sin\phi \frac{\partial}{\partial \phi} \right)$$

$$\hat{L}_z = -i\hbar \frac{\partial}{\partial \phi}$$

$$\hat{L}^2 = -\hbar^2 \left(\frac{\partial^2}{\partial \theta^2} + \cot\theta \frac{\partial}{\partial \theta} + \frac{1}{\sin^2\theta} \frac{\partial^2}{\partial \phi^2} \right) \tag{5.12}$$

軌道角運動量演算子の具体的な扱い方については 5.5 節で言及する予定である．得られる結果の要点を以下に挙げる．

- $\hat{L}^2$ と $\hat{L}_z$ の同時固有関数[‡]を，球面調和関数 (spherical harmonics) と呼び，$Y_{lm_l}(\theta, \phi)$ と表記する．球面調和関数は，次の固有値方程式を満たす．

$$\hat{L}_z Y_{lm_l} = \hbar m_l Y_{lm_l}$$

$$\hat{L}^2 Y_{lm_l} = \hbar^2 l(l+1) Y_{lm_l} \tag{5.13}$$

$$\hat{\Pi} Y_{lm_l} = (-1)^l Y_{lm_l}$$

ここで，

$$-l \le m_l \le l, \quad l = 0, 1, 2, \ldots \tag{5.14}$$

で，$\hat{\Pi}$ はパリティ演算子 (3.49) である[2]．

- 式 (5.12) を用いて演算子 $\hat{L}_x$, $\hat{L}_y$ の行列要素を求めることができる．それは式 (5.9) において $j \to l$, $m \to m_l$ と置いたものと同じである．

- 球面調和関数をすべて集めた関数系 $\{Y_{lm_l}\}$ は，球面上 (半径 1 とする) で定義される任意関数を全て含む関数空間 (無限次元ヒルベルト空間) の中で，完全正規直交系を構成する．

$$\Psi(\theta, \phi) = \sum_{lm_l} c_{lm_l} Y_{lm_l}(\theta, \phi) \tag{5.15}$$

[‡](訳註) 一般の球対称ポテンシャル場の中の 1 粒子問題 (スピンを無視する．式 (6.1)) では，軌道角運動量 L の大きさに依存してエネルギーが異なるが，L が共通で L_z だけが互いに異なる状態はエネルギー縮退している．外部磁場を導入するとハミルトニアンに $\hat{L}_z$ に比例する項が加わり，この縮退は解ける (Zeeman 効果．5.2.1 項 ⟨p.91⟩)．球対称ポテンシャルとして理想的な Coulomb ポテンシャルを想定すると，例外的に L の異なる状態の間でエネルギー縮退が起こる (偶然縮退．6.1.1 項 ⟨p.106⟩ 参照．$n_r + l$ が等しければ縮退する)．水素原子では偶然縮退が生じているが，それ以外の原子において 1 個の電子に注目すると，他の電子の影響でポテンシャルが理想的な Coulomb ポテンシャルの形ではなくなるので，L の違いに応じて異なる準位が形成される．

[2]) 3 次元空間におけるパリティ変換操作は $\mathbf{r} \to -\mathbf{r}$ である．もしくは，これと等価な内容を $r \to r$, $\theta \to \pi - \theta$, $\phi \to \pi + \phi$ と表現することもできる．

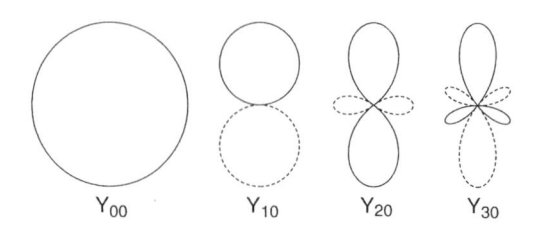

図5.2 3次元的に r の値で表した球面調和関数 Y_{l0} ($l = 0, 1, 2, 3$) の (x, z) 面における形を示した図．Y_{l0} は z 軸に関して回転対称な関数であり，$l = 0$ の場合は球対称である．各図の中央から最上部までの距離は $\sqrt{(2l+1)/4\pi}$ である．実線は正の値を取る部分を，破線は負の値の部分を表す．（表5.1〈p.101〉参照．）

各球面調和関数は，たとえば理想的な球体を形成しているシャボン玉の表面振動の基本モードにあたる．

- 図5.2 は，いくつかの z 軸のまわりに対称な ($m_l = 0$ の) 球面調和関数を r の値として表現し，(x, z) 面を示した図である．原子に属する電子の波動関数の (θ, ϕ) 依存性は球面調和関数によって表されるが，各球面調和関数において特定方向に突き出た構造が化学結合の形成において重要な役割を持つ．

- 分子の回転運動に関するハミルトニアンは演算子 $\hat{L}^2$ に比例する．したがって，そのエネルギー固有値は $l(l+1)$ 則に従う (8.4.2項〈p.170〉)．

我々は5.1.1項〈p.85〉において，交換関係に基づいて一般的な角運動量演算子を定義することにより，古典的な軌道角運動量 (本項) から導出できない演算子までを得ているのである．この命題は，一般的な角運動量の量子数 j, m が，軌道角運動量の場合に許容される整数だけではなく，半整数の値を取ることも可能であるという事実によって支持される．半整数を除いて考えるならば，この角運動量成分 $\hat{J}_i$ の行列要素 (5.9) は，軌道角運動量の成分 $\hat{L}_i$ の行列要素と同じである．他方，軌道角運動量の各固有状態は確率密度の空間的分布を具象し，有用な知見を与えるが (図5.2)，交換関係から一般的に定義された角運動量の方には，必ずしもこのような形状的な描像が伴わない．

5.2 スピン

5.2.1 Stern-Gerlachの実験

磁気能率(モーメント) μ を持つ磁気双極子が磁場 $\mathbf{B}$ の中にあると,双極子に回転力(トルク) $\boldsymbol{\tau}$ が掛かる.その双極子を $\boldsymbol{\tau}$ 方向のまわりに $\mathrm{d}\theta$ 回転させると,ポテンシャル U は増加する.

$$\boldsymbol{\tau} = \boldsymbol{\mu} \times \mathbf{B}, \quad \mathrm{d}U = \mu B \sin\theta\,\mathrm{d}\theta, \quad U(\theta) = -\mu B \cos\theta = -\boldsymbol{\mu}\cdot\mathbf{B} \tag{5.16}$$

古典電磁気学によると,周回する電流 i は,その径路によって囲まれた面積 $\mathcal{A}$ に比例する磁気能率を発生する.電荷 e の粒子が速度 v で半径 r の円軌道を辿り,周回電流が生じているとすると,その周回電子を回転軸方向の磁気双極子と見立てた際の磁気能率は,

$$\mu_l = i\mathcal{A} = \frac{ev}{2\pi r}\pi r^2 = \frac{e}{2M}L = \frac{e}{|e|}\frac{g_l \mu_\mathrm{B}}{\hbar}L \tag{5.17}$$

と表される. $\mu_\mathrm{B} \equiv |e|\hbar/2M$ はBohr磁子(ボーア) (Bohr magneton. 表14.1〈p.276〉) と呼ばれる磁気能率の基礎量であり, $g_l = 1$ は軌道磁気回転比 (orbital gyromagnetic ratio) である[§].このように軌道運動による磁気能率は軌道角運動量に比例する.ベクトル表記をすると次のようになる.

$$\hat{\boldsymbol{\mu}}_l = \frac{e}{|e|}\frac{g_l \mu_\mathrm{B}}{\hbar}\hat{\mathbf{L}} \tag{5.18}$$

したがって磁場が存在すると,磁気能率を備えた粒子 (たとえば原子のように軌道運動する荷電粒子を含む系) は磁場方向の角運動量成分に比例する磁気的エネルギーを持つ.このエネルギーは古典的には角運動量の取り得る連続的な方向に依存して連続的な値をとるが,量子力学では角運動量の成分値が離散的に与えられるので (式(5.13)),その磁気双極子エネルギーも次のように m_l の離散性に対応した離散的な値を取る[¶](Zeeman(ゼーマン)効果).

$$\Delta E_{m_l} = g_l \mu_\mathrm{B} B m_l \tag{5.19}$$

軌道角運動量の大きさ l の下では $(2l+1)$ 個のエネルギー固有状態 (必ず奇数個) が存在し,それらのエネルギー固有値が上式で与えられる.

[§](訳註) 一般の磁気回転比 g' は,磁気能率 μ と角運動量 J の比の大きさを無次元化した量として定義される. $g' \equiv (\hbar/\mu_\mathrm{B})|\mu/J|$ だが,原子核物理ではボーア磁子 μ_B の代わりに核磁子 μ_p を充てる (p.95 参照).式(5.17) の式変形には $L = rMv$ も使われている (式(5.2)).

[¶](訳註) このため m_l は"磁気量子数"と呼ばれる.

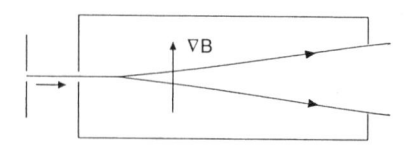

図 5.3　Stern‐Gerlach の実験系の模式図.

たとえば z 方向の一様な磁場が存在する場合，それが磁気双極子 (磁気能率を伴う粒子) に作用しても，双極子全体を動かすような正味の力を与えることはない．しかし磁場の強度も z 方向に勾配を持つならば，双極子に対して次のような正味の力を及ぼす．

$$F_z = \frac{\partial}{\partial z}(\boldsymbol{\mu}\cdot\mathbf{B}) = \mu_z \frac{\partial B}{\partial z} \tag{5.20}$$

図 5.3 に Stern と Gerlach（シュテルン　ゲルラッハ）が用いた実験系の模式図を示す [17]．小炉 (図では省略，左側) の中で銀を加熱し，銀原子を蒸発させる．それをスリット (図の左端) に通して銀原子ビームを形成する．縦方向の強度勾配を持つ磁場をビームに垂直に加え，ビームを形成している個々の銀原子の磁気能率に応じて，ビームと垂直な特定方向 (磁場印加方向) へ異なる強さの偏向が生じるようにする．偏向後のビームを遮るようにガラス板を設置しておき (図では省略，右側)，各銀原子が受けた偏向強度の分布を，ガラス板上に形成された銀蒸着膜の厚さの分布として観察する．

ビームを構成しているひとつの銀原子を考えると，その原子核系からの磁気能率への寄与は Bohr 磁子に比べて 1/2000 程度に過ぎない (分母の M として電子質量の代わりに陽子質量が充てられる) ので無視できる．また，ひとつの銀原子に属する 47 個の電子のうち，46 個は正味の角運動量を持たない球対称な電子雲を形成している (7.3 節参照)．したがって Ag 原子が持つ全角運動量は，最後のひとつの電子 (価電子) に帰するものと考えてよい．

Stern‐Gerlach の得た実験結果 (1921年) を図 5.4 に示す．古典的な連続的偏向分布のパターンも，原子内電子の量子力学的な軌道運動の方向成分の違いを反映した奇数箇所への離散パターンも得られていない[‡]．ビームの中心部分は 2 箇所へ分離しており，実効的な角運動量の大きさ $j = s = 1/2$ に属する状態を分離したものと想定さ

[‡] (訳註) 銀の価電子は $l = 0$ である．図 5.4 は角運動量の違いに応じた分離が横方向に現れるように表示されており，図 5.3 の上下方向が，この図の左右方向に対応する．図 5.4 の縦方向の分布は，スリットを用いて形成した元々のビーム形状を反映している．

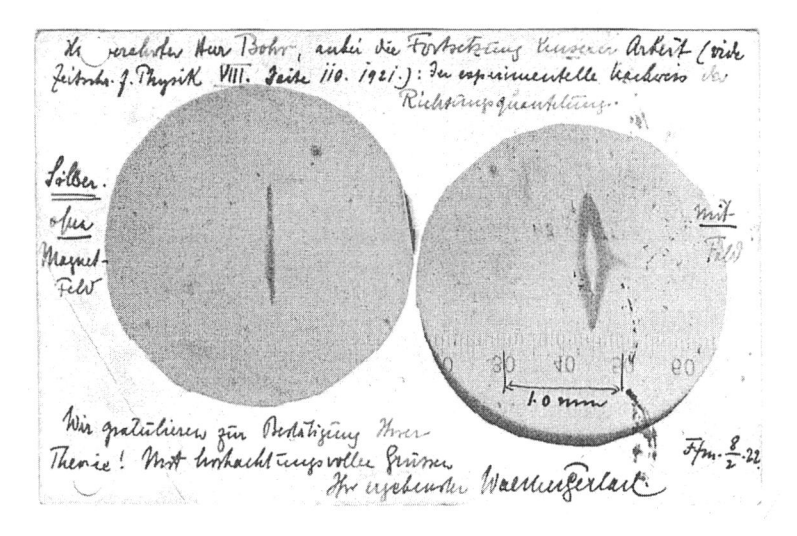

図5.4 Gerlach から Bohr へ実験結果を知らせた手紙において紹介されている図．Gerlach はビームの通る位置の磁場が弱すぎたという説明を加えている．左側は比較のために，磁場のない状態で取得した結果である．(Niels Bohr Archive, Copenhagen の許可を得て転載．)

れる．この結果は後に，軌道角運動量とは別に電子自体に備わっているスピン (spin) の角運動量を検出した結果と見なされるようになった．

スピンは最も重要な量子力学的観測量(オブザーバブル)となったが，これはスピン自体の概念的な重要性のためでもあるし，また量子情報分野の応用が 2 状態系を基礎として論じられているためでもある (第 10 章)．このような事情と関連して，現在では Stern と Gerlach の実験が行われた時代よりも，スピンを検出したり操作したりする技術が格段に進歩している．今や個々のスピンを扱うことも可能であり，電子回路において従来からの電荷の自由度に加えて，スピン自由度を併用するスピントロニクス (spintronics) への期待が高まりを見せている．

5.2.2 スピンの定式化

Stern - Gerlach の実験結果が出版されてから 3 年後に George Uhlenbeck(ウーレンベック)と Samuel Goudsmit(カウシュミット)は，電子 (およびその他の多くの基本的な粒子) の状態を特定するための新たな量子数を提案した [31]．それは 2 通りの値を取り得るスピンの成分値を指定する量子数であり，この仮説の提案によって初めて，粒子に本来的に備わっている固

有角運動量を表す物理量の概念が導入されることになった[§]。

スピンは純粋に量子力学的な観測量なので，行列形式の取扱いだけが可能である．$s=1/2$ とすると，その下で互いに線形独立な状態が 2 つ許容され，2 成分ベクトル表示の下で，式(3.16)のように基本状態の組 $\{\varphi_\uparrow^{(z)}, \varphi_\downarrow^{(z)}\}$ を表すことができる [32]．

$$\varphi_\uparrow^{(z)} \equiv \varphi_{\frac{1}{2}\frac{1}{2}} \equiv \begin{pmatrix} 1 \\ 0 \end{pmatrix}, \quad \varphi_\downarrow^{(z)} \equiv \varphi_{\frac{1}{2}(-\frac{1}{2})} \equiv \begin{pmatrix} 0 \\ 1 \end{pmatrix} \tag{5.21}$$

次に示すスピン演算子 $\hat{S}_i$ は，式(5.7)と式(5.9)において $j=1/2$ と置いた $\hat{J}_i$ に関する式を満たす．

$$\hat{S}_i = \frac{\hbar}{2}\sigma_i, \quad (\hat{S}_i)^2 = \frac{\hbar^2}{4}\mathcal{I}, \quad i=x,y,z \tag{5.22}$$

ここで導入する σ_i は，Pauli(パウリ)行列と呼ばれている．$\mathcal{I}$ は単位行列である．

$$\sigma_x = \begin{pmatrix} 0 & 1 \\ 1 & 0 \end{pmatrix}, \quad \sigma_y = \begin{pmatrix} 0 & -i \\ i & 0 \end{pmatrix}, \quad \sigma_z = \begin{pmatrix} 1 & 0 \\ 0 & -1 \end{pmatrix} \tag{5.23}$$

$$\mathcal{I} = \begin{pmatrix} 1 & 0 \\ 0 & 1 \end{pmatrix}$$

3 つの Pauli 行列は，それぞれ自乗が単位行列 $\mathcal{I}$ となる性質を備えている．2 成分状態として表現される状態全般 (2 次元ヒルベルト空間内の状態) を対象として考え，エルミート演算子 $\hat{Q}$ に関する固有値方程式 (固有値 q) を示すと，次のようになる．

$$\begin{pmatrix} \langle\uparrow|\hat{Q}|\uparrow\rangle & \langle\uparrow|\hat{Q}|\downarrow\rangle \\ \langle\downarrow|\hat{Q}|\uparrow\rangle & \langle\downarrow|\hat{Q}|\downarrow\rangle \end{pmatrix} \begin{pmatrix} c_\uparrow \\ c_\downarrow \end{pmatrix} = q \begin{pmatrix} c_\uparrow \\ c_\downarrow \end{pmatrix} \tag{5.24}$$

[§](訳註)"スピン"は本来的には"回転"という意味であって，1925年に Uhlenbeck と Goudsmit は前期量子論的な考察の枠内で電子が自転しているという仮説を提出したわけである．しかし電子のスピンを電子の自転運動の描像と矛盾なく対応させることはむしろ難解であり，現在量子力学の術語としての"スピン"は粒子の自転とは別の抽象概念のように扱われている．本項で紹介される多分に恣意的な $s=1/2$ のスピン自由度の導入方法は 1927年に Pauli によって提案されたものだが，その翌年に Dirac は Schrödinger 方程式を特殊相対性理論に整合するように創り変えたスピノル場の方程式 (Dirac方程式) から $s=1/2$ が自然に導かれることを示した．すなわちスピンは Lorentz 変換 (部分群として回転変換を含む) に関する不変性に関係している．もっとも Lorentz 不変性の要請を満たすスピン値は 1/2 に限定されるわけではなく，ゼロや整数のスピンを持つ広義の "粒子" を想定することも可能である．実際"光子"は $s=1$ の"粒子"なのだが，ゼロや整数のスピンを持つ基本粒子は理論的に物質粒子 (排他律に従うフェルミオン．次章参照) としての性質を持ち得ないという一般的な事情が，後に Pauli によって明らかにされた (1940年)．

5.2. スピン

演算子 $\hat{Q}$ を直接に扱う必要はなく，行列形式においてはそれと等価的にエルミート行列 $(\langle i|\hat{Q}|j\rangle)$ そのものを考えればよいが，一般に非対角要素を含んでいるこの行列を構築するために Pauli 行列 (5.23) が利用される．式(3.18) と式(3.19) に示したように，上式の非自明な解を求めることができる．

スピンには，それ自体に関係した磁気能率が伴う．

$$\hat{\mu}_s = \frac{g_s \mu_\nu}{\hbar} \hat{S} \tag{5.25}$$

スピンの磁気回転比は電子では $g_s = 2.00$，陽子では $g_s = 5.58$，中性子では $g_s = -3.82$ である¶．磁子定数 μ_ν としては，電子に関しては Bohr 磁子に負号を付けた数値，陽子や中性子に関しては核磁子 $\mu_\mathrm{p} = e_\mathrm{p}\hbar/2M_\mathrm{p}$ を充てる (表14.1 〈p.276〉)．e_p と M_p はそれぞれ陽子の電荷および質量である．全磁気能率の演算子は，次のように与えられる．

$$\hat{\mu} = \hat{\mu}_s + \hat{\mu}_l = \frac{\mu_\nu}{\hbar}\left(g_s \hat{S} + g_l \hat{L}\right) \tag{5.26}$$

電荷を持たない中性子に関しては明らかに $g_l = 0$ である．全磁気能率は必ずしも角運動量に比例するわけではない．

演算子 $\hat{S}_x$ の固有状態は，$\hat{S}_z$ の固有状態をユニタリー変換することによって得られる (式(3.21))．これはスピン $s = 1/2$ の成分演算子を一般的に傾角 β，方位角 ϕ によって指定される方向に向ける変換の特例にあたる．演算子 $\hat{S}_{\beta\phi}$ はスピンベクトル $\hat{S}$ と，指定する方向の単位ベクトルの内積によって与えられる (第3章の問5 〈p.50〉) を参照)．

$$\begin{aligned}\hat{S}_{\beta\phi} &= \sin\beta\cos\phi\,\hat{S}_x + \sin\beta\cos\phi\,\hat{S}_y + \cos\beta\,\hat{S}_z\\ &= \frac{\hbar}{2}\begin{pmatrix} \cos\beta & \sin\beta\exp(-\mathrm{i}\phi) \\ \sin\beta\exp(\mathrm{i}\phi) & -\cos\beta \end{pmatrix}\end{aligned} \tag{5.27}$$

対角化を施すと，選んだ方向には依らず共通して 2 つの固有値 $\pm\hbar/2$ が得られる．これは 3.1.3項 〈p.41〉 で説明したように，等方空間おいて必然的な結果である．対角化によって得られる固有ベクトルの組は，

$$\varphi_\uparrow^{(\beta\phi)} = \begin{pmatrix} \cos\dfrac{\beta}{2} \\ \sin\dfrac{\beta}{2}\exp(\mathrm{i}\phi) \end{pmatrix},\quad \varphi_\downarrow^{(\beta\phi)} = \begin{pmatrix} \sin\dfrac{\beta}{2}\exp(-\mathrm{i}\phi) \\ -\cos\dfrac{\beta}{2} \end{pmatrix} \tag{5.28}$$

¶(訳註) 内部構造のない $s = 1/2$ の粒子のスピン磁気能率は，電荷を持つならば量子電磁力学的な自己場の効果を無視した近似として基準磁子 (Bohr磁子，核磁子など) の値を取り，電荷を持たなければゼロになるはずであって，スピン磁気回転比 g_s は 2 もしくは 0 となる．陽子や中性子は $s = 1/2$ の粒子ではあるが，クォークやグルーオンを含む複合系であるために，このような単純な値になっていない．これを異常磁気能率と称する．

と表され，基本状態の組 (5.21) に作用させるユニタリー変換 (回転変換) を表す行列は，次のように与えられる．

$$U_{\beta\phi} = \begin{pmatrix} \cos\dfrac{\beta}{2} & \sin\dfrac{\beta}{2}\exp(-i\phi) \\ \sin\dfrac{\beta}{2}\exp(i\phi) & -\cos\dfrac{\beta}{2} \end{pmatrix} \tag{5.29}$$

傾角 β に因子 $1/2$ が付くのは $j = 1/2$ を持つ系の回転に特有の性質である．この規則は z 軸を x 軸へ回転させる変換 (3.21) の例でも確認できる．これは $\beta = \pi/2$, $\phi = 0$ の回転変換にあたる．

式(5.28) のようなスピン上向き状態とスピン下向き状態を，任意に線形結合させたものを量子ビット(キュービット)と呼ぶ．この"qubit"(キュービット)という術語は"quantum bit"を略した造語で，量子計算の分野では基礎概念として用いられている (10.6節).

5.3　角運動量の合成

2 つの角運動量ベクトルの演算子 $\hat{\mathbf{J}}_1$ と $\hat{\mathbf{J}}_2$ を考える．これらは互いに独立と仮定するので $[\hat{\mathbf{J}}_1, \hat{\mathbf{J}}_2] = 0$ である．そうすると $\hat{J}_1^2$ と $\hat{J}_{z1}$ の同時固有状態と，$\hat{J}_2^2$ と $\hat{J}_{z2}$ の同時固有状態の積によって，これらすべての演算子の同時固有状態が与えられる．

$$\varphi_{j_1 m_1 j_2 m_2} = \varphi_{j_1 m_1} \varphi_{j_2 m_2} \tag{5.30}$$

このような固有状態は，量子数 j_1, m_1, j_2, m_2 $(-j_1 \leq m_1 \leq j_1, -j_2 \leq m_2 \leq j_2)$ によって識別される基本関数として完全直交系 $\{\varphi_{j_1 m_1 j_2 m_2}\}$ を構成する．しかしこれらは必ずしも利用しやすい基本関数系ではない．多くの場合，全体としての全角運動量 $\hat{\mathbf{J}}$ (図5.5‡) を表す量子数を基調として基本状態系を用意する方が好都合である．

$$\hat{\mathbf{J}} = \hat{\mathbf{J}}_1 + \hat{\mathbf{J}}_2 \tag{5.31}$$

全角運動量の成分 $\hat{J}_x, \hat{J}_y, \hat{J}_z$ も，式(5.6) の交換関係 (式(5.4) と同じ関係) を満たすので，$\hat{J}^2$ と $\hat{J}_z$ の同時固有状態から別の基本関数系が構成されるはずである．ここで，

$$[\hat{J}^2, \hat{J}_1^2] = [\hat{J}^2, \hat{J}_2^2] = [\hat{J}^2, \hat{J}_z] = 0$$
$$[\hat{J}_z, \hat{J}_1^2] = [\hat{J}_z, \hat{J}_2^2] = 0 \tag{5.32}$$

---

‡(訳註) 既に本文中で述べられているように量子力学的な角運動量ベクトルの向きは確定しないので，空間における一意的な矢印には対応しない．図5.5 では，本当は紙面横方向の角運動量成分が確定していないはずのところを，敢えて確定しているかのように矢印で表現して終点を決めてあるので，矢印の長さと j の値はうまく対応しない．これはやむを得ない措置であろう．

5.3. 角運動量の合成

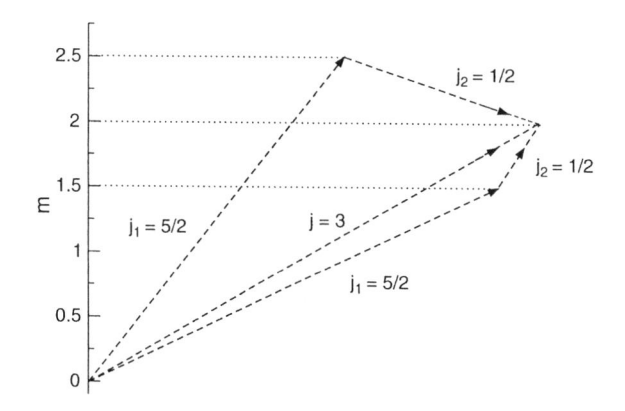

図5.5 $j_1 = 5/2$ と $j_2 = 1/2$ の2つの角運動量ベクトルの合成によって，$j = 3$, $m = 2$ のベクトルが形成される例 (破線)．変換式(5.34)は $m_1 = \frac{3}{2}$, $m_2 = \frac{1}{2}$ と，$m_1 = \frac{5}{2}$, $m_2 = -\frac{1}{2}$ の2つの成分を与える．

であり，$\hat{J}^2$ も $\hat{J}_z$ も $\hat{J}_1^2$, $\hat{J}_2^2$ と交換するので，j_1, j_2, j, m によって識別される新たな基本状態を導入することができる．

$$\varphi_{j_1 j_2 j m} \equiv \left[\varphi_{j_1} \varphi_{j_2}\right]_m^j \tag{5.33}$$

式(5.30)と式(5.33)は，どちらも完全直交系を構成する基本状態として同等な正当性を持つ．2.7.2項〈p.31〉によれば，これらの基本状態系を関係づけるユニタリー変換が存在する．

$$\varphi_{j_1 j_2 j m} = \sum_{m_1 m_2} c(j_1 m_1; j_2 m_2; j m) \varphi_{j_1 m_1 j_2 m_2} \tag{5.34}$$

量子数 j_1 と j_2 は，両方の基本状態系に共通して採用してある識別指標なので，変換(5.34)において，これらの量子数の異なる状態に関する和 (線形結合) の計算は必要でない．m_1 と m_2 に関する和は，角運動量の成分同士の和の規約によって制約を受ける．

$$m = m_1 + m_2 \tag{5.35}$$

古典的な2つのベクトルの和の絶対値は，最大で両者の絶対値の和，最小で両者の絶対値の差 (の絶対値) となり得る．量子力学においても同様の関係が成立する．

$$j_1 + j_2 \geq j \geq |j_1 - j_2| \tag{5.36}$$

j_1 と j_2 が共に整数か，もしくは共に半整数の場合，j は整数になる．j_1 と j_2 のうち一方が整数で一方が半整数の場合には，j は半整数になる．このユニタリー変換に用いられる各振幅 $c(j_1m_1; j_2m_2; jm)$ は Wigner 係数，もしくは Clebsch-Gordan 係数と呼ばれている．これらの係数は実数であり，次のような対称性を持つ．

$$\begin{aligned}c(j_1m_1; j_2m_2; jm) &= (-1)^{j_1+j_2-j} c\big(j_1(-m_1); j_2(-m_2); j(-m)\big) \\ &= (-1)^{j_1+j_2-j} c(j_2m_2; j_1m_1; jm) \quad (5.37) \\ &= (-1)^{j_1-m_1} \sqrt{\frac{2j+1}{2j_2+1}}\, c\big(j_1m_1; j(-m); j_2(-m_2)\big)\end{aligned}$$

逆変換は，次のように与えられる．

$$\varphi_{j_1m_1}\varphi_{j_2m_2} = \sum_{j=|j_1-j_2|}^{j_1+j_2} c(j_1m_1; j_2m_2; jm)\big[\varphi_{j_1}\varphi_{j_2}\big]_{m=m_1+m_2}^{j} \quad (5.38)$$

角運動量 j_1 とスピン $j_2 = s_2 = 1/2$ の具体的な合成の例を，5.6 節で紹介する予定である (図 5.5 も参照)．

式 (5.34) や式 (5.38) の展開式は，純粋に幾何的な起源を持つものなので，状態ベクトルの一方あるいは両方を，角運動量の量子数を持つ演算子に置き換えてもそのまま成立する．したがって角運動量の指標 λ と μ を持つ任意の演算子 $\hat{O}_{\lambda\mu}$ の行列要素 $\langle j_f m_f | \hat{O}_{\lambda\mu} | j_i m_i \rangle$ に関する選択則が得られる．$\hat{O}_{\lambda\mu}\varphi_{j_i m_i}$ を式 (5.38) に基づいて，式 (5.36) を満たす全角運動量演算子の固有状態系を用いて展開できるので，j_f と m_f も同じ制約を満足する必要がある．たとえば球対称な演算子 ($\lambda = \mu = 0$) の行列要素を考えると，初期状態と終状態が同じ角運動量の量子数を持たないものについては必然的にゼロとなる．多くの問題に関するハミルトニアンが，この例に該当する．更にパリティの積が $\pi_f \pi_O \pi_i = +1$ になるという関係も成立する．問 5 ⟨p.103⟩ も参照してもらいたい．

5.4　行列形式による角運動量の具体的な取扱い*

次のように定義した演算子 $\hat{J}_+$，$\hat{J}_-$ の組合せを考える．

$$\hat{J}_\pm = \hat{J}_x \pm i\hat{J}_y \quad (5.39)$$

これらは調和振動子におけるエネルギー量子の生成消滅演算子 a^+ および a (3.2.1 項 ⟨p.45⟩) と似た役割を持つ．演算子 $\hat{J}_-$ は演算子 $\hat{J}_+$ のエルミート共役にあたるので

5.4. 行列形式による角運動量の具体的な取扱い*

(2.7.1項 ⟨p.30⟩), 次の関係が成立する.

$$\langle jm|\hat{J}_+|jm'\rangle = \langle jm'|\hat{J}_-|jm\rangle^* \tag{5.40}$$

式(5.6) に基づき, 次の交換関係が与えられる.

$$[\hat{J}_z, \hat{J}_+] = \hbar\hat{J}_+ \tag{5.41}$$

$$[\hat{J}_+, \hat{J}_-] = 2\hbar\hat{J}_z \tag{5.42}$$

式(5.41) の両辺の行列要素同士の関係として, 次式が得られる.

$$\langle jm'|[\hat{J}_z, \hat{J}_+]|jm\rangle = \hbar(m' - m)\langle jm'|\hat{J}_+|jm\rangle = \hbar\langle jm'|\hat{J}_+|jm\rangle \tag{5.43}$$

つまり $\langle jm'|\hat{J}_+|jm\rangle$ は $m' = m+1$ の場合だけにゼロでない値を持つことができる. したがって $\hat{J}_+$ は角運動量の z 成分を $\hbar$ 単位でひとつ増やす作用を持つ (逆に $\hat{J}_-$ は角運動量の z 成分をひとつ減らす).

式(5.42) の期待値を取ると, 次の関係式が得られる.

$$\begin{aligned}
\langle jm|[\hat{J}_+, \hat{J}_-]|jm\rangle &= \langle jm|\hat{J}_+|j(m-1)\rangle\langle j(m-1)|\hat{J}_-|jm\rangle \\
&\quad -\langle jm|\hat{J}_-|j(m+1)\rangle\langle j(m+1)|\hat{J}_+|jm\rangle \\
&= \left|\langle jm|\hat{J}_+|j(m-1)\rangle\right|^2 - \left|\langle j(m+1)|\hat{J}_+|jm\rangle\right|^2 \\
&= 2\hbar^2 m
\end{aligned} \tag{5.44}$$

上式では式(5.40) を用いた. ここで得られた $\left|\langle j(m+1)|\hat{J}_+|jm\rangle\right|^2$ に関する 1 階の差分方程式の解は,

$$\left|\langle j(m+1)|\hat{J}_+|jm\rangle\right|^2 = \hbar^2\left[c - m(m+1)\right] \tag{5.45}$$

と与えられる (c は定数). 左辺はゼロ以上なので, 右辺をゼロ以上にする m だけが許容される. そして許容される m が最大の固有状態 $\varphi_{jm_{\max}}$ と, その次の許容されない最初の固有状態 $\varphi_{j(m_{\max}+1)}$ の間の行列要素はゼロになる必要がある. $m_{\max}$ は m の 2 次方程式 $c = m(m+1)$ を満たす正の解である. 角運動量量子数の性質に基づき $j = m_{\max}$ と置くと, 定数 c は $c = j(j+1)$ と決まる. したがって $\hat{J}_+$ の行列要素は, 次のように与えられる.

$$\langle j(m+1)|\hat{J}_+|jm\rangle = \hbar\sqrt{(j-m)(j+m+1)} \tag{5.46}$$

右辺の符号には任意性があるが, 慣例に従って正を選んだ. 許容される状態と許容されない状態の間の行列要素がゼロになることが, 次のように確認される.

$$\langle j(j+1)|\hat{J}_+|jj\rangle = \langle j(-j)|\hat{J}_+|j(-j-1)\rangle = 0 \tag{5.47}$$

m は $-j$ から j まで 1 ずつ増加できるので (式(5.43)),量子数として許容される j と m の値は式(5.8) のように決まる.

式(5.40) と式(5.46) から,$\hat{J}_x$ と $\hat{J}_y$ の行列要素 (5.9) が得られる.これらの行列の平方加算によって,式(5.7) に整合する $\hat{J}^2$ の (対角) 行列要素が求まる.

5.5 軌道角運動量の具体的な取扱い*

5.5.1 演算子 $\hat{L}_z$ の固有値方程式*

$\hat{L}_z$ の固有値方程式は,

$$-i\hbar \frac{d\Psi(\phi)}{d\phi} = l_z \Psi(\phi) \tag{5.48}$$

であり,その解は $\exp(il_z\phi/\hbar)$ に比例する.$\Psi(\phi+2\pi) = \Psi(\phi)$ という要請があるので[3],固有値は離散的に $l_z = \hbar m_l$ ($m_l = 0, \pm 1, \pm 2, \ldots$) と与えられる.演算子 $\hat{L}_z$ の固有関数は次式で表され,正規直交系を構成する.

$$\varphi_{m_l}(\phi) = \frac{1}{\sqrt{2\pi}} \exp(im_l \phi) \tag{5.49}$$

5.5.2 演算子 $\hat{L}^2$ と $\hat{L}_z$ の固有値方程式*

関数の形として $\Psi(\theta,\phi) = P_{lm_l}(\theta) \exp(im_l \phi)$ を採用する.$\hat{L}^2$ の固有値方程式においては,

- $d^2/d\phi^2 \to -m_l^2$ と置き換わる.
- 両辺から $\exp(im_l \phi)$ を省くことができる.

という措置によって,単一の変数 θ に関する微分方程式が得られる.

$$-\hbar^2 \left(\frac{d^2}{d\theta^2} + \cot\theta \frac{d}{d\theta} - \frac{m_l^2}{\sin^2\theta} \right) P_{lm_l}(\theta) = \zeta P_{lm_l}(\theta) \tag{5.50}$$

この微分方程式の $m_l = 0$ のときの解は,次数 l ($l = 0, 1, 2, \ldots$) のルジャンドル関数 (Legendre polynomial) の引数に $\cos\theta$ を充てた $P_l(\cos\theta)$ である.各 P_l に付随した上式の解として $2l+1$ 個のルジャンドル陪関数 $P_{lm_l}(\theta)$ (通常は $P_l^{m_l}(\cos\theta)$ と書かれる) が与えられる ($|m_l| \leq l$).これらすべてが $\hat{L}^2$ の固有関数で,それぞれの固有値は $\zeta = l(l+1)\hbar^2$ である.

---
[3] この量子化の手続きは数学的には周期ポテンシャルの問題に適用した式(4.40) と同様である.

5.5. 軌道角運動量の具体的な取扱い*

$\hat{L}^2$ と $\hat{L}_z$ の同時固有関数 Y_{lm_l} は，球面調和関数 (spherical harmonics) と呼ばれている.

$$Y_{lm_l}(\theta,\phi) = N_{lm_l}P_{lm_l}(\theta)\exp(im_l\phi) \tag{5.51}$$

N_{lm_l} は次の正規直交条件を満たすように決まる定数である.

$$\langle l'm_l'|lm_l\rangle = \int_0^\pi \sin\theta\,d\theta \int_0^{2\pi} d\phi\, Y_{l'm_l'}^* Y_{lm_l} = \delta_{ll'}\delta_{m_lm_l'} \tag{5.52}$$

球面調和関数は，次の性質を持つ.

$$Y_{lm_l}^* = (-1)^{m_l} Y_{l(-m_l)} \tag{5.53}$$

$l=0,1,2$ の球面調和関数の具体的な式を表5.1 に示してある．式(5.14) で導入した軌道角運動量の大きさを表す量子数 l は，慣例として表5.2 のように文字記号に置き換えて表現される．これらの記号への対応関係は歴史的経緯によるものであって，それ以上の必然性はない．

空間的に別の方向 (角度変数) に依存する 2 つの球面調和関数を結合させて全角運動量をゼロにした関数は，次式のように 2 つの方向のなす角度 α_{12} だけに依存する.

$$\begin{aligned}\left[Y_l(\theta_1,\phi_1)Y_l(\theta_2,\phi_2)\right]_0^0 \\ = \frac{1}{\sqrt{2l+1}}\sum_{m_l=-l}^l (-1)^{l-m_l} Y_{lm_l}(\theta_1,\phi_1)Y_{l(-m_l)}(\theta_2,\phi_2) \\ = (-1)^l \frac{\sqrt{2l+1}}{4\pi} P_l(\cos\alpha_{12})\end{aligned} \tag{5.54}$$

表5.1　$l=0,1,2$ の球面調和関数

$Y_{00} = \dfrac{1}{\sqrt{4\pi}}$	$Y_{1(\pm 1)} = \mp\sqrt{\dfrac{3}{8\pi}}\sin\theta\exp(\pm i\phi)$
$Y_{10} = \sqrt{\dfrac{3}{4\pi}}\cos\theta$	$Y_{2(\pm 1)} = \mp\sqrt{\dfrac{15}{32\pi}}\sin(2\theta)\exp(\pm i\phi)$
$Y_{20} = \sqrt{\dfrac{5}{16\pi}}(3\cos^2\theta - 1)$	$Y_{2(\pm 2)} = \sqrt{\dfrac{15}{32\pi}}\sin^2\theta\exp(\pm i2\phi)$

表5.2　軌道角運動量の量子数 l を表す記号.

l	記号
0	s
1	p
2	d
3	f
4	g

5.6　軌道角運動量とスピン $s = 1/2$ の合成*

式(5.34) に基づく角運動量の合成の重要な実例として，第 2 の角運動量がスピン $j_2 = s = 1/2$ という場合がある (図5.5 〈p.97〉)．スピンに関する和は，スピンの z 方向成分として許容される 2 つの値 $m_s = \pm 1/2$ について行われる．式(5.36) によると，全角運動量としても $j = j_1 \pm 1/2$ という 2 つの値だけが可能ということになる．

$$\varphi_{(j_1=j+\frac{1}{2})sjm} = -\sqrt{\frac{j-m+1}{2j+2}}\varphi_{j_1(m-\frac{1}{2})_1}\begin{pmatrix}1\\0\end{pmatrix}_2$$
$$+\sqrt{\frac{j+m+1}{2j+2}}\varphi_{j_1(m+\frac{1}{2})_1}\begin{pmatrix}0\\1\end{pmatrix}_2$$
$$\varphi_{(j_1=j-\frac{1}{2})sjm} = \sqrt{\frac{j+m}{2j}}\varphi_{j_1(m-\frac{1}{2})_1}\begin{pmatrix}1\\0\end{pmatrix}_2$$
$$+\sqrt{\frac{j-m}{2j}}\varphi_{j_1(m+\frac{1}{2})_1}\begin{pmatrix}0\\1\end{pmatrix}_2 \quad (5.55)$$

この例は電子の軌道角運動量とスピンの合成に適用できるが (6.2節)，その場合には $\varphi_{j_1m_1}$ が球面調和関数 $Y_{l_1m_{l1}}$ (式(5.51)) となる．しかし式(5.55) は角運動量 j_1 の素性によらず，一般的なスピンの結合において成立する．

たとえば $j = j_1 + \frac{1}{2}$ で $|m| = j$ であれば，式(5.55) の第 2 式においてひとつの項だけが残る．$j_1 = 0$ (したがって $|m| = \frac{1}{2}$) の特例で考えると，これは球対称な部分 (図5.2 〈p.90〉 参照) は全角運動量からの分離が可能であることから考えて必然的な結果である．

練習問題　(＊略解 p.268)

*問1　プラスチックのディスクが角速度 100 rad/s で回転している．$\hbar$ 単位で表した角運動量のオーダーを見積ってみよ．

*問2　1. 演算子 $\hat{L}_x$ (式(5.12)) の行列要素を，球面調和関数 Y_{lm_l} (表5.1 〈p.101〉) を基本関数として構築せよ．

　　　2. その行列を対角化し，得られた固有値を $\hat{L}_z$ の固有値と比較せよ．

問3　2方向の角運動量成分の不確定積 $\Delta J_x \Delta J_y$ が，不等式(2.36)を満たすことを証明せよ．

*問4　$\hat{\mathbf{J}} \times \hat{\mathbf{J}}$ を計算せよ．

*問5　以下に挙げる球面調和状態間の行列要素を考える．

$\langle 00|Y_{20}|00\rangle$, $\langle 10|Y_{20}|10\rangle$, $\langle 11|Y_{21}|21\rangle$, $\langle 00|Y_{11}|11\rangle$, $\langle 00|Y_{11}|1(-1)\rangle$
$\langle 00|\hat{\Pi}|00\rangle$, $\langle 11|\hat{\Pi}|11\rangle$, $\langle 00|\hat{\Pi}|10\rangle$

　　　1. 上記の行列要素のうち，軌道角運動量の保存やパリティの保存によってゼロになるものを選べ．

　　　2. 残りの行列要素を計算せよ．

問6　スピン $s=1/2$ の粒子について $[\hat{S}_x^2, \hat{S}_z]$ を計算せよ．

*問7　1. $\hat{S}_z$ の固有状態を基本状態として，$\hat{S}_x$ と $\hat{S}_y$ の固有状態を構築せよ．

　　　2. 粒子の状態が $\hat{S}_y$ の固有状態であるときに，これに対して S_z を測定する場合，測定値としてあり得る結果と，それらの確率はどのようになるか？

　　　3. $\hat{S}_x$ を表す行列要素を，最初に求めた $\hat{S}_y$ の固有状態を基本状態として構築せよ．

　　　4. 固有状態 $\varphi^{(s_x)}$ を，$\varphi^{(s_y)}$ を基本状態として表現せよ．

*問8　ひとつの粒子がスピン状態 $\begin{pmatrix} a \\ b \end{pmatrix}$ にある．a と b は実数とする．以下それぞれの測定において固有値 $\hbar/2$ を得る確率を計算せよ．

　　　1. S_x の測定

　　　2. S_y の測定

　　　3. S_z の測定

*問9　ひとつの粒子がスピン状態 $\Psi = \begin{pmatrix} \cos(\theta/2) \\ \sin(\theta/2) \end{pmatrix}$ にある．

　　　1. S_z を測定した結果として，得る可能性のある値を挙げよ．それらの確率はそれぞれいくらか？

　　　2. この状態に関する S_z の平均値はいくらか？

*問10　1. $l=2$ の軌道角運動量と $s=1/2$ のスピンを結合させて，$m=1/2$ を持つ可能な状態を構築せよ．

2. これらの結合状態の間の正規直交性を証明せよ.

3. $j = m = l + 1/2$ の状態に対応する関数を構築せよ．スピンが上向きの確率はいくらか？

*問11 $s = 1/2$ による 2-スピン状態として，確定した全角運動量を持つものを書け．

*問12 式(2.50) に示した完全正規直交系の性質を，式(5.34) と式(5.38) へ適用してみよ．

*問13 軌道角運動量 l のスピン $s = 1/2$ への結合と，スピンの軌道角運動量 l への結合との関係を求めよ．

第 6 章 3次元ハミルトニアン問題

本章では量子力学的な議論を 3 次元空間へと拡張するために，3 次元空間内の 1 粒子ハミルトニアンを取扱う．ただしポテンシャルとしては球対称な中心力ポテンシャル $V(\mathbf{r}) = V(r)$ だけを考える．Coulomb(クーロン)ポテンシャルと 3 次元調和振動子ポテンシャルの問題を，スピン-軌道相互作用も含めて考察する．散乱理論の基礎も紹介する．

6.1 中心力ポテンシャル

与えられた系の問題を解く作業は，その系が備えている対称性を利用することによって簡単になる．我々は既に空間反転対称性に着目することの有効性を見ている (4.2節の束縛系の問題)．中心力ポテンシャル $V(r)$ を含む系は球対称なので，ここでは球対称性を利用すればよい．この目的のために，運動エネルギー項にあるラプラシアン (Laplacian) を極座標 (5.11) によって表す§．全ハミルトニアンは，次のように与えられる．

$$\begin{aligned}\hat{H} &= \frac{1}{2M}\left(\hat{p}_x^2 + \hat{p}_y^2 + \hat{p}_z^2\right) + V(r) \\ &= \frac{\hbar^2}{2M}\left(-\frac{\partial^2}{\partial r^2} - \frac{2}{r}\frac{\partial}{\partial r}\right) + \frac{\hat{L}^2}{2Mr^2} + V(r)\end{aligned} \quad (6.1)$$

$\hat{L}^2$ は軌道角運動量演算子の自乗 (式(5.12)参照) である．ハミルトニアン (6.1) は $\hat{L}^2$ および $\hat{L}_z$ と交換可能なので，これら 3 つの演算子の同時固有状態として，基本状態系を得ることができる．固有値方程式 $\hat{H}\Psi = E\Psi$ を，波動関数を動径 (r) 依存因子

---

§(訳註) ラプラシアン (Laplace演算子) は $\nabla^2 \equiv \frac{\partial^2}{\partial x^2} + \frac{\partial^2}{\partial y^2} + \frac{\partial^2}{\partial z^2}$ と定義される．1次元系において運動量演算子の自乗は $\hat{p}^2 = -\hbar^2 \frac{d^2}{dx^2}$ であるが (式(4.4)参照)，これを 3 次元系に拡張すると $\hat{\mathbf{p}}^2 = \hat{p}_x^2 + \hat{p}_y^2 + \hat{p}_z^2 = -\hbar^2\left(\frac{\partial^2}{\partial x^2} + \frac{\partial^2}{\partial y^2} + \frac{\partial^2}{\partial z^2}\right) = -\hbar^2 \nabla^2$ となる．

ラプラシアンを極座標系で表すと $\nabla^2 = \frac{\partial^2}{\partial r^2} + \frac{2}{r}\frac{\partial}{\partial r} - \frac{1}{r^2}\frac{1}{\hbar^2}\hat{L}^2$ である．これを得るには，極座標の定義 (5.11) に基づく逆変換の関係式 $r^2 = x^2 + y^2 + z^2$, $\tan^2\theta = (x^2+y^2)/z^2$, $\tan\phi = y/x$ を用いて，たとえば $\frac{\partial}{\partial x} = \frac{\partial r}{\partial x}\frac{\partial}{\partial r} + \frac{\partial \theta}{\partial x}\frac{\partial}{\partial \theta} + \frac{\partial \phi}{\partial x}\frac{\partial}{\partial \phi}$ などの各偏微係数部分を計算し，得られた極座標表示の $\frac{\partial}{\partial x}$, $\frac{\partial}{\partial y}$, $\frac{\partial}{\partial z}$ の式を元のラプラシアンの定義式に代入すればよい．

と角度 (θ, ϕ) 依存因子に変数分離することによって解くが，後者には球面調和関数 (5.51) をそのまま充てることができる．

$$\Psi(r, \theta, \phi) = R_{n_r l}(r) Y_{l m_l}(\theta, \phi) \tag{6.2}$$

このようにすると運動エネルギー項に含まれる $\hat{L}^2$ は $\hbar^2 l(l+1)$ に置き換わり，Schrödinger方程式の両辺の球面調和関数を省くことができる[1]．その結果，動径 r だけを変数として持つ常微分方程式 (固有値方程式) が得られる．

$$\left\{ \frac{\hbar^2}{2M} \left[-\frac{\mathrm{d}}{\mathrm{d}r^2} - \frac{2}{r}\frac{\mathrm{d}}{\mathrm{d}r} + \frac{l(l+1)}{r^2} \right] + V(r) \right\} R_{n_r l}(r) = E_{n_r l} R_{n_r l}(r) \tag{6.3}$$

動径方向に関する上記固有値方程式の解の識別番号として，新たに量子数 n_r が導入される．同じ l を持つ状態同士は，この n_r によって区別される¶．磁気量子数 m_l は上式に含まれていないので，エネルギー固有値 $E_{n_r l}$ は m_l に依存せず，結果として一般の中心力問題における各エネルギー値は $(2l+1)$ 重に縮退している (式(5.14)参照)．m_l は座標軸方向に依存する量子数なので，この縮退は予想し得ることである．つまり中心力ポテンシャルは球対称性を備えており，物理量であるエネルギーは，計算の便宜のために導入した座標軸の向きには無関係な形で与えられる．

6.1.1 Coulombポテンシャルと調和振動子ポテンシャル

この項では2通りの中心力ポテンシャルの問題を論じる．ひとつはCoulombポテンシャル $-Ze^2/4\pi\epsilon_0 r$，もうひとつは3次元調和振動子ポテンシャル $M\omega^2 r^2/2$ である．

まず問題に含まれる諸量のオーダーを見積っておくと都合がよい．調和振動子については既に式(3.28)で結果を与えてある．3次元調和振動子の場合でもハミルトニアンは3つのデカルト座標へと分離可能であり，それぞれに関して式(3.28)を適用できるので，この見積りをそのまま採用してよい．Coulombポテンシャルについても Heisenberg の不確定性関係を用いて推定を行う．

$$p^2 \approx 3(\Delta p_x)^2 \geq \frac{3\hbar^2}{4} \frac{1}{(\Delta x)^2} \approx \frac{9\hbar^2}{4} \frac{1}{r^2} \tag{6.4}$$

---

[1] これは偏微分方程式における基本解の解法である変数分離法の適用例と見ることができる．

¶ (訳註) n_r は，いわゆる主量子数では"ない"．Coulombポテンシャルによる中心力問題では，主量子数が n のとき，$n_r = n - l - 1$ である (表6.1参照)．

6.1. 中心力ポテンシャル

表6.1　3次元の Coulomb 中心力問題および調和振動子問題の解

	Coulomb	調和振動子
特徴的な距離	$a_0 = 4\pi\epsilon_0 \hbar^2/Me^2$	$x_c = \sqrt{\hbar/M\omega}$
波動関数	$R_{n_r l}(u)Y_{lm_l}(\theta,\phi)$	$R_{n_r l}(u)Y_{lm_l}(\theta,\phi)$
	$u = Zr/a_0$	$u = r/x_c$
動径量子数	$n_r = 0, 1, \ldots$	$n_r = 0, 1, \ldots$
主量子数	$n = n_r + l + 1 = 1, 2, \ldots$	$N = 2n_r + l = 0, 1, \ldots$
エネルギー固有値	$Z^2 E_H/n^2$	$\hbar\omega(N+3/2)$
	$E_H = -e^2/8\pi\epsilon_0 a_0$	
縮退度	n^2	$(N+1)(N+2)/2$

上式の制約の下で，式(6.1)から見積られる Coulomb 束縛状態のエネルギー，

$$E \geq \frac{9\hbar^2}{8Mr^2} - \frac{Ze^2}{4\pi\epsilon_0 r} \tag{6.5}$$

を最低にする条件から，距離とエネルギーの尺度は，

$$r_m = \frac{9}{4Z}a_0, \quad E \geq \frac{16Z^2}{9}E_H \tag{6.6}$$

となる．ここで用いた Bohr 半径 a_0 と水素原子の基底エネルギー E_H は，表6.1 と表14.1 ⟨p.276⟩ に与えてある．

Schrödinger 方程式のポテンシャル項に Coulomb ポテンシャルと調和振動子ポテンシャルを充てた場合の解の概要の比較を表6.1に示す．詳細は 6.4 節で言及する予定である．得られる2つのポテンシャルの結果を比較して，注目すべき点を以下に挙げる．

- 両方の場合において動径方向因子 $R_{n_r l}$ は，減衰指数関数因子，無次元化した動径 u の冪 u^l，および次数 n_r (Coulomb ポテンシャル) もしくは $2n_r$ (調和振動子ポテンシャル) の多項式の積で表される．

- 因子 u^l は，動径の小さいところ (ポテンシャル中心付近) で動径方向密度 $|R_{n_r l}|^2 r^2$ を減少させ，動径の大きいところ (周辺) でこの密度を増大させる．これは粒子の回転運動に伴う遠心力の効果を表している．

- どちらのポテンシャルの場合にも，単なる球対称性による要請以上の縮退が起こる．

- 調和振動子ポテンシャルの下で互いに縮退している状態は同じ $(-1)^l = (-1)^N$ の値を持つ．N は主量子数 (principal quantum number) と呼ばれる (表6.1)．

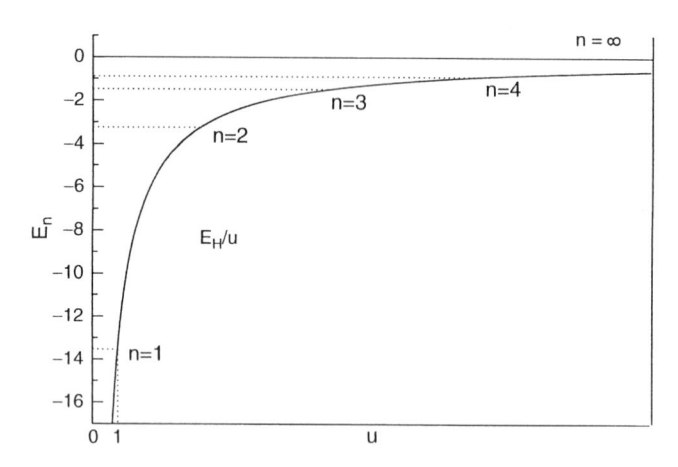

図6.1 Coulombポテンシャルとエネルギー固有値．動径方向の無次元変数 $u = r/a_0$ を横軸としてある．

したがって，これらの状態は同じパリティを持つ (式(5.13) の最後の式を参照)．Coulombポテンシャルの下では状況が異なり，l が奇数の状態と l が偶数の状態の間でも縮退が起こる．

- Coulombポテンシャルによるエネルギーは図6.1のようになる．調和振動子ポテンシャルのエネルギーは3次元でも図3.2 ⟨p.47⟩ と同様である．前者の固有値は $E_\infty = 0$ において集積点を持つが，後者の固有値は無限大まで等間隔に続く．

本項で扱っている2種類の中心力ポテンシャルに関して，Schrödinger方程式の厳密解が得られている．これら2つのSchrödinger方程式は，実はエネルギーとポテンシャル強度を適当に置き換えて軌道角運動量の尺度を見直すと，単純な変数変換 $r \to r^2$ によって関係づけることが可能である (問8 ⟨p.120⟩) [33]．すなわちCoulombポテンシャルと3次元調和振動子ポテンシャルによるSchrödinger方程式は，数学的には単一の中心力問題と見るべきものであって，全く別個の数学的構造を持つ中心力問題について厳密解が得られているということではない．

前に言及したように調和振動子ポテンシャルの問題は，極座標を導入せずに各デカルト座標へ分離して解くことも可能である．読者は練習問題として，デカルト座標の解を用いて表6.1 に示した縮退度を導出してみるとよい．

Coulombポテンシャルは原子スペクトルを系統的に記述するための基礎的な道具となるが，他方，3次元調和振動子ポテンシャルは原子核のスペクトルの記述において同様の役割を担う．両者が内部の構成も内部に働く相互作用の性質も全く異なる系

であることを考えると，このような類似関係は注目に値する．

6.2　スピン-軌道相互作用

前節で扱った中心力問題において，更にスピンの自由度を導入することもできる．スピンを考慮すると，表6.1に示した縮退度は2倍に修正される．

5.3節に示した角運動量の合成則に基づき，スピン $s=1/2$ を持つ粒子の波動関数について，完全系を成す2通りの基本関数を用意できる．

$$\varphi_{nlm_l s m_s} = R_{n_r l} Y_{lm_l} \varphi_{sm_s} \tag{6.7}$$

$$\varphi_{nlsjm} = R_{n_r l} \sum_{m_l+m_s=m} c(lm_l; sm_s; jm) Y_{lm_l} \varphi_{sm_s} \tag{6.8}$$

ここに現れるClebsch-Gordan係数については5.6節(式(5.55))を参照してもらえばよい．5.3節で述べたように，第1の基本関数には量子数 $lm_l s m_s$ が付され，軌道角運動量とスピンそれぞれの絶対値と z 成分値が特定されている．第2の基本関数においても軌道角運動量とスピンの絶対値は確定しているが，それに加えて個々の z 成分の代わりに全角運動量 $\hat{\mathbf{J}} = \hat{\mathbf{L}} + \hat{\mathbf{S}}$ の絶対値とその z 成分が jm によって指定されている．

原子内部ではCoulomb相互作用が最も強く働いており，これを考慮するだけで多くの目的に対して概ね適切な結果が得られる．しかし実験的に得られるスペクトルを詳しく見ると，j の値に関係するわずかな準位の移動(シフト)が見られる．原子内部に存在するもうひとつの(弱い)力は，スピンの磁気能率(モーメント)と軌道運動によって生じる磁場の相互作用からもたらされる[2]．

$$\hat{V}_{so} = v_{so} \hat{\mathbf{S}} \cdot \hat{\mathbf{L}} \tag{6.9}$$

上式では動径方向因子を定数 v_{so} によって近似している．

原子内部の状況を，電子から見た視点(電子の位置を基準とした座標系)で捉えてみよう．そうすると電子の周囲を正電荷を持つ原子核が回っていることになる．この原子核の電荷の運動に伴って，電子の位置に磁場が生じる．上記の $\hat{\mathbf{S}} \cdot \hat{\mathbf{L}}$ 項は，電子自身のスピンによる磁気能率と，この磁場との相互作用と解釈できる．

---

[2] 通常，量子変数を含む相互作用を構築する際に考慮される基準は(a)単純さと(b)回転・パリティ変換・時間反転に関する不変性である．式(6.9)の相互作用は，これらの基準をすべて満たしている．ここで示したスピン-軌道相互作用の形については，実はDirac方程式の非相対論極限において得られるという背景もある．

原子内電子のハミルトニアンにおいて，スピン-軌道相互作用以外に加わる項としては，原子核と電子スピンの相互作用に起因する超微細相互作用 (hyperfine interaction) が存在する．この項の寄与は更に小さいが，水素原子の基底状態を分裂させる性質があり (この性質は式(6.9) にはない)，天体物理学において重要である．

スピン-軌道相互作用は波動関数の動径方向因子に影響を及ぼさないので，本節では $R_{n_r,l}$ を省いて考察を進めることにする．

スピン-軌道相互作用 (6.9) は，関係する演算子との間に，次に示すような交換可能な性質を持つ．

$$[\hat{V}_{\text{so}}, \hat{L}^2] = [\hat{V}_{\text{so}}, \hat{S}^2] = [\hat{V}_{\text{so}}, \hat{J}^2] = [\hat{V}_{\text{so}}, \hat{J}_z] = 0 \tag{6.10}$$

他方，個別の z 成分に対しては非可換で，$[\hat{V}_{\text{so}}, \hat{L}_z] \neq 0$，$[\hat{V}_{\text{so}}, \hat{S}_z] \neq 0$ である．この性質を念頭に置くと，相互作用項 (6.9) を導入するために採用する基本関数系——先ほど2通り提示したが——によって生じる手続きの違いを予想できる．

1. この相互作用項は，個別の角運動量の z 成分の固有状態である式(6.7) を基本関数系とすると対角行列にならない．他方 $\hat{V}_{\text{so}}$ は $\hat{J}_z$ と交換可能であり，スピン-軌道相互作用は全 z 成分 $m = m_l + m_s$ を保存するので，3.1.3項〈p.41〉の方法に基づいて2階の行列が対角化される．

2. 式(6.8) はスピン-軌道相互作用の固有関数にあたり，これを基本状態系として採用すると，相互作用は対角化される．行列の対角化は重要な利点となる．それぞれの対角行列要素は相互作用項の固有値であり，計算によって求めることができる．

3. 軌道角運動量とスピンの内積を，

$$\hat{\mathbf{L}} \cdot \hat{\mathbf{S}} = \frac{1}{2}(\hat{J}^2 - \hat{L}^2 - \hat{S}^2) \tag{6.11}$$

と書き換えると，この内積の対角要素は次のように与えられる．

$$\langle lsjm|\hat{\mathbf{L}} \cdot \hat{\mathbf{S}}|lsjm\rangle = \frac{\hbar^2}{2}\left[j(j+1) - l(l+1) - \frac{3}{4}\right] \tag{6.12}$$

スピン-軌道相互作用によって，$j_\pm = l \pm 1/2$ の各状態は式(6.12) の右辺に比例する寄与を生じる．

6.3. 散乱理論の基礎　　　　　　　　　　　　■111■

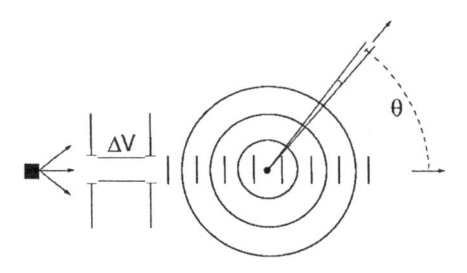

図6.2　球対称ポテンシャルを標的とした粒子散乱実験の模式図．粒子源から放出する粒子を絞りに通し，加速を施してから再度絞りを通してビームを形成する．ビームを構成する粒子は平面波状態で標的に衝突し，標的に散乱されて，散乱角度 θ に依存する振幅を持った球面波を形成する．

6.3 散乱理論の基礎

6.3.1 境界条件

有限の範囲に拡がった球対称ポテンシャルを標的として，そこにひとつの粒子が入射する状況を考察する．この問題の無限遠における漸近境界条件は，z 方向に進行する入射平面波と，ポテンシャルによる散乱から形成される外向きの球面波の重ね合わせによって表される (図6.2)．

$$\lim_{r \to \infty} \Psi(r, \theta) = A\left[\exp(\mathrm{i}kz) + \frac{\exp(\mathrm{i}kr)}{r} f_k(\theta)\right] \tag{6.13}$$

$k = \sqrt{2ME}/\hbar$ は式(4.30)で定義した波数であり，$f_k(\theta)$ は散乱角度 θ の方向の散乱振幅を表す．確率保存の要請から，散乱波成分の自乗 $|\Psi(r,\theta)|^2$ が $1/r^2$ に比例しなければならないので，球面波項に因子 $1/r$ を付けてある (問11 〈p.121〉参照)．系は粒子の入射軸に関して対称なので，方位角 ϕ は式に現れない．式(6.13) は 4.5節の冒頭で論じた境界条件を，3次元問題へ一般化したものと見ることができる．

6.3.2 部分波展開

3次元調和振動子の問題と同様に，自由粒子の問題も，デカルト座標もしくは極座標による両様の取扱いが可能である．ここでは極座標を採用する．ハミルトニアン (6.1) において $V(r) = 0$ と置いた場合の解は，次のように表される．

$$\varphi^{(1)}_{lm_l}(r, \theta, \phi) = j_l(kr) Y_{lm_l}(\theta, \phi)$$

$$\varphi^{(2)}_{lm_l}(r,\theta,\phi) = n_l(kr)Y_{lm_l}(\theta,\phi) \tag{6.14}$$

j_l は球ベッセル関数 (spherical Bessel functions), n_l は球ノイマン関数 (spherical Neumann functions) である‡(6.5節参照). 式(6.14) に示した自由空間における固有状態は, 極座標の完全系を構成する基本関数となる. ここで我々が為すべき作業は, 式(6.13) の漸近境界条件に適合するような最も一般的な基本関数の線形結合を構築することである. まず平面波 $\exp(ikz)$ を極座標展開すると, 次のようになる.

$$\exp(ikz) = \sqrt{4\pi}\sum_{l=0}^{\infty}i^l(2l+1)^{1/2}j_lY_{l0} \tag{6.15}$$

次に, 式(6.13) の右辺第2項を第1種球ハンケル関数§(spherical Hankel functions of the first kind) $h_l^{(+)}$ を用いて展開する. この関数は遠方 ($r\to\infty$) において外向きの球面波に漸近する性質を持つ (後出, 式(6.34)). したがって最も一般的に受け入れられる波動関数の展開形式は, 次のようになる.

$$\Psi(r,\theta) = A\sum_{l=0}^{\infty}\left[\sqrt{4\pi}i^l(2l+1)^{1/2}j_l + c_l h_l^{(+)}(kr)\right]Y_{l0}$$

$$= A\sqrt{\pi}\sum_{l=0}^{\infty}i^l(2l+1)^{1/2}a_l(j_l\cos\delta_l - n_l\sin\delta_l)Y_{l0} \tag{6.16}$$

c_l や a_l は複素振幅を表しているが, これらを l-部分波の位相ずれ (phase shift) を用いて表現し直すこともできる¶.

$$c_l = \sqrt{\pi}i^l(2l+1)^{1/2}(a_l^2 - 1), \quad a_l = \exp(i\delta_l) \tag{6.17}$$

位相ずれ δ_l 自体は実数のパラメーターである. $f_k(\theta)$ は式(6.16) の第1式第2項の漸近形と関係づけられる. 球ハンケル関数を遠方における漸近形に置き換えると, 次式が得られる.

$$f_k(\theta) = i\frac{\sqrt{\pi}}{k}\sum_{l=0}^{\infty}(2l+1)^{1/2}\left[\exp(i2\delta_l) - 1\right]Y_{l0} \tag{6.18}$$

---

‡(訳註) j_l を第1種球ベッセル関数, n_l を第2種球ベッセル関数と呼ぶ文献もある. 後者は $r\to 0$ において $-\infty$ となるので, $r=0$ を含む領域で波動関数を考える場合, 基本関数として式(6.14) の第2式は不要であり, 第1式だけで完全系が構成されるものと見なせばよい.

§(訳註) 球ベッセル関数を実部, 球ノイマン関数を虚部に持つ関数として定義される. 式(6.33) 参照. 球ベッセル関数および球ノイマン関数は球面定在波の基本モードを表し, 球ハンケル関数は拡大もしくは縮小する動的な球面波を表す.

¶(訳註) 波動関数に対して式(6.16)-(6.17) のような展開形を想定しておくならば, 波動関数 Ψ を求める問題は, 一連の位相ずれ δ_l を求める問題に帰着する.

6.3.3 断面積

式(6.13)により,極軸に沿った入射流束に対する θ 方向への散乱流束の割合は $|f(\theta)|^2/r^2$ と与えられる.散乱粒子を限定された立体角範囲において検出するものと考えると,微分断面積は,そこで検出される単位立体角あたりの散乱粒子の検出頻度を,入射流束で割った量として定義され[‡],位相ずれを用いて次のように表される.

$$\sigma(\theta) = |f(\theta)|^2 = \frac{\pi}{k^2}\left|\sum_{l=0}^{\infty}(2l+1)^{1/2}\left[\exp(\mathrm{i}2\delta_l)-1\right]Y_{l0}\right|^2 \tag{6.19}$$

全断面積は,上記の微分断面積を全立体角にわたって積分した量である.

$$\sigma = 2\pi\int_0^{\pi}\sigma(\theta)\sin\theta\,\mathrm{d}\theta = \frac{4\pi}{k^2}\sum_{l=0}^{\infty}(2l+1)\sin^2\delta_l \tag{6.20}$$

各 δ_l の値は球対称ポテンシャルの及ぶ範囲とその外部の境界 $r=a$ における接続条件の式から決まる.半径 a の剛体球ポテンシャルによる散乱の例では,式(6.16)と式(6.32)を用いて,次のように位相ずれが求まる.

$$\tan\delta_l = \frac{j_l(ka)}{n_l(ka)}, \quad \lim_{ka\to 0}\tan\delta_l = \frac{(ka)^{2l+1}}{(2l+1)\bigl[(2l-1)!!\bigr]^2} \tag{6.21}$$

断面積の式(6.19)と式(6.20)の分母に k^2 があるが,このため $ka \to 0$ の極限において $l=0$ の部分波の寄与だけが残る.剛体球散乱の微分断面積および全断面積は,

$$\sigma(\theta) = a^2, \quad \sigma = 4\pi a^2 \tag{6.22}$$

と与えられる.散乱は球対称に起こり ($\sigma(\theta)$ が θ に依存しない),全断面積は古典的な点粒子が入射した場合に衝突を起こす剛体球の射影面積 πa^2 に比べて 4 倍となっている.この量子力学的な結果は,光学の分野(入射電磁波の散乱)でも見られるもので,長波長散乱に共通する特徴を示している.全断面積 σ が剛体球の表面積に一致

[‡](訳註) 単位立体角あたりの散乱粒子検出頻度は [個数]/([立体角]・[時間]) という量であり,入射流束は [個数]/([面積]・[時間]) という量なので,前者を後者で割ると [面積]/[立体角] を表す量が得られる.式(6.19)は $\sigma(\theta)$ でなく $\mathrm{d}\sigma/\mathrm{d}\Omega$ と書かれることもあり,式(6.20)との区別の意味で後者の表記の方が誤解が少ない.

初学者は"断面積"の概念に馴染み難いかも知れない.一様な粒子の流束の下で,何らかの方法で粒子が検出される定常的な頻度が与えられると,その頻度で検出器に粒子を送るために"流束を遮った実効的な面積"を仮想することができる.これを断面積と呼ぶわけである.古典的には断面積に該当する領域を,流束に垂直な面上に投影する形で確定的に考えることが可能であるが,量子力学では入射粒子が何処を通ってくるかが確定できないために,散乱断面積は非常に抽象的な概念となる.

するという事実は，入射粒子の波動が剛体球の全表面を"感知する"という意味にも解釈し得る．

散乱理論の要点を以下に挙げておく．

- 軌道角運動量 $\hbar l$，エネルギー E (すなわち波数 $k = \sqrt{2ME}/\hbar$) の粒子が z 軸に最も近づく古典距離は l/k である．したがって $l > ka$ ならば古典的な点粒子は散乱されない．同様の特徴は量子力学的な散乱にも見られる．$j_l(kr)$ の最大値 (最初の極大値) はおおよそ $r = l/k$ より少し大きいところにあり，散乱ポテンシャルの半径が $a < l/k$ (すなわち $l > ka$) ならばポテンシャルによる散乱への寄与は少ない．逆に a を決めたときには，実効的に考慮すべき l の値の上限として，ka のオーダーが目安となる．

- 波動関数 (6.13) を用いて確率流束密度 (4.17) の計算を行うと，空間全体にわたって干渉項が現れる．これは入射粒子の波動関数として便宜的に無限遠まで拡がる平面波を採用したことによる結果で，実際には意味を持たない．現実の入射粒子のビームは絞られており，ビーム前方の領域を除いて入射波と散乱波はよく分離されている (図6.2)．他方，大部分の散乱実験では，ビームを細く絞り過ぎると不確定性原理に起因する横方向の運動量が発生して測定に影響を及ぼすので，これを避けるためにビーム径を充分に太くしてある (第2章の問13 ⟨p.35⟩ を参照)．

- 式(6.18) と式(6.20) を比較することにより，前方における散乱振幅と全断面積の間に，次の重要な関係が与えられる．

$$\sigma = \frac{4\pi}{k}\mathrm{Im}\big[f_k(0)\big] \tag{6.23}$$

すなわち前方散乱されるビームの減衰 $\mathrm{Im}\big[f_k(0)\big]$ は，全断面積 σ に比例する．式(6.23) は光学定理 (optical theory) と呼ばれているが，これは狭義の散乱現象よりも広範な対象に適用し得る普遍的な関係である．

- 先ほど散乱を扱った式は，実は実験室座標系ではなく重心座標系 (center-of-mass coordinate system) を想定したものである．したがって質量 M として入射粒子-標的粒子系の換算質量§を充て，相対運動のエネルギーから k を決めなければならない．重心系は実験室系に対して重心速度で移動しているので，実験室系で測定される散乱角 θ_lab は重心系の散乱角 θ と異なっており，幾何的な変換が必要となる．

---

§(訳註) 入射粒子の質量を M_i，標的粒子の質量を M_t とすると，換算質量 (reduced mass) は $M_\mathrm{red} = M_\mathrm{i} M_\mathrm{t}/(M_\mathrm{i} + M_\mathrm{t})$ と定義される．$M_\mathrm{i} \ll M_\mathrm{t}$ ならば $M_\mathrm{red} \approx M_\mathrm{i}$ である．8.4.2項 ⟨p.170⟩ 参照．ポテンシャル $V(r)$ の引数 r は入射粒子の座標ではなく，標的粒子に対する入射粒子の相対座標であるが，$M_\mathrm{i} \ll M_\mathrm{t}$ の場合には近似的に入射粒子座標と見なし得る．

6.4　3次元の Coulomb 束縛問題と調和振動子問題の解*

　水素原子の問題は2体問題であり，重心系を採用することで1体問題へと移行する．この措置に伴い，電子質量の代わりに電子-原子核の相対運動に関する換算質量が用いられることになる (後出，式(8.22)参照)．しかしここでは議論を簡単にするために，原子核が電子よりも遥かに重いものと仮定して，原子核の運動を無視する．

　式(4.21)と同様に，無次元化した変数を導入すると便利である．水素様原子の問題において自然な距離尺度は Bohr 半径であり (表14.1 ⟨p.276⟩)，無次元の動径変数として $u = Zr/a_0$ を採用すると都合がよい．動径方向の方程式(6.3)の解は，次の形を取る．

$$R_{n_r l}(r) = N_{nl}\left(Z/na_0\right)^{3/2} \exp(-u/n)\, u^l L_{n_r}(u) \tag{6.24}$$

$L_{n_r}(u)$ は次数 $n_r = 0, 1, 2, \ldots$ の多項式である (ラゲールの陪多項式と呼ばれる¶)．N_{nl} は次式を成立させるように決まる規格化定数である．

$$\int_0^\infty r^2 R_{n_r l} R_{n'_r l}\, \mathrm{d}r = \delta_{n_r n'_r} \tag{6.25}$$

イオン化エネルギー (束縛エネルギー) と呼ばれる値が $Z^2 |E_\mathrm{H}|/n^2$ と与えられるが，これは Z 原子 (原子核電荷が $+Ze$ の水素様原子) において n 状態の電子を原子から引き離すために必要とされるエネルギーを表す．図6.3 は $n=1, 2$ の状態の確率密度分布を動径の関数として与えたものである (表6.2)．この動径方向の確率密度には，極座標系への変換(5.11)にしたがって，r に付随する体積要素を表す因子 r^2 を含めてある．

　図6.4 ⟨p.116⟩ に，図5.2 ⟨p.90⟩ に示した球面調和関数の角度分布と，図6.3 に示した動径方向分布を合成した図を示してある．

　水素原子の基底状態における r の期待値は，Bohr 半径 a_0 と同程度と予想される．表6.2 を用いて次の結果を得ることができる．

$$\begin{aligned}
\langle 100|r|100\rangle &= \int_0^\infty \int_0^\pi \int_0^{2\pi} r^3 |\varphi_{100}|^2 \mathrm{d}r\, \sin\theta\, \mathrm{d}\theta\, \mathrm{d}\phi \\
&= \frac{4}{a_0^3} \int_0^\infty r^3 \exp(-2r/a_0)\, \mathrm{d}r = \frac{3}{2} a_0
\end{aligned} \tag{6.26}$$

¶(訳註) 原著者はラゲール (Laguerre) の多項式・陪多項式に関する説明を省いているが，L_{n_r} という略記は誤解を与えかねない．陪多項式の方は $L_{n_r}^{2l+1}$ のように添字が2つ必要である (表6.2参照)．水素原子問題の解法を数式的に正しく習得したい読者は，他の教科書を読む必要がある．ラゲールの多項式の定義は文献によっても異なる．

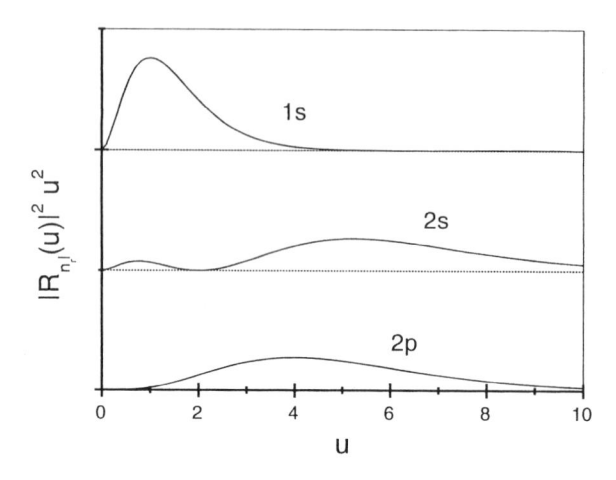

図6.3　Coulombポテンシャルの中心力場における動径方向の確率密度分布.

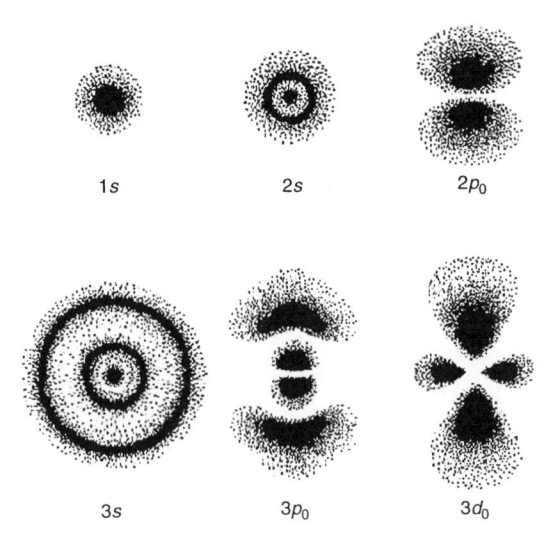

図6.4　水素原子のいくつかの状態における電子の確率密度分布の様子. 点の密度がその領域において電子が見出される確率を表す [34]. (University Science Books の許可を得て転載.)

6.4. 3次元の Coulomb 束縛問題と調和振動子問題の解*

表6.2 Coulombポテンシャル系と3次元調和振動子系における動径方向の解.

Coulombポテンシャル

n	n_r	l	N_{nl}	$L_{n_r}(u)$
1	0	0	2	1
2	1	0	2	$1 - \frac{1}{2}u$
2	0	1	$1/\sqrt{3}$	1
3	2	0	2	$1 - \frac{2}{3}u + \frac{2}{27}u^2$
3	1	1	$4\sqrt{2}/9$	$1 - \frac{1}{6}u$
3	0	2	$4/27\sqrt{10}$	1

3次元調和振動子

N	n_r	l	N_{Nl}	$F\left(-n_r, l + \frac{3}{2}, u^2\right)$
0	0	0	2	1
1	0	1	$2\sqrt{2/3}$	1
2	1	0	$\sqrt{6}$	$1 - \frac{2}{3}u^2$
2	0	2	$4/\sqrt{15}$	1
3	1	1	$2\sqrt{5/3}$	$1 - \frac{2}{5}u^2$
3	0	3	$4\sqrt{2/105}$	1

Coulombポテンシャルの問題では，正のエネルギーを持つ非束縛状態の解も存在する．それらは荷電粒子間の散乱実験の解析に用いられる．

調和振動子では式(4.20)で示したように，無次元の動径変数を $u = r/x_c$ と置く．動径方向の固有関数は次のように求まる．

$$R_{n_r l} = N_{Nl} \frac{1}{\pi^{1/4} x_c^{3/2}} \exp(-u^2/2) u^l F\left(-n_r, l + \frac{3}{2}, u^2\right) \tag{6.27}$$

合流型超幾何関数 $F(-n_r, l+3/2, u^2)$ は u^2 に関する n_r 次多項式 ($n_r = 0, 1, 2, \ldots$) である．動径方向の確率密度分布の例を図6.5に示す．N_{Nl} は式(6.25)を成立させ

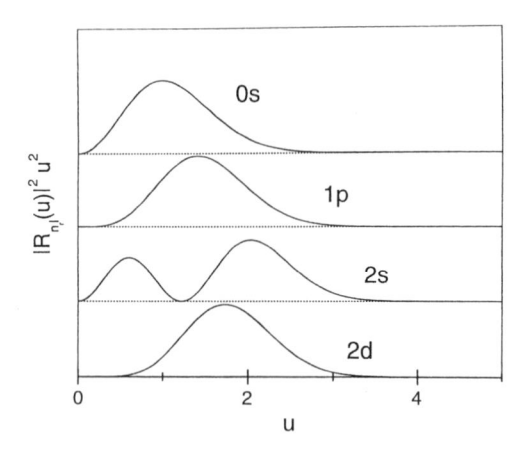

図6.5 3次元調和振動子の動径方向確率密度分布.

るための規格化定数である．エネルギー固有値は次のように与えられる．

$$E = \hbar\omega\left(N + \frac{3}{2}\right) \tag{6.28}$$

1次元調和振動子の場合と同様の手続きにより，半径の自乗と運動量の自乗の期待値を計算できる．このようにして，ここでも式(3.46)と同様にヴィリアル定理が証明される．

$$\langle Nlm_l|r^2|Nlm_l\rangle/x_c^2 = \langle Nlm_l|\hat{p}^2|Nlm_l\rangle x_c^2/\hbar^2 = N + \frac{3}{2} \tag{6.29}$$

エネルギーの低い解における超幾何関数の部分の例を表6.2に示してある．有用な定積分の公式を以下に示す．

$$\int_0^\infty u^n \exp(-au)\,du = \frac{n!}{a^{n+1}}$$

$$\int_0^\infty u^{2n} \exp(-u^2)\,du = \frac{(2n-1)!!\sqrt{n}}{2^{n+1}}$$

$$\int_0^\infty u^{2n+1} \exp(-u^2)\,du = \frac{n!}{2}$$

表6.3　低次の球ベッセル関数と球ノイマン関数

l	j_l	n_l
0	$\dfrac{1}{\rho}\sin\rho$	$-\dfrac{1}{\rho}\cos\rho$
1	$\dfrac{1}{\rho^2}\sin\rho - \dfrac{1}{\rho}\cos\rho$	$-\dfrac{1}{\rho^2}\cos\rho - \dfrac{1}{\rho}\sin\rho$
2	$\left(\dfrac{3}{\rho^3}-\dfrac{1}{\rho}\right)\sin\rho - \dfrac{3}{\rho^2}\cos\rho$	$-\left(\dfrac{3}{\rho^3}-\dfrac{1}{\rho}\right)\cos\rho - \dfrac{3}{\rho^2}\sin\rho$

6.5　球ベッセル関数の性質*

球ベッセル関数 $j_l(kr)$ および球ノイマン関数 $n_l(kr)$ は，次の微分方程式を満たす．

$$-\frac{\hbar^2}{2M}\left[\frac{d^2}{dr^2}+\frac{2}{r}\frac{d}{dr}-\frac{l(l+1)}{r^2}\right]j_l(kr)=\frac{\hbar^2 k^2}{2M}j_l(kr) \tag{6.30}$$

引数が大きいときの漸近形は，

$$\lim_{\rho\to\infty}j_l(\rho)=\frac{1}{\rho}\sin\left(\rho-\frac{1}{2}l\pi\right)$$
$$\lim_{\rho\to\infty}n_l(\rho)=-\frac{1}{\rho}\cos\left(\rho-\frac{1}{2}l\pi\right) \tag{6.31}$$

となり，引数が小さいときは，

$$\lim_{\rho\to 0}j_l(\rho)=\frac{\rho^l}{(2l+1)!!},\quad \lim_{\rho\to 0}n_l(\rho)=-\frac{(2l-1)!!}{\rho^{l+1}} \tag{6.32}$$

となる．球ハンケル関数は，次のように定義される．

$$h_l^{(+)}(\rho)=j_l(\rho)+in_l(\rho),\quad h_l^{(-)}(\rho)=j_l(\rho)-in_l(\rho) \tag{6.33}$$

式(6.31)により，これらの漸近形は次のように与えられる．

$$\lim_{\rho\to\infty}h_l^{(+)}(\rho)=\frac{(-i)^{l+1}}{\rho}\exp(i\rho)$$
$$\lim_{\rho\to\infty}h_l^{(-)}(\rho)=\frac{(i)^{l+1}}{\rho}\exp(-i\rho) \tag{6.34}$$

初めの3つの j_l と n_l を表6.3に示す．

練習問題   (＊略解 p.269)

＊問1　水素原子と重水素原子における $n=2$ 状態のエネルギー差を計算せよ.
　　　 ヒント：電子質量の代わりに換算質量を用いること.

＊問2　1. Coulomb中心力問題における $n \leq 3$ の各固有状態に, 量子数 nlj を割り当てよ.
　　　 2. 同じことを3次元調和振動子の $N \leq 3$ の状態について行え.

＊問3　1. スピンも考慮に入れて, 3次元調和振動子の第 N 殻の縮退度を求めよ.
　　　 2. 第 N 殻における演算子 $\hat{L}^2$ の平均値 $\langle |L^2| \rangle_N$ を求めよ.
　　　 3. 調和振動子ポテンシャルに, 次のポテンシャル (式(7.16)),
$$-\frac{\omega}{16}\left(\frac{1}{\hbar}\hat{L}^2 - \frac{\hbar}{2}N(N+3)\right) - \frac{\omega}{4\hbar}\hat{\mathbf{L}}\cdot\hat{\mathbf{S}}$$
　　　　 が付加されている系の固有値を, $N=0,1,2,3$ について計算せよ.
　　　 4. 第 N 殻において最低エネルギーを持つ状態の各量子数を求めよ.

＊問4　1. 半径 a の無限に深い球状井戸に閉じ込められた粒子の, $l=0$ を持つ波動関数とエネルギーを求めよ.
　　　　 ヒント：$\Psi(r) \to f(r)/r$ と置き換えよ.
　　　 2. 同じ問題を 6.5 節で与えた球ベッセル関数を用いて解け.

＊問5　1. 水素原子の $n=2$ 状態について, 確率密度が最大になる r を求めよ.
　　　 2. 同じ状態について, 動径の平均値 (期待値) を求めよ.

　問6　3次元調和振動子の問題をデカルト座標を用いて解け. 各エネルギー準位の縮退度を求め, 表6.1 〈p.107〉に示した縮退度と比較せよ.

＊問7　1. H原子と Pb 原子について, 原子核の半径と $n=1$ 状態の電子の平均動径との比を求めよ. $R[\text{原子核}] \approx 1.2 A^{1/3}$ fm (1 fm $= 10^{-15}$ m), $A(\text{H}) = Z(\text{H}) = 1$, $A(\text{Pb}) = 208$, $Z(\text{Pb}) = 82$ である.
　　　 2. 電子をミュー粒子 ($M_\mu = 207 M_\text{e}$) に置き換えて, 同じ計算をせよ.
　　　 3. これらのそれぞれの系において, 原子核を点として扱う描像は理に適っているか？

＊問8　3次元調和振動子の動径方向に関する方程式において $r^2 \to s$ と置き換え, Coulomb中心力問題に対応させるための諸定数 $l(l+1)$, $M\omega^2$, E の適正な変更を見いだせ.
　　　 ヒント：$R(r) \to s^{1/4}\Phi(s)$ と置き換え, $s \equiv r^2$ を変数と見なすこと.

＊問9　ポジトロニウムは電子-陽電子対の束縛系である (陽電子は電荷の符号だけが電子と異なる). これらのスピン-スピン相互作用エネルギーは $\hat{H} = a\hat{\mathbf{S}}_\text{e}\cdot\hat{\mathbf{S}}_\text{p}$ と表されるものと考えられる. 添字の e と p はそれぞれ電子と陽電子を意味する.
　　　 1. 各固有状態におけるエネルギーを求めよ (第5章の問11 〈p.104〉参照).
　　　 2. 式(6.12)を, 2つの任意の角運動量の積 $\hat{\mathbf{J}}_1\cdot\hat{\mathbf{J}}_2$ の場合へと一般化せよ.

練習問題 (第 6 章)

*問 10 磁気量子数 $m = 1/2$ を持つ水素原子の $2p$ 状態について，スピン-軌道結合と z 方向の外部磁場 **B** の影響を考える．以下のように順次，分裂エネルギーを計算してみよ．

1. $v_{\text{so}} = 0$ の極限．
2. $B_z = 0$ の極限．
3. $q = 2\mu_B B_z / \hbar^2 v_{\text{so}}$ の関数としての分裂エネルギー．

*問 11 球面波 $A\exp(\mathrm{i}kr)/r$ に付随する流束密度分布を計算し，一定の立体角 $\mathrm{d}\Omega$ の範囲内における流束が一定であることを示せ．

*問 12 粒子が半径 a，深さ V_0 のポテンシャルに入射して散乱される．以下の手順に従い，低エネルギー極限における微分断面積と全断面積を計算せよ．
ヒント : $l = 0$ の部分波のみを考えよ．

1. $r = a$ における内部側の対数微分 (a 倍) を求めよ (問 4 参照)．
2. $r = a$ における外部側の対数微分 (a 倍) を，低エネルギー極限について求めよ．
3. $\tan\delta_0$ を計算せよ．
4. $\sigma(\theta)$ を計算せよ．
5. σ を計算せよ．

*問 13 2 次元系を考える．

1. 3 次元系における球対称性は，2 次元系においてどのような対称性に対応するか？それを扱うために相応しい座標系を見いだせ．
2. 運動エネルギーを，その座標系の演算子として書き，円筒対称ポテンシャルにおける縮退度を求めよ．
3. 2 次元調和振動子の各エネルギーと縮退度を求めよ．
4. 次の関数がハミルトニアンの固有状態であることを証明せよ ($u = \rho/x_c$)．

$$\varphi_n = \frac{1}{x_c\sqrt{\pi n!}} \exp(-u^2/2) u^n \exp(\pm \mathrm{i}n\phi)$$

第 7 章　多体問題

前章までは,量子力学における 1 粒子問題 (1体問題) だけを扱ってきた.本章では 2 個以上の粒子が存在する場合に注意を向けてみる.

第 1 段階として,次の事実を強調しておく.ハミルトニアンが $\hat{H} = \hat{H}(1) + \hat{H}(2)$ と表され,$\hat{H}(1)$ と $\hat{H}(2)$ が異なる自由度 (別々の粒子の自由度) に関わっている場合を考えよう[‡].$\hat{H}(1)\varphi_a(1) = E_a\varphi(1)$,$\hat{H}(2)\varphi_b(2) = E_b\varphi_b(2)$ であるならば,全ハミルトニアン $\hat{H}$ の下で,次式が成立する.

$$\hat{H}\varphi_{ab}(1,2) = (E_a + E_b)\varphi_{ab}(1,2)$$
$$\varphi_{ab}(1,2) = \varphi_a(1)\varphi_b(2) \tag{7.1}$$

第 2 段階として,量子力学においては同種の個々の粒子の識別が (粒子間の距離が充分に大きい場合を除いて) 不可能であることを指摘しておく.同種粒子の多体を量子力学的に扱うには,粒子の置換に関する新たな原理が必要となる.これについてはすぐ後の 7.1 節で論じる.この原理は対象とする粒子の種類によって 2 通りあり,これによって一般の粒子は,フェルミオン (fermion) と呼ばれる粒子とボゾン (boson) と呼ばれる粒子に大別される[§].

しかし,たとえば 2 つの電子を含む He 原子の場合について,個々の電子が独立であるという近似も可能であり,本章ではこの近似を利用する.原子物理や原子核物理における中心力ポテンシャルの問題や,固体物理における周期ポテンシャル場内の電子気体問題も,本来はフェルミオンの多体問題であるが,独立粒子近似の下で第 6 章や 4.4.1 項 (p.66),4.6 節で示した方法を適用することが有効である.結晶格子におけるフォノン (phonon) 系や同種ボゾン多体の凝縮系は,調和振動子に対する手法 (3.2.1 項 (p.45)) を一般化することによって扱われる.我々は多体問題全体について

[‡] (訳註) 系が種類の異なる粒子 1,粒子 2 をひとつずつ含み,粒子間の相互作用を無視できるものと考える.(1),(2) はそれぞれ $(\mathbf{r}_1)$,$(\mathbf{r}_2)$ の略記にあたる (スピン自由度までを併せて考慮する場合は $s_{z1}(\mathbf{r}_1)$,$s_{z2}(\mathbf{r}_2)$ と見なす).(1,2) すなわち $(\mathbf{r}_1,\mathbf{r}_2)$ のように複数の粒子座標から構成される波動関数の空間 (この例のように 2 粒子なら 6 次元,一般に N 粒子なら $3N$ 次元空間となる) を,実空間と区別するために "配位空間" (configuration space) と呼ぶ.

[§] (訳註) それぞれの呼称は E. Fermi (フェルミ) および S. Bose (ボーズ) に因む.p.252 および p.249 を参照.

広範な概説を与えることはせず，むしろ量子力学的な定式化の代表的手法を提示することを重視して，それに関係した応用例を限定的に示すことにする．しかしながら，このような限られた記述の枠組みの下でも，量子力学に基礎を置いた将来技術の礎石となりそうな近年の目覚しい発見の数々——量子ドットの物理，Bose-Einstein凝縮，量子Hall効果など——を紹介することができる．

7.8節では生成演算子と消滅演算子の概念を，多体ボゾン系や多体フェルミオン系を扱う手法へと拡張することにする．

7.1　ボゾンとフェルミオン

2個の粒子から成る系を考え，それらに粒子1，粒子2と番号を与えることにする．2粒子系における任意の物理的な演算子 $\hat{Q}(1,2)$ が，2個の粒子の入れ替え操作 $1 \leftrightarrow 2$ を表す演算子 $\hat{P}_{12}$ と可換であるならば，両者は同種粒子(互いに識別不可能な粒子)と見なされる．

$$[\hat{P}_{12}, \hat{Q}(1,2)] = 0 \tag{7.2}$$

この交換関係が成立していれば，$\hat{Q}$ の固有状態を $\hat{P}_{12}$ との同時固有状態の形で選ぶことができる(2.6節)．粒子の入れ換えを2回続けて行うと，系は必ず元の状態に戻るので，演算子 $\hat{P}_{12}^2$ の固有値は1に限定される．したがって $\hat{P}_{12}$ の固有値として許容されるのは ± 1 である．粒子の入れ換え $1 \leftrightarrow 2$ に関して，固有値が $+1$ の状態を対称(symmetric)な状態，固有値が -1 の状態を反対称(antisymmetric)な状態と称する．

1粒子ハミルトニアンの固有状態の中から，互いに直交する2つの1粒子状態 φ_p, φ_q を選んで，これらを粒子が満たした状態を考えてみる．2個の粒子をこれらの1粒子状態へ分配することで，4通りの2体状態を構築することができる．粒子の入れ換えに関して対称な状態としては，

$$\Psi_{pp}^{(+)} = \varphi_p(1)\varphi_p(2) \tag{7.3}$$

$$\Psi_{qq}^{(+)} = \varphi_q(1)\varphi_q(2) \tag{7.4}$$

$$\Psi_{pq}^{(+)} = \frac{1}{\sqrt{2}}\left[\varphi_p(1)\varphi_q(2) + \varphi_q(1)\varphi_p(2)\right] \tag{7.5}$$

という3通りの状態関数が考えられる．反対称な状態としては，

$$\Psi_{pq}^{(-)} = \frac{1}{\sqrt{2}}\left[\varphi_p(1)\varphi_q(2) - \varphi_q(1)\varphi_p(2)\right] \tag{7.6}$$

7.1. ボゾンとフェルミオン

が得られる．状態 (7.5) と状態 (7.6) は，粒子 1 の状態ベクトルと粒子 2 の状態ベクトルの単純な積ではない 2 粒子状態なので，もつれた状態 (entangled state) と呼ばれる (10.2節)．

互いにもつれた 2 つの粒子間の平均距離は，

$$\langle pq|(\mathbf{r}_1-\mathbf{r}_2)^2|pq\rangle^{1/2}_{(\pm)} = \Big[\langle p|r^2|p\rangle + \langle q|r^2|q\rangle$$
$$- 2\langle p|\mathbf{r}|p\rangle\langle q|\mathbf{r}|q\rangle \mp 2|\langle p|\mathbf{r}|q\rangle|^2\Big]^{1/2} \quad (7.7)$$

と与えられる¶．下付き添字の ($\pm$) は対称状態と反対称状態の区別を表す．右辺括弧内の第 3 項までは"古典的な"距離を表しており，$\varphi_p(1)\varphi_q(2)$ のような型の状態関数からも得られる．式(7.7) によると，対称にもつれた状態の粒子間距離は古典距離よりも近くなり，反対称にもつれた状態の粒子間距離は古典距離よりも遠くなる．このように相互作用項の有無とは無関係に，そもそも同種粒子であることから生じる対称性・反対称性の要請は，同種粒子間に自ずから相関効果をもたらすことになる．

対称もしくは反対称な状態の構築方法を，ν 個の同種粒子が存在する系へと一般化することにしよう．ν 個の粒子に対して一般に可能な $\nu!$ 通りの置換操作の中のひとつを演算子 $\hat{P}_b$ として表すことにする．この任意の置換を表す演算子は，必ず 2 体の入れ換え $\hat{P}_{ij}$ の積の形で表現することが可能である．2 体の入れ換えへの分解の方法は一意的ではないが，そのような置換の回数 η_b とその偶奇(パリティ)は一意的に決まる．次のような演算子を構築してみる．

$$\hat{S} \equiv \frac{1}{\sqrt{\nu!}}\sum_b \hat{P}_b, \quad \hat{A} \equiv \frac{1}{\sqrt{\nu!}}\sum_b (-1)^{\eta_b}\hat{P}_b \quad (7.8)$$

ν 個の粒子それぞれに順次 1 粒子状態をあてがった状態関数に対して，$\hat{S}$ を作用させると対称な多粒子状態が形成され，$\hat{A}$ を作用させると反対称な多粒子状態が形成される．

第 2 章で提示した量子力学の 3 つの基本原理に加えて，ここで多粒子系に関する次の原理を導入する．

¶(訳註) 左辺の自乗を Schrödinger形式で書いておくと $\langle pq|(\mathbf{r}_1-\mathbf{r}_2)^2|pq\rangle_{(\pm)} = \int d^3r_1 \int d^3r_2$ $\frac{1}{\sqrt{2}}\{\varphi_p^*(\mathbf{r}_1)\varphi_q^*(\mathbf{r}_2) \pm \varphi_q^*(\mathbf{r}_1)\varphi_p^*(\mathbf{r}_2)\}(\mathbf{r}_1-\mathbf{r}_2)^2\frac{1}{\sqrt{2}}\{\varphi_p(\mathbf{r}_1)\varphi_q(\mathbf{r}_2) \pm \varphi_q(\mathbf{r}_1)\varphi_p(\mathbf{r}_2)\}$ である (ここではスピン自由度を省略した)．これが式(7.7) 右辺の自乗に等しいことは容易に確認できる．

原理 4 (ボゾンとフェルミオン)　自然界の粒子は同種粒子同士の相関の型によって 2 種類に大別される[1]．同種ボゾン系は粒子同士の入れ換えに関して対称な状態ベクトルで表され，同種フェルミオン系は反対称な状態ベクトルで表される．

ハミルトニアン全体が各粒子変数に関して対称である限り，その固有状態は 2 粒子の入れ換えに係わる性質によって (対称状態もしくは反対称状態に) 識別できる．原理 4 に従い，対称もしくは反対称ではない状態関数の可能性は排除されることになる．たとえば 2 体のフェルミオンに関して自然界に見いだされる状態として，式(7.6) の形以外のものはあり得ない[‡]．

半整数のスピン値を持つ既知の粒子 (電子，ミュー粒子，陽子，中性子，ニュートリノなど) はすべてフェルミオンである．整数のスピン値を持つすべての既知の粒子 (光子，中間子など) はボゾンである[2]．

その上，あらゆる複合粒子もそれぞれが確定した全角運動量の値を持ち，それを複合粒子のスピン値と見なすことができる．複合粒子の全角運動量は，その構成要素から 5.3 節で述べた一般的な角運動量の合成則に基づいて与えられる．複合粒子のスピン値が半整数であれば，その複合粒子はフェルミオンとして振舞い，複合粒子のスピン値が整数であれば，それはボゾンとして振舞う．たとえば He^3 と He^4 は同じ化学的性質を示す同位体だが，He^3 原子核 (2 個の陽子と 1 個の中性子から成る) はフェルミオンであり，He^4 原子核 (2 個の陽子と 2 個の中性子から成り，いわゆる α 粒子にあたる) はボゾンである．

ν 個の同種ボゾンを一連の 1 粒子状態 $\{\varphi_p\}$ へ分配することを考えてみよう．状態 p へ分配する個数を n_p と表記し，これを占有数 (occupation number) と呼ぶ．対称な ν 粒子系の状態ベクトルを構築するにあたり，まずは次のような 1 粒子状態の単純な積を考える．

$$\Psi_{pq\ldots r}(1,2,\ldots,\nu) = \varphi_p(1)\varphi_p(2)\ldots\varphi_p(n_p)$$

---

[1] この仮定は 3 次元世界においては成立しているが，この 20 年間で 2 次元系においてボゾンとフェルミオンの中間の全域に可能性があること——エニオン (anyon) の存在——が理解されてきた．固体表面の数原子層分の領域において，分数量子 Hall 効果 (7.6.2項 〈p.152〉) のような形でエニオンの概念が実現される系が存在する．

[‡] (訳註) ハミルトニアンが粒子間の相互作用項を含む場合は，1 粒子状態 p と q を用いて構築した状態 (7.6) がそのまま 2 体ハミルトニアンの固有状態になるわけではないので，さほど話は単純ではない．しかしその場合も，色々と可能な 1 粒子状態の組合せによって構築した状態 (7.6) の組を，基本関数系として用いることができる．あるいは，相互作用がある場合には 1 粒子状態をあらわな形で示すことは現実には難しいにしても，やはり 2 体状態が式(7.6) の形で表現されるような p^{int} 状態，q^{int} 状態が存在するものと想定しておいてもよい．

[2] Pauli はスピンと粒子統計の関係を示したが，それは場の方程式の形式を場合分けする複合的な議論に依っている．Feynman はスピン-統計定理の直截な基本的証明を与えようと試みたが，その解答は得られていない．

7.1. ボゾンとフェルミオン

$$\times \varphi_q(n_p+1)\varphi_q(n_p+2)\ldots\varphi_q(n_p+n_q)$$
$$\times \ldots \varphi_r(\nu)$$
$$= \varphi_p^{(n_p)}\varphi_q^{(n_q)}\ldots\varphi_r^{(n_r)} \tag{7.9}$$

ここで $\sum_i n_i = \nu$ である．次に演算子 $\hat{S}$ を作用させて，状態ベクトルを対称化する．

$$\Psi_{n_p,n_q,\ldots,n_r}(1,2,\ldots,\nu) = \mathcal{N}\hat{S}\Psi_{pq\ldots r}(1,2,\ldots,\nu) \tag{7.10}$$

$\mathcal{N}$ は規格化定数である．このように構築される多粒子状態は，各 1 粒子状態の一連の占有数を決めることによって特定される．個々の 1 粒子状態に何個までボゾンをあてがうことが可能かという点について制約はない．たとえば 2 粒子状態として式 (7.3)，(7.4)，(7.5) のどれもが可能であって，同じ 1 粒子状態に 2 個のボゾンが入った前者 2 つの状態も許されている．

フェルミオンの多粒子系についても，各 1 粒子状態に関する一連の占有数を用いて多粒子状態を特定することができる．反対称な状態を構築する方法は，演算子 $\hat{S}$ の代わりに $\hat{A}$ を採用する以外はボゾン系の場合と同様である．しかし得られる多粒子状態は，各 1 粒子状態に関する占有数が 0 もしくは 1 しか許されないという点でボゾン系とは性質が著しく異なる．仮に 2 以上の占有数を許容すると，その同じ状態に入っている粒子同士の入れ換えによって，状態ベクトルの符号を反転させることが不可能になる．フェルミオン系における反対称化の原理は，各フェルミオンに排他律 (Pauli の原理) に従うことを強要しているのである [35]．すなわち「もし原子内のある電子について，これら $(n, l, m, s$ の 4 つ$)$ の量子数が確定しているならば，その 1 電子状態は既に完全に満杯であって，その状態にさらに別の電子が入り込むことは許されない」のである．

ν 個のフェルミオンの反対称状態を，具体的に次の Slater 行列式（スレーター）の形で与えることができる．

$$\Psi_{pq\ldots r}(1,2,\ldots,\nu) = \frac{1}{\sqrt{\nu!}} \begin{vmatrix} \varphi_p(1) & \varphi_p(2) & \cdots & \varphi_p(\nu) \\ \varphi_q(1) & \varphi_q(2) & \cdots & \varphi_q(\nu) \\ \vdots & \vdots & \ddots & \vdots \\ \varphi_r(1) & \varphi_r(2) & \cdots & \varphi_r(\nu) \end{vmatrix} \tag{7.11}$$

2 つの粒子の入れ換えは，2 つの列の入れ換え操作に対応し，その操作は行列式の符号を反転させる．それぞれの 1 粒子状態 $p, q, \ldots, r$ として，すべて異なるものを選ばなければならない．仮に同じ 1 粒子状態を複数の粒子が占めていると，行列式において同じ列が生じて波動関数がゼロになってしまうので，そのような状態はそもそも存在しない．

多粒子状態 (7.10) および (7.11) を，生成演算子と消滅演算子を用いて抽象的に表示する方法が広範に用いられているが，これについては7.8節で論じる予定である．

多くのボゾンが同じ1粒子状態に入り得るという性質は，ボゾンの多粒子系において相転移 (phase transition) を引き起こす要因となり，理論的にも概念的な含意としても重要である．この相転移はBose - Einstein 凝縮（ボーズ・アインシュタイン）として記述される (7.5節)．フェルミオン系においてさらに注目すべき結果も見られるが，本章の後の方で，いくつかの例を示す予定である．

7.2　2電子問題

2個の電子を含むHe原子の問題を考えてみよう．まずは暫定的に，電子間の相互作用を無視する．2つの電子にエネルギーの低い1電子状態をあてがうことを考え，考慮する軌道状態を $\varphi_{100\frac{1}{2}m_s}$, $\varphi_{200\frac{1}{2}m_s}$, $\varphi_{21m_l\frac{1}{2}m_s}$ の3通りに限定する．添字の表記は式 (6.7) の流儀に倣う．

この問題は4つの角運動量を含む．それは2つの軌道角運動量と2つのスピン角運動量であるが，まず軌道角運動量同士と，スピン角運動量同士を合成する[3]（$\hat{\mathbf{L}} = \hat{\mathbf{L}}_1 + \hat{\mathbf{L}}_2$, $\hat{\mathbf{S}} = \hat{\mathbf{S}}_1 + \hat{\mathbf{S}}_2$）．続いて全軌道角運動量と全スピン角運動量を $\hat{\mathbf{J}} = \hat{\mathbf{L}} + \hat{\mathbf{S}}$ のように合成して，全角運動量を得る．

2粒子状態ベクトルのスピンに関わる部分は，スピン値 (スピンの大きさ) として1もしくは0を担う．これに相当する状態 $\chi_{m_s}^s$ は，式 (5.55) の結合を $j_1 = j_2 = 1/2$ に制約することによって得られる．スピン1を持つ2-スピン状態 (3通り存在する) は多粒子系の座標変数の入れ換えに関して対称で，スピン0の状態は反対称である．

$$\chi_1^1(1,2) = \varphi_\uparrow(1)\varphi_\uparrow(2)$$
$$\chi_0^1(1,2) = \frac{1}{\sqrt{2}}\left[\varphi_\uparrow(1)\varphi_\downarrow(2) + \varphi_\uparrow(2)\varphi_\downarrow(1)\right]$$
$$\chi_{-1}^1(1,2) = \varphi_\downarrow(1)\varphi_\downarrow(2)$$
$$\chi_0^0(1,2) = \frac{1}{\sqrt{2}}\left[\varphi_\uparrow(1)\varphi_\downarrow(2) - \varphi_\uparrow(2)\varphi_\downarrow(1)\right] \qquad (7.12)$$

この2電子系について，軌道の占有状況を考えてみよう．

---

[3] 先にそれぞれの粒子において，軌道角運動量とスピン角運動量を合成する方法もある．すなわち $\hat{\mathbf{J}}_i = \hat{\mathbf{L}}_i + \hat{\mathbf{S}}_i$ ($i = 1, 2$) として，式 (6.8) のような波動関数を作る．それから両方の粒子の角運動量を $\hat{\mathbf{J}} = \hat{\mathbf{J}}_1 + \hat{\mathbf{J}}_2$ のように合成する．この2通りの合成手順からは，異なった基本状態の組が構成される．

1. 2つの電子がともに最低エネルギーの軌道 $\varphi_{100\frac{1}{2}m_s}$ を占めている場合．両方の電子は空間座標に依存する部分が同じであり，状態ベクトルは必然的に粒子の空間座標の入れ換えに関して対称である．したがってスピン自由度の部分については，粒子のスピン変数の入れ換えに関して対称なスピン1の状態は，排他律に基づいて排除され，スピンがゼロの（両方の粒子のスピンが互いにもつれた）状態だけが許される．

2. 一方の電子が最低エネルギーの軌道 $\varphi_{100\frac{1}{2}m_s}$ を占め，もう一方は $\varphi_{200\frac{1}{2}m_s}$ を占める場合．動径依存性の異なる関数が関与するので，2粒子波動関数の空間依存部分について，粒子の入れ換えの下で対称な状態も反対称な状態も構築できる（それぞれ式(7.5)および式(7.6)）．どちらの場合も $l=0$ である．これらを元にPauliの原理（排他律）に基づいてスピン自由度を含む2粒子状態が構築される．粒子の入れ換えに関して空間的に対称な関数に対しては，反対称な2-スピン状態を組み合わせ，空間的に反対称な関数には，対称な2-スピン状態を組み合わせればよい．これらの許容される2通りの2粒子状態は，（今のところは無視しているが）電子間の相互作用によってエネルギー縮退が解ける．式(7.7)により，粒子の入れ換えの下で空間的に反対称な状態は，対称な状態よりも互いに離れる傾向を持つ．したがって反対称な状態の方が，Coulomb斥力の影響が少なく，その分だけ相対的に，空間的に対称な状態よりもエネルギーが低下する．

3. 一方の電子が最低エネルギー状態 $\varphi_{100\frac{1}{2}m_s}$ を占め，もう一方の電子が $\varphi_{21m_l\frac{1}{2}m_s}$ を占めている場合．これについては読者の練習問題とする．上記の2つの例と同様の手続きに従えばよいが，この場合には軌道角運動量がゼロにならないことを念頭に置く必要がある．

7.3 元素の周期律

原子核から電子に及ぶ Ze^2 に比例する引力は，複数の電子を含む原子の中心場を記述する手掛りを与える．しかし原子のハミルトニアンは，電子間のCoulomb反発の項も含んでいる．原子核による引力に比べると，個々の電子による斥力は弱いが（e^2 に比例，中心力の $1/Z$ 倍），ひとつの電子は他の $Z-1$ 個の電子から斥力を受けている．個々の電子による斥力を考える代わりに，中心場を修正することによって，他の電子による斥力の効果を良好に近似することができる．その理由は次の通りである．

- ある状態を占有している電子は，電子に占有された他の状態へ遷移することはできないので（Pauliの原理），電子が別の空いた状態へ遷移するためには，占有され

ている状態のエネルギー準位と，最もエネルギーの低い空いた状態のエネルギー準位の差以上の (比較的大きな) エネルギーを獲得する必要がある．そのようなエネルギー遷移を起こす斥力は実際上ほとんど有効に働くことがなく，動的な反発過程は抑制されている．

- 半径 r' の外部に分布した電子によって生じる電場は，$r < r'$ の領域において相殺される傾向がある．これは中心場の強度が $\propto 1/r^2$ であるのに対し，立体角が $\propto r^2$ となっていることに因る．

1粒子 (1電子) に対する実効的な中心力ポテンシャルを最適化するのは難しい問題だが，中心と無限遠における漸近挙動は容易に与えられる．

$$\lim_{r \to 0} V(r) = -\frac{Ze^2}{4\pi\epsilon_0 r}, \quad \lim_{r \to \infty} V(r) = -\frac{e^2}{4\pi\epsilon_0 r} \tag{7.13}$$

原子核に充分に近いところの電子は，ほとんど原子核の引力だけしか受けない．他方，原子核から充分に離れた電子に着目すると，原子核の正電荷は $Z-1$ 個の電子の負電荷によって遮蔽されている．中間的な領域におけるポテンシャルは，この両者を接続する内挿によって定性的に与えられる．

実効的な中心力ポテンシャルの下でのエネルギー固有値は，定性的には Coulomb ポテンシャルに対して，

$$\hat{H}_l = c\hat{L}^2 \tag{7.14}$$

という項を付加することによって得られる．これは遠心力項 $\hbar^2 l(l+1)/2Mr^2$ (式(6.3) 参照) が，l の大きな状態を占める電子を中心から遠ざける効果の反映であり，電子は半径の小さな領域において相対的に，このポテンシャルから余計に強い力を感じる．

一般の原子ではポテンシャルが単純に $1/r$ に比例しないので偶然縮退は起こらず，電子のエネルギー E_{nl} は軌道角運動量の量子数 l にも依存することになる (6.1.1 項 〈p.106〉 参照)．原子における一連のエネルギー準位の様子を定性的に図 7.1 に示す．l については表 5.2 〈p.102〉 に示した記号を用いた．エネルギー準位が互いに近接している状態の組を殻 (shell) と呼ぶ[§]．閉殻 (電子が収容可能な最大数まで入って満杯になった殻) では，すべての磁気量子数の状態が満たされている．

[§] (訳註) 殻 (電子殻) の定義は一意的ではない．化学でよく用いられる K 殻，L 殻，M 殻などは，主量子数 n が共通の状態をすべてまとめて扱う概念であり，周期律表における周期番号に対応している．他方，物理の文献では主量子数 n だけでなく軌道角運動量 l までを指定した状態の組を殻と呼ぶ場合が多い．つまり，たとえば前者の L 殻は，後者の $(2s)$ 殻と $(2p)$ 殻を合わせたものにあたる．後者の場合は図 7.1 に示されている準位線それぞれがひとつの殻に対応するわけだが，それぞれの殻は磁気量子数 m とスピン s の異なる $2(2l+1)$ 個の電子を収容できる．原著者はここでは前者の意味でこの術語を用いている．

7.3. 元素の周期律

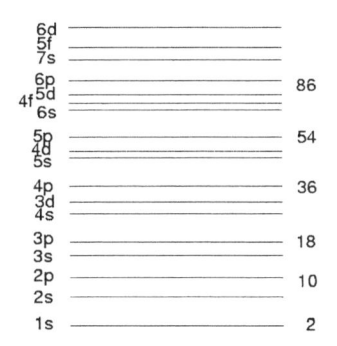

```
6d ─────
5f ─────
7s ─────
6p ───────── 86
4f 5d ─────
6s ─────
5p ───────── 54
4d ─────
5s ─────
4p ───────── 36
3d ─────
4s ─────
3p ───────── 18
3s ─────
2p ───────── 10
2s ─────
1s ───────── 2
```

図7.1 原子における電子殻の構造．エネルギー・ダイヤグラムとして1電子準位の一連の構成を大まかに示した図である．右側の数字は閉殻原子(希ガス原子)が持つ電子の数である．

　原子の基底状態は，原子内の1電子状態をエネルギーの低い方から順次埋めてゆき，Z個の電子を配置することによって与えられる．閉殻が形成されると，殻全体としては軌道角運動量もスピン角運動量も持たない(問7 ⟨p.160⟩ 参照)．閉殻構造は極めて安定な系を形成し，化学反応に関わらない．この事実が，Mendeleev (メンデレーエフ) の周期律表において最右列を占める希ガス元素($Z=2,10,18,36,54,86$．図7.1 参照) の不活性な性質に対する説明となる．諸元素の原子の角運動量(磁気能率)，安定性，化学結合に関する性質などは，閉殻を形成していない最外殻の電子によって決まっている．これはPauliの原理から得られる注目すべき結論である．

　原子における電子配置を示す際には，大抵はその最外殻において占有されている1電子状態を表記すれば充分である．たとえばMg原子($Z=12$)の基底状態は$(3s)^2$である[4]．これと近接したエネルギーで，$(3s)(3p)$ や $(3p)^2$ という配置もあり得る．

　原子の場合，通常はスピン-軌道結合が電子間斥力に比べて弱いために，全角運動量jは7.2節の例のように個々の電子から確定できない．しかし重元素や内殻においては，再び量子数(l,j)の組合せが妥当となる．

　元素の周期律を考察してみよう．質量数Aの原子核はA個の核子を含む．そのうちN個は中性子，Z個は陽子とする．同じAを持つ原子核同士は同重体 (isobar) (アイソバー)と呼ばれる¶．またNが等しい原子核同士を同中性子体 (isotone) (アイソトーン)，Zが等しい原子

---

[4] 数字は主量子数を表し，次の英文字は表5.2 ⟨p.102⟩ に従って軌道角運動量を現している．指数は，その量子数の組合せの下で，何個の電子があるかを示す．

¶ (訳註) 'iso-' は "同じ" という意味の接頭語である．'bar' は "重さ"，'tope' は (周期律表における) "場所" を意味しており，ともにギリシャ語由来である．同中性子体を現す 'isotone' という語は，同位体 'isotope' が陽子pの数による識別であるのに対して，中性子nによる識

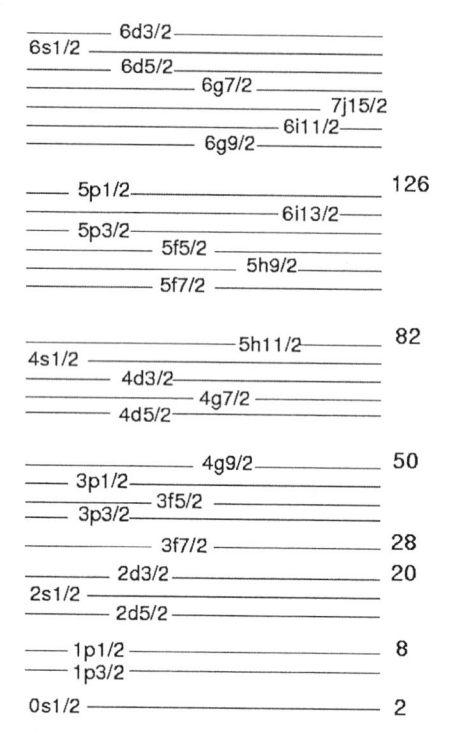

```
                              6d3/2
          6s1/2
                              6d5/2
                                          6g7/2
                                                      7j15/2
                                                   6i11/2
                                          6g9/2

       ——— 5p1/2 ———————————————————       126
                                          6i13/2
       ——— 5p3/2 ———
                       5f5/2
                                     5h9/2
                       5f7/2
```

図7.2　原子核の殻構造．この図は原子核における単一核子の準位を近似的に表したものである．各準位は量子数 Nlj によって識別される．閉殻系の核子数を右側に示してある．

核同士を同位体 (isotope) と呼ぶ．原子核の内部には本来的に中心力場があるわけではなく，核子間の相互作用は非常に複雑なものであるが，これらの事実にも関わらず原子核においても Pauli の原理 (排他律) は有効である．原子核の性質の多くを記述するための出発点として，殻模型 (shell model) が用いられる．短距離の相互作用を持つ粒子系では，粒子の確率密度分布に応じて実効的な中心ポテンシャルが決まるが，原子核の場合にはこれが Woods-Saxon 型のポテンシャル $w(r)$ によって表される．原子核の表面において強いスピン-軌道相互作用を考慮する必要があり，原子の場合とは逆符号の相互作用項が導入される．中心対称な Coulomb ポテンシャルも陽子に対して働く．

別を意味することから，文字遊びのように語中の p を n に換えて作られた造語である．

7.3. 元素の周期律

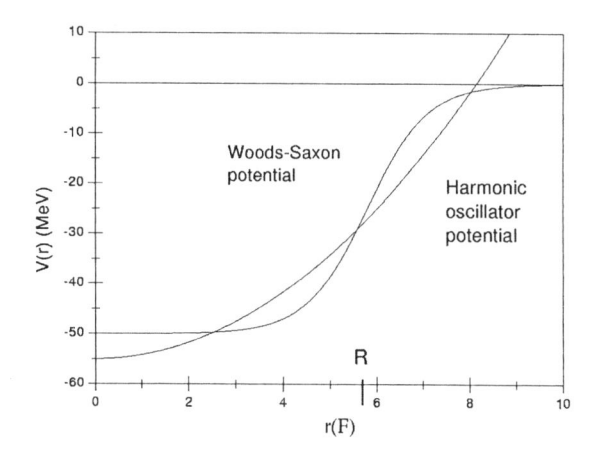

図7.3 Woods-Saxonポテンシャルと調和振動子ポテンシャルの比較 [36].

$$\hat{V} = -v_0 w(r) - v_{\rm so} \frac{r_0^2}{r} \frac{{\rm d}w(r)}{{\rm d}r} \hat{\mathbf{L}} \cdot \hat{\mathbf{S}} + V_{\rm coul}$$

$$w(r) \equiv \left(1 + \exp\frac{r-R}{a}\right)^{-1} \tag{7.15}$$

上式に用いられるパラメーターは，実験的に次のように与えられている [36].

$$v_0 = \left(-51 + 33\frac{N-Z}{A}\right) {\rm MeV}, \quad v_{\rm so} = 0.44 v_0$$

$a = 0.67\,{\rm fm}$ は原子核の外層(スキン)の厚さを表し，原子核半径は $R = r_0 A^{1/3}$ と与えられる ($r_0 = 1.20\,{\rm fm}$). 原子核における殻の構造を図7.2に示す.

Woods-Saxonポテンシャルの中で運動する核子の問題は，調和振動子の問題と似ている (図7.3). ただし調和振動子ポテンシャルと比べて Woods-Saxonポテンシャルは，核子が中心からより離れた原子核表面に近い側に分布した方がエネルギー的に安定する形状であり，このため式(7.14)のような遠心項が相対的に重要となる. そこで，少なくとも束縛された核子に関しては，式(7.15)の代わりに次のように単純化した有効ポテンシャルを採用できる (第6章の問3 ⟨p.120⟩ 参照).

$$\hat{V} = \frac{M_{\rm p}\omega^2}{2}r^2 - c\hat{\mathbf{L}}\cdot\hat{\mathbf{S}} - d\left(\hat{L}^2 - \langle L^2\rangle_N\right) \tag{7.16}$$

ここで $\hbar\omega = 41\,{\rm MeV}\,A^{-1/3}$, $c = 0.13\omega/\hbar$ であり，陽子では $d = 0.038\omega/\hbar$, 中性子では $d = 0.024\omega/\hbar$ とする [36]. $\langle L^2\rangle_N$ は振動子の第N殻におけるL^2の平均

を表す (第6章の問3 〈p.120〉). 各固有状態は量子数の組 $Nljm\tau$ によって識別される. 新たな量子数 τ は陽子と中性子の区別を表し, 中性子では $\tau = 1/2$, 陽子では $\tau = -1/2$ である.

最低エネルギーの殻 ($N = 0$) は4つの核子, すなわち2つの陽子と2つの中性子を収容できて, その閉殻は安定な α 粒子を形成する. 電子の場合と同様に, 閉殻は低エネルギー励起に関与しない. 希ガスに相当する不活性な状態を得るには, 陽子と中性子の数を適正に組み合わせて閉殻を形成する必要がある. このような安定性の高い原子核系の状態は, 以下に挙げる核子数の組合せの下で生じる. $Z = N = 2$; $Z = N = 8$; $Z = N = 20$; $Z = 20$, $N = 28$; $Z = N = 28$; $Z = N = 50$; $Z = 50$, $N = 82$; $Z = 82$, $N = 126$.

中心力場による重原子や原子核の記述は, 水素原子の場合と異なり, せいぜい半定量的な近似に過ぎないことを強調しておく必要がある. 2粒子間相互作用の寄与を1粒子の項によって完全に置き換えることは不可能である. しかし中心力場の近似は, 閉殻に対して余分にひとつの粒子が加わっていたり, 閉殻からひとつだけ粒子が欠如している場合については, 比較的信頼できる結果を与える.

7.4 固体中の電子の運動

7.4.1 電子気体

金属内の電子系に対して適用できる最も単純なモデルは, 金属内部の各電子が互いに独立に自由な運動をしているというモデル (自由電子気体) である. ただし電子が内部から金属表面に近づくと, 結晶格子からの静電的な引力によって外部への逃避は妨げられる. 4.4.1項 〈p.66〉 に示した1次元電子気体に関する結果 (式(4.41)) を, 容易に3次元系へ一般化できる. 波動関数は, 互いに直交する各座標軸方向に関する1次元解の積によって与えられる.

$$\varphi_{n_x, n_y, n_z} = \frac{1}{\sqrt{V}} \left[\mathrm{i}(k_{n_x} x + k_{n_y} y + k_{n_z} z) \right] \tag{7.17}$$

波動関数に対する系の実効的な体積 (周期境界条件を適用する仮想素領域の体積) を $V = a^3$ とする. 許容される3次元平面波の状態が持つ $\mathbf{k}$ の固有値は, $\mathbf{k}$-空間において立方格子を構成し, 隣接する格子点の距離は $2\pi/a$ となる (式(4.40)参照).

$$k_{n_i} = \frac{2\pi}{a} n_i, \quad n_i = 0, \pm 1, \pm 2, \ldots, \quad i = x, y, z \tag{7.18}$$

7.4. 固体中の電子の運動

各格子点によって表される状態が持つエネルギーは，次のように与えられる．

$$\epsilon_k = \frac{\hbar^2 |\mathbf{k}|^2}{2M} \tag{7.19}$$

非常に多数 (ν 個) の電子を含む電子気体の基底状態を構築するには，まず最初に2個 (スピンが上向きと下向き) の電子を $k_x = k_y = k_z = 0$ の1電子状態へ入れる．そこから続けて順次エネルギーの高い ($|\mathbf{k}|$ が大きい) 非占有状態を電子で埋めてゆく．ν 個の電子をすべて投入し終わると，$\mathbf{k}$-空間において，電子を満たした1電子状態 (格子点) が，原点を中心とする大きな球の内部を占めることになる．この球の半径 k_F をFermi波数と呼び，これに対応する $\epsilon_F \equiv \hbar^2 k_F^2 / 2M$ をFermiエネルギー (Fermi準位) と呼ぶ．電子気体の基底状態 (絶対零度の状態) は，このように $|\mathbf{k}| \leq k_F$ のFermi球内部の1電子状態が完全に満たされ，その外部の1電子状態がすべて完全に空いている状態となる．我々は系の体積を大きくした極限に関心があるので，$\mathbf{k}$-空間における各1電子状態の格子点の間隔は非常に狭く，各1電子状態に関する総和を，$\mathbf{k}$-空間における積分に置き換えることが可能である．

$$\sum_k f_k \approx \frac{V}{8\pi^3} \int f_k \, d^3k \tag{7.20}$$

電子気体の性質を特徴づけるパラメーターのひとつとして，Fermi温度 $T_F = \epsilon_F / k_B$ がある．k_B はBoltzmann定数である (表14.1 ⟨p.276⟩)．絶対零度でなくても $T \ll T_F$ ならば，電子気体の状態は $T = 0$ における状態とよく似たものと見なせる．単位体積の系を想定した場合，エネルギーが ϵ 以下の，スピンの区別まで含めた1電子状態数の総和 (すなわち電子数密度) $n(\epsilon)$ と，単位エネルギー幅あたりの状態密度 $\rho(\epsilon)$ は，それぞれ次のように与えられる．

$$n(\epsilon) = \frac{2}{V} \sum_{n_x n_y n_z} \approx \frac{1}{4\pi^3} \int_{k \leq k_\epsilon} d^3k = \frac{k_\epsilon^3}{3\pi^2} = \frac{1}{3\pi^2} \left(\frac{2M\epsilon}{\hbar^2} \right)^{3/2}$$

$$\rho(\epsilon) = \frac{\partial n}{\partial \epsilon} = \frac{1}{\pi^2 \hbar^3} \left(2M^3 \epsilon \right)^{1/2} \tag{7.21}$$

Fermi準位において，これらの量は次のようになる．

$$n_F = \frac{1}{3\pi^2} k_F^3, \quad \rho_F = \frac{3 n_F}{2 \epsilon_F} \tag{7.22}$$

典型的な金属における電子気体の値として Na (単体金属) の数値例を示すと $n_F \approx 2.65 \times 10^{22}$ 個·cm^{-3}, $k_F \approx 0.92 \times 10^8$ cm^{-1}, $\epsilon_F \approx 3.23$ eV, $T_F \approx 3.75 \times 10^4$ K である．

電子気体の熱的な性質について考察してみよう．仮に電子が古典力学に従うと考えるならば，系が絶対零度から有限温度 T になる際に，個々の電子すべてに $k_\mathrm{B} T$ 程度のエネルギーが与えられる．このように想定すると，単位体積の電子気体が持つ熱エネルギーは，

$$u_\mathrm{cl} = n_\mathrm{F} k_\mathrm{B} T \tag{7.23}$$

であり，電子気体の比熱は，温度に依存しない次の定数になるはずである．

$$(C_\mathrm{V})_\mathrm{cl} = \frac{\partial u_\mathrm{cl}}{\partial T} = n_\mathrm{F} k_\mathrm{B} \tag{7.24}$$

しかし実際には Pauli の原理 (排他律) が制約となって，大多数の電子は温度相当のエネルギーの分配に与ることができない．エネルギーを得て励起することが可能な電子は，元のエネルギー ϵ_k が $\epsilon_\mathrm{F} - \epsilon_k < k_\mathrm{B} T$ の範囲内にある Fermi 準位近傍の電子に限られる‡．単位体積の電子気体において，このような電子の数を大まかに見積もると，

$$\rho_\mathrm{F} k_\mathrm{B} T = \frac{3 n_\mathrm{F}}{2} \frac{T}{T_\mathrm{F}} \tag{7.25}$$

であり，単位体積の電子気体が持つ熱エネルギーと比熱は，次のように推定される．

$$u = \rho_\mathrm{F} (k_\mathrm{B} T)^2 \tag{7.26}$$
$$C_\mathrm{V} = 3 n_\mathrm{F} k_\mathrm{B} \frac{T}{T_\mathrm{F}} \tag{7.27}$$

すなわち実際の電子気体の比熱は定数ではなく，温度に (近似的に) 比例する．また古典的に推定した比熱に比べて，室温における実際の比熱は 1/100 程度に過ぎない．

系が熱平衡状態にある場合，エネルギーが ϵ の 1 電子状態が電子によって占有されている確率は Fermi - Dirac 分布関数 $\eta(\epsilon)$ によって与えられる (後出，式(7.55))．この分布関数を用いて単位体積の電子気体が持つ全エネルギーを，式(7.26) よりも正確に表すと，

$$u = \frac{1}{2\pi^2} \int_0^\infty \epsilon \rho(\epsilon) \eta(\epsilon) k^2 \mathrm{d}k \tag{7.28}$$

となる．上式に基づいて得られる比熱は式(7.27) と似た挙動を示す．

---

‡(訳註) これよりエネルギーの低い電子が $k_\mathrm{B} T$ のエネルギーを獲得しようとしても，エネルギーが $\epsilon_k + k_\mathrm{B} T$ の状態が既に電子によって占有されているので，排他律の制約によって，このような励起過程は妨げられる．室温 ($T \approx 300$ K) では $k_\mathrm{B} T \approx 0.026$ eV に過ぎず，これは典型的な金属における Fermi エネルギー (数 eV) より 2 桁小さい．

7.4.2 結晶における電子のエネルギーバンド構造[†]

電子気体モデルによって金属の持つ多くの性質を説明できるが，一般の固体結晶における電気伝導率(導電率)を説明することはできない．導電率は固体の種類によって，絶縁体から導体(金属)まで 10^{30} 倍もの違いを示す．

導体と絶縁体の違いは，4.6節で扱ったエネルギーバンドのモデルを一般化することによって定性的に理解される．周期的に配列したイオン場において1電子の運動を考えると，許容される一連の1電子状態はエネルギー帯(バンド)を形成し，バンドと次のバンドの間には禁制帯が生じる．各バンドは $2N$ 個の状態を含む．N は系に含まれるイオンの数であり，因子2はスピンに因るものである．

Pauliの原理(排他律)によれば，エネルギーの低い方のバンドの低エネルギー側の1粒子状態から順次電子をひとつずつ埋めてゆき，想定される総電子数を投入すると電子系の基底状態が得られる[§]．電子で完全に満たされたバンド(一般には複数)の中で，一番最後に満たされた最もエネルギーの高いバンドを価電子帯 (valence band) と呼ぶ．固体を電場の中に置いても，それが特別に強い電場でない限り，価電子帯に属する電子が加速されることはない．価電子帯内部の電子が加速を受けてエネルギーの異なる他の状態に遷移しようとしても，バンド全体が完全に満たされているために遷移先の状態も既に占有されていて(あるいは遷移先のエネルギーが禁制帯に入ってしまい)，そのような遷移は禁止されるからである．原子や原子核における閉殻構造と同様に，電子を完全に満たした価電子帯は不活性な系を形成しており，固体結晶の熱的・電気的な性質にほとんど寄与を持たない．つまり完全に電子で満たされたバンドだけを持つ固体は絶縁体となる．価電子帯の上端から，その上の空いたバンドの底までのエネルギー間隔(禁制帯幅すなわちバンドギャップ) ΔE が大きいほど，その固体の絶縁性は強い．

他方，電子が入っている最上のバンドが部分的にしか満たされていない場合には，そのバンドに属する電子が外部の電場からエネルギーを吸収する過程も容易に起こり得る．そのようなバンドを伝導帯 (conduction band) と呼ぶ．絶対零度において，部分的に電子の入った伝導帯を持つ固体は導体である．

上記の考察は $T=0$ の場合に完全に正しい．$T=0$ において絶縁体である固体でも，有限温度では各電子が $k_B T$ 程度の熱エネルギーを獲得する可能性がある．温度が充分に高くなると，元々価電子帯に属していた電子の一部が禁制帯を超えて，上のバンド(伝導帯)に入る．そうなると，この固体は半導体 (semiconductor) として振舞う．半導体の導電率は $\exp(-\Delta E/k_B T)$ のように温度に依存する．

---

§(訳註) ここでも前項の自由電子気体モデルと同様に，電子間の相互作用を無視している．

固体結晶の種類による導体(金属), 半導体, 絶縁体の違い¶は, このように Pauli の原理(排他律)の帰結として理解される. もうひとつの帰結として, 半導体において価電子帯の電子がひとつ伝導帯へ励起された際に, 価電子帯にはそこだけ電子の欠落した1電子状態, すなわち正孔(hole)が生じるという事実がある. その後で, 価電子帯に属する別の電子が遷移してその正孔を埋めると, 代わりにその電子が元々占めていた1電子状態から電子が損なわれて, そこに新たに正孔が生じる. 価電子帯に正孔が存在する場合には, このように価電子帯の電子系でも正孔を移動させることによって電流を運ぶことができる. 正孔は電子が欠損した状態を表現したものなので, 正孔を正電荷を運ぶ電流担体(キャリヤ)と見なすことが可能である.

半導体材料は, 外部から刺激を与えたり(電圧印加, 光照射など), 領域を選択した不純物添加(ドーピング)などの処理を施すことよって, その導電性を大きく変更できるという工学的に有用な性質を持つので, 現代産業における電子回路や光学応用の分野で重要な役割を担っている.

7.4.3 結晶格子構造におけるフォノン†

ここまで固体中の各原子(イオン)の位置 $\mathbf{R}_i$ が空間的に固定されており, 結晶格子構造が静的なものであると見なしてきた. 電子質量 M に比べて, イオン質量 M_I は遥かに重いので, このような想定も近似としての妥当性を持つ. しかしここから各イオンの位置に関して小さな動的ゆらぎ $\mathbf{u}_i$ の導入を考えてみよう. i 番目のイオンの位置を $\mathbf{r}_i = \mathbf{R}_i + \mathbf{u}_i$ と表すことにする(Born-Oppenheimer近似(ボルン・オッペンハイマー)). 議論を簡単にするために, 以下に示す仮定を置くことにする.

- N 個のイオンが直線状に間隔 d で配置されている1次元結晶モデルを考える.
- イオン間ポテンシャルに関して2次の項だけを考慮する. 平衡状態を想定するので, ゆらぎに関する1次の項は考えない. 定数の平衡項は省く.
- 互いに最も近い隣接イオン間の相互作用だけを考慮する.

ハミルトニアンは次のように与えられる.

$$\hat{H} = \frac{1}{2M_\mathrm{I}} \sum_i \hat{p}_i^2 + \frac{M_\mathrm{I}\omega^2}{8} \sum_{i,j}(\hat{u}_i - \hat{u}_j)^2 \delta_{i(j\pm 1)}$$

¶(訳註) 半導体と絶縁体に定義上の明確な区別はない. 禁制帯幅(バンドギャップ)が比較的狭い絶縁体を半導体と呼ぶわけである. 代表的な半導体材料の禁制帯幅は $1 \sim 2\,\mathrm{eV}$ 程度である (Si : 1.12 eV, GaAs : 1.43 eV など).

7.4. 固体中の電子の運動

$$= \frac{1}{2M_\mathrm{I}} \sum_i \hat{p}_i^2 + \frac{M_\mathrm{I}\omega^2}{2} \sum_i \hat{u}_i^2 - \frac{M_\mathrm{I}\omega^2}{2} \sum_i \hat{u}_i \hat{u}_{i+1}$$

$$= \hbar\omega \sum_i \left(\hat{a}_i^+ \hat{a}_i + \frac{1}{2} \right) - \frac{\hbar\omega}{4} \sum_i \left(\hat{a}_i^+ + \hat{a}_i \right) \left(\hat{a}_{i+1}^+ + \hat{a}_{i+1} \right) \tag{7.29}$$

生成演算子 $\hat{a}_i^+$ と消滅演算子 $\hat{a}_i$ は，各格子点(サイト) i において式(3.29) のように定義される．生成演算子によって表される変位振動の励起は，各格子点において任意の回数まで施すことが可能なので，この励起はボゾンとして振舞う．イオン間ポテンシャルに現れるパラメーター ω は，各振動子が他の振動子と相互作用によって結合していないときの角振動数と解釈される．

古典物理の場合と同様に，相互に結合した多振動子系に対して 1 次変換を施すことによって，形式的に相互結合のない振動モードを持つ系の形式へ移行することができる．

$$\hat{H} = \sum_k \hbar w_k \left(\hat{\gamma}_k^+ \hat{\gamma}_k + \frac{1}{2} \right)$$

$$\hat{\gamma}_k^+ = \sum_i \left(\lambda_{ki} \hat{a}_i^+ - \mu_{ki} \hat{a}_i \right); \quad \delta_{lk} = \sum_i \left(\lambda_{ki} \lambda_{li}^* - \mu_{ki} \mu_{li}^* \right) \tag{7.30}$$

振動子の相互結合を解消する 1 次変換の手続きについては本節の最後に述べる．変換係数として現れる振幅 λ_{ki}, μ_{ki} と，新たな自由振動モードの角振動数 w_k は次のように与えられる．

$$\lambda_{ki} = \frac{1}{2} \left(\sqrt{\frac{\omega}{w_k N}} + \sqrt{\frac{w_k}{\omega N}} \right) \exp[\mathrm{i} k r_i]$$

$$\mu_{ki} = \frac{1}{2} \left(\sqrt{\frac{\omega}{w_k N}} - \sqrt{\frac{w_k}{\omega N}} \right) \exp[\mathrm{i} k r_i]$$

$$w_k = \frac{1}{\sqrt{2}} \omega k d \tag{7.31}$$

各モードの角振動数 w_k は波数 k に比例している．この 1 次元結晶の両端を円環状に接続させるように周期境界条件を導入すると ($r_{N+1} = r_1$. 4.4.1項 〈p.66〉 参照)，振動モードとして許容される波数が次のように決まる．

$$k = k_n = \frac{2\pi n_k}{Nd}; \quad n_k = 0, \pm 1, \pm 2, \ldots \tag{7.32}$$

したがって有限温度の結晶内部には電子とイオンだけでなく，結晶格子場の振動に対応するエネルギー量子のボゾン，すなわちフォノン (phonon) も存在しているもの

と見なすべきである．式(3.37)および式(3.42)と同様に，フォノンの状態とエネルギーは次のように与えられる[5]．

$$\Psi = \Pi_k \varphi_{n_k} = \Pi_k \frac{1}{\sqrt{n_k!}} \left(\hat{\gamma}_k^+\right)^{n_k} |0\rangle$$

$$E(n_k) = \sum_k \hbar w_k \left(n_k + \frac{1}{2}\right) \tag{7.33}$$

このような格子振動の量子力学的な取扱いによって，固体結晶の多くの性質が説明される．特に固体の比熱に関してフォノンの役割は重要である．振動数が運動量(波数)に比例する $w_k = \alpha k$ という関係は，系を3次元結晶へと一般化した場合においても成立する(固体の音響波の分散関係)．固体が低温の熱平衡状態にあり，分配される熱エネルギー $k_B T$ が充分に少ない場合には，ゼロより大きい振動数(エネルギー)を持つフォノンの占有数は極めて小さくなる．系の体積を V として，熱平衡状態にある固体の単位体積あたりの全フォノンエネルギー u_{phonon} を求めるには，式(7.33)における各モードのフォノン占有数 n_k を，熱平衡のボゾン系が従う Bose - Einstein (ボーズ　アインシュタイン) 分布の式(7.52)に基づく占有数 η_k によって与えた状態を考えればよい．

$$\begin{aligned}
u_{\text{phonon}} &= \frac{\hbar \alpha}{V} \sum_k k \left[\frac{1}{\exp\left(\frac{\hbar \alpha k}{k_B T}\right) - 1} + \frac{1}{2} \right] \\
&\to \frac{\hbar \alpha}{2\pi^2} \int_0^\infty \frac{k^3 dk}{\exp\left(\frac{\hbar \alpha k}{k_B T}\right) - 1} + \frac{\hbar \alpha}{2V} \sum_k k \\
&= \frac{\pi^2 (k_B T)^4}{30 (\hbar \alpha)^3} + \frac{\hbar \alpha}{2V} \sum_k k
\end{aligned} \tag{7.34}$$

したがって固体の比熱に対するフォノンの寄与 $\partial u_{\text{phonon}} / \partial T$ は，室温より充分に低い温度では T^3 に比例する．

多振動子系の相互結合を解消する変換

式(7.30)に示してある自由振動モードへの変換係数 λ_{ki}, μ_{ki} および新たに導入される自由振動モードの角振動数 w_k を得るために，変換後の振動モードの演算子 $\hat{\gamma}_k^+$ が満たすべき自由な調和振動子の式を考える．

---
[5] 7.8節も参照されたい．

7.4. 固体中の電子の運動

$$[\hat{H}, \hat{\gamma}_k^+] = \hbar w_k \hat{\gamma}_k^+ \tag{7.35}$$

上式と式(7.29) の最後の式から，次の関係が得られる．

$$\begin{aligned}
(\hbar\omega - \hbar w_k) &\sum_i \lambda_{ki} \hat{a}_i^+ + (\hbar\omega + \hbar w_k) \sum_k \mu_{ki} \hat{a}_i \\
&= \frac{\hbar\omega}{4} \sum_i (\lambda_{ki} + \mu_{ki}) (\hat{a}_{i-1}^+ + \hat{a}_{i-1} + \hat{a}_{i+1}^+ + \hat{a}_{i+1}) \\
&= \frac{\hbar\omega}{4} \sum_i (\lambda_{k(i+1)} + \mu_{k(i+1)} + \lambda_{k(i-1)} + \mu_{k(i-1)}) (\hat{a}_i^+ + \hat{a}_i)
\end{aligned} \tag{7.36}$$

$\hat{a}_i^+$ および $\hat{a}_i$ はそれぞれ独立なので，式(7.36) の 1 行目と 3 行目において，これらの係数はそれぞれ同じでなければならない．この要請から，2 本の斉次 1 次式の組が N 組与えられる．

$$\begin{aligned}
\lambda_{ki} - \mu_{ki} &= \frac{w_k}{\omega} (\lambda_{ki} + \mu_{ki}) \\
\lambda_{ki} + \mu_{ki} &= -\frac{\omega^2}{2w_k^2} \big(\lambda_{k(i+1)} + \mu_{k(i+1)} + \lambda_{k(i-1)} + \mu_{k(i-1)} \\
&\qquad\qquad\qquad - 2\lambda_{ki} - 2\mu_{ki}\big) \\
&\approx -\frac{\omega^2 d^2}{2w_k^2} \frac{d^2(\lambda_{ki} + \mu_{ki})}{dr_i^2}
\end{aligned} \tag{7.37}$$

後の方の式は，式(7.31) の最後の式の w_k と k の関係の下で，

$$\lambda_{ki} + \mu_{ki} = \mathcal{N} \exp[ikr_i] \tag{7.38}$$

であることを意味する．$\mathcal{N}$ は規格化係数である．式(7.30) の規格化条件と式(7.37) の第 1 式から，式(7.31) に示した振幅が決まる．

　振動子間の相互結合を解消する上記の方法は，多体問題を扱う際の標準的な手続きのひとつである乱雑位相近似 (random-phase approximation) の概念にも繋がるものである．

7.4.4 量子ドット[‡]

　量子ドット (quantum dot) は人工原子とも呼ばれる．これは半導体材料の中に造り込まれた周囲より狭いバンドギャップ ΔE (7.4.2項 ⟨p.137⟩) を持つ半導体[‡]の小さ

[‡](訳註) バンドギャップが狭いということよりも，伝導帯の底の準位が量子ドット内において低いという点が本質である．伝導帯の電子に対して実効的にポテンシャル井戸が形成される．

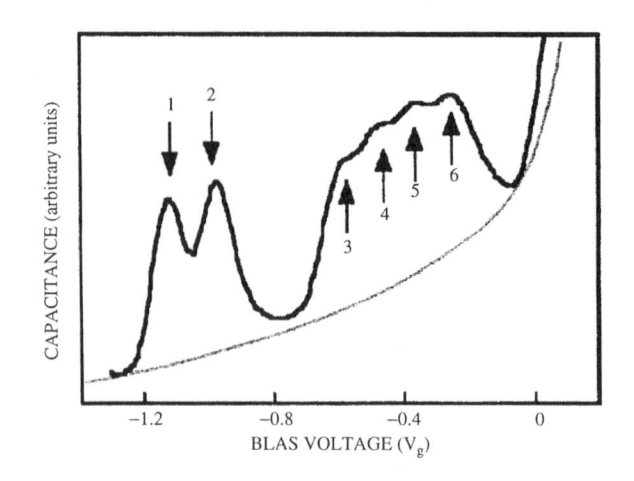

図7.4 量子ドットの静電容量スペクトルから，ドット内電子の各エネルギー準位と電子の占有の様子を見て取ることができる．P. Petroff, A. Lorke and A. Imamoglu, Physics Today **54**, 46 (2001) より許可を得て転載．著作権：2001, American Institute of Physics.

な領域 ($1 \sim 100$ nm 程度．1 nm $= 10^{-9}$ m) のことである．典型的な量子ドットは 10^6 個程度の原子から成る．また量子ドット内の自由電子 (伝導帯電子) の個数を制御することが可能で，ドット内の電子状態は原子のように離散的な鋭いスペクトル線を形成する．しかし原子の準位とは異なり，量子ドット内の準位はドット自体の寸法や自由電子と外部との相互作用から強い影響を受ける．

たとえば GaAs の量子ドットを AlGaAs 絶縁層で挟んだ試料を作製することができる．絶縁層はドットの電子を出し入れするためのトンネル障壁としても利用される．絶縁層の一方をソース電極に接続し，もう一方をドレイン電極に接続して，それぞれに電位を設定する．構造全体を別の金属電極に接続し，バイアス電位を V_g に固定する．

ドット内部の電子に働く力を正確に推定するのは難しい．しかし基本的には 7.3 節のように中心対称な閉じ込めポテンシャルの概念を適用することが可能である．外部からひとつの電子が量子ドット内に入ったり，量子ドットから電子がひとつ出るときにはドットの静電容量が変化し，それを容量の測定から検出することができる．図7.4 に量子ドット容量の電圧 V_g 依存性を示す．量子ドット内の電子がひとつずつ増えていく様子が，一連の極大点によって示されている．最初の 2 個の電子は最もエネルギーの低いスピン縮退した 2 つの状態に入る．次の殻への電子の導入に対応して，等間隔の 4 つの極大点が見られる．これは 2 次元調和振動子系の挙動と一致している

7.4. 固体中の電子の運動

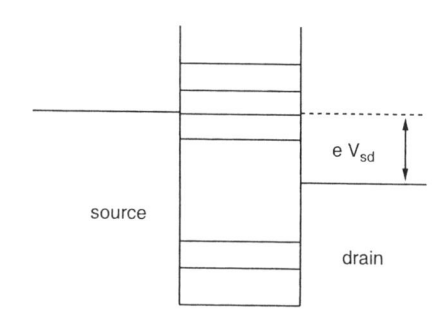

図7.5 量子ドット内部の離散的なエネルギー準位を，V_{sd} を変更しながらトンネル電流スペクトルを取得することによって測定できる．ソースの Fermi 準位が上昇してゆく過程で，新たな離散準位がトンネル電流に関与し始める各電圧において，微分コンダクタンス dI/dV_{sd} にピークが現れる [37]．(訳註：トンネル障壁を省いて図示してあるが，実体としてはソースと量子ドット，ドレインと量子ドットの間に有限の幅の障壁があるものとして見てもらいたい．)

(第 6 章の問 13 ⟨p.121⟩ と式 (7.44) を参照)．xy 面方向に放物線ポテンシャルによる閉じ込めが働いている扁円形領域のモデルを想定することによって，量子ドットの多くの性質を説明することができる．

　量子ドットは有限の寸法を持つ系なので，7.3 節で論じたような電子殻の形成が見られる．量子ドットのエネルギースペクトルを，トンネル電流によって調べることもできる．電圧 V_{sd} を印加すると，ソースの Fermi 準位はドレインの Fermi 準位や量子ドット内に形成されているエネルギー準位に対して，V_{sd} に比例して相対的に上昇する．ソースから量子ドットに流れ込むトンネル電流 I には，ソースの Fermi 準位が量子ドット内のそれぞれの準位を超えるところ (電圧) から，その準位を介した新たな電流成分が加わる．したがって V_{sd} を変えながら dI/dV_{sd} を測定し，その各ピーク位置を調べることによって，量子ドット内の準位が分かる (図 7.5)．

　量子ドット内のエネルギー準位は，GaAs 層に対して垂直に外部磁場を加えると変化を生じる．磁場が極めて強い場合には，量子ドット内部にサイクロトロン周回軌道が形成されて Landau 準位（ランダウ）が現れる (7.6.1 項 ⟨p.148⟩)．

　量子ドットにスピン偏極電流を生成したり検出したりするスピン弁別器（フィルター）の機能を持たせることもできる [38]．そのようなデバイスの一例としては，次のようにスピン状態を電荷状態へ変えて検出する．外部磁場によって量子ドット内のスピン状態の縮退を解いて準位の分裂を起こしておき，さらに Coulomb 斥力の効果も併用する形でほとんど一方 (上向き) のスピン状態を持つ 1 電子だけしか量子ドット内に入れない状況をつくる．印加する磁場の強度を充分に強くして，スピンが上向きの準位と下向

きの準位が温度エネルギー以上に分裂するようにしておく．まずは隣接する電極§の Fermi 準位 ϵ_F を，量子ドット内のスピンが上向きの基底状態よりも低く設定して，量子ドット内部を空にする．それから電極の電位を変更して，ϵ_F を両方のスピン準位の中間の高さにする．そうするとスピンが上向きの電子は電極から量子ドットに入るが，スピンが下向きの電子は量子ドットに入れない．ここで量子ドットの電荷を測れば，スピンが上向きの電子を検出することになる．再度量子ドット内部を空にして，電極から別の電子を導入するという過程を続けることができる．

このようなデバイスは Stern-Gerlach による実験器具の現代版に相当するものであり，近年のスピン制御技術の進展に関わっている．たとえば量子ドット系におけるスピン間結合の電気的制御や，擬1次元量子ドット配列のスピン制御なども研究されている．このようなデバイスは半導体のチップ上に自己充足的に形成できるので (レーザー等の別の光学要素を必要としないので)，電子回路と自然な形で連結させることも比較的容易である．したがって将来の量子情報機器において，この種のデバイスが基本要素となる可能性がある．

もうひとつの応用の方向性として，量子ドットから生じる放射の振動数が，量子ドットの寸法や組成に敏感に依存することの利用が考えられる．この性質により量子ドットは生物分析において伝統的な有機染料を凌ぐ優れた性質を示す．また DVD プレーヤー用の青紫色レーザーにも量子ドットの応用が可能である．

7.5　Bose-Einstein 凝縮†

Einstein は 1924 年に，同種ボゾン系においては，温度 T が絶対零度でなくとも (臨界値 T_c 以下であれば) 1 粒子基底状態が自発的に大多数のボゾンによって占有されるということを理解した¶(7.7 節参照) [39]．そのとき基底状態以外の各々の1粒子状態に入るボゾンの数は，2番目にエネルギーの低い状態も含め，基底状態に入ったボゾン数に比べて相対的に無視し得る水準になる．この現象は Bose-Einstein 凝縮 (B-E 凝縮) と呼ばれる．原子系を閉じ込めて冷却する技術の進展が，この現象を

---

§(訳註) ここでの"電極"の原語は 'reservoir' で，電極内部の電子系も意識する場合にこの語が用いられる．"電子溜め"という訳語を充てる文献もある．

¶(訳註) 同種ボゾンが互いに識別不可能であり，同じ1粒子状態に入りうる個数の制約がないという性質の下で，統計力学における等確率の原理 (熱的孤立系全体が等エネルギーを持つあらゆる状態が等しい確率で許容されるという原理) からこの性質が導かれる．個々の粒子の識別性を認めると (古典的な Maxwell-Boltzmann 分布の想定)，励起状態に粒子が分配される多粒子状態の数が識別性によって相対的に増えるために (すなわち粒子の入換えに関して対称化していない多体波動関数を許容することになるので)，同じ1粒子状態へ入れる粒子数に制約はなくとも，基底状態に集中的に粒子が入る"凝縮"は起こらなくなる．p.155 の訳註も参照．

7.5. Bose-Einstein凝縮[†]

実験的に実現することを可能にした[6]．

Einstein の元々の予言では，ボゾン系を低温に冷却すると，すべてのボゾンが減速して運動量ゼロの状態になり，そのボゾン系は不確定性原理によって空間的に巨視的な拡がりを持つ．しかし実際には如何なる実験においても，何らかの形で対象となるボゾン系を閉じ込める必要がある．アルカリ原子を用いた B-E凝縮実験において閉じ込めに用いられる磁気トラップのポテンシャルは，2次式 (3次元調和振動子ポテンシャル) によって良好に近似される．

$$V_{\text{ext}}(\mathbf{r}) = \frac{M\omega^2}{2} r^2 \tag{7.39}$$

原子間の相互作用を無視できると仮定するならば，ハミルトニアンとして式(6.28) を採用できる．このようにして具体的に，相互作用をしない多数 (ν 個) のボゾンから成る系を考える．自由なボゾン系の基底状態 $\varphi(\mathbf{r}_1, \mathbf{r}_2, \ldots, \mathbf{r}_\nu)$ は，すべてのボゾンを最もエネルギーの低い1粒子状態 $\varphi_0(\mathbf{r})$ に入れることによって得られる．

$$\varphi(\mathbf{r}_1, \ldots, \mathbf{r}_\nu) = \prod_{i=1}^{\nu} \varphi_0(\mathbf{r}_i), \quad \varphi_0(\mathbf{r}) = \left(\frac{M\omega}{\pi\hbar}\right)^{3/4} \exp\left(-r^2/2x_c^2\right) \tag{7.40}$$

粒子密度の空間分布は $\rho(\mathbf{r}) = \nu|\varphi_0(\mathbf{r})|^2$ と与えられる．この値は ν の増加に伴って増えるが，密度の雲の寸法 (拡がり) は ν には依存せず，調和振動子ポテンシャルの特性距離 $x_c = \sqrt{\hbar/M\omega}$ (式(3.28)) から決まっている．アルカリ原子を用いた現在の実験では，典型的に $x_c \approx 1\,\mu\text{m}$ 程度である．

B-E凝縮をしていない，臨界温度よりも高温のボゾン系では，各ボゾンが熱的な擾乱を受けて基底状態以外の1粒子状態 (励起状態) にも多くのボゾンが分布している．$k_\text{B} T \gg \hbar\omega$ を仮定すると，密度の空間的な拡がりを粗く見積ることが可能である．この極限では，ボゾンが古典的なMaxwell-Boltzmann分布に従うものと考えてよい．

$$n(\mathbf{r}) = \exp\left(-\frac{M\omega^2 r^2}{2k_\text{B} T}\right) \tag{7.41}$$

これによれば，非凝縮状態にあるボゾン系は，B-E凝縮状態の空間分布を特徴づける特性距離よりも遥かに大きく拡がっている．

$$\sqrt{\frac{k_\text{B} T}{M\omega^2}} = x_c \sqrt{\frac{k_\text{B} T}{\hbar\omega}} \gg x_c \tag{7.42}$$

---

[6]この節は文献 [40] を参考にした．Einstein 自身は H_2 と He^4 を B-E凝縮を起こす候補として提示した．1938になって He^4 が 2.4 K において示す超流動転移が B-E凝縮の現象と解釈されたが，大きな残留相互作用の存在によって，この単純な解釈の信頼性は損なわれている．

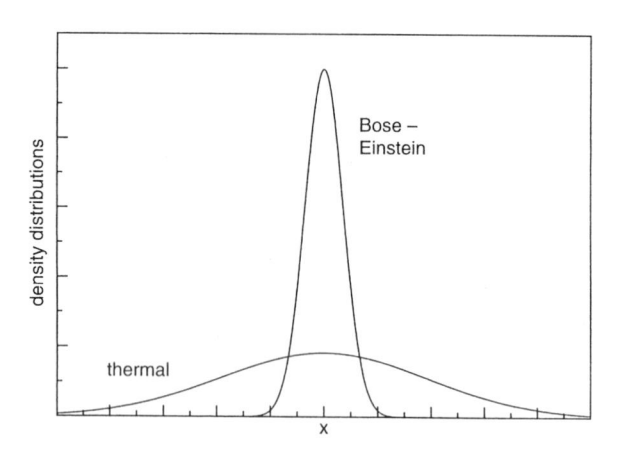

[density distributions のグラフ: Bose–Einstein の鋭いピークと thermal の広い分布を比較]

図7.6 閉じ込められたボゾン系の密度の空間分布を，凝縮状態と(古典統計力学的な)非凝縮状態について比較した図．

したがって調和振動子ポテンシャルによって閉じ込められたボゾン系に Bose-Einstein 凝縮が起こると，空間的な密度分布において，中央の狭い領域に鋭いピークが現れる．球対称ポテンシャルで閉じ込めた相互作用を持たない 5,000 個のボゾンから成る系の空間分布の様子を図7.6 に示してある．凝縮状態の分布曲線は $T = 0.9T_c$ の例を示してあるが (T_c は臨界温度．以下の記述を参照)，中央部に凝縮した狭いピークを形成している．非凝縮状態の拡がりを持つ分布も図中に併せて示してある．凝縮系では運動量分布も Gauss 分布となり，その分布の幅は $\hbar/x_c$ である (式(3.46))．温度が充分に高い非凝縮系における運動量分布の拡がりは，これより遥かに広く $(k_B T)^{1/2}$ 程度となる．両者の運動量分布の比較にも図7.6 と同じ曲線を，単位を適正に置き換えるだけでそのまま用いることができる．

1995 年に磁気トラップに閉じ込めたルビジウム (Rb) 原子系をレーザー冷却と蒸発によって，マイクロケルビン以下の極低温領域まで冷やす実験が行われた [41]．そして原子系を閉じ込めている磁場を瞬時に無くして原子を飛散させ，様々な時間遅延をおいて原子分布雲の写真を撮影することにより，原子の運動量分布が調べられた．温度を低下させてゆくと Maxwell-Boltzmann 分布による通常の Gauss 分布から，基底状態への B-E 凝縮に伴って鋭いピークが現れてくる様子が見いだされた．

磁気トラップによる閉じ込めポテンシャルを，ある軸のまわりに対称な回転楕円構造にして，短軸方向の平均運動量を他の長軸方向の倍にすることもできる (調和振動子に関する式(3.46) を参照)．これに対して古典的な気体における運動量分布は，全

体として気体の流れがない限り必ず等方的である.

臨界温度 T_c の計算には統計力学の概念を必要とするが,それはここでの議論の範囲外の事項である.実験から得られた温度と凝縮比率の関係は,次のような熱力学的極限の式に近い挙動を示している [41].

$$\frac{T}{T_c} = 1 - \left(\frac{\nu_0}{\nu}\right)^{1/3}$$

ν_0 は基底状態を占有するボゾンの数を表す.40,000個のボゾンから成る系の臨界温度は約 3×10^{-7} K である.

最初に行われたアルカリ原子系の Bose-Einstein 凝縮実験は,約 2,000 個の原子を凝縮させるものであった.現在では数百万個の原子を凝縮させることも可能である.

アルカリ原子系の Bose-Einstein 凝縮は,構成粒子間の相互作用が関与しない相転移であって,純粋に量子力学的な相転移が見られる唯一の実例となっている.現在この分野の研究は非常に活発に進められている.集団運動,凝縮系の運動の減衰,光との相互作用,衝突特性,残留相互作用の影響などが,理論的にも実験的にも精力的に研究されつつある.

7.6　量子Hall効果[†]

平面状の導電試料を作製して,試料面が磁場と直交するように,一様な静磁場の中に試料を設置する.その試料の両端に電圧 V_L を印加して,試料に電流 I を流す.電流に対して縦方向の抵抗は $R_L = V_L/I$ と与えられる.垂直磁場によるLorentz力の影響で,電子は電流に対して側方へ力を受けて試料の片側の縁に多く蓄積し,その結果,横方向にも測定可能な電位差 V_H ——Hall電圧——が生じる (Hall効果).$R_H = V_H/I$ は Hall抵抗と呼ばれ,通常は外部磁場の強度に比例する.

しかし Klaus von Klitzing は 1980年に,平面試料[‡]を 1 K 以下の低温にして強磁場を印加すると,Hall抵抗の磁場依存特性において一連の平坦な部分,すなわち Hall抵抗が磁場に対して変化しない磁場強度の区間がいくつも存在することを発見した [42].このような Hall測定の結果を,Hall抵抗の逆数を量子抵抗 h/e^2 で無次元化した $h/e^2 R_H$ と,電子面密度 n と磁場強度に反比例する磁気的特性面積 (7.47) の積の関係という形で図7.7に示す.

[‡](訳註) 実際の実験では単純な平面試料ではなく,半導体の電界効果トランジスタ構造を持つ試料のチャネル層を2次元電子系として利用する.

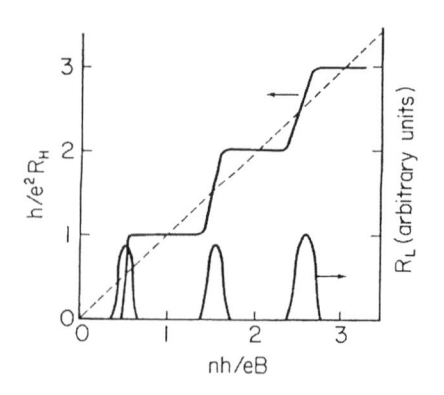

図7.7 整数量子Hall効果を示す試料では,外部磁場の強度を変えてゆくと,Hall抵抗 (Hall伝導度) に複数の平坦部が表れる. Hall抵抗の平坦部が現れると縦方向抵抗は消失する [44]. (Springer-Verlag の許可を得て転載.)

図中に同時に測定した縦方向抵抗も併せて示してある. Hall抵抗が一定の領域では,縦方向抵抗がほとんど消失している. Hall抵抗は $R_H = h/e^2\nu$ と表される (図7.7). e は電子の電荷, ν はここでは整数を表すが, このように表した Hall抵抗の実験値との整合精度は 10^{-6} と驚異的に高い. この現象は面状試料の形や製法,導電材料の種類に依存しない普遍的なもので, 整数量子Hall効果と呼ばれている.

1982年に Daniel Tsui (ツイ), Horst Störmer (シュテルマー), Arthur Gossard (ゴサード) の 3 人は, これとは別に ν が特別の分数値 (1/3, 2/5, 3/7) になるところで新たに Hall抵抗の平坦部 (プラトー) を発見した [43]. これは分数量子Hall効果と呼ばれる.

7.6.1 整数量子Hall効果[†]

一様な磁場に対して垂直に設置した導電面内で電子が運動する状況を考えよう[7]. 議論を簡単にするために 2 次元極座標 (ρ, ϕ) を導入し, 磁場を扱うために対称ゲージ $A_x = yB/2$, $A_y = -xB/2$ を選択する. 自由粒子ハミルトニアンにおける電子の運動量 $\hat{\mathbf{p}}$ を, 磁場中の動的運動量 $\hat{\mathbf{p}} - e\mathbf{A}$ に置き換えると[§], 次のハミルトニアン

---

[7] 本項の内容は, 主に文献 [45] に基づく. (以下訳註) 整数量子Hall効果は現象としては明確だが, 理論的には多様な解釈の方法がある. 本項の議論は十全なものではなく, 極めて限定的なひとつの見方を提示しているに過ぎない.

[§] (訳註) 解析力学で静的な電磁場中の荷電粒子の運動を扱う場合には, 電場と磁場の効果を両方含んだ粒子の位置と速度 $\mathbf{v}$ に依存する一般化ポテンシャルが $\Phi = e\phi - e\mathbf{v}\cdot\mathbf{A}$ と与えられ (ϕ は電位ポテンシャル場), Lagrange関数が $L = T - \Phi$ (T は運動エネルギー), 正準運動量は

7.6. 量子Hall効果†

が得られる.

$$\hat{H} = \frac{1}{2M}\hat{\mathbf{p}}^2 + \frac{e^2B^2}{8M}\rho^2 + \frac{\mu_B B}{\hbar}\left(\hat{L}_z + 2\hat{S}_z\right) \tag{7.43}$$

式(7.43)の最初の2つの項は2次元調和振動子のハミルトニアンの形をしている. 2次元調和振動子のエネルギー固有値と固有状態は, 以下のように与えられる (第6章の問13 〈p.121〉を参照).

$$\begin{aligned}
&E_n = \hbar\omega(n+1) \\
&\Psi_{nm_l}(\rho,\phi) = R_{n_\rho m_l}(u)\varphi_{m_l}(\phi) \\
&R_{n_\rho m_l}(u) = N_{nm_l}\exp\left(-u^2/2\right)u^{m_l}f_{n_\rho m_l}(u^2) \\
&\varphi_{m_l}(\phi) = \frac{1}{\sqrt{2\pi}}\exp(im_l\phi) \\
&n = 0,1,2,\ldots, \quad m_l = n, n-2, \ldots, -n, \quad n_\rho = \frac{1}{2}(n-m_l) \\
&\rho = \sqrt{x^2+y^2}, \quad \phi = \tan^{-1}\frac{y}{x}, \quad u = \frac{\rho}{x_c}, \quad x_c = \sqrt{\hbar/M\omega}
\end{aligned} \tag{7.44}$$

式(7.43)の初めの2つの項から, 固有角振動数が決まる.

$$\omega = -\frac{eB}{2M} = \frac{\mu_B B}{\hbar} \tag{7.45}$$

$\hat{L}_z$ の項は動的運動量を自乗する際の $\hat{\mathbf{p}}$ と $e\hat{\mathbf{A}}$ の積から生じる. $\hat{S}_z$ の項は式(5.25)による. n を1増やすことに伴うエネルギーの増加は, 軌道角運動量の量子数を1減らすことによって相殺されるので, 縮退した状態の組が離散的に現れる. この離散準位をLandau準位(ランダウ)と呼ぶ. 最もエネルギーの低いLandau準位は動径方向に節点(ノード)のない状態から成り, $m_l = -n$ である. この状態ではスピン項 $(S_z = -\hbar/2)$ が調和振動子のゼロ点エネルギーを正確に打ち消すので, エネルギー準位はゼロになる.

電子が逃避しないように, 問題の対称性を破らないような動径方向の閉じ込めポテンシャルを便宜的に加える. 最低エネルギーを持つ第1 Landau準位における状態がすべて占有されていると仮定し, 最低の角運動量 $-|M_l|$ の電子を含んでいるものとしよう[8]. このとき密度の期待値は,

$$\sum_{n=0}^{|M_l|}\left|\varphi_{n(-n)}\right|^2 = \frac{2}{x_c^2}\exp\left(-u^2\right)\sum_{n=0}^{|M_l|}\frac{1}{n!}u^{2n} \tag{7.46}$$

---

† $\mathbf{p} = \partial L/\partial \mathbf{v} = M\mathbf{v} + e\mathbf{A}$ と定義される. 速度に比例する動的運動量は正準運動量 $\mathbf{p}$ ではなく $\mathbf{p} - e\mathbf{A}$ となる. Hamilton関数は $H = \mathbf{p}\cdot\mathbf{v} - L$ と定義される. 本書の e は符号までを含めた粒子の電荷を表し, 電子を扱う場合は $e = -|e| \approx -1.602\times 10^{-19}$ C と置く.

[8] $|M_l|+1$ 個の電子が第1 Landau準位を占めている状態を表すSlater行列式は, 式(7.49)によって与えられる.

と表される.これは $u \equiv \rho/x_c \ll \sqrt{|M_l|}$ においてほとんど一定であり，$u \to \sqrt{|M_l|}$ のところで急速にゼロになる.これは量子Hall状態の非圧縮性を表す.圧縮を起こすには一部の電子を高いLandau準位へ移す必要がある.

この問題を特徴づけている面積は，

$$\pi x_c^2 = \frac{\hbar \pi}{M\omega} = \frac{h}{|e|B} \tag{7.47}$$

である.電子面密度と磁場強度は，このようにPlanck(プランク)定数と電子の電荷だけを通じて関係する.

しかしながら現実の試料には不純物が含まれており，その影響でそれぞれのLandau準位が拡がって，エネルギーバンド(Landauバンド)を形成している.Landauバンドに属する状態は2通りに大別される.バンドの上端と下端に近いエネルギー領域における状態は局在状態となり[9]，バンド中央部付近の状態は試料内部で広範囲に拡がった状態を形成する.後者のみにおいて電流を担うことが可能である.

極低温ではFermi準位以下の状態だけが電子に占有されている.Fermi準位が，あるLandauバンドの上端近くの局在領域(上端サブバンド)にあるものと仮定してみよう.外部磁場を徐々に強くしながら，Hall電圧が一定を保つように電流を調整する.単位面積あたりの電子の状態数は磁場強度に比例するので(式(7.47)参照)，各Landauバンド内の準位数も磁場に比例して増加する.

新たな状態の多くがFermi準位の下にも生じるので，高エネルギー側の局在状態から電子が落ちてきて，その新しい準位を占有する.その結果Fermi準位は低下するが[¶]，局在状態から成る上端サブバンドの範囲内でFermi準位が低下するのであれば，中央サブバンドの拡がった状態はすべて満たされた状態を維持する.したがって電流量は一定を保ち[‡]，Hall抵抗も一定となる.

次に，拡がった状態から成る中央サブバンドの中をFermi準位が低下する状況になると，電流に寄与している電子が占有する拡がった状態が徐々に空いてゆくことになる.したがって電流量が低下し，Hall抵抗は増加する.

[9)] 低い(高い)エネルギーの局在状態は，正電荷が過剰な(不足した)不純物原子の周囲に形成される.

[¶] (訳註) 磁場を強くすると，各Landau準位は磁場強度に比例して上昇するという効果もあるので(式(7.44)-(7.45)参照)，Fermi準位はLandauバンドとの相対関係において低下するが，Fermiエネルギーの絶対値が低下するわけではない.

[‡] (訳註) つまり中央サブバンドは(そしてLandauバンド自体も)完全に満たされた状態でも2次元伝導系として電流を担うという扱い方になり，この点で連続並進対称性を持たない結晶場起因のエネルギーバンドとは性質が異なる.すぐ後に言及されるように，完全に満たされたサブバンド内に散逸の伴わない電流も生じ得る.

7.6. 量子Hall効果[†]

更に磁場を強めていくと，中央サブバンドがすべて空いた状況になって，Fermi準位は局在状態から成る下端サブバンドに入る．Fermi準位の下にひとつ以上の電子に満たされたLandauバンドがあれば，そのバンド中央部の拡がった状態が一定の電流を担うことができる．しかしひとつのLandauバンドにおける拡がった状態が完全に空いたために，電子で満たされた拡がったサブバンド数はひとつ減っており，Hall抵抗は前の平坦部の値よりも高くなる．電流は電子で満たされた拡がったサブバンドの数に比例し，それぞれの平坦部では整数個の拡がったサブバンドが電流に寄与している．

量子Hall効果における第2の驚くべき特徴は，Hall抵抗の平坦部において，縦方向の電流に関する抵抗が消失することである．電力の散逸が起こるためには，電子がエネルギーの低い状態へ遷移して，余分のエネルギーが格子の振動や熱の形に変換される必要があることを思い出してもらいたい．

まず2つの平坦部の間の境界領域について考察しよう．試料に電流を流すために電圧が印加されているならば，Fermiエネルギーは電流方向に傾斜しており，試料の両端の電流端子におけるFermi準位の差が印加電圧に等しい．傾斜したFermi準位が拡がった状態から成る中央サブバンド内にあるならば，ある位置においてFermi準位にある電子が同じエネルギーを保持したままFermi準位とエネルギーの隔たった位置まで移動し，そこでエネルギーの低い準位へ遷移してエネルギーの散逸を起こすことができる．このような状況では試料に電気抵抗が見られる．

他方，Fermiエネルギーが局在状態から成るサブバンド内にある場合，Fermi準位における電子は局在状態自体の寸法よりも隔たった別の位置にある低いエネルギーの局在状態へ自発的に遷移することができない．したがってエネルギーの散逸は起こらない．

このモデルにおいて，局在状態から成る各Landauバンド内の上端・下端サブバンドは，有限の磁場強度範囲において電子を捕獲・保持する媒体のように作用しており，これによって拡がった状態から成る中央サブバンドが完全に空であるか，もしくは完全に満たされている状況が成立する．局在状態のサブバンドが存在しなければ(Landauバンド内の全状態が拡がった状態であれば)，一定のHall電圧が保持される平坦部は，ほとんど消失してしまうはずである．

このように，それぞれ独立な電子が静電場と静磁場の中を運動する比較的単純なモデルに基づいて，整数量子Hall効果の主要な特徴を説明することが可能である．このモデルによる議論には，固体において導体と絶縁体の存在を説明するバンド構造の議論 (7.4.2項 〈p.137〉) といくらか共通する側面もある．

整数量子Hall効果は，極めて正確な抵抗標準を得る手段として利用できるのみな

らず,基礎物理定数 (e^2/h) をそれ以前の手法よりも遥かに正確に決定する方法としての意義も持っている.

7.6.2 分数量子Hall効果[†]

分数量子Hall効果はLandauバンドが部分的に満たされた場合だけに見られる.たとえば最低エネルギーを持つLandauバンドのほぼ $1/3$ が電子で満たされたときに,Hall抵抗の平坦部が現れる.この場合のHall伝導度は e^2/h の $1/3$ 倍になる.

整数量子Hall効果の考察に利用した独立な自由電子系のモデルは,Landau準位が部分的に満たされた状況において,特別な安定性を示すことはない.分数量子Hall効果を説明するには,電子間の相互作用を考慮する必要がある(開殻を扱う場合と同様である).

ひとつのLandauバンドの中で運動している全電子系の波動関数として,Slater行列式を利用した次の表現が有用である.

$$\Psi = \left(\frac{\sqrt{2}}{x_c}\right)^{M_l+1} \frac{1}{\sqrt{(M_l+1)!}} \left(\prod_{n=0}^{M_l} \frac{1}{\sqrt{n!}}\right) \Phi(1, 2, \ldots, M_l+1) \tag{7.48}$$

$$\Phi = \exp\left(-\frac{1}{2}\sum_{i=1}^{M_l+1}|z_i|^2\right) \begin{vmatrix} 1 & 1 & \cdots & 1 \\ z_1 & z_2 & \cdots & z_{M_l+1} \\ z_1^2 & z_2^2 & \cdots & z_{M_l+1}^2 \\ \vdots & \vdots & \ddots & \vdots \\ z_1^{M_l} & z_2^{M_l} & \cdots & z_{M_l+1}^{M_l} \end{vmatrix}$$

$$= \exp\left(-\frac{1}{2}\sum_{i=1}^{M_l+1}|z_i|^2\right) \prod_{i>j=0}^{i>j=M_l-1}(z_i - z_j) \tag{7.49}$$

ここで用いられている引数は $z \equiv u\exp(-i\phi)$ と定義される[§].

1983年にRobert Laughlin(ラフリン)は,上記の波動関数を次のように修正することを考えた [47].

[§](訳註) z は2次元座標を複素数で表現した座標変数であって,xy面を複素 z 平面に対応させたものと考えればよい.この変数の導入によって,2次元面内で原点のまわりの角運動量が確定した状態を扱いやすくなる.

$$\Phi_\nu = \exp\left(-\frac{1}{2}\sum_{i=1}^{M_l+1}|z_i|^2\right)\prod_{i>j=0}^{i>j=M_l-1}(z_i-z_j)^\nu \tag{7.50}$$

この多体波動関数は,電子間斥力を短距離力の極限とした電子系のモデルにおける正確な基底状態を表している.指数 ν はひとつの Landau バンドを構成する全 1 粒子状態の中で電子に占有されている状態の割合である. ν が 1/3, 1/5, 1/7, 2/3, 4/5, 6/7 のときに,この波動関数で表される状態は安定となる. Pauli の原理を満たすために占有率 ν の分母は奇数でなければならない.局在状態と拡がった状態に関する機構も考察する必要があるが,ここではこれらの概念が独立な電子ではなく,分数電荷を持つエニオン (anyon) と呼ばれる準粒子 (quasi-particle) に適用されることになる.エニオンに関する話題は,本書で扱う範囲外の事項に属する.

7.7 量子統計[†]

多粒子系の状態を数える際に,各粒子が識別可能であるか否か,また後者の場合にはボゾンかフェルミオンかによって違いが生じることは,既に 7.1 節の 2 粒子問題において実例を見ている. 3 粒子を 3 つの 1 粒子状態へ分配する場合に, 3 体状態として可能な状態数を数えるにあたり,次のような場合分けを考える必要がある.

(a) Slater 行列式(7.11) によって与えられる,粒子の入れ換えに関して反対称な 3 体状態.ひと通りだけある.

(b) 10 通りの対称な 3 体状態.
   ($\varphi_a^{(3)}$ が 3 つ, $\varphi_a^{(2)}\varphi_b^{(1)}$ が 6 つ, $\varphi_a^{(1)}\varphi_b^{(1)}\varphi_c^{(1)}$ がひとつ.式(7.9) 参照.)

(c) 対称・反対称の制約を課さない $3^3 = 27$ 通り[¶]の 3 体状態.

許容される多粒子状態の想定が異なっていれば,有限温度の熱平衡状態においてエネルギー ϵ における 1 粒子状態が占有される確率 $n(\epsilon)$ にも違いが生じる.まずは,次のように仮定を置いてみる.

1. 熱平衡状態において,一定数の粒子が全体として同じエネルギーを持つあらゆる可能性を等しく認める.熱平衡状態として実現される粒子のエネルギー分布は,粒子数が充分に多いという想定によって,事実上,分布として最も可能性の高い形に帰着する.

[¶](訳註) 原書では (c) において, (a)(b) の自由度を除いて 16 通りとしてあるが,これは具体的な系の状態の数え方としては極めて把握しにくい概念である.訳者の裁量で,本節のこの点に関する部分の記述を修正した.

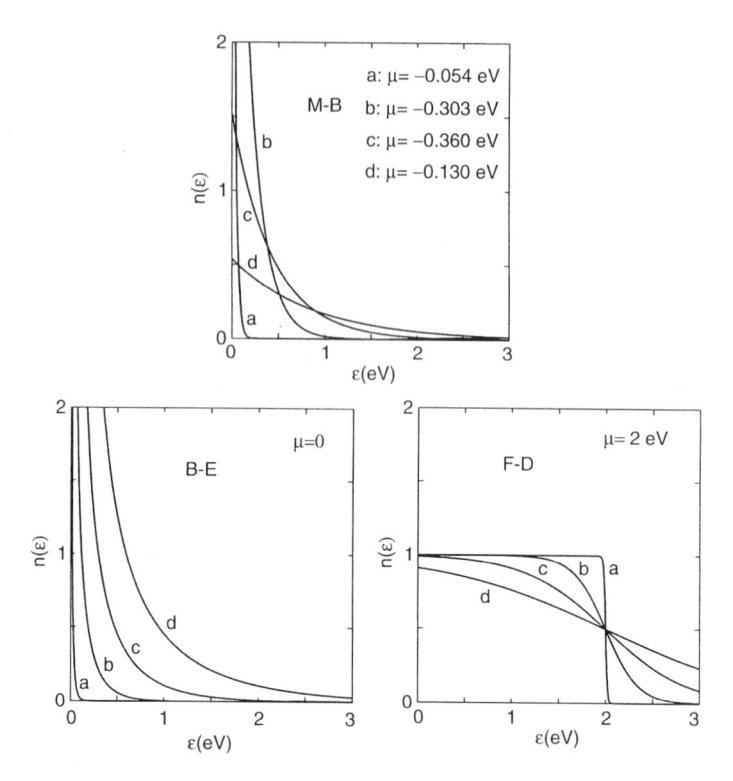

図7.8 Maxwell-Boltzmann (M-B) 分布，Bose-Einstein (B-E) 分布，および Fermi-Dirac (F-D) 分布．$n(\epsilon)$ は系が熱平衡状態にある場合に，エネルギーが ϵ の 1 粒子状態に入っている粒子数の期待値を表す．(a) $T = 300$ K, (b) $T = 1,000$ K, (c) $T = 5,000$ K, (d) $T = 10,000$ K.

2. 同種粒子によって構成されている多粒子系を対象とする．

3. 各粒子は識別可能である．

4. どの1粒子状態にも，粒子が入り得る数に制約はない．

これらの仮定の下では，系の可能な状態を (c) とすることで，古典的なMaxwell-Boltzmann分布が導出される (図7.8 の M-B)．

$$\eta(\epsilon) = \exp\left(-\frac{\epsilon - \mu}{k_B T}\right) \tag{7.51}$$

7.7. 量子統計[†]

μ は系が含む粒子数を決めるための定数である.調和振動子系のエネルギー量子に関して上記の古典近似を採用するならば $\mu = -k_\mathrm{B}T \log k_\mathrm{B}T$ である.

複数の粒子が同じ 1 粒子状態に入る可能性が極めて少なく,識別性の有無が問題にならないような状況下では,量子力学でも近似として M-B 分布を適用できる.このような状況にはない一般の場合では,上記の仮定 3 を除外して,系の可能な状態として (b) を採用することにより Bose - Einstein 分布が得られる (図7.8 の B-E).この分布はボゾン系に適用される [48].

$$\eta(\epsilon) = \left[\exp\left(\frac{\epsilon - \mu}{k_\mathrm{B}T}\right) - 1\right]^{-1} \tag{7.52}$$

エネルギー準位 ϵ を 1 粒子の基底エネルギーに選ぶと,基底状態の占有数が次のように与えられる[‡].

$$\eta(0) = \left[\exp\left(-\frac{\mu}{k_\mathrm{B}T}\right) - 1\right]^{-1} \tag{7.53}$$

$T \to 0$ の極限では基底状態の占有数が,全ボゾン数 N に等しくなる.

$$\lim_{T\to 0}\eta(0) = \lim_{T\to 0}\left(1 - \frac{\mu}{k_\mathrm{B}T} + \cdots - 1\right)^{-1} \approx -\frac{k_\mathrm{B}T}{\mu} \approx N \tag{7.54}$$

$$\mu = -\frac{k_\mathrm{B}T}{N}$$

ボゾン系では,基底エネルギー以上の全 1 粒子状態の占有数が非負であるという要請から,定数 μ が必ず基底エネルギーよりも低い値を取る.図7.8 に示した B-E 分布特性では $k_\mathrm{B}T \ll N$ と仮定してある.

さらに仮定 4 を変更して,各状態の占有数が 0 か 1 だけに限定されるものとすると,系の可能な状態として (a) を選ぶことにより,Fermi - Dirac 分布関数が導かれる (図7.8 の F-D) [49,50].

$$\eta(\epsilon) = \left[\exp\left(\frac{\epsilon - \mu}{k_\mathrm{B}T}\right) + 1\right]^{-1} \tag{7.55}$$

[‡](訳註) 粒子数が確定しているボゾン系が臨界温度以下になると,μ を調整しても ($\mu \to 0_-$) 式(7.52) から算出される $0 < \epsilon < \infty$ の範囲の総占有数が系の粒子数に到達しなくなる.そこで基底状態 $\epsilon = 0$ における占有数が特異的に大きくなって残りの粒子を収容し,系全体の粒子数に関して辻褄を合わせることになる.Bose凝縮を起こしたボゾン系では,B-E分布の式(7.52) から直接に式(7.53) のように基底状態の占有数を算出できない.これが統計力学的な有限温度における Bose凝縮の解釈である.

電子気体の場合, $T \approx 0$ ではパラメーター μ を Fermi エネルギー ϵ_F によって近似できる (7.4.1項 〈p.134〉). したがって金属 Na の電子系では $\mu \approx 3.23\,\mathrm{eV}$ である[§].

Fermi-Dirac 分布関数は, 低温では段差関数に近い形を持ち, 温度による違いは $\epsilon = \mu$ 付近の $k_B T$ の数倍以内の範囲だけに現れる. このことによりフェルミオン系の諸量を求めるための被積分関数 $g(\epsilon)\eta(\epsilon)$ を μ の近傍で展開することが許される. $g(\epsilon)$ はエネルギー状態密度のように 1 粒子エネルギーに依存する一般の関数を表す. 展開式の 1 次項までを採用するいわゆる Sommerfeld 展開は次のようになる.

$$\int_{-\infty}^{\infty} g(\epsilon)\eta(\epsilon)\,\mathrm{d}\epsilon = \int_{-\infty}^{\infty} g(\epsilon)\,\mathrm{d}\epsilon + \frac{\pi^2}{6}(k_B T)^2 \left.\frac{\mathrm{d}g}{\mathrm{d}\epsilon}\right|_{\epsilon=\mu} + \mathcal{O}\left(\frac{k_B T}{\mu}\right)^4 \quad (7.56)$$

$(\epsilon - \mu)/k_B T \gg 1$ において, 3 通りの分布は互いに一致する.

7.8 占有数表示 (第二量子化)[†]

調和振動子における固有状態を表す式 (3.37) を, そのまま ν 個の仮想振動子を含む系[¶]へと一般化することができる. 系の固有状態と固有値は, 次のように与えられる (式 (7.1) 参照).

$$\varphi_{n_1,n_2,\ldots,n_\nu} = \prod_{p=1}^{\nu} \frac{1}{\sqrt{n_p!}} \left(\hat{a}_p^+\right)^{n_p} \varphi_0, \quad \hat{a}_p \varphi_0 = 0$$

$$E_{n_1,n_2,\ldots,n_\nu} = \sum_{p=1}^{\nu} E_p n_p \quad (7.57)$$

n_p は演算子 $\hat{n}_p = \hat{a}_p^+ \hat{a}_p$ の固有値である ($n_p = 0, 1, 2, \ldots$). 基底状態のエネルギー ($\sum_p E_p(+1/2)$) は定数と見なせるので, 省くことにする.

異なる添字を持つ生成演算子や消滅演算子は互いに交換可能である.

$$\left[\hat{a}_p, \hat{a}_q\right] = \left[\hat{a}_p^+, \hat{a}_q^+\right] = 0, \quad \left[\hat{a}_p, \hat{a}_q^+\right] = \delta_{pq} \quad (7.58)$$

p 番目の仮想振動子を占有している n_p 個のエネルギー量子は互いに識別不可能であり, これをボゾンと見なすことが可能である. したがって上記の $\varphi_{n_1,n_2,\ldots,n_\nu}$ はボゾ

[§] (訳註) 原著者は Fermi エネルギーが絶対零度で定義されるものと見なしているが, 通常の文献では温度に依存するパラメーターとして任意の温度で Fermi エネルギーを定義してあるので $\epsilon_F(T) = \mu(T)$ である. 一般に状態密度はエネルギーに対して一定ではないために, 全粒子数が決まっているフェルミオン系における μ は温度に依存する (問14 〈p.161〉). μ は "化学ポテンシャル" とも呼ばれる.

[¶] (訳註) 第 p 振動子が, 1 粒子の状態を表す第 p 基本状態 φ_p に対応していると考える. 各振動子の固有振動数 ($\omega_p = E_p/\hbar$) は一般にそれぞれ異なる.

7.8. 占有数表示 (第二量子化)[†]

ン系の状態を表す式(7.10) の別の表現として捉えることができる．ボゾン系の状態ベクトルとして式(7.57) を構築することは，対称化演算子 $\hat{S}$ (式(7.8)) を用いた波動関数の構築よりも遥かに簡便である．このような占有数表示の例は，結晶格子におけるフォノン系 (7.4.3項 ⟨p.138⟩) や，輻射場 (動的な電磁場) の量子化 (9.5.2項 ⟨p.196⟩) において見られる．

多体系における 1 体演算子は，本章の冒頭で示した配位空間内の表記法に従うと，各粒子の変数に関する個別の項の総和 $\hat{Q} = \sum_i \hat{Q}_{\text{1-body}}(i)$ として表現される．これを占有数表示を扱う第二量子化[‡]の形式に移行させるために $\hat{Q} = \sum_{qp} c_{qp} \hat{a}_q^+ \hat{a}_p$ という形を考えてみると，たとえば次のようになる．

$$
\begin{aligned}
&\langle n_1, n_2, \ldots, (n_q+1), (n_p-1), \ldots, n_\nu | \hat{Q} | n_1, n_2, \ldots, n_q, n_p, \ldots, n_\nu \rangle \\
&= \langle (n_q+1), (n_p-1) | \hat{Q} | n_q, n_p \rangle \\
&= c_{qp} \sqrt{(n_q+1) n_p} \\
&= c_{qp} \quad \text{if} \quad n_p = 1,\ n_q = 0
\end{aligned}
\tag{7.59}
$$

したがって $c_{qp} = \langle q | \hat{Q}_{\text{1-body}} | p \rangle$ と置けば辻褄が合う．すなわち第二量子化に伴う 1 粒子演算子の書き換えの手続きは，次のように与えられる．

$$
\hat{Q} = \sum_{qp} \langle q | \hat{Q}_{\text{1-body}} | p \rangle \hat{a}_q^+ \hat{a}_p \tag{7.60}
$$

この形式では，個々の粒子に付随する変数を顕(あら)わに考える必要がなくなる．n 体演算子に関しても，1 体演算子と類似の手続きによって等価な表現が得られる．$n = 2$ の場合 (2 体相互作用演算子) は，次のようになる．

$$
\hat{v} = \sum_{\mu\nu\eta\zeta} \frac{1}{2} \langle \varphi_\mu(1) \varphi_\nu(2) | \hat{v}_{\text{2-body}}(1,2) | \varphi_\eta(1) \varphi_\zeta(2) \rangle \hat{a}_\mu^+ \hat{a}_\nu^+ \hat{a}_\zeta \hat{a}_\eta \tag{7.61}
$$

[‡](訳註) 本文の記述から "第二" 量子化という呼称の意味を推察することは困難であろう．1 粒子系の Schrödinger 方程式は確率振幅関数 $\Psi(x)$ を記述する方程式であるが，Dirac は 1927 年に，この $\Psi(x)$ を古典的な "場" を表すものと発見法的に再解釈して $[\hat{\Psi}(x), \hat{\Psi}^+(x')] = \delta(x-x')$ のような交換関係を導入するという手続きを考えた (これはボゾン系を想定する場合の措置だが，フェルミオン系なら $\{\hat{\Psi}(x), \hat{\Psi}^+(x')\} \equiv \hat{\Psi}(x)\hat{\Psi}^+(x') + \hat{\Psi}^+(x')\hat{\Psi}(x) = \delta(x-x')$ とすればよいことを翌年 Jordan と Wigner が示した)．この手続きが第二量子化 (second quantization) と呼ばれるようになったが，この第二量子化によって粒子座標の変数を増やさずに，多粒子系を表す配位空間形式と実質的に等価な内容を持ち，粒子数の増減も容易に扱える形式が得られる．$\hat{\Psi}(x_\mathrm{a})$ および $\hat{\Psi}^+(x_\mathrm{a})$ は，空間的に完全局在した状態 $\delta(x-x_\mathrm{a})$ を 1 粒子の基本状態として採用した場合の消滅演算子および生成演算子に相当する．1 粒子状態を表す正規直交関数系を $\{\delta(x-x_\mathrm{a})\}$ から別の $\{\varphi_p(x)\}$ へ変更することで $\hat{\Psi}(x_\mathrm{a})$, $\hat{\Psi}^+(x_\mathrm{a})$ と一般の $\hat{a}_p$, $\hat{a}_p^+$ の間の関係が規定され，本文のように占有数表示を扱う形式に移行することができる．本書では任意の 1 粒子基本状態 (固有関数系) の下で消滅・生成演算子を導入する占有数形式への移行を "第二量子化" と称しているが，これは広義の用法である．

演算子 $\hat{a}_{lm_l}^+$ と演算子 $(-1)^{l-m_l}\hat{a}_{l(-m_l)}$ の角運動量への結合性は，球面調和関数 Y_{lm_l} と同じである．

第二量子化形式のもうひとつの利点は，粒子数が保存しない場合に顕在化する．たとえば最初に励起した原子を用意して，有限時間が経過した後の系の状態を考えると，初期状態の成分と，原子がエネルギーの低い状態へ遷移して放出された光子が共存している状態の成分を重ね合わせた状態になる．このとき系が含む光子の数は確定した定数にはならない．

ここでフェルミオンに対しても同様の定式化を施したくなるのは自然の成り行きであろう．フェルミオン系の状態は，2 粒子の入れ換え操作の下で符号を変えるような多粒子状態によって記述される．フェルミオン系の記述に必要となる配位空間内の波動関数 (Slater 行列式(7.11)) は，フェルミオンに占有されている各状態を順次指定するリストを与えるだけで一意的に決まる．フェルミオン系に対する定式化において，$\hat{n}_p$ の固有値は 0 もしくは 1 だけに制約される必要がある．

ボソン系からフェルミオン系への変更に伴う修正において，交換子 $[\hat{A},\hat{B}]$ の代わりに，次のような反交換子 (anticommutator) が必要となる．

$$\{\hat{A},\hat{B}\} \equiv \hat{A}\hat{B} + \hat{B}\hat{A} \tag{7.62}$$

フェルミオンの消滅演算子と生成演算子の反交換関係は，次のように設定される[§]．

$$\{\hat{a}_p,\hat{a}_q\} = \{\hat{a}_p^+,\hat{a}_q^+\} = 0, \quad \{\hat{a}_p^+,\hat{a}_q\} = \delta_{pq} \tag{7.63}$$

次のような演算子代数の運用に基づいて，占有数演算子の固有値を求めることができる．

$$\left(\hat{n}_p\right)^2 = \hat{a}_p^+\hat{a}_p\hat{a}_p^+\hat{a}_p = \hat{a}_p^+\left(1-\hat{a}_p^+\hat{a}_p\right)\hat{a}_p = \hat{a}_p^+\hat{a}_p = \hat{n}_p \tag{7.64}$$

$\left(\hat{n}_p\right)^2$ と $\hat{n}_p$ は同時対角化が可能なので，式(7.64) は単なる代数式 $n_p^2 = n_p$ と等価であって，解は 0 と 1 だけである．したがって上記の反交換規則の下で，フェルミオンに要請すべき粒子同士の排他律 (Pauli の原理) が満たされる．この制約を別途適用するのであれば，相互に独立な多粒子系の固有状態と固有エネルギーの式(7.57) はフェルミオン系でも成立する．ただし 2 つのフェルミオン生成演算子を状態ベクトルに作用させる際に，その順序を入れ換えると状態ベクトルの符号が変わるという性質 (Slater 行列式(7.11) と同様の性質である) があるので注意してもらいたい．

[§](訳註) この反交換関係は，あくまで 1 粒子系における基本交換関係 (2.16) とフェルミオン同士の置換に関する反対称化則からの帰結を第二量子化形式に移行して表現し直したものと捉えることももちろん可能であるが，量子力学の基本原理と適用範囲に関する概念変更の可能性を示唆していると見ることもできる．p.13 訳註参照．

たとえば殻内の各準位 μ が占有された閉殻系の状態は，次のように表される．

$$\varphi_0 = \prod_\mu \hat{a}_\mu \varphi_{\text{vacuum}} \tag{7.65}$$

上記の φ_0 のような状態を，改めて真空状態と再定義して利用することも可能である．この流儀の下で $\hat{a}_\mu^+ \varphi_0$ は1粒子状態，$\hat{a}_\eta^+ \hat{a}_\mu \varphi_0$ はひと組の粒子と空孔 (hole) の対を含む状態と見なされる．

フェルミオン系においても1体演算子と2体演算子を式(7.60)と式(7.61)に従って構築し，数表示したフェルミオンの状態ベクトルに適用することができる．フェルミオン演算子を状態の式(7.57)に作用させる場合，符号を変えないように生成演算子と消滅演算子の入れ換え回数に注意する必要がある．

演算子 $\hat{a}_{jm}^+$ と演算子 $(-1)^{j-m} \hat{a}_{j(-m)}$ の角運動量への結合性は，状態 φ_{jm} と同じである．

練習問題　　(∗略解 p.270)

∗問1　等しい質量 M を持つ2つの粒子が，1次元調和振動子ポテンシャルに閉じ込められている．振動子ポテンシャルの特性距離を x_c とする．一方の粒子が $n=0$ の状態を，もう一方は $n=1$ の状態を占めていると仮定する．両者の相対座標 $x = x_a - x_b$ の確率密度，x の自乗平均平方根，および両者が互いに $x_c/5$ 以上離れている確率を，以下の各条件の下で求めよ．

1. 互いに別種の粒子．
2. 同種ボソン．
3. 同種フェルミオン．

ヒント：2粒子波動関数を相対座標 x と重心座標 $x_g = (x_a + x_b)/2$ を変数として書き，x_g に関して全確率密度を積分せよ．

∗問2　He原子において，一方の電子が $\varphi_{100\frac{1}{2}m_s}$，もう一方の電子が $\varphi_{21m_l\frac{1}{2}m_s}$ にあるものとする．

1. 可能な2電子状態を構築せよ．
2. 許容される各状態において，電子間の Coulomb 斥力によるエネルギー準位の分裂を定性的に考察せよ．

∗問3　互いに独立で，各々が固有スピン値2を持つボソンを組み合わせた系を考える．可能なスピン角運動量を考察せよ (式(5.37) を参照)．

第7章 多体問題

*問4 2体ベクトルの空間区分が，粒子の入れ換えの下で対称であるか，それとも反対称であるかを，以下のスピンの組に関して述べよ (式(5.33)参照)．

1. $\left[\varphi_{\frac{1}{2}}(1)\varphi_{\frac{1}{2}}(2)\right]_0^0$
2. $\left[\varphi_{\frac{1}{2}}(1)\varphi_{\frac{1}{2}}(2)\right]_m^1$
3. $\left[\varphi_1(1)\varphi_1(2)\right]_0^0$
4. $\left[\varphi_1(1)\varphi_1(2)\right]_m^1$
5. $\left[\varphi_1(1)\varphi_1(2)\right]_m^2$

*問5 同じ j 殻内で運動する 2 つのフェルミオンから成る系において可能な角運動量を求めよ．j 殻は m 以外の j を含む量子数の組がすべて共通の 1 粒子状態から構成されている．

1. 通常の Heisenberg - Schrödinger 形式を適用して求めよ．
2. 第二量子化の形式を適用して求めよ．

*問6 ひとつの重陽子 ($s_d = 1$) とひとつの陽子 ($s_p = 1/2$) を組み合わせた系を考える．全スピンとして可能な値を考察せよ．

1. Pauli 原理を無視するとどうなるか？
2. 3 つの核子が $N = 0$ の調和振動子殻の中を運動するものと考え，Pauli 原理を適用した場合にはどうか？(これは近似的に He^3 の基底状態と見なされる.)

問7 フェルミオン系における閉じた j 殻は，角運動量を持たないことを示せ．

1. Slater 行列式 (7.11) を用いて証明を行え．
2. 占有数表示 (7.57) と反交換関係 (7.63) を用いて証明を行え．

*問8 以下に示す原子核の角運動量 j とパリティを求めよ．

1. 1, 3, 7, 9, 21, 39 個の陽子を含む核．
2. 5, 13, 27 個の陽子を含む核．
3. 15, 29 個の陽子を含む核．

第 6 章の問 3 ⟨p.120⟩ で用いたハミルトニアンが適用可能であって，中性子が閉殻を埋めるものと仮定せよ．

*問9 1. 3, 7, 9 個の陽子を含む原子核の $m = j$ 状態における磁気能率を計算せよ．中性子による寄与は無視して考えよ．
2. 中性子に関しても同様の計算を行え．

*問10 以下の対象について v/c を計算せよ．

1. Pb 原子 ($Z = 82$) の外殻電子．

練習問題 (第7章)

2. Pb^{208} 原子核における外殻中性子.

3. 金属 Na において Fermi 運動量を持つ電子 (式(7.22)参照).

*問11 7.4.1項 〈p.134〉の計算を2次元電子気体モデルに関して繰り返せ.

*問12 1次元, 2次元, 3次元の電子気体それぞれについて, 1電子あたりの平均エネルギーと Fermi エネルギーの比を求めよ.

*問13 半導体 Cu_2O は 2.1 eV の禁制帯を持つ. この半導体の薄膜に対して白色光を照射する.

1. 薄膜を透過する光の最短波長はいくらか？

2. その透過光は何色か？

*問14 Fermi - Dirac 分布 (7.55) を考察する.

1. エネルギー差 $\mu(T) - \epsilon_F$ の温度依存性を求めよ.
ヒント：電子数 n_F の保存を考えよ.

2. 室温の Na の中の電子系における, このエネルギー差を求めよ.

*問15 温度 T が高いときの, フォノンによる比熱の温度依存性を求めよ.

*問16 演算子 $\hat{Q} = \sum_{pq} q_{pq} \hat{a}_p^+ \hat{a}_q$ の行列要素 $\langle ab|\hat{Q}|ab \rangle$, $\langle bc|\hat{Q}|ab \rangle$, $\langle ac|\hat{Q}|ab \rangle$ を求めよ. $\hat{a}_p^+$ と $\hat{a}_p$ はそれぞれフェルミオンの生成演算子と消滅演算子とする. $p = a, b, c$ で, $q_{pq} = q_{qp}$ と仮定せよ.

*問17 1. j 殻を満たしている状態 φ_0 が演算子 $[\hat{a}_j^+ \hat{a}_j]_0^0$ の固有状態であることを証明せよ.

2. その固有値を求めよ.

第 8 章　近似法

　前章までの記述は，量子力学における問題には常に厳密でエレガントな解が存在するという誤った印象を与えたかも知れないが，現実はそうではない．間に合わせの近似や，数値計算や，それらの組み合わせに頼らねばならない場合が極めて多いのである．本章では，よく利用される 3 種類の近似方法，すなわち摂動論，変分法，および行列の対角化について論じる．これらの応用の対象として 2 電子原子 (He)，分子 (H_2^+)，および周期ポテンシャル系を例に取ることにする．拘束条件を伴う量子化の問題についても簡単に言及する．

8.1　摂動論

　採用する手続きは，天体力学で常套的に用いられる方法と似たものである．たとえば彗星の軌道を求める際に，まずは太陽の引力だけを考えて計算を行う．そして惑星による (弱い) 影響を，低次の項から順次考慮してゆけばよい．

　正確には解けない全ハミルトニアン $\hat{H}$ を，2 つの項に分けることを考える．第 1 項の $\hat{H}_0$ は解が既知であり，元々の全ハミルトニアンに充分に近い性質を持つものにする．第 2 項 $\hat{V}$ を摂動 (perturbation) と呼ぶ．

$$\hat{H} = \hat{H}_0 + \lambda \hat{V} \tag{8.1}$$

$$\hat{H}_0 \varphi_n^{(0)} = E_n^{(0)} \varphi_n^{(0)} \tag{8.2}$$

摂動項には便宜的に係数 λ を付けてあるが，これを 1 もしくはそれ以下と想定する．この係数は式の展開の過程で現れる各項の摂動次数を明確化するために導入するものであり，それ自身に物理的な意味はない．最終的な式を得た上で $\lambda = 1$ と置けばよい．我々が解くべき固有値方程式は，

$$\hat{H}\Psi_n = E_n \Psi_n \tag{8.3}$$

である．式(8.3) において固有値と固有状態を λ の冪で展開し，λ に関して同じ次数

を持つ項の関係式に着目すればよい.

$$E_n = E_n^{(0)} + \lambda E_n^{(1)} + \lambda^2 E_n^{(2)} + \cdots$$
$$\Psi_n = \varphi_n^{(0)} + \lambda \varphi_n^{(1)} + \lambda^2 \varphi_n^{(2)} + \cdots \tag{8.4}$$

λ に依存しない 0 次項は式(8.2)を与える. λ の 1 次の項を抽出すると, 次式を得る.

$$\left(\hat{H}_0 - E_n^{(0)}\right)\varphi_n^{(1)} = \left(-\hat{V} + E_n^{(1)}\right)\varphi_n^{(0)} \tag{8.5}$$

まず, 式(8.5)の両辺と $\varphi_n^{(0)}$ の内積を取る. 式(8.2)により左辺はゼロになる. したがってエネルギーへの 1 次補正は次のようになる.

$$E_n^{(1)} = \langle \varphi_n^{(0)} | \hat{V} | \varphi_n^{(0)} \rangle \tag{8.6}$$

すなわち非摂動のエネルギーに対する最初の補正項は, 非摂動状態による摂動項 $\hat{V}$ の期待値である.

次に, 式(8.5)と $\varphi_p^{(0)}$ $(p \neq n)$ との内積を取る.

$$\left(E_p^{(0)} - E_n^{(0)}\right)\langle \varphi_p^{(0)} | \varphi_n^{(1)} \rangle = -\langle \varphi_p^{(0)} | \hat{V} | \varphi_n^{(0)} \rangle \tag{8.7}$$

$\{\varphi_p^{(0)}\}$ を基本状態系とした $\varphi_n^{(1)}$ の展開を考えると, 式(8.7)から展開係数を求めることができる.

$$\varphi_n^{(1)} = \sum_{p \neq n} c_p^{(1)} \varphi_p^{(0)}, \quad c_p^{(1)} = \frac{\langle \varphi_p^{(0)} | \hat{V} | \varphi_n^{(0)} \rangle}{E_n^{(0)} - E_p^{(0)}} \tag{8.8}$$

上式では振幅 $c_n^{(1)}$ が与えられていないが, これは規格化条件によって決まる. Ψ_n も $\varphi_n^{(0)}$ も 1 で規格化してあるものと仮定すると, λ の 1 次の項は,

$$0 = \langle \Psi_n | \Psi_n \rangle - \langle \varphi_n^{(0)} | \varphi_n^{(0)} \rangle = \lambda\left[\langle \varphi_n^{(1)} | \varphi_n^{(0)} \rangle + \langle \varphi_n^{(0)} | \varphi_n^{(1)} \rangle\right]$$
$$= 2\lambda \mathrm{Re}\left(c_n^{(1)}\right) \tag{8.9}$$

となる. $\varphi_n^{(0)}$ の位相は任意であり, $c_n^{(1)}$ を実数にするように選べるので, そうすると $c_n^{(1)}$ はゼロである.

式(8.6)と式(8.8)は 1 次摂動によるエネルギーと状態ベクトルの補正を, 0 次状態を基本状態とした摂動項 $\hat{V}$ の行列要素によって与えている. 状態ベクトルの摂動級数が収束するためには $|c_p^{(1)}|^2 \ll 1$ でなければならない. すなわち非摂動状態系 $\{\varphi_p^{(0)}\}$ による摂動項 $\hat{V}$ の行列要素が, それらの非摂動エネルギー自体の差よりも充分に小さい必要がある. 非摂動で縮退している状態の間にゼロでない行列要素が生じる場合

8.1. 摂動論

には摂動論を適用できないので，そのときには変分法 (8.2節) や対角化 (8.5節) に頼らなければならない．

2次のエネルギー補正は，次のように与えられる．

$$E_n^{(2)} = \sum_{p \neq n} \frac{|\langle \varphi_p^{(0)} | \hat{V} | \varphi_n^{(0)} \rangle|^2}{E_n^{(0)} - E_p^{(0)}} \tag{8.10}$$

上記の方法はRayleigh-Schrödinger摂動(レイリー シュレーディンガー)と呼ばれているが，高次の摂動において関与する項が際限なく増えるので，高次の寄与の直観的な把握は難しい．部分的な級数和の考え方を導入すると，形式的な単純化が可能となる．たとえばBrillouin-Wigner(ブリルアン ウィグナー)摂動では，分母に現れる状態 n の非摂動エネルギー $E_n^{(0)}$ を正確なエネルギー E_n に置き換える措置を取る．エネルギー展開項を比較してみよう．

$$\begin{aligned}
E_n &= E_n^{(0)} + \langle \varphi_n^{(0)} | \hat{V} | \varphi_n^{(0)} \rangle + \sum_{p \neq n} \frac{|\langle \varphi_p^{(0)} | \hat{V} | \varphi_n^{(0)} \rangle|^2}{E_n - E_p^{(0)}} + \cdots \\
&= E_n^{(0)} + \langle \varphi_n^{(0)} | \hat{V} | \varphi_n^{(0)} \rangle + \sum_{p \neq n} \frac{|\langle \varphi_p^{(0)} | \hat{V} | \varphi_n^{(0)} \rangle|^2}{E_n^{(0)} - E_p^{(0)}} \\
&\quad - \sum_{p \neq n} \frac{|\langle \varphi_p^{(0)} | \hat{V} | \varphi_n^{(0)} \rangle|^2 \langle \varphi_n^{(0)} | \hat{V} | \varphi_n^{(0)} \rangle}{\left(E_n^{(0)} - E_p^{(0)}\right)^2} + \cdots
\end{aligned} \tag{8.11}$$

最後の項は Rayleigh-Schrödinger摂動における 3 次の項だが，Brillouin-Wigner摂動にはこの項が現れない[1]．Brillouin-Wigner級数では，2 次の項 (8.10) における分母のエネルギーの置き換えによって，実質的に同じ効果が考慮されているからである．しかし部分和の性質上，級数の項数が減ることの代償として収束性は悪くなる．その上 Brillouin-Wigner級数の多くの項において，異なる λ の冪(べき)が現れる．

ダイヤグラムを用いた摂動論のエレガントで有用な定式化がFeynman(ファインマン)によって考案されている．ダイヤグラムは数学的に明確な意味を伴い，対象となる物理過程を視覚的に表現する [51]．量子電磁力学によってLambシフト(ラム)すなわち水素原子における $E_{2p\frac{1}{2}} - E_{2s\frac{1}{2}}$ のわずかなエネルギー準位差 (1947年発見) が 6 桁目まで正確に算出されたとき，摂動論は "絶頂期" を迎えた (文献 [52] の p.358 を参照)．

摂動論に基づく He 原子の基底エネルギーの計算を 8.3 節で行う予定である．

---

[1] Brillouin-Wigner展開は，分子に中間状態として $\varphi_n^{(0)}$ が現れるような項を含まないことを証明できる．

8.2 変分法

この近似法は摂動論とは正反対の方法である．既知の非摂動状態に立脚して議論を構築する代わりに，まず試行的な波動関数 Ψ の形を推測する．このような任意の試行波動関数をハミルトニアンの固有状態系 $\{\varphi_E\}$ によって展開できるが ($\Psi = \sum_E c_E \varphi_E$)，これを利用して試行波動関数に関するハミルトニアンの期待値を考える．

$$\langle \Psi | \hat{H} | \Psi \rangle = \sum_E E |c_E|^2 \geq E_0 \sum_E |c_E|^2 = E_0 \tag{8.12}$$

E_0 は基底状態のエネルギーである．試行状態 Ψ を何らかのパラメーターを含む形で与えておき，ハミルトニアンの期待値が最小になるようにパラメーターの値を選ぶ[2]．そうすると，基底エネルギーの上限値が得られる．

仮に試行波動関数の精度に δ 程度の問題があるとしても，変分から得られるエネルギー推定値に生じる誤差は δ^2 程度に過ぎない．したがって試行波動関数が比較的単純な推測に基づくものでも，基底エネルギーに関して，かなり精度のよい推定結果を期待できる．

摂動論において 1 次摂動から得られる基底エネルギー $E_0^{(0)} + \langle \varphi_0^{(0)} | \hat{V} | \varphi_0^{(0)} \rangle$ は，状態ベクトルを固定して考えた全ハミルトニアンの期待値であり，最適化をしない変分計算と同等である．

8.3 He原子の基底状態

1 個の原子核と 2 個の電子を含む 3 体問題は，原子核の質量が極めて大きいものとすれば 2 体問題に還元される．しかし電子間にも Coulomb 斥力 V が存在する点が，扱い難い問題として残る．これを摂動と見なし，全ハミルトニアンを $\hat{H}_0 + V$ と表すことにする．

$$\hat{H}_0 = -\frac{\hbar^2}{2M}\left(\nabla_1^2 + \nabla_2^2\right) - \frac{Ze^2}{4\pi\epsilon_0}\left(\frac{1}{r_1} + \frac{1}{r_2}\right), \quad V = \frac{e^2}{4\pi\epsilon_0 r_{12}} \tag{8.13}$$

$r_{12} = |\mathbf{r}_1 - \mathbf{r}_2|$ は電子間の距離である．

我々は既に He 原子核による Coulomb ポテンシャル場において，2 つの電子が互いに独立に運動する問題の解法を知っている．水素様原子の基底エネルギーは Z^2 に比例し，電子が 2 個あるので，非摂動エネルギーは $8E_H$ と表される．E_H は水素原子の基底エネルギーである．He 原子において電子間斥力を無視した反対称な 2 電子

---

[2] 規格化条件も同時に考慮する必要があるので，$\langle \Psi | \hat{H} | \Psi \rangle / \langle \Psi | \Psi \rangle$ を最小にする．

基底状態については既に 7.2 節で論じた．これを非摂動状態として採用し，1 次摂動のエネルギー補正を計算すると次のようになる (8.6 節)．

$$E_{\text{gs}}^{(1)} = \left\langle \varphi_{\text{gs}} \left| \frac{e^2}{4\pi\epsilon_0 r_{12}} \right| \varphi_{\text{gs}} \right\rangle = -\frac{5}{2} E_{\text{H}} \tag{8.14}$$

したがって全エネルギーは $5.50 E_{\text{H}}$ と推定される．実験値は $5.81 E_{\text{H}}$ なので，摂動を無視した値 $8 E_{\text{H}}$ よりも良好な近似値を与えている．

8.2 節で述べたように，変分法を利用すると 1 次摂動よりも高い精度で基底エネルギーを推定できる可能性がある．たとえば波動関数に含まれている Z を変分パラメーター Z^* と見なして，Z^* の関数として運動エネルギー，原子核ポテンシャル，Coulomb 斥力エネルギーの期待値を与えることができる．ハミルトニアンには $Z = 2$ をそのまま用いる．

$$\langle \varphi_{\text{gs}} | \hat{H} | \varphi_{\text{gs}} \rangle_{Z^*} = -2(Z^*)^2 E_{\text{H}} + 4 Z Z^* E_{\text{H}} - \frac{5}{4} Z^* E_{\text{H}} \tag{8.15}$$

上式を最小にするという要請から，Z^* の最適値として $Z^* = 1.69$ が得られる．この値が 2 より小さいことは，電子が相互に原子核からの引力を遮蔽し合っている効果を表している．この結果，基底エネルギーの推定値として $\langle \varphi_{\text{gs}} | \hat{H} | \varphi_{\text{gs}} \rangle_{Z^*=1.69} = 5.69 E_{\text{H}}$ が与えられるが，これは 1 次摂動の結果よりも更に実験値に近くなっている．

変分法を励起状態に適用するには，パラメーターの最適化によって得られる状態が，それよりエネルギーの低い各状態すべてに対して直交するようにしておく必要がある．

8.4 分子

分子は複数の原子核と複数の電子の複合系である．結晶系の場合 (7.4.2 項 ⟨p.137⟩ および 7.4.3 項 ⟨p.138⟩) と同様に，この多体系の理論的な記述は，2 種類の構成粒子の質量が大きく異なることに着目して両者の相対運動を分離して考えると，取扱いが容易になる．この手続きは Born-Oppenheimer 近似と呼ばれる．まずは原子核と他の電子による静的な電場中の電子系の問題を解くことが (原理的に) 可能である．この第 1 段階において，それぞれの原子核の位置座標 $\mathbf{R}_i$ はパラメーターとして扱われる．エネルギー $W(\mathbf{R}_i)$ が最低になるようにこれらのパラメーターの値を選ぶと，それが平衡状態における原子核の配置を表すことになる．次の段階として各原子核が平衡位置から小さな変位を生じることを許容し，それに伴って生じる W の増加を原子核の振動運動の復元力ポテンシャルとして扱う．最後にそれぞれの原子核と電子の相対位置を保ったままで，分子全体としての回転運動を考える．

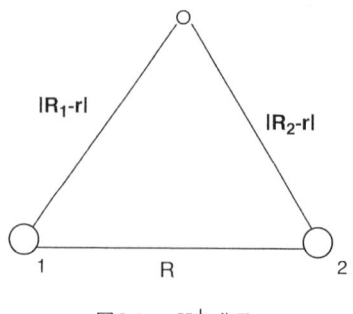

図8.1　H$_2^+$ 分子.

8.4.1　分子の内部運動と共有結合

イオン化した水素分子 H$_2^+$ を例として，分子の解析の手続きを示す．図8.1 に，2 個の陽子 1，2 と，ひとつの電子から成るこの分子の構成を表している．それぞれの陽子が静止しているものと見なすと，ハミルトニアンは次のような単純化した形になる．

$$\hat{H} = -\frac{\hbar^2}{2M}\nabla^2 - \frac{e^2}{4\pi\epsilon_0|\mathbf{r}-\mathbf{R}_1|} - \frac{e^2}{4\pi\epsilon_0|\mathbf{r}-\mathbf{R}_2|} + \frac{e^2}{4\pi\epsilon_0 R} \tag{8.16}$$

$R = |\mathbf{R}_1 - \mathbf{R}_2|$ である．この特別な例では，楕円座標系における Schrödinger 方程式を数値計算によって正確に解くことができるが，ここでは敢えて変分法を適用して近似解を与える方が教育的である．

陽子間距離 R が充分に長ければ，一方に孤立した H 原子があり，もう一方に孤立した陽子があるという基底状態が，どちらの陽子に電子を配するかを考えると 2 通り，エネルギー縮退した解として存在する．それぞれの軌道波動関数は，次のように与えられる．

$$\varphi_1 = \varphi_{100}(|\mathbf{r}-\mathbf{R}_1|), \quad \varphi_2 = \varphi_{100}(|\mathbf{r}-\mathbf{R}_2|) \tag{8.17}$$

これらは R が大きい極限でしか，互いに独立な直交関係を持たないことに注意してもらいたい．$R \to 0$ とすると $\langle 1|2\rangle = 1$ になる．

R が有限であれば，2 つの陽子の入れ換えに関する反対称化の要請を考慮する必要がある．7.2節のように，2 つの陽子のスピンは結合して 1 (スピン関数が対称な状態) もしくは 0 (スピン関数が反対称な状態) になる．これらに対応する空間内の波動関数因子は，陽子の入れ換えに関してそれぞれ反対称もしくは対称でなければならない．

$$\varphi_\mp = \frac{\varphi_1 \mp \varphi_2}{\sqrt{2(1 \mp \langle 1|2\rangle)}} \tag{8.18}$$

8.4. 分子

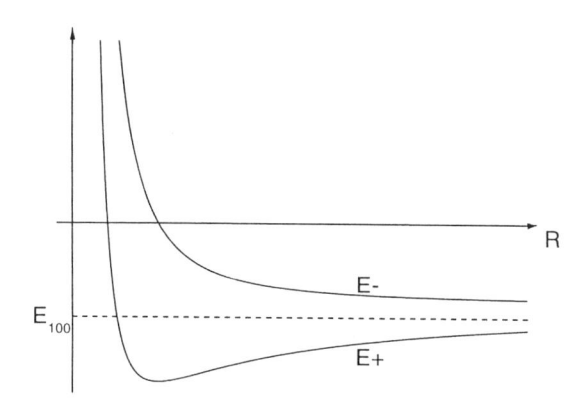

図8.2 水素分子イオンのエネルギーを,陽子間距離の関数として示したグラフ.

陽子間距離 R をパラメーターとして,上の状態のエネルギー準位を考える[¶].

$$\begin{aligned} E_{\pm}(R) &= \langle \pm|\hat{H}|\pm\rangle \\ &= E_{100} + \frac{e^2}{4\pi\epsilon_0 R} - \frac{e^2}{4\pi\epsilon_0(1\pm\langle 1|2\rangle)}\left\langle 2\left|\frac{1}{|\mathbf{r}-\mathbf{R}_1|}\right|2\right\rangle \\ &\quad \mp \frac{e^2}{4\pi\epsilon_0(1\pm\langle 1|2\rangle)}\left\langle 1\left|\frac{1}{|\mathbf{r}-\mathbf{R}_1|}\right|2\right\rangle \end{aligned} \qquad (8.19)$$

これらの関数の R に関する極限値は,共通して次のようになっている.

$$\lim_{R\to 0} E_{\pm} \to \infty, \quad \lim_{R\to\infty} E_{\pm} = E_{100} \qquad (8.20)$$

式(8.19)の3行目のために2つの状態のエネルギー縮退は $(0<R<\infty$ において)解けている.その行列要素の部分は正なので,陽子の入れ換えに関して空間的に対称な波動関数 φ_+ が基底状態となる.2つの状態に関するエネルギーの R 依存性を図8.2に示す.φ_+ に対応するエネルギー曲線だけが最小点を持っている.このときのエネルギーの低下は,2つの陽子の間に電子密度の高い領域が形成されて,陽子間のCoulomb斥力を遮蔽する効果と解釈される.このようにして起こる原子核間の結合を,共有結合(covalent binding)と称する.ここで再度3.1.3項 ⟨p.41⟩ の非交差則の議論も見直してもらいたい.

[¶](訳註) 系の対称性 (陽子1 ↔ 陽子2) を利用して,項数を減らしてある.

8.4.2 振動と回転運動

ここでは，それぞれの原子の質量が M_1, M_2 と表される一般の2原子分子について考える．まずは常套的に2つの原子を扱う演算子を，両者の相対運動と重心運動に関する演算子へと再分離する．

$$\hat{\mathbf{R}} = \hat{\mathbf{R}}_1 - \hat{\mathbf{R}}_2, \quad \hat{\mathbf{R}}_\mathrm{g} = \frac{M_1}{M_\mathrm{g}}\hat{\mathbf{R}}_1 + \frac{M_2}{M_\mathrm{g}}\hat{\mathbf{R}}_2$$

$$\hat{\mathbf{P}} = \frac{M_2}{M_\mathrm{g}}\hat{\mathbf{P}}_1 - \frac{M_1}{M_\mathrm{g}}\hat{\mathbf{P}}_2, \quad \hat{\mathbf{P}}_\mathrm{g} = \hat{\mathbf{P}}_1 + \hat{\mathbf{P}}_2 \tag{8.21}$$

上記の定義 (8.21) から，運動エネルギーに関して次の関係が導かれる．

$$\frac{\hat{\mathbf{P}}_1^2}{2M_1} + \frac{\hat{\mathbf{P}}_2^2}{2M_2} = \frac{\hat{\mathbf{P}}_\mathrm{g}^2}{2M_\mathrm{g}} + \frac{\hat{\mathbf{P}}^2}{2\mu} \tag{8.22}$$

$M_\mathrm{g} = M_1 + M_2$ は全質量，$\mu = M_1 M_2 / M_\mathrm{g}$ は相対的な換算質量 (reduced mass) である．

ポテンシャル $V(R)$ はイオン間の距離だけに依存し，重心 (center of mass) は自由粒子のように運動する．後者の問題はすでに 4.3 節で扱った．相対運動に関する運動エネルギーについては，球座標表示のハミルトニアン (6.1) を，質量因子を $M \to \mu$ と置き換えて適用すればよい．

相対運動のハミルトニアンを，次のように回転運動と振動運動の寄与へと分離する．

$$\hat{H} = \hat{H}_\mathrm{rot} + \hat{H}_\mathrm{vib}$$

$$\hat{H}_\mathrm{rot} = \frac{1}{2\mu R^2}\hat{\mathbf{L}}^2 \tag{8.23}$$

$$\hat{H}_\mathrm{vib} = -\frac{\hbar^2}{2\mu}\left(\frac{\mathrm{d}^2}{\mathrm{d}R^2} + \frac{2}{R}\frac{\mathrm{d}}{\mathrm{d}R}\right) + V(R) \tag{8.24}$$

ここではイオン間の相互作用によって，相対距離 R_0 において系が安定するものと仮定する．振動に伴う相対座標の安定点からのずれ $y = R - R_0$ は小さいものと考え，$|y| \ll R_0$ と見なす．

回転運動

回転運動に関するハミルトニアンを，次のように近似できる (図 8.3)．

$$\hat{H}_\mathrm{rot} = \frac{1}{2\mu R_0^2}\hat{\mathbf{L}}^2 \tag{8.25}$$

8.4. 分子

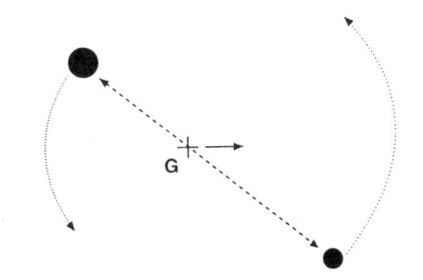

図8.3　2原子分子の振動 (破線矢印), 回転 (点線矢印), 重心 G の並進 (実線矢印).

各固有関数は量子数 l, m_l によって識別される (5.2.1項 ⟨p.91⟩). それらのエネルギー値は, 式(8.25)の角運動量演算子 $\hat{\mathbf{L}}^2$ を, 許容される固有値 $\hbar^2 l(l+1)$ に置き換えることによって得られる. 隣接する状態間の遷移に伴って生成・消滅する光子のエネルギーは, l に比例する.

$$\Delta(l \to l-1) = \frac{\hbar^2}{\mu R_0^2} l \tag{8.26}$$

振動運動

$R \approx R_0$ における安定性が強ければ, R が小さい領域において波動関数は急速に減衰しているはずなので, 動径座標の下限を計算の便宜のために $R = 0$ から $-\infty$ に変更できる. それと同時に $\Psi(R) \to \Psi(R)/R$ と置き換えることで, 体積要素因子 R^2 を省いてよい. 第4章で見たように, この近似の下で動径方向の Schrödinger 方程式は, 線形方程式に変換される.

$$\begin{aligned}-\frac{\hbar^2}{2\mu}\left(\frac{\mathrm{d}^2}{\mathrm{d}R^2} + \frac{2}{R}\frac{\mathrm{d}}{\mathrm{d}R}\right)\Psi + V(R)\Psi &= E\Psi \\ \to -\frac{\hbar^2}{2\mu}\frac{\mathrm{d}^2}{\mathrm{d}R^2}\Phi + V(R)\Phi &= E\Phi\end{aligned} \tag{8.27}$$

境界条件は $\Phi(\pm\infty) = 0$ である.

最後に平衡位置 R_0 の近傍でポテンシャルのテイラー (Taylor) 展開を行い, 座標 R を $y = R - R_0$ に変更すると, 3.2節や4.2節で論じた調和振動子の問題に帰着する (図8.3参照).

$$\left[-\frac{\hbar^2}{2\mu}\frac{d^2}{dy^2} + \frac{1}{2}\frac{d^2V(R)}{dR^2}\bigg|_{R=R_0} y^2\right]\Phi = [E - V(R_0)]\Phi \tag{8.28}$$

各振動状態のエネルギー固有値は等間隔に並ぶ (図3.2 ⟨p.47⟩). これらの状態間遷移に伴って生成・消滅する光子の振動数は, 次のように与えられる.

$$\Delta(N \to N-1) = \hbar\omega = \hbar\sqrt{\frac{1}{\mu}\frac{d^2V(R)}{dR^2}\bigg|_{R=R_0}} \tag{8.29}$$

8.4.3 特徴的なエネルギー尺度

電子の内部運動と原子核対の振動および回転は, それぞれ異なるエネルギー尺度を持つ. 内部の遷移エネルギーは, それに関与する Coulomb 相互作用や粒子間距離が原子の場合と同等なので, 原子の励起エネルギーと同じ程度の尺度で表される.

$$E_{\text{intr}} \approx -E_{\text{H}} = \frac{\hbar^2}{2a_0^2 M} \tag{8.30}$$

a_0 は Bohr 半径を表す (表6.1 ⟨p.107⟩). 振動運動のポテンシャルも Coulomb ポテンシャルに起因しているが, そのエネルギー尺度は E_{intr} よりも小さい.

$$E_{\text{vib}} = \hbar\sqrt{\frac{E_{\text{intr}}}{2a_0^2\mu}} \approx \frac{\hbar^2}{a_0^2\sqrt{2M\mu}} \approx \sqrt{\frac{M}{M_{\text{p}}}} E_{\text{intr}} \tag{8.31}$$

回転運動のエネルギーは, 式(8.26) によって与えられる.

$$E_{\text{rot}} \approx \frac{\hbar^2}{2a_0^2\mu} \approx \frac{M}{M_{\text{p}}} E_{\text{intr}} \tag{8.32}$$

電子と陽子の質量比はおおよそ $M/M_{\text{p}} \approx 1/2000$ である (表14.1 ⟨p.276⟩). 振動運動の遷移エネルギーは, 内部の電子遷移と回転状態の遷移の中間的な大きさになる. したがって分子全体のスペクトルは, 内部励起スペクトルの大きく離れた準位を基調として, その各準位の上に振動状態のスペクトルが形成され, さらに各振動準位の上に回転状態によるスペクトルが形成された構造 (図8.4) を持つ. 隣接する内部準位間, 振動状態間, 回転状態間の遷移に伴って放射される, それぞれの電磁波のスペクトル帯域は, 可視光領域, 赤外領域, 無線周波数領域に相当する.

回転と振動のエネルギーが大きくなると, 本節で採用した近似モデルは, 以下の理由で信頼性が低下する.

- 回転ハミルトニアンに, 陽子間距離の平衡位置からのずれ y に依存する項が現れて, 回転運動と振動運動の結合の影響が生じる.
- ポテンシャルのテイラー展開における高次項からの影響も顕在化する.

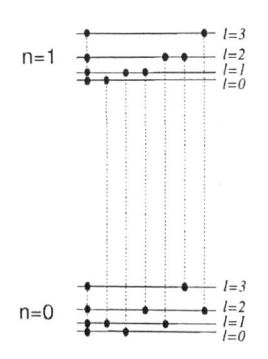

図8.4 分子の振動運動と回転運動によるエネルギー準位の構造. 点線は式(9.64)の選択則において許容されている遷移を表す.

8.5 行列の対角化

摂動論や変分法が適用できない問題においては,対角化の手続きに頼る必要が生じる. エネルギーが縮退した状態や交差する状況を考えると, この方法の必要性は明白である. たとえば原子や原子核において, 閉殻に対して2つもしくはそれ以上の粒子が加えられた状況が, これに該当する. 対角化すべき行列の大きさは, ハミルトニアンの対称性などの物理的考察に基づいて低減される. もし基底状態とそれに隣接する状態だけに関心があるならば, 基底状態に近いエネルギーを持ち得る状態だけを考慮できるように問題を単純化すればよい.

対角化に含まれない状態から生じる寄与も, 対角化すべきハミルトニアンの行列要素に含めることが可能である. 重畳ダイヤグラム (folded diagram) の技法 (Rayleigh-Schrödinger摂動論の一般化) [53] もしくはBloch-Horowitzの手続き (Brillouin-Wigner級数の拡張) [54] のどちらかを用いればよい.

別の手続きとして, 行列要素を単純化する方法もある. このとき多くの行列要素を消すことになる (問14 ⟨p.181⟩ 参照). この方法を用いる場合には, 問題の本質を歪めてしまわないような, 的確な洞察が必要である.

8.5.1 周期ポテンシャルの近似的な取扱い[†]

この例は, 正確な対角化と摂動論との関係を明らかにするものであるが, さらに複雑な状況に対しても同様の応用が可能である. 4.6節と同じ問題を取り上げるが, 周

第8章 近似法

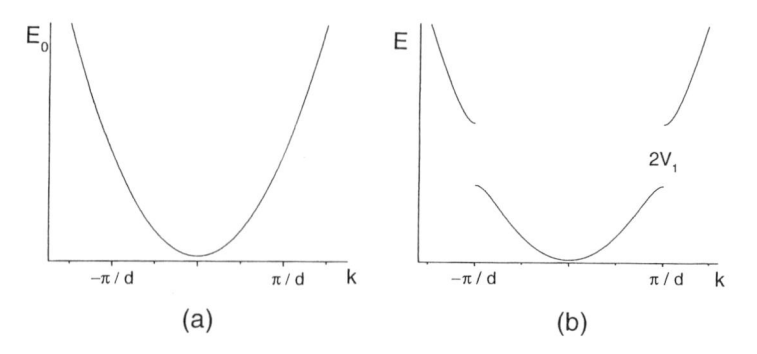

(a)

(b)

図8.5 周期ポテンシャル中の粒子におけるエネルギー帯の形成.非摂動エネルギーは,(a) に示すような k に対する放物線になる.(b) では固有値 E_- を $0 \leq |k| \leq \pi/d$ の領域に,固有値 E_+ を $\pi/d \leq |k|$ の領域にプロットしてある.

期ポテンシャル $V(x)$ が小さい極限を想定する.

非摂動ハミルトニアンとして,自由粒子ハミルトニアン $H_0 = (1/2M)\hat{p}^2$ を採用する.波数 k に対する非摂動エネルギーの依存性は図8.5(a) のようになっている.$V(x) = V(x+d)$ と仮定するので,このポテンシャルのフーリエ展開 (Fourier expansion) は次のようになる.

$$V(x) = \sum_n W_n; \quad W_n = v_n \exp\left(\frac{\mathrm{i}2\pi nx}{d}\right); \quad n = 0, \pm 1, \pm 2, \ldots \tag{8.33}$$

摂動ハミルトニアンにおいて,ゼロにならない行列要素は,

$$\langle k'|W_n|k\rangle = v_n \quad \text{if} \quad k' - k = \frac{2\pi n}{d} \tag{8.34}$$

であり,摂動ハミルトニアンの行列は次のように表される[3].

$$\begin{pmatrix} \cdots & \cdots & \cdots & \cdots & \cdots & \cdots & \cdots \\ \cdots & \frac{\hbar^2}{2M}\left(k - \frac{4\pi}{d}\right)^2 & v_1 & v_2 & v_3 & \cdots \\ \cdots & v_1 & \frac{\hbar^2}{2M}\left(k - \frac{2\pi}{d}\right)^2 & v_1 & v_2 & \cdots \\ \cdots & v_2 & v_1 & \frac{\hbar^2}{2M}k^2 & v_1 & \cdots \\ \cdots & v_3 & v_2 & v_1 & \frac{\hbar^2}{2M}\left(k + \frac{2\pi}{d}\right)^2 & \cdots \\ \cdots & \cdots & \cdots & \cdots & \cdots & \cdots \end{pmatrix} \tag{8.35}$$

[3] v_0 はゼロ点エネルギーだけにしか影響しないので省くことにする.

非対角成分の v_1 に注目してみよう．これらは小さいけれども，互いに縮退した状態を結びつけているので，摂動論では扱えない．たとえば $k = \pi/d$ の非摂動状態と $k' = k - 2\pi/d = -\pi/d$ の非摂動状態は，同じエネルギーを持っている．そこでまず，縮退状態 (もしくは擬縮退状態) の対角化をする必要がある．すなわち次の行列式をゼロにしなければならない．

$$\begin{vmatrix} \dfrac{\hbar^2}{2M}\left(k - \dfrac{2\pi}{d}\right)^2 - E & v_1 \\ v_1 & \dfrac{\hbar^2}{2M}k^2 - E \end{vmatrix} = 0 \tag{8.36}$$

固有値は，k の関数として次のように与えられる．

$$E_\pm = \frac{\hbar^2}{2M}\left(k^2 - k\frac{2\pi}{d} + \frac{2\pi^2}{d^2} \pm \sqrt{\frac{4\pi^2}{d^2}\left(k - \frac{\pi}{d}\right)^2 + \left(\frac{2Mv_1}{\hbar^2}\right)^2}\right) \tag{8.37}$$

上の結果を図 8.5(b) にプロットしてある[‡]．エネルギー区間 $(1/2M)(\hbar\pi/d)^2 - v_1 \leq E \leq (1/2M)(\hbar\pi/d)^2 + v_1$ には，許容される状態が存在しない．この幅 $2v_1$ の禁制帯によって，その上下の状態が分離され，その結果として 2 つのエネルギー帯が形成されている．

$|k| \approx \pi/d$ の領域では，仮に，残った非対角項 v_n が充分に小さいならば，これを摂動として扱えることになる．しかし残念ながら，現実にはこれらを小さいものとは見なせない．

8.6 粒子間距離の逆数の行列要素*

通常の作業では，必要となる積分が表として与えられていて，それを流用することになる．しかしここでは量子力学の練習問題として，具体的な計算をしてみよう．2 粒子間距離の逆数を，次のように展開した形にして考える．

$$\frac{1}{r_{12}} = \frac{1}{r_2}\sum_l \left(\frac{r_1}{r_2}\right)^l P_l(\cos\alpha_{12}), \quad r_1 < r_2 \tag{8.38}$$

[‡] (訳註) 周期場内の Bloch 状態を考える場合，Bloch 波数としては第 1 Brillouin ゾーン $|k| \leq \pi/d$ の範囲内を考えれば充分であるが (式(4.69))，高エネルギーの解曲線を分割して順次外部のゾーンへずらして図 8.5(b) のように表示すると，自由粒子のエネルギー特性との対応関係が分かりやすくなる．この表示方式は拡張ゾーン形式と呼ばれる．これに対して第 1 Brillouin ゾーンにすべてのバンド曲線を描く表示形式は，還元ゾーン形式と呼ばれる．

P_l は l 次のルジャンドル多項式 (5.5節), α_{12} は 2 つのベクトル $\mathbf{r}_1$, $\mathbf{r}_2$ のなす角度である. このルジャンドル関数は, 合成角運動量をゼロにするような 2 つの球面調和関数の組合せによって表すことができる (式(5.54)).

次に, 行列要素を次のように評価する.

$$\left\langle n_1 l_1 m_1 \, n_2 l_2 m_2 \left| \frac{1}{r_{12}} \right| n_1 l_1 m_1 \, n_2 l_2 m_2 \right\rangle$$

$$= \int_0^\infty |R_{n_1 l_1}(1)|^2 r_1^2 \mathrm{d}r_1 \int_0^\infty |R_{n_2 l_2}(2)|^2 r_2^2 \mathrm{d}r_2$$

$$\times \int_0^{4\pi} |Y_{l_1 m_1}(1)|^2 \mathrm{d}\Omega_1 \int_0^{4\pi} |Y_{l_2 m_2}(2)|^2 \mathrm{d}\Omega_2 / r_{12}$$

$$= \sum_l \frac{4\pi}{2l+1} \int_0^\infty |R_{n_1 l_1}(1)|^2 r_1^2 \mathrm{d}r_1$$

$$\times \left[\frac{1}{r_1^{l+1}} \int_0^{r_1} |R_{n_2 l_2}(2)|^2 r_2^{l+2} \mathrm{d}r_2 + r_1^l \int_{r_1}^\infty |R_{n_2 l_2}(2)|^2 r_2^{1-l} \mathrm{d}r_2 \right]$$

$$\times \langle Y_{l_1 m_1} | Y_{l0} | Y_{l_1 m_1} \rangle \langle Y_{l_2 m_2} | Y_{l0} | Y_{l_2 m_2} \rangle \tag{8.39}$$

角度の積分が, 和における l の値を制限している (第 5 章の問 5 ⟨p.103⟩ 参照). もし粒子のうちの少なくとも一方が s 状態にあれば, l に関して最初の項だけが残る.

$$\left\langle n_1 00 \, n_2 l_2 m_2 \left| \frac{1}{r_{12}} \right| n_1 00 \, n_2 l_2 m_2 \right\rangle$$

$$= N_{n_1 0}^2 N_{n_2 l_2}^2 \int_0^\infty |R_{n_1 0}(1)|^2 r_1^2 \mathrm{d}r_1$$

$$\times \left[\frac{1}{r_1} \int_0^{r_1} |R_{n_2 l_2}(2)|^2 r_2^2 \mathrm{d}r_2 + \int_{r_1}^\infty |R_{n_2 l_2}(2)|^2 r_2 \mathrm{d}r_2 \right] \tag{8.40}$$

もし両方の粒子が s 状態にあって $n_1 = n_2 = 1$ ならば, 式(8.14) の値が得られる.

8.7 変数間の拘束条件の下での量子化†

余分な自由度を抑制する拘束条件 (constraint) の下における量子化の問題は, 通常の量子力学の教科書ではほとんど言及されていない場合が多いが, これは過去 30 年にわたって多大な進展を見せた題材である [55]. この問題はゲージ場の理論において最も重要な意味を持つが, それ以外にも量子力学において, 移動する座標系における多体系の記述などに応用される [56]. さらには, ヒルベルト空間の性質という観点からも概念的に重要である.

8.7. 変数間の拘束条件の下での量子化†

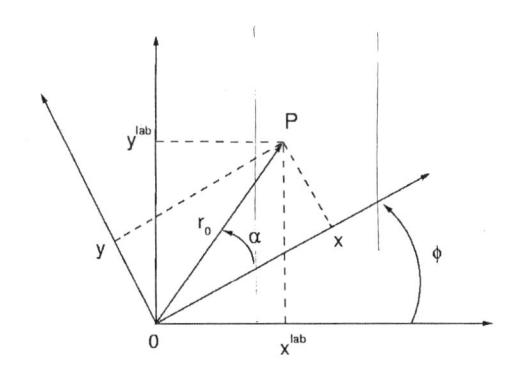

図8.6　回転系の内部座標 (x,y) と，実験室座標 $(x^{\text{lab}}, y^{\text{lab}})$ による任意の点 P の記述．2 組の座標は (時間に依存する) 回転変換によって関係づけられる．

ここでは 2 次元の回転を例として，余分の自由度を含む記述の扱い方を示す．余分の自由度を除くために拘束条件が必要となる．

8.7.1　拘束条件†

ここでは，まず実験室系に対して，原点を中心に回転させることのできる直交軸を基準枠として考え，これを参照して粒子の位置を表した座標を回転系の内部座標 (intrinsic coordinates) と呼ぶことにする．実験室系に対するその基準枠の相対的な回転運動は，集団座標 (collective coordinates) によって記述される．そうすると，この問題において以下のことが想定される．

- 粒子の移動 (ここでは原点中心の回転を考える) を記述するための変数として，余分の自由度を含む角度変数の組 (内部変数＋集団変数) が存在している．
- 基準枠に対する粒子の回転は，内部角運動量 $\hat{L}$ によって生成される (式(5.10))．その一方で集団角運動量 $\hat{I}$ も存在し，これは基準枠自体の回転を生成する．
- この問題に関しては，Lagrange関数 $\mathcal{L}$ の偏微分によって運動量を定義して与えられる古典的な運動方程式の組だけから解を決定することはできない．Lagrange関数が，基準枠の時間変化に関する情報を含んでいないからである．たとえばこの状況下で，ひとつの粒子が原点からの距離 r_0 を保って運動しているならば，Lagrange関数は $\dot{\alpha}$ と $\dot{\phi}$ の関数として与えられる (図8.6 参照)．

$$\mathcal{L} = \frac{\mathcal{J}}{2}(\dot{\alpha} + \dot{\phi})^2 \tag{8.41}$$

内部座標系の粒子位置から，一般化座標としての角度 $\alpha = \tan^{-1}(y/x)$ が定義されており，$\mathcal{J} = Mr_0^2$ は能率(モーメント)を表す．次の一般化運動量の定義，

$$L = \frac{\partial \mathcal{L}}{\partial \dot{\alpha}} \quad \text{and} \quad I = \frac{\partial \mathcal{L}}{\partial \dot{\phi}}$$

から，内部座標における軌道角運動量 L と，拘束条件 $f=0$ が与えられる．

$$L = \mathcal{J}(\dot{\alpha} + \dot{\phi}) \tag{8.42}$$

$$f = L - I = 0 \tag{8.43}$$

式(8.43)は，粒子の基準枠に対する相対的な回転に関する記述が，基準枠自体の反対向きの回転に関する記述と完全に等価であることを示している．これはいわゆるゲージ不変性の，力学的な類似物と見なすことができる．

- 我々の目的は，この古典的なモデルを量子化することである．次の交換関係が成立する．

$$[\hat{\alpha}, \hat{L}] = [\hat{\phi}, \hat{I}] = i\hbar \tag{8.44}$$

我々は恣意的にベクトル空間を拡大したので，物理的に想定し得る状態や演算子の他に，物理的に意味を持たない(非物理的な)状態や演算子の存在も予想される．拘束条件(8.43)は，次の量子力学的条件と等価である．

$$\begin{aligned} &\hat{f}\varphi_{\text{ph}} = 0, \qquad \hat{f}\varphi_{\text{unph}} \neq 0 \\ &[\hat{f}, \hat{O}_{\text{ph}}] = 0, \quad [\hat{f}, \hat{O}_{\text{unph}}] \neq 0 \end{aligned} \tag{8.45}$$

添字の ph と unph は，物理的に意味のある状態や演算子と，非物理的な状態や演算子を区別する．ごく単純な問題を除き，このような分離は決して簡単なものではない．

- この問題は円筒対称なので，安定状態を生じるような内部角度の特定の値や，その状態への復元力は存在せず，摂動論を適用することはできない．

8.7.2　BRST処方について[†]

ここで為すべき最も自然なことは，拘束条件に従って，変数の数を本来の自由度の数にまで減らすことのように思える．しかしながら，むしろ逆に変数を増やすと同時に，より強力な対称性を導入するという理論的な技法が進展を見せている．

集団運動に関する部分空間 (corrective subspace) は，次のような 2 次元空間内の軌道角運動量の固有関数によって張られる．

$$\varphi_m(\phi) = \frac{1}{\sqrt{2\pi}} \exp(im\phi) \tag{8.46}$$

8.7.1項で導入した集団座標 ϕ は，動いている座標系を人為的に導入したことに伴って生じたものだが，これを真の自由度へと格上げする．

この問題に含まれている本来的な自由度はひとつだけであり，この役割を集団運動の角度が受け持つとすると，余った内部自由度は非物理的である．したがって内部座標 α を非物理的な部分空間に充てるという措置が必要となる．Becchi-Rouet-Stora-Tyutin (BRST) の手続きでは，この部分空間も補助場へと統合することになるが[55]，そうしておいて状態ベクトルに対して適切な補助条件を設定すると，非物理的な自由度の物理的観測量への影響はすべて相殺される．その上，自由度 α は他の擬似的な場との混合を通じて有限の振動数を獲得するので，摂動論の適用が可能となる．

残念ながら，この問題にこれ以上深入りすることはできない．量子力学的な BRST 処方の初等的な解説が，[56] の 2 番目の文献において与えられている．

練習問題　(∗略解 p.271)

∗問1　1. 摂動論に基づいてエネルギーの 2 次の補正式を求め，基底状態に関しては，この補正が必ず負になることを示せ．

2. 固有状態への 2 次の補正を求めよ．

∗問2　非摂動ハミルトニアンと摂動ハミルトニアンが，それぞれ次の行列で与えられるものとする．

$$\hat{H}_0 = \begin{pmatrix} 5 & 0 & 0 \\ 0 & 2 & 0 \\ 0 & 0 & -1 \end{pmatrix}, \quad \hat{V} = \begin{pmatrix} 0 & c & 0 \\ c & 0 & 0 \\ 0 & 0 & 2c \end{pmatrix}$$

1. エネルギーに対する 1 次摂動を計算せよ．
2. エネルギーに対する 2 次摂動を計算せよ．
3. 状態ベクトルに対する 1 次摂動を求めよ．
4. 状態ベクトルに対する 2 次摂動を求めよ．
5. 正確なエネルギーを c の冪 (べき) に展開し，摂動論の結果と比較せよ．

$$(1+x)^{1/2} = 1 + \frac{1}{2}x - \frac{1}{8}x^2 + \frac{1}{16}x^3 - \cdots$$

第8章　近似法

*問3　1. 調和振動子に摂動 $V(x) = kx$ が加わった場合の，基底エネルギーに対する 1 次と 2 次の補正を計算し，正確に求めた基底エネルギーと比較せよ．

2. 摂動が $V(x) = bx^2/2$ の場合についても同様の比較を行え．

*問4　1. 調和振動子の基底エネルギーに対する最低次の相対論補正を計算せよ．
ヒント：相対論的なエネルギー $\sqrt{M^2c^4 + c^2p^2}$ を p/Mc の冪に展開せよ．

2. $M = 2M_\mathrm{p}$, $\hbar\omega = 4.0 \times 10^{-3}$ eV の分子の振動を想定して，基底エネルギーの非相対論値に対する相対論補正のオーダーを求めよ．

*問5　Brillouin-Wigner 摂動による状態ベクトルの 2 次までの補正を求めよ．その結果を，式 (8.8) および問 1 の結果と比較せよ．

問6　ハミルトニアンとして式 (3.17) を想定すると，Brillouin-Wigner 摂動論の 2 次補正において，すでに正確な結果 (3.18) が与えられることを示せ．
ヒント：次式を利用し，対角項 $\langle p|\hat{V}|p\rangle$ を非摂動エネルギー $E_p^{(0)}$ に含めよ．

$$E_a = \langle a|\hat{H}|a\rangle + \frac{|\langle a|\hat{H}|b\rangle|^2}{E_a - \langle b|\hat{H}|b\rangle}$$

*問7　調和振動子の基底状態において，質量因子を変分パラメーターと見なし，ハミルトニアンを調和振動子ポテンシャルと相対論的運動エネルギーの和に変更した場合に，基底エネルギーを最低にすることを考える．問 4 における摂動の結果を改善するために，p^2/M^2c^2 の高次項を必要なだけ含めることにする．

1. ハミルトニアンの期待値を M^*/M の関数として書け．

2. エネルギーを最低にする条件式を求めよ．

3. この方程式の解を $\hbar\omega/Mc^2$ の冪（べき）で書け．

4. エネルギーを $\hbar\omega/Mc^2$ の冪で展開せよ．

*問8　He 原子において 2 個の電子が $1s2p$ を占めている状態に対する摂動補正を計算せよ．縮退があるにもかかわらず，摂動論を利用できる理由を説明せよ．

*問9　1. He 原子，Li イオン，2 価の Be イオンの基底状態について，E_H を単位として 1 次摂動の補正を計算せよ．

2. 実効電子数 Z^* を変分パラメーターと見なして，変分エネルギーを求めよ．

3. 上の結果を次の実験値と比較せよ．
He : -79 eV, Li$^+$: -197 eV, Be^{2+} : -370 eV.

*問10．回転運動のハミルトニアン (8.23) において $R \to R_0 + y$ という変数の置き換えを行い，ハミルトニアンを y について 2 次まで展開せよ．回転と振動に関するそれぞれの基本関数の積を，非摂動状態の基本関数として採用し，摂動によるエネルギー補正を計算せよ．

$$(1+a)^{-2} = 1 - 2a + 3a^2 + \cdots$$

練習問題 (第8章)

*問11 2つのHe原子がVan der Waals (ファン・デル・ワールス) 力によって $V(R) = 4\epsilon\left[(\sigma/R)^{12} - (\sigma/R)^6\right]$ という形の引力を及ぼし合っている。$\epsilon = 8.75 \times 10^{-4}$ eV, $\sigma = 2.56$ Å である。以下の諸量を求めよ。

1. 平衡状態におけるエネルギー ϵ_0 と原子間距離 R_0.
2. 振動運動の特性エネルギー $\hbar\omega$.
3. 回転運動の特性エネルギー $\hbar^2/2\mu R_0^2$.

*問12. ハミルトニアンとして，次の行列を考える．
$$\begin{pmatrix} 20 & 1 & 0 \\ 1 & 21 & 2 \\ 0 & 2 & 30 \end{pmatrix}$$

1. 2つのほとんど縮退した状態を対角化するように基本ベクトルを変更し，新たな行列を構築せよ．
2. 得られた行列を摂動論で扱い，各固有ベクトル (元々の基本ベクトル系による表現) と各固有値を求めよ．
3. 上の結果を，元の行列を正確に対角化した場合の結果と比較せよ．

*問13 水素原子が z 方向に一定の強度を持つ電場の中にあり，電場の影響によってエネルギー準位のずれや分裂が生じている (Stark [シュタルク]効果)．

1. $n = 2$ 状態に関する摂動の行列を構築し，その行列を対角化せよ．
2. 調和振動子ポテンシャルの $N = 2$ 状態についても，同じことをせよ．

*問14 j 殻内の2つのフェルミオンを考える．

1. 2粒子状態として次の形を仮定して，ハミルトニアンを表す行列の大きさを求めよ．
$$\phi_{mm'} = \frac{1}{\sqrt{2}}\left[\varphi_{jm}(1)\varphi_{jm'}(2) - \varphi_{jm}(2)\varphi_{jm'}(1)\right]$$

2. ハミルトニアンの行列要素を $\langle mm'|\hat{H}|m''m'''\rangle = -g\delta_{m(-m')}\delta_{m''(-m''')}$ と与えてみる．(簡約化された) 対角化すべきハミルトニアン行列の大きさを求めよ．
3. 固有ベクトルと固有値を求めよ．
ヒント：解の形を $\Psi = \sum_m c_m \phi_{m(-m)}$ として，振幅について (a) $c_m = $ 一定, (b) $\sum_m c_m = 0$ の条件で考えてみよ．

結果として得られる余分に束縛された状態 ($E_a = -g(j + 1/2)$) は，Cooper対 (クーパーつい) と呼ばれ，この束縛効果は超伝導現象を説明するための基礎を与える [57]．$j \gg 1$ において，この孤立した状態に関する摂動は小さな補正しか与えず，現実的な行列要素とそれらの平均 $-g$ の差を与える指標を Δ とすると $|\Delta/E_a| \ll 1$ である．この手続きは他の (縮退した) 状態には適用できない．

第 9 章 時間依存性

9.1 時間発展の原理

　前章まで我々は静的な状況だけを扱ってきた (測定に伴う状態の収縮だけが例外であった). 本章では時間変化をする一般的な状態ベクトルを論じることにするが, このために新たな原理を導入する必要がある. 単純な (スピンの) 問題について, その原理から得られる時間に依存する Schrödinger 方程式を厳密に解くことと, 摂動論によって解くことを行う. 単位時間あたりの遷移確率の概念は, 非対角行列要素に対して物理的な意味を与え, エネルギーと時間の間の不確定性関係を導く (9.4節).

　第 1 章では, 古典力学と古典電磁気学の下で水素原子が安定に存在し得ないことが, 量子力学を発展させた主要な理由であることを強調した. したがって, この中心的な問題を解決しない限り, 量子力学が完成したものとは見なせない. この仕事のためには量子電磁力学の導入が必要となる (9.5節). 光子の誘導放射や自発放射とレーザー光学, 電子の遷移の選択則や励起電子の平均寿命など概念も, 量子電磁力学的な知見に基づいて与えられる.

　時刻 t における系の状態が, 時間に依存する状態ベクトル $\Psi(t)$ によって表されるものとしよう[§]. そして時刻 $t' > t$ における系の状態を, 次のように表してみる.

$$\Psi(t') = \hat{\mathcal{U}}(t',t)\Psi(t) \tag{9.1}$$

$\hat{\mathcal{U}}(t',t)$ は時間発展演算子 (evolution operator) と呼ばれる. これはユニタリー演算子で, 次の条件を満たす必要がある.

[§](訳註) このように状態ベクトルに時間依存性を持たせた時間発展の扱い方・捉え方を Schrödinger 描像 (Schrödinger picture) と呼ぶ. これに対して状態ベクトルは時間に依存せず, 演算子の方が時間に依存するような定式化の方法もあり, このような見方を Heisenberg 描像と呼ぶ. 理論的には互いに等価で同等に重要であるが, Heisenberg 描像では一般の具体的な量子力学の問題において定常状態以外の系の "変化" を扱い難いので, 本書では言及されない. 時間発展はハミルトニアンによって与えられ, Schrödinger 描像では状態ベクトル $\Psi(t)$ が式(9.5) に従うが, Heisenberg 描像では観測量に対応する演算子 (もしくは行列) $\hat{Q}(t)$ が $i\hbar(d\hat{Q}/dt) = [\hat{Q}, \hat{H}]$ (Heisenberg の運動方程式) に従って $\hat{Q}(t) = e^{i\hat{H}t/\hbar}\hat{Q}(0)e^{-i\hat{H}t/\hbar}$, $\hat{H}$ の固有状態間の行列要素は $\langle m|\hat{Q}(t)|n\rangle = \langle m|\hat{Q}(0)|n\rangle \exp(i\omega_{mn}t)$ となる (式(9.27)参照).

$$\lim_{t' \to t} \hat{\mathcal{U}}(t', t) = 1 \tag{9.2}$$

そうすると，時刻 $t' = t + \Delta t$ における状態は，

$$\begin{aligned}\Psi(t + \Delta t) &= \hat{\mathcal{U}}(t + \Delta t, t)\Psi(t) \\ &= \left[1 + \frac{\partial}{\partial t'}\hat{\mathcal{U}}(t', t)\bigg|_{t'=t} \Delta t + \cdots\right]\Psi(t)\end{aligned}$$

である．すなわち状態ベクトルの時間微分は，次式のように表される．

$$\frac{\partial}{\partial t}\Psi(t) = \frac{\partial}{\partial t'}\hat{\mathcal{U}}(t', t)\bigg|_{t'=t}\Psi(t) \tag{9.3}$$

ここで第 2 章および第 7 章で既に示した 4 つの量子力学の原理に，もうひとつの原理をつけ加える必要がある．

原理 5 (時間発展)　状態ベクトルの時間変化率はハミルトニアンに純虚数 $(-i/\hbar)$ を乗じた演算子によって与えられる．時間発展演算子は次式に従う．

$$\frac{\partial}{\partial t'}\hat{\mathcal{U}}(t', t)\bigg|_{t'=t} = -\frac{i}{\hbar}\hat{H}(t) \tag{9.4}$$

ここから以下のことが帰結される．

- 系の状態ベクトルの時間発展は，時間に関して 1 階の，次の線形微分方程式によって記述される．

$$i\hbar\frac{\partial}{\partial t}\Psi(t) = \hat{H}\Psi(t) \tag{9.5}$$

この式は，時間に依存するSchrödinger方程式 (time-dependent Schrödinger equation) と呼ばれる¶．この系の時間変化を規定する式は，対象として扱う個別の状況には依らず，量子力学において扱う系の状態ベクトル (波動関数) に対して普遍的に適用される．

- 系の状態の時間変化は (測定が行われない限り) 決定論的であり，初期状態が決まると，その後の状態ベクトルの挙動も完全に決まる．

¶(訳註) 式(9.5) の左辺は時間依存を含めた Schrödinger形式において $E \to i\hbar(\partial/\partial t)$ という置換則を含意している．Schrödinger方程式自体は Lorentz不変ではないが，この置換則は特殊相対論の観点から $\mathbf{p} \to -i\hbar(\partial/\partial \mathbf{r})$ (式(4.4)参照) に対応するものと見なせる．これらに付随して量子力学的な自由粒子の状態 (式(9.9)) における粒子性 (エネルギー，運動量) と波動性 (振動数，波長) の一般的な関係 $E = h\nu = \hbar\omega$ (式(13.4)) および $p = h/\lambda = \hbar k$ (式(4.32)) が成立するが，この 2 つの式を一括して Einstein - de Broglieの関係式と呼ぶ．歴史的には，まず de Broglie が Einstein の光量子仮説 (13.3.1項 (p.248)) から着想を得て，仮想的な物質波 (粒子の随伴波) に対して特殊相対論の観点からこの関係性だけを想定して Bohr の量子条件を解釈する考察を行った (1923年)．この仮説は当初ほとんど注目されなかったが，後に Schrödinger が波動力学を構築するための素地を与えることになった (1926年)．

- 状態ベクトルの時間発展を表す変換は，ユニタリー変換である (すなわち状態ベクトルのノルムは保存する).
- 系の時間発展は可逆である[‡].
- ハミルトニアンが時間 τ に依存しないか，もしくは時間に依存していても，異なる任意の時刻におけるハミルトニアンが $[\hat{H}(\tau_1), \hat{H}(\tau_2)] = 0$ のように可換であれば，時間発展演算子を次のように表すことができる[§].

$$\hat{\mathcal{U}}(t',t) = \exp\left[-\frac{\mathrm{i}}{\hbar}\int_t^{t'}\hat{H}(\tau)\mathrm{d}\tau\right] \tag{9.6}$$

ハミルトニアンが時間に依存せず，固有値方程式 $\hat{H}\boldsymbol{\varphi}_i = E_i\boldsymbol{\varphi}_i$ を満たすならば，微分方程式(9.5) の解を，変数分離法によって見いだすことができる．

$$\boldsymbol{\varphi}_i(t) = f(t)\boldsymbol{\varphi}_i, \quad \mathrm{i}\hbar\frac{\mathrm{d}f}{\mathrm{d}t} = E_i f \rightarrow f = \exp\bigl(-\mathrm{i}E_i t/\hbar\bigr) \tag{9.7}$$

したがって，

$$\boldsymbol{\varphi}_i(t) = \boldsymbol{\varphi}_i \exp\bigl(-\mathrm{i}E_i t/\hbar\bigr) \tag{9.8}$$

が式(9.5) の基本解として許容される．ハミルトニアンが時間に依存しないならば，系の定常状態に付随する諸量も時間に依存しないことが予想されるが，状態ベクトルを考える際には，定常状態でも位相因子の時間依存だけは必然的に許容される．式(9.8) は系の定常状態を表している．

式(9.4) において比例係数を $-\mathrm{i}/\hbar$ と置いたことにより，エネルギー $E = \hbar\omega$ を持つ自由粒子 ($\hat{H} = -(\hbar^2/2M)(\mathrm{d}^2/\mathrm{d}x^2)$) の時間に依存する波動関数が，予想される通りの平面波になる (式(4.30)参照).

$$\boldsymbol{\varphi}_{\pm k}(x,t) = A\exp\bigl[\mathrm{i}(\pm kx - \omega t)\bigr] \tag{9.9}$$

時間に依存しないハミルトニアンの下で，時刻 $t = 0$ における系の状態を，式(2.6) のように固有状態の線形結合によって表したとしよう.

$$\Psi(t=0) = \sum_i c_i\boldsymbol{\varphi}_i \tag{9.10}$$

[‡](訳註) $\Psi(-t)$ は式(9.5) の解ではないが，$\Phi(t) \equiv \Psi^*(-t)$ は解であり，任意の観測量 Q に関する逆の時間変化 $\langle\Phi(t)|\hat{Q}|\Phi(t)\rangle = \langle\Psi(-t)|\hat{Q}|\Psi(-t)\rangle$ を想定できる．

[§](訳註) 演算子を引数とした指数関数の表記は，式(4.7) と同様にテイラー展開した形を本来の定義と考えればよい．$\exp(\hat{Q}) \equiv 1 + \hat{Q} + (1/2)\hat{Q}^2 + \cdots$.

式(9.5) の線形性に基づき，時刻 t まで時間発展を経た状態は，基本解 (9.8) を利用して次のように表される[1])。

$$\Psi(t) = \sum_i c_i \varphi_i \exp(-\mathrm{i}E_i t/\hbar) \tag{9.11}$$

観測量 Q に対応する演算子 $\hat{Q}$ について，もし交換関係 $[\hat{Q}, \hat{H}] = 0$ が成立するならば，それは Q の保存則を意味する．系の初期状態が演算子 $\hat{Q}$ の固有状態であれば，系は時間発展の下で，その固有状態を保持し続ける．

9.2 スピン状態の時間変化

9.2.1 Larmor歳差運動

手初めに，単純ではあるが自明ではない式(9.5) の解の実例を見てみる．ハミルトニアンとして，スピンの磁気能率と z 方向の外部磁場との相互作用を考える (式(5.16) 参照)．時間発展演算子 (9.6) は次のように与えられる．

$$\hat{U}_z(t,0) = \exp(-\mathrm{i}\hat{H}_z t/\hbar) = \begin{pmatrix} \exp(\mathrm{i}\omega_\mathrm{L} t/2) & 0 \\ 0 & \exp(-\mathrm{i}\omega_\mathrm{L} t/2) \end{pmatrix}$$

$$\hat{H}_z = -\omega_\mathrm{L} \hat{S}_z \tag{9.12}$$

$\omega_\mathrm{L} \equiv \mu_\nu g_s B/\hbar$ はLarmor角振動数と呼ばれる (式(5.25)参照)．式(9.12) における指数関数の展開には，スピン行列の式(5.22) を用いた．

状態ベクトルの時間発展は，次のように表される．

$$\Psi(t) = \begin{pmatrix} c_\uparrow(t) \\ c_\downarrow(t) \end{pmatrix} = \hat{U}_z(t,0) \begin{pmatrix} c_\uparrow(0) \\ c_\downarrow(0) \end{pmatrix} \tag{9.13}$$

$t = 0$ における系の初期状態が z 方向のスピン演算子 $\hat{S}_z$ の固有状態であれば，その状態が永遠に維持され，式(9.13) は定常状態 (9.8) の例ということになる．しかし，たとえば $t = 0$ においてスピンが x 方向を向いていたならば (初期値は $c_\uparrow = c_\downarrow = 1/\sqrt{2}$．式(3.21)参照)，状態ベクトルの時間変化は，次のように与えられる．

$$\Psi(t) = \frac{1}{\sqrt{2}} \begin{pmatrix} 1 \\ 1 \end{pmatrix} \cos\frac{\omega_\mathrm{L} t}{2} + \mathrm{i}\frac{1}{\sqrt{2}} \begin{pmatrix} 1 \\ -1 \end{pmatrix} \sin\frac{\omega_\mathrm{L} t}{2} \tag{9.14}$$

---

[1]) このような時間発展の式は，ハミルトニアンの固有関数系を基本関数とした展開式においてのみ妥当である．ハミルトニアン以外の演算子に付随する固有状態 φ_i と固有値 q_i を用いて $\Psi(t) = \Sigma_i c_i \exp(-\mathrm{i}q_i t/\hbar)$ のような関数を作ることは無意味である．

9.2. スピン状態の時間変化

時刻 t において,スピンが x 方向を向いている確率は $\cos^2(\omega_\mathrm{L} t/2)$,$-x$ 方向を向いている確率は $\sin^2(\omega_\mathrm{L} t/2)$ である.各スピン成分の期待値の時間変化は次のように与えられる.

$$\langle\Psi|\hat{S}_x|\Psi\rangle = \frac{\hbar}{2}\cos(\omega_\mathrm{L} t), \quad \langle\Psi|\hat{S}_y|\Psi\rangle = -\frac{\hbar}{2}\sin(\omega_\mathrm{L} t)$$
$$\langle\Psi|\hat{S}_z|\Psi\rangle = 0 \tag{9.15}$$

すなわちスピンは z 方向 (磁場の方向) の軸のまわりに歳差運動を行い,その角振動数は ω_L,歳差回転の方向は負 $(x \to -y)$ である.時間の経過を待ってもスピンが z 方向を向くことは決してない.静的に角運動量の z 方向成分が確定している定常状態 (5.1.1項の図5.1 〈p.87〉を参照) とは異なり,ここでは S_z が許容される固有値 $\pm\hbar/2$ に確定していない動的な歳差運動を記述している.

$t \ll 1/\omega_\mathrm{L}$ であれば,これは初期状態 $\varphi_{S_x=\hbar/2}$ から終状態 $\varphi_{S_x=-\hbar/2}$ への確率 $\omega_\mathrm{L}^2 t^2/4$ の遷移過程の記述となる.この条件下では,単位時間あたりの遷移確率が経過時間に比例する.

ハミルトニアン (9.12) において z 方向を x 方向に置き換えると,時間発展変換は次のように変更される.

$$\hat{\mathcal{U}}_x(t,0) = \begin{pmatrix} \cos(\omega_\mathrm{L} t/2) & \mathrm{i}\sin(\omega_\mathrm{L} t/2) \\ \mathrm{i}\sin(\omega_\mathrm{L} t/2) & \cos(\omega_\mathrm{L} t/2) \end{pmatrix} \tag{9.16}$$

9.2.2 磁気共鳴

ここで z 方向の定常的な外部磁場 B に加えて,これに直交し,振幅 B',角振動数 ω で回転する交流磁場を印加する.ハミルトニアンは次のように与えられる¶.

$$\hat{H} = -\frac{2\mu_s B}{\hbar}\hat{S}_z - \frac{2\mu_s B'}{\hbar}\left(\cos\omega t\,\hat{S}_x - \sin\omega t\,\hat{S}_y\right)$$
$$= -\mu_s \begin{pmatrix} B & B'\exp(\mathrm{i}\omega t) \\ B'\exp(-\mathrm{i}\omega t) & -B \end{pmatrix} \tag{9.17}$$

ここでは異なる時刻におけるハミルトニアンが非可換なので,時間発展演算子 (9.6) は使えない.したがって式 (9.5) を解いて各振幅の時間依存 $c_i(t)$ を求めなければならない.任意に設定した外場の角振動数 ω の下で解析的に解くことが可能であるが,

---

¶(訳註) 本項の原書の記述は次元と ω_L に付随する因子 2 の扱い方に混乱があるが,訳稿では前項と辻褄を合わせた.$\mu_s B$ はエネルギー,S_x, S_y, S_z は作用量 (エネルギー×時間) の次元を持つ.$\omega_\mathrm{L} = \mu_\nu g_s B/\hbar = 2\mu_s B/\hbar$ とする (式(5.25)参照).

これを Larmor 角振動数 ω_L と一致させたときに最大の影響が現れるので，この状況を想定する．また $\omega' \equiv 2\mu_s B'/\hbar$ と書く．

解の形として，まず式(9.13)と同じ時間依存因子を考え，更に振幅にも時間依存を導入する．

$$\begin{pmatrix} b_\uparrow(t) \\ b_\downarrow(t) \end{pmatrix} = \begin{pmatrix} \exp(\mathrm{i}\omega t/2)c_\uparrow(t) \\ \exp(-\mathrm{i}\omega t/2)c_\downarrow(t) \end{pmatrix}$$

これを時間に依存する Schrödinger 方程式に代入すると，振幅が従う式として，

$$\begin{pmatrix} \dot{c}_\uparrow \\ \dot{c}_\downarrow \end{pmatrix} = \frac{\mathrm{i}}{2}\omega' \begin{pmatrix} c_\downarrow \\ c_\uparrow \end{pmatrix} \tag{9.18}$$

が与えられ，次の解を得る．

$$\begin{pmatrix} c_\uparrow \\ c_\downarrow \end{pmatrix} = \begin{pmatrix} \cos\dfrac{\omega' t}{2} & \sin\dfrac{\omega' t}{2} \\ \mathrm{i}\sin\dfrac{\omega' t}{2} & -\mathrm{i}\cos\dfrac{\omega' t}{2} \end{pmatrix} \begin{pmatrix} c_\uparrow(0) \\ c_\downarrow(0) \end{pmatrix} \tag{9.19}$$

この結果はスピン反転(フリップ)を表している．すなわち初めに上向き(下向き)のスピンが，下向き(上向き)の状態へ移行する．時間の経過の下で，上の解の初めのスピン状態が維持される確率と反転する確率は，次のように表される．

$$P_{\uparrow\to\uparrow} = P_{\downarrow\to\downarrow} = \cos^2\left(\frac{1}{2}\omega' t\right)$$
$$P_{\uparrow\to\downarrow} = P_{\downarrow\to\uparrow} = \sin^2\left(\frac{1}{2}\omega' t\right) \tag{9.20}$$

静磁場下で決まる ω_L に対して，任意の角振動数 ω を持つ交流回転磁場を加えた場合の一般的なスピン反転の確率は，次のようになる(図9.1)．

$$P_{\uparrow\to\downarrow}(t) = \frac{(\omega')^2}{(\omega-\omega_L)^2+(\omega')^2}\sin^2\left[\frac{1}{2}t\sqrt{(\omega-\omega_L)^2+(\omega')^2}\right] \tag{9.21}$$

この式は典型的な共鳴現象を表現している(磁気共鳴 magnetic resonance)．$\omega \approx \omega_L$ であれば回転磁場 B' が弱くても大きな影響が生じるので(図9.1)，回転磁場との相互作用を摂動として扱うことはできない．摂動論を適用できる条件は $|\omega'| \ll |\omega-\omega_L|$ であるが，共鳴振動数近傍の角振動数を持つ回転磁場の加法に関しては，これが成立しない．

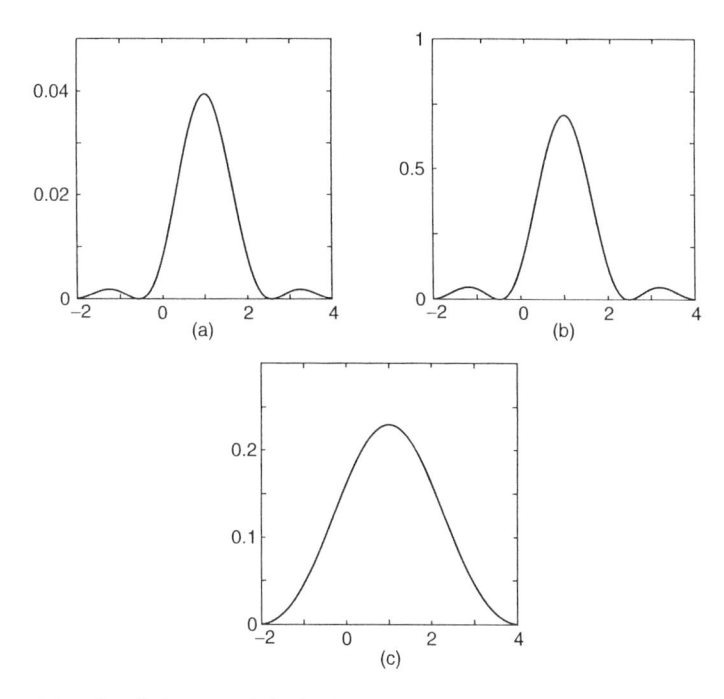

図9.1 式(9.21)に基づいて,一定時間経過後におけるスピン反転確率の,回転磁場の角振動数 ω に対する依存性を描いたグラフ.横軸は ω/ω_L, 縦軸は反転確率である. $\omega = \omega_\mathrm{L}$ において共鳴ピークの頂点が見られる.各図で採用したパラメーター値(経過時間 t, 回転磁場強度指標 ω')は (a) $t\omega_\mathrm{L} = 4$, $\omega'/\omega_\mathrm{L} = 1/10$, (b) $t\omega_\mathrm{L} = 4$, $\omega'/\omega_\mathrm{L} = 1/2$, (c) $t\omega_\mathrm{L} = 2$, $\omega'/\omega_\mathrm{L} = 1/2$ である. (b) と (c) の比較は時間とエネルギーの相補的な不確定性関係を予想させる (式(9.34)および 9.4.3 項 ⟨p.194⟩).

磁気共鳴はスピン方向の制御を含む過程において基本的なものである.この現象は物理学の多くの分野において応用されており,たとえば素粒子などの磁気能率の測定や,凝縮系の性質の解明に利用される.さらには量子計算や医療診断などの分野においても有用である.

9.3 ハミルトニアンの唐突な時間変化

$t < 0$ において $\hat{H} = \hat{H}_0$, $t > 0$ において $\hat{H} = \hat{K}_0$ のように切り換わるハミルトニアン $\hat{H}(t)$ を考える. $\hat{H}_0$ と $\hat{K}_0$ は時間に依存せず,それぞれの固有状態と固有値

は既知である.

$$\hat{H}_0\varphi_i = E_i\varphi_i, \quad \hat{K}_0\phi_i = \epsilon_i\phi_i \tag{9.22}$$

この系の初期状態が, $\hat{H}_0$ の定常状態 $\varphi_i \exp(-iE_i t/\hbar)$ であったとしよう. $t > 0$ における状態は $\hat{K}_0$ の固有状態の重ね合わせとして, 次のように表される.

$$\Psi = \sum_k c_k \phi_k \exp(-i\epsilon_k t/\hbar) \tag{9.23}$$

$\hat{K}_0$ が時間に依存しないので, 各成分の振幅 c_k も時間に依存しない[‡].

微分方程式を満たす解は, 時間に関して連続でなければならない. したがってハミルトニアンが切り換わる時刻 $t=0$ における接続条件から, $t > 0$ における各振幅が,

$$\varphi_i = \sum_k c_k \phi_k \;\rightarrow\; c_k = \langle \phi_k | \varphi_i \rangle \tag{9.24}$$

と与えられる. $t=0$ において起こり得る遷移の, それぞれの確率は,

$$P_{\varphi_i \to \phi_k} = |c_k|^2 \tag{9.25}$$

である.

9.4 時間に依存する摂動論

ハミルトニアンが時間に依存しない主要項 $\hat{H}_0$ と, 時間に依存する摂動項 $\hat{V}(t)$ から成る場合には, 状態ベクトルの展開式(9.11)において, 各振幅に時間依存を想定しなければならない ($c_i = c_i(t)$). ハミルトニアン $\hat{H}_0 + \hat{V}(t)$ に関する時間に依存する Schrödinger方程式は, 各振幅 $c_i(t)$ に関する次の式と等価である.

$$i\hbar \sum_i \dot{c}_i \varphi_i \exp(-iE_i t/\hbar) = \hat{V} \sum_i c_i \varphi_i \exp(-iE_i t/\hbar) \tag{9.26}$$

両辺に対して, φ_k との内積をとると,

$$i\hbar \dot{c}_k = \sum_i c_i \langle k|\hat{V}|i\rangle \exp(i\omega_{ki}t); \quad \omega_{ki} = \frac{E_k - E_i}{\hbar} \tag{9.27}$$

[‡](訳註) 状態 Ψ は $\hat{K}_0$ に関する固有状態(定常状態)の重ね合わせとして与えられているが, 各振幅係数 c_k が時間に依存しなくとも, 全体としては一般に $\hat{K}_0$ の固有状態ではないので, 定常状態でもないことに注意されたい. Ψ には角振動数 $\omega_k = \epsilon_k/\hbar$ の異なる別々の時間依存因子が含まれることになるので, $|\Psi|$ には例えば $\omega_{kl} \equiv \omega_k - \omega_l$ のような角振動数(Bohr角振動数. 次節参照)の時間依存性が生じ得る.

のように，一連の $c_k(t)$ に関する連立微分方程式が得られる．ここに現れた ω_{ki} は Bohr角振動数と呼ばれる．これらの式を，たとえば $t=0$ における各振幅 c_i の初期値などの境界条件を設定して解かなければならない．時間に依存する問題を，このように各振幅 $c_i(t)$ が相互に関係した形に定式化する方法は Dirac によって与えられた．

9.4.1 遷移振幅と遷移確率

連立微分方程式(9.27)は，元の時間に依存する Schrödinger 方程式(9.5)に比べて解きやすいわけではない．ここでも摂動論的な扱い方に頼る必要がある．8.1節と同様に，摂動項 $\hat{V}(t)$ に非物理的な係数 λ $(0 \leq \lambda \leq 1)$ を乗じて，各振幅を次のように展開する．

$$c_k(t) = c_k^{(0)} + \lambda c_k^{(1)}(t) + \lambda^2 c_k^{(2)}(t) + \ldots \tag{9.28}$$

$t=0$ における系の状態を $\varphi_i^{(0)}(t)$ とする．$c_k^{(0)} = \delta_{ki}$ と置くと，この初期条件が設定され，式(9.27)の中の λ に依存しない項が決まる．

時刻 $t=0$ 以降において摂動項が加わる．我々の目的は，系が時刻 $t>0$ において初期状態以外の $\hat{H}_0$ の各固有状態 $\varphi_k^{(0)}$ になる確率を求めることにある．λ の 1 次の項に関する関係式は，

$$\dot{c}_k^{(1)} = -\frac{\mathrm{i}}{\hbar} \langle k|\hat{V}|i\rangle \exp(\mathrm{i}\omega_{ki}t) \tag{9.29}$$

となり，1次の遷移振幅は次のように与えられる．

$$c_k^{(1)}(t) = -\frac{\mathrm{i}}{\hbar} \int_0^t \langle k|\hat{V}|i\rangle \exp(\mathrm{i}\omega_{ki}\tau)\,\mathrm{d}\tau \tag{9.30}$$

$t>0$ において摂動ハミルトニアン $\hat{V}(t)$ によって誘発される初期状態 i から終状態 k への遷移の確率は，上に示した振幅の絶対値の自乗で表される．

$$P_{i \to k}^{(1)}(t) = \left|c_k^{(1)}\right|^2 \tag{9.31}$$

9.4.2 時間変動のない摂動項の影響

摂動因子となる行列要素 $\langle k|\hat{V}|i\rangle$ が，時刻 0 から t までのあいだ一定を保ち，それ以外の時刻ではゼロになっているものとする．1次の振幅 (9.30) と遷移確率 (9.31)

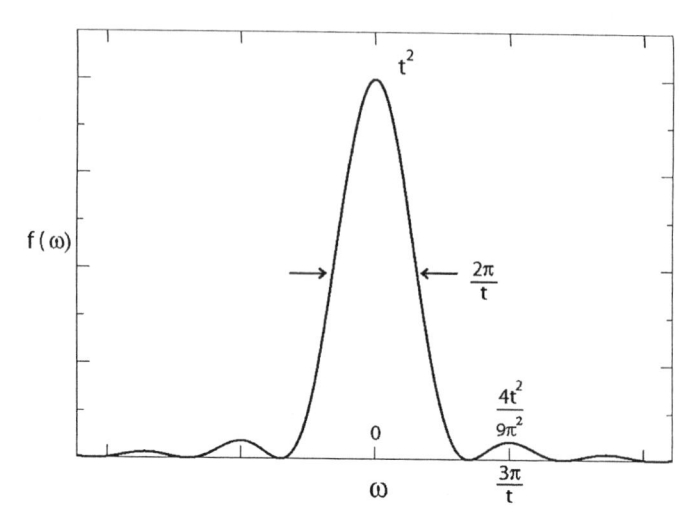

図 9.2 連続状態に対する時間に依存する遷移の確率の特性を表す関数 $f(\omega)$. ω は遷移前後のエネルギー差に対応する角振動数である.

は，次のようになる．

$$c_k^{(1)} = -\frac{\langle k|\hat{V}|i\rangle}{\hbar\omega_{ki}}\left[\exp(i\omega_{ki}t) - 1\right] \tag{9.32}$$

$$P_{i\to k}^{(1)} = \left[\frac{\langle k|\hat{V}|i\rangle}{\hbar\omega_{ki}}\right]^2 4\sin^2(\omega_{ki}t/2) \tag{9.33}$$

上の結果は様々な 1 次過程に対して共通に適用されるものである．この 1 次遷移の性質を，少々詳しく論じておく．

- 終状態 φ_k が，$\hat{H}_0$ の下で連続的に許容されているエネルギー領域内部の状態であるならば，遷移確率は $f(\omega) = (4/\omega^2)\sin^2(\omega t/2)$ に比例する (図 9.2)．ω は遷移前後のエネルギー差に対応する Bohr 角振動数である．$\omega = 0$ における最大ピークの高さは t^2 に比例し，その次の $\omega \approx 3\pi/t$ におけるピークの高さは最大ピークの $4/9\pi^2 \approx 1/20$ 程度に過ぎない．したがって事実上，ほとんどすべての遷移が中央ピークの範囲内で起こることになるが，これは共鳴現象に見られる特徴である．両側にある 2 番目の高さのピークは，回折のような過程に関係している．

- 上記の遷移特性関数に対して角振動数に関する積分を行うと，全遷移確率が得られる．行列要素が主ピークの内部において角振動数に依存しないものと仮定して，主ピークの形を高さ t^2，底辺の半分が $2\pi/t$ の二等辺三角形と近似して考えると，

9.4. 時間に依存する摂動論

全遷移確率は時間に比例して増加し,単位時間あたりの遷移確率は一定であると結論される.

- 最初に励起された原子のエネルギーは,その励起状態が緩和する際に放出される光子の角振動数から求められる (9.5.4 項 ⟨p.200⟩). したがって図9.2 に見られる遷移角振動数の拡がりは,不安定な状態において,許容されるエネルギー値の概念が変わることを意味する. 特定の角振動数における鋭いピークの代わりに, $2\pi/t$ 程度の拡がりを持ったピークが見られることは,対応するエネルギーの値が,

$$\Delta E \geq \hbar \frac{2\pi}{t} \tag{9.34}$$

のオーダーで不確かさを持つことに相当する. この不等式は時間とエネルギーの間の不確定性関係を表す. 電磁波の吸収によって励起が起こる過程においても,同様の不確定性関係が見られる. この時間とエネルギーの不確定性関係は,図9.1 において既に予見されたことである.

- 非対角行列要素 $\langle k|\hat{V}|i\rangle$ の物理的な意味が,遷移確率 (遷移頻度) との関係によって明確になっている.

- 終状態のエネルギー値が連続して許容されているならば,エネルギーの連続した全状態の集合 K ($k \in K$) への遷移頻度の総和にも関心が持たれる. まず, $\pm \Delta E/2$ の範囲 K' への遷移確率は,次のように表される.

$$P^{(1)}_{i \to K'}(\Delta E) = \int_{E_i - \Delta E/2}^{E_i + \Delta E/2} P^{(1)}_{i \to k} \rho(E_k) \, \mathrm{d}E_k \tag{9.35}$$

$\rho(E_k)$ は終状態に関する単位エネルギーあたりの状態密度である[2]. エネルギー区間 ΔE において $|\langle k|\hat{V}|i\rangle|^2$ も $\rho(E_k)$ もほぼ一定であり,ほとんどの遷移がこの区間の範囲内へ集中して起こるもの仮定すると,全エネルギー範囲 K を対象とした遷移確率が,

$$P^{(1)}_{i \to K} \approx \frac{4}{\hbar^2} |\langle k|\hat{V}|i\rangle|^2 \rho(E_k) \int_{-\infty}^{\infty} \mathrm{d}E_k \frac{\sin^2(\omega_{ki} t/2)}{\omega_{ki}^2}$$

$$= \frac{2\pi t}{\hbar} |\langle k|\hat{V}|i\rangle|^2 \rho(E_k) \tag{9.36}$$

と近似される. これを単位時間あたりの遷移確率に直した次式は, Fermi の黄金律 (Fermi golden rule) と呼ばれている.

$$\frac{\mathrm{d}P^{(1)}_{i \to K}}{\mathrm{d}t} = \frac{2\pi}{\hbar} |\langle k|\hat{V}|i\rangle|^2 \rho(E_k) \tag{9.37}$$

---

[2] 自由粒子の場合,状態密度は式(7.21) で与えられる. 同様の手続きによって得た光子に関する状態密度を式(9.53) に与えてある.

9.4.3 平均寿命と時間-エネルギーの不確定性関係

ここまで単一の系を対象として単位時間あたりの遷移確率 dP/dt を考えてきた．同じ初期状態を持つ $\mathcal{N}$ 個の系の集合を扱う場合 (たとえば $\mathcal{N}$ 個の放射性原子の崩壊の観測) にも，ある特定の系 (原子) がいつ崩壊するかを予言することはできない．しかし dP/dt が式 (9.37) のように時間に依存しないならば，全体として未崩壊で残存している原子数の時間変化率は，次のように与えられる．

$$\frac{d\mathcal{N}}{dt} = -\mathcal{N}\frac{dP}{dt} \tag{9.38}$$

したがって残存原子数の時間推移は，次式で表される．

$$\mathcal{N} = \mathcal{N}_0 \exp\left(-\frac{dP}{dt}t\right) = \mathcal{N}_o \exp(-t/\tau), \quad \tau = \left(\frac{dP}{dt}\right)^{-1} \tag{9.39}$$

定数 τ は平均寿命と呼ばれる．これは未遷移の個別系の数が初期数の $1/e$ に減るまでの時間であり，遷移 (崩壊) が起こるまでの時間の不確かさ Δt を表している．式 (2.37) と同様にして，エネルギーと時間の不確定性関係が次のように与えられる．

$$\Delta E \Delta t \geq \frac{\hbar}{2} \tag{9.40}$$

平均寿命が短ければ，遷移のエネルギー幅は広く，寿命が長ければ，遷移のエネルギー幅は狭くなり得る．

9.5 初等的な量子電磁力学[†]

20 世紀初頭に顕在化した物理学の問題の最たるものとして，古典物理では原子核の周囲をまわる電子の運動の安定性を説明し得ないことを第 1 章において述べた．この問題を解決するためには，量子力学を発展させた量子電磁力学 (quantum electrodynamics : QED) に関する知見が必要となる．本節では非常に単純化した形で QED の紹介を行う[§]．

まず荷電粒子が存在しない場合の電磁場 (輻射[¶]場) について考察する．正準変数を用いて電磁場のエネルギーに関する古典的な 2 次の表現を与えることができるが，その正準共役変数の組合せを式 (2.16) のような交換関係を満たす演算子の組に置き

[§] (訳註) 本式の量子電磁力学では，荷電フェルミオン (電子) も初等量子力学的な扱い方 (9.5.3 節) ではなく，相対論的な Dirac を第二量子化した形で扱うことになる．

[¶] (訳註) "radiation" の訳語として "輻射" と "放射" があるが，明確な意味の違いはない．訳者の印象では，前者の方が (粒子線ではない) 電磁波・光の現象というニュアンスが強い．

9.5. 初等的な量子電磁力学†

換えることにより (もしくは，これと等価な手続きにより)，電磁場に量子化が施される．その次の段階では，荷電粒子と電磁場の相互作用を考察する．最後に摂動論によって時間に依存する問題を解く．

9.5.1 輻射場の古典的な記述†

荷電粒子が存在しないならば，古典電磁気学的なベクトルポテンシャル $\mathbf{A}(\mathbf{r},t)$ は，次の波動方程式を満たす．

$$\nabla^2 \mathbf{A} = \frac{1}{c^2}\frac{\partial^2 \mathbf{A}}{\partial t^2} \tag{9.41}$$

一般のベクトル場 $\mathbf{A}$ を，横方向と縦方向の成分に分解して考えることが可能である．縦方向成分はCoulomb(クーロン)相互作用に帰することができ，輻射場を生じないので，粒子のハミルトニアンの方に含めることができる．横方向成分 $\mathbf{A}_t(\mathbf{r},t)$ は，次の条件式を満たす．

$$\mathrm{div}\mathbf{A}_t = 0 \tag{9.42}$$

実空間座標 $\mathbf{r}$ を引数とする関数を包含する線形空間における完全正規直交系 $\{\mathbf{A}_\lambda(\mathbf{r})\}$ を用いて輻射場を展開する．

$$\mathbf{A}_t(\mathbf{r},t) = \sum_\lambda c_\lambda(t) \mathbf{A}_\lambda(\mathbf{r}) \tag{9.43}$$

$$\int_{L^3} \mathbf{A}_\lambda^*(\mathbf{r}) \cdot \mathbf{A}_{\lambda'}(\mathbf{r}) \mathrm{d}V = \delta_{\lambda\lambda'} \tag{9.44}$$

ここでは，輻射場が存在する体積 L^3 の大きな領域 (周期境界条件を適用) を想定している．展開式(9.43)を波動方程式(9.41)に代入して変数分離すると，以下の2式が得られる．

$$\frac{\mathrm{d}^2}{\mathrm{d}t^2}c_\lambda + \omega_\lambda^2 c_\lambda = 0 \tag{9.45}$$

$$\nabla^2 \mathbf{A}_\lambda + \frac{\omega_\lambda^2}{c^2}\mathbf{A}_\lambda = 0 \tag{9.46}$$

ω_λ は変数分離の下で，式の分離のために導入した定数である．時間に関する振動方程式(9.45)の解は，

$$c_\lambda = \eta_\lambda \exp(-\mathrm{i}\omega_\lambda t) \tag{9.47}$$

となる．η_λ は時間に依らない定数である．式 (9.46) は，3 次元電子気体の波動関数 (式 (7.17)) と同様に平面波解を持つ．周期境界条件の下で，次の基本解が得られる[‡]．

$$\mathbf{A}_\lambda = \frac{1}{L^{3/2}} \mathbf{v}_\lambda \exp(i\mathbf{k}_\lambda \cdot \mathbf{r}), \quad k_{\lambda_i} = \frac{2\pi n_{\lambda_i}}{L} \tag{9.48}$$

条件 (9.42) から偏極ベクトル $\mathbf{v}_\lambda$ は $\mathbf{v}_\lambda \cdot \mathbf{k}_\lambda = 0$ を満たす ($\mathbf{k}_\lambda$ と直交する) という制約があるので，同じ波面進行モード $\mathbf{k}_\lambda$ の下で，独立な偏極方向が 2 つ許容される．

電場は，次のように与えられる．

$$\mathbf{E} = -\frac{\partial}{\partial t} \mathbf{A}_t = i \sum_\lambda \omega_\lambda c_\lambda \mathbf{A}_\lambda \tag{9.49}$$

そして，電磁場全体のエネルギーは，

$$\begin{aligned} U &= \frac{1}{2} \int_{L^3} \left(\epsilon_0 |\mathbf{E}|^2 + \mu_0 |\mathbf{B}|^2 \right) dV = \int_{L^3} \epsilon_0 |\mathbf{E}|^2 dV \\ &= \epsilon_0 \sum_\lambda \omega_\lambda^2 c_\lambda^* c_\lambda \\ &= \sum_\lambda \hbar \omega_\lambda a_\lambda^* a_\lambda \end{aligned} \tag{9.50}$$

と表される．上の最後の式では，各モードの振幅に関して，

$$c_\lambda = \sqrt{\frac{\hbar}{\epsilon_0 \omega_\lambda}} a_\lambda$$

という書き換えを施した．ベクトル場の次元は $\mathrm{kg\, m\, s^{-1}\, C^{-1}}$，振幅 c_λ の次元は $\mathrm{kg\, m^{5/2}\, s^{-1}\, C^{-1}}$ であり，新たに導入した振幅 a_λ の次元は 1 となっている．

9.5.2 輻射場の量子化[†]

前項において，輻射場のエネルギーの式が，振幅 a_λ^* と a_λ の 2 次の形で与えられた．これらを生成演算子 $\hat{a}_\lambda^+$ と消滅演算子 $\hat{a}_\lambda$ にそれぞれ置き換えて，式 (3.31) や式 (7.58) と同様の交換関係を設定することによって，輻射場が量子化される．輻射場のハミルトニアンは，次のように表される[3]．

$$\hat{H} = \sum_\lambda \hbar \omega_\lambda \hat{a}_\lambda^+ \hat{a}_\lambda \tag{9.51}$$

[‡](訳註) 添字 λ を，波数ベクトルの区別だけでなく，同じ波数ベクトルの下における偏極方向の 2 通りの区別までを識別する輻射モードの指標と見なす．各偏極ベクトル $\mathbf{v}_\lambda$ は，方向だけを表す単位ベクトルである ($|\mathbf{v}_\lambda| = 1$)．

[3] 輻射場の基底エネルギー (各モードにおける $+(1/2)\hbar\omega_\lambda$) を無視する．(以下訳註) この部分は，調和振動子の力学 (3.2 節) からの安易な類推で，単に物理系の古典的なエネルギー

9.5. 初等的な量子電磁力学†

このハミルトニアンは，以下のような含意を持つ．

- 輻射場の運動を，無数の調和振動子の運動と等価に表現することが可能であって，個々の調和振動子は輻射場を構成する各モードに対応する．輻射場の状態は，各モードの占有数 n_λ によって記述される．

- 自由空間にある定常的な輻射場であれば，各モードに対応する振動子は式(3.29)のように，エネルギー量子としてボソンを収容する個々に独立な調和振動子として表され，7.4.3項〈p.138〉や 7.8 節と同様に扱える．

- 各振動子のエネルギーは $\hbar\omega_\lambda$ 単位でのみ増減が可能であるが，この性質は Einstein(アインシュタイン)が 1905 年に提唱した光量子仮説と整合する．輻射場全体のエネルギーは，各振動子が保持するエネルギーの総和の形で与えられる．

- 輻射場は全時空点において定義されている関数なので，全輻射場を記述するために必要な正準変数は連続無限個となる．しかし空間内の対象領域の体積を L^3 に限定することによって，自由度を連続無限個でなく，離散無限個にして輻射場を扱えるようになる．

- 系全体が輻射場と粒子系を含み，両者が相互作用をしない状況を (非摂動系として) 仮想するならば，系の基本状態ベクトルは，両者それぞれに対応する 2 つのヒルベルト部分空間に属する基本状態ベクトルを掛け合わせたものとして表される．全エネルギー $E_{b,n_1,n_2,...}$ は，粒子系のエネルギーと輻射場のエネルギーの和である．

が定数項を除いて共役な複素変数の積に比例する形で表されること ($H \propto c^*c \propto a^*a$) 自体を調和振動子との等価性を意味するものと見なしているようにも読めてしまうが，これは自明ではない．$a^*a = (\mathrm{Re}\,a)^2 + (\mathrm{Im}\,a)^2$ なので a の実部・虚部に適当な係数を付けて座標 x と運動量 p に見立てれば，確かに見かけ上は本来の調和振動子の Hamilton 関数と同じ形の式になる (式(3.25))．しかしこれを本当に Hamilton 関数 $H(x,p)$ と見なしてよいかという判断は，正準運動方程式 ($\dot{x} = \partial H/\partial p$, $\dot{p} = -\partial H/\partial x$) と本来の時間依存の式 (ここでは式(9.45)) の無矛盾性の確認によって下されるべきである．$\mathbf{A}_t$ は実場なので，変数 a_λ, a_λ^* は複素場を想定したモード指標 λ のすべての値について独立ではなく，その半数は残りの半数に従属して決まる (式(9.54)参照)．空洞内の輻射場を対象として，本文の方法よりも古典論な正準形式との対応関係を理解しやすい量子化の手続きの例を示すと次のようになる．式(9.43) の代わりに $\mathbf{A}_t(\mathbf{r},t) = \Sigma_\lambda q_\lambda(t)\mathbf{A}_\lambda(\mathbf{r})$ とする ($q_\lambda(t)$は実変数，$\{\mathbf{A}_\lambda(\mathbf{r})\}$ は適当な境界条件を満たす正弦・余弦因子を用いた実場の正規直交系である)．電磁場のエネルギーは $U = (1/2)\int dV(\epsilon_0|\mathbf{E}|^2 + \mu_0|\mathbf{B}|^2) = (1/2)\int dV(\epsilon_0|\dot{\mathbf{A}}_t|^2 + \mu_0|\mathrm{rot}\mathbf{A}_t|^2)$ と書かれる (式(9.50))．q_λ を一般化座標，U の式の第1項 (電場項) を運動エネルギー，第2項 (磁場項) を位置エネルギーと見立てて，各エネルギーを $\dot{q}_\lambda, q_\lambda$ で表してから解析力学の数式運用を行うと ($\int dV|\mathrm{rot}\mathbf{A}_\lambda|^2$ の具体的な計算が面倒だが) Hamilton 関数が $H(q_\lambda, p_\lambda) = \Sigma_\lambda[(p_\lambda^2/2\epsilon_0) + (\epsilon_0\omega_\lambda^2/2)q_\lambda^2]$ と与えられる (一般化運動量 $p_\lambda = \epsilon_0\dot{q}_\lambda$)．これで輻射場が調和振動子群と等価であり (式(3.25)参照)，系を量子化するには $[\hat{q}_\lambda, \hat{p}_{\lambda'}] = i\hbar\delta_{\lambda\lambda'}$ と設定するのが尤もらしいことが分かる．式(3.29) と同様に $\hat{a}_\lambda, \hat{a}_\lambda^\dagger \equiv (\epsilon_0\omega_\lambda/2\hbar)^{1/2}\hat{q}_\lambda \pm i(1/2\epsilon_0\hbar\omega_\lambda)^{1/2}\hat{p}_\lambda$ のように置いてエネルギー量子の消滅・生成演算子の形式に移行し，各モードの基底エネルギーを除くと式(9.51) を得る．

$$\Psi_{b,n_1,n_2,\ldots} = \varphi_b(\text{particles}) \times \prod_\lambda \frac{1}{\sqrt{n_\lambda!}}\left(\hat{a}_\lambda^+\right)^{n_\lambda}\varphi_0$$

$$E_{b,n_1,n_2,\ldots} = E_b + \sum_\lambda \hbar\omega_\lambda n_\lambda \qquad (9.52)$$

- 波数モードに関して，あるエネルギー値 E までの状態数 $n(E)$ と，単位エネルギーあたりの状態密度 $\rho(E)$ は次のように与えられる[4]．

$$n(E) = \frac{L^3 k^3}{6\pi^2} = \frac{L^3 E^3}{6\pi^2 \hbar^3 c^3}, \quad \rho(E) = \frac{\partial n}{\partial E} = \frac{L^3 \omega^2}{2\pi^2 \hbar c^3} \qquad (9.53)$$

- ベクトルポテンシャル場に量子化を施したエルミート演算子は，次のように表される．

$$\hat{\mathbf{A}}_t = \frac{1}{2}\sum_\lambda \sqrt{\frac{\hbar}{\epsilon_0 L^3 \omega_\lambda}}\left[\hat{a}_\lambda \mathbf{v}_\lambda \exp\left(i\mathbf{k}_\lambda\cdot\mathbf{r}\right) + \hat{a}_\lambda^+ \mathbf{v}_\lambda \exp\left(-i\mathbf{k}_\lambda\cdot\mathbf{r}\right)\right] \qquad (9.54)$$

- 輻射の波長と伝播方向を決めておいて，偏極状態の自由度だけに注目してみよう．このような系は基本状態を 2 つだけ必要とする点で，電子のスピン系と同様である．Stern-Gerlach（シュテルン ゲルラッハ）の実験装置に対応するような，輻射場に対する弁別機能は，たとえば方解石 (calcite) によって実現する．単色光ビームを方解石の結晶に通すと，振動数（波長）が共通で，偏極方向が互いに直交している 2 本の平行ビームが得られる．こうして偏極状態を確定させた光子を利用することによって，量子力学の根幹に関わる多くの思考実験が，現実に検証可能なものとなった．

9.5.3 光と荷電粒子の相互作用[†]

荷電粒子が電磁場内に存在する場合[5]，ハミルトニアンにおける粒子の運動量 $\hat{\mathbf{p}}$ は，次のように電磁場内の動的運動量に置き換わる [46]．

$$\hat{\mathbf{p}} \to \hat{\mathbf{p}} - e\hat{\mathbf{A}}_t \qquad (9.55)$$

$$\frac{1}{2M}\hat{\mathbf{p}}^2 \to \frac{1}{2M}\hat{\mathbf{p}}^2 + \hat{V} + \cdots, \quad \hat{V} = \sqrt{\frac{\alpha 4\pi\epsilon_0 \hbar c}{M^2}}\hat{\mathbf{A}}_t\cdot\hat{\mathbf{p}} \qquad (9.56)$$

---

[4]これらの式は，自由電子気体に関する式(7.21) の導出と同様の手続きによって得られる．式(7.21) には電子のスピンに起因する因子 2 が含まれていたが，ここではこの因子を含めていない．後で式(9.59) において 2 方向の偏極を同時に考慮する際に，再び因子 2 が必要となる．
[5]式(9.42) により，$[\hat{\mathbf{p}}, \hat{\mathbf{A}}_t] = 0$ である．(以下訳註) 式 (9.55) については p.148 訳註参照．

9.5. 初等的な量子電磁力学†

ハミルトニアンに現れる各種の項に対応する過程は，微細構造定数 α の冪(べき)によって分類される§．α が小さいので (表14.1 ⟨p.276⟩) 摂動の収束が保証される．最低次の過程は1次摂動 $\hat{V}$ だけを含むが，これは非摂動系にあたる粒子＋輻射の系に対して，粒子の状態を変更し，それと同時に輻射場のエネルギー量子をひとつ増すか，ひとつ減らすという作用を及ぼす (それぞれ光子1個の放射もしくは吸収の過程を表す)．

9.4.2項 ⟨p.191⟩ で展開した摂動論を，このような過程に適用してみよう．輻射場は連続的なエネルギースペクトルを持つので，単位時間あたりの遷移確率は，式(9.37)によって与えられる．系全体のエネルギーは，時間-エネルギーの不確定性関係の範囲内で保存する．

式(9.54)と式(9.56)から，摂動の行列要素が得られる．

$$\langle b(n_\lambda+1)|\hat{V}|a n_\lambda\rangle = K_\lambda \sqrt{n_\lambda+1}$$
$$\langle b(n_\lambda-1)|\hat{V}|a n_\lambda\rangle = K_\lambda \sqrt{n_\lambda} \tag{9.57}$$

K_λ は次のように与えられる．

$$\begin{aligned}
K_\lambda &= \frac{\hbar}{M}\sqrt{\frac{\alpha\pi c}{L^3\omega_\lambda}}\langle b|(\mathbf{v}_\lambda\cdot\hat{\mathbf{p}})\exp(\pm i\mathbf{k}_\lambda\cdot\hat{\mathbf{r}})|a\rangle \\
&\approx \frac{\hbar}{M}\sqrt{\frac{\alpha\pi c}{L^3\omega_\lambda}}\langle b|\mathbf{v}_\lambda\cdot\hat{\mathbf{p}}|a\rangle \\
&= i\hbar\omega_\lambda\sqrt{\frac{\alpha\pi c}{L^3\omega_\lambda}}\langle b|\mathbf{v}_\lambda\cdot\hat{\mathbf{r}}|a\rangle
\end{aligned} \tag{9.58}$$

上式では，まず行列要素の中の指数関数因子を無視したが，これは $\hbar\omega_\lambda \approx 1\,\mathrm{eV}$ を想定した $\langle k_\lambda r\rangle \approx \omega_\lambda a_0/c = O(10^{-4})$ という見積りに因る．3行めの式は $\hat{p} = (iM/\hbar)[\hat{H},\hat{x}]$ の関係を用いて導出した (第2章の問2 ⟨p.34⟩)．

次に，Fermi の黄金律 (9.37) の中に現れる因子を与える．

$$\begin{aligned}
\frac{2\pi}{\hbar}|K_\lambda|^2\rho(E_\lambda) &= \frac{\alpha|\omega_\lambda|^3}{c^2}|\langle b|\mathbf{v}_\lambda\cdot\hat{\mathbf{r}}|a\rangle|^2 \\
&\to \frac{2\alpha|\omega_\lambda|^3}{3c^2}|\langle b|\hat{\mathbf{r}}|a\rangle|^2
\end{aligned} \tag{9.59}$$

最後の式では，2通りの偏極方向の終状態について足し合わせて平均化を行った．

---

§ (訳註) 微細構造定数の定義は $\alpha \equiv e^2/4\pi\epsilon_0\hbar c$ (SI単位) であり，e^2 を無次元化した量と考えればよい．α の冪というより $e \propto \sqrt{\alpha}$ の冪によって摂動項が形成される (式(9.56)参照)．

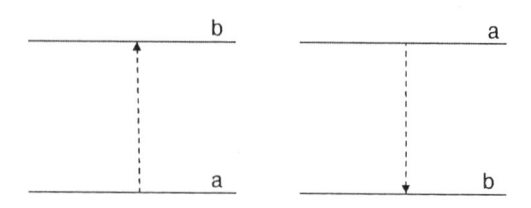

図9.3 式(9.60)に対応する光の吸収過程に伴う遷移(左)と，式(9.61)に対応する光の放射過程に伴う遷移(右)．aとbは荷電粒子系の準位(状態)を表す．

9.5.4 光子の放射と吸収†

原子内の電子のように，離散的なエネルギー準位を持つ荷電粒子系による光子の吸収と放射(図9.3)が単位時間あたりに起こる確率は，それぞれ次のように与えられる．

$$\frac{dP^{(1)}_{an_\lambda \to b(n_\lambda-1)}}{dt} = \frac{2\alpha|\omega_\lambda|^3}{3c^2}|\langle b|\hat{r}|a\rangle|^2 \bar{n}_\lambda \tag{9.60}$$

$$\frac{dP^{(1)}_{an_\lambda \to b(n_\lambda+1)}}{dt} = \frac{2\alpha|\omega_\lambda|^3}{3c^2}|\langle b|\hat{r}|a\rangle|^2 (\bar{n}_\lambda + 1) \tag{9.61}$$

上式に現れる $\bar{n}_\lambda$ は，遷移に関与する輻射モードにあらかじめ存在する光子の平均数である．

上記の2本の式から，以下の基本的な結果が導き出される．

- 光子の吸収が起こる確率は，吸収が起こる前に存在している輻射場の強度に比例する．場の強度は $\bar{n}_\lambda$ によって表されているが，これは容易に予想される性質である．他方，光子の放射が起こる確率は2つの項から成る．第1項は吸収確率と同様に初期状態における輻射場の強度に依存するが(誘導放射 induced emission)，第2項は輻射場の強度に依存しない．すなわち，あらかじめ粒子の外部に輻射場が存在していなくても，後者の項によって荷電粒子が自発的に光子を放射して緩和することが可能である(自発放射 spontaneous emission)．

- 水素原子の励起状態 φ_{210} ($\hbar\omega = 10.2\,\mathrm{eV}$) の平均寿命を，式(9.61)と式(9.39)から求めることができる[6]．結果は $\tau = 0.34 \times 9^{-10}$ s であるが，これは短い時

---

[6] τ のオーダーは，古典的な振動双極子からの放射頻度を，輻射エネルギー $\hbar\omega$ と平均寿命の比と等しいと置くことによって見積もられる．

$$\frac{\omega^4 D_0}{3c^2} = \frac{\hbar\omega}{\tau} \to \tau = \frac{3\hbar c^2}{\omega^3 D_0}$$

双極子振動の振幅は $D_0 \approx -ea_0$ と近似される．遷移エネルギーを $10\,\mathrm{eV}$ とするならば，$\tau = O(10^{-10}\,\mathrm{s})$ と推定される．

間だろうか，それとも長い時間と見るべきだろうか？ 放射される輻射場の振動周期 $\mathcal{T} = 2\pi/\omega = 0.41 \times 10^{-15}$ s と比べると，励起状態の寿命は非常に長い．この寿命をエネルギーの拡がりに換算すると 1.23×10^{-5} eV であるが，このエネルギー幅は励起エネルギー自体に比べて極めて狭い．ここにおいて我々は 20 世紀初頭における物理学上の危機が，事実上解決したことを看取できる[¶]．

- 光子の放射確率と吸収確率の比 $(\bar{n}_\lambda + 1)/\bar{n}_\lambda$ は，輻射と気体との熱平衡状態を適正に保持する値を取らなければならない．温度 T の気体の中で状態 a および状態 b にある原子の数は，それぞれ $\exp(-E_a/k_\mathrm{B}T)$ および $\exp(-E_b/k_\mathrm{B}T)$ に比例する．平衡が成立する条件は，

$$P_\mathrm{emission} \exp\left(-\frac{E_a}{k_\mathrm{B}T}\right) = P_\mathrm{absorption} \exp\left(-\frac{E_b}{k_\mathrm{B}T}\right) \tag{9.62}$$

であり，ここから光子数 $\bar{n}_\lambda$ と温度 T の関係が，

$$\bar{n}_\lambda = \frac{1}{\exp\left(\frac{\hbar\omega_{ab}}{k_\mathrm{B}T}\right) - 1} \tag{9.63}$$

と与えられる．このようなPlanck(プランク)の法則の導出に基づいて，Einstein(アインシュタイン)は光の量子論における自発放射と誘導放射の必要性を示した [58]．

9.5.5 緩和過程の選択則[†]

本項では粒子状態に関する行列要素に注意を向ける．遷移確率は行列要素の絶対値の自乗 $|\langle b|\hat{\mathbf{r}}|a\rangle|^2$ に比例する．したがって遷移頻度は，非対角行列要素に関する情報を与える．(第 2 章では対角要素が測定で得られる観測量の平均値を与えることを見た．)

l_a，π_a が初期状態における軌道角運動量とパリティの量子数を表し，l_b，π_b が終状態の量子数を表すものとする．角運動量保存の要請から，初期状態と終状態とで，粒子の軌道角運動量と輻射の角運動量のベクトル和 (5.3節参照) が等しくなければならない．後者は光子を放射する遷移において，式(9.61)の演算子 $\hat{\mathbf{r}}$ を通じて現れ，球面調和関数 Y_{1m_l} に比例する各項の和によって表される．したがって式(5.36)に基づ

[¶](訳註) ここでは励起状態の安定性が論じられているが，そもそも古典論を原子内電子に適用しようとする際の問題は "基底状態" ですら安定ではあり得ない (そもそも "基底状態" というものが存在し得ない) ということであった．量子論では "基底状態" よりエネルギーの低い定常状態の存在を許容しないという理論形式によって，この問題が解消されている．

き，ゼロ以外になる行列要素は $l_a + 1 \geq l_b \geq |l_a - 1|$ を満たさなければならない[‡]．すなわち $\Delta l = 0, \pm 1$ という条件が課される．

演算子 $\hat{r}$ は空間反転操作の下で奇なので (式(5.13))，行列要素がゼロにならないためには初期状態と終状態が異なるパリティを持たねばならず，$\pi_a \pi_b = -1$ という条件が加わる．軌道角運動量とパリティに関する保存則を合わせて，遷移の選択則を，

$$\Delta l = \pm 1 \tag{9.64}$$

と表すことができる．選択則によって許容される遷移が限定される (たとえば p.173, 図8.4参照)．

上記の選択則によって禁じられた (許容されていない) 遷移も全く起こらないわけではないが，選択則に従う遷移に比べて起こる確率が極めて低い．その相対的な比率は，式(9.58) において省いた項の期待値から推定される．

9.5.6 レーザーとメーザー[†]

レーザー光[7]を発生させるために最初に用いられた材料はルビーである [59]．Al_2O_3 結晶内部に存在する不純物 Cr^{3+} イオンの準位が利用された．

図9.4 に Cr においてレーザー動作に関係する 3 つの準位の相対関係を模式的に示す．室温の熱平衡状態においては $E_2 - E_1 \gg kT$ であり，状態 2 にある電子は状態 1 にある電子に比べて非常に少ない (7.7節参照)．材料に対して補助放射 (電子汲上げ<ruby>ポンピング</ruby>放射) を施し，多くの原子の電子を状態 3 へ励起し続けることで (実際には 2 つの励起バンド両方へ電子を励起する)，非平衡な反転分布状態が形成される．状態 3 に励起された各電子は 10^{-7} s 以内で自発的に状態 2 へ (あるいは状態 1 へ) 緩和する．状態 2 における電子の自発的緩和に関する寿命は比較的長いので (10^{-3} s)，熱平衡状態では状態 1 を占めているはずの電子のかなりの割合 ($\geq 1/2$) が，持続的な補助放

[‡](訳註) 本文の記述に沿って式(9.61) から "輻射の角運動量" を決めることの妥当性を把握するのは難しいであろう．本書では本格的な場の理論を扱わないが，光子がベクトル場 (**A**) によって記述されること自体が，実は光子のスピン (の大きさの量子数) が 1 であることを含意しており，その性質が行列要素の計算結果に現れるのである (ベクトルは「丁度 1 回転させると初めて元に戻る量」である)．場の量子論において，スカラー場はスピン 0 の粒子を記述し，Dirac方程式に従うスピノル場 (Diracスピノルは 1 回転させても元に戻らず，2 回転させると初めて元に戻る) はスピン 1/2 の粒子を記述する．数理的に一般化すると，スカラー場・ベクトル場を含む任意階数のテンソル場は整数スピンの粒子を，Dirac場を含む任意の奇数階スピノル場は半整数スピンの粒子を記述し得る．p.94 訳註も参照されたい．

[7] Laser (レーザー) = Light amplification by stimulated emission of radiation (輻射の誘導放射による光の増幅) ; Maser (メーザー) = microwave amplification by stimulated emission of radiation. これらは発生させる電磁波の周波数 (振動数) 領域が異なる．

9.5. 初等的な量子電磁力学†

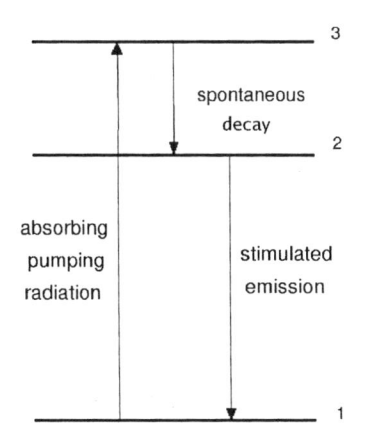

```
                          3
        ─────────────────
               ↑↓
           spontaneous
             decay
                          2
        ─────────────────
        ↑                ↓
     absorbing       stimulated
     pumping         emission
     radiation
                          1
        ─────────────────
```

図9.4 ルビー・レーザーにおいて動作に関与する準位の模式図.

射の下では状態 2 に溜まっている.状態 2 からの自発的な緩和に伴って放射された光子の一部は,結晶両端に形成されている完全反射面と部分反射面の間を往復し,定在波を形成する.この定在波は,状態 2 の電子の緩和を伴う光子の誘導放射を誘発して急速に強くなってゆき,端部の部分反射面を透過する光の成分がレーザー光として外部へ放射される.このレーザー放射光の特徴は,次のような点にある.

- 顕著な単色性.
- 単位断面積あたりの強度(パワー)の高さ (通常の光源の 10^9 倍以上).
- 強い可干渉性(コヒーレンス).個々の原子から放射される光の位相が,他の原子から放射される光の位相と適正に相関している.その結果,形成されたレーザー光内部における 2 点間の位相差は一定値を保つ (100 km 先でも干渉性は保たれる).これに対して,自発放射によって発生させた通常の光は非干渉的(インコヒーレント)である.

レーザーは多くの科学技術応用分野において,ますます重要な役割を担うようになってきた.距離や時間の精密な測定,通信,非線形光学,核融合などにレーザー技術が利用されている.

練習問題 (＊略解 p.273)

＊問1 幅 a の無限に深い矩形井戸内にある粒子が，$t=0$ において基底状態とその次の状態の線形結合で表される，次のような状態にあるものとする．

$$\Psi(t=0) = \frac{1}{\sqrt{3}}\varphi_1 - \mathrm{i}\sqrt{\frac{2}{3}}\varphi_2$$

1. 時刻 t における波動関数を書け．
2. 井戸の右半分の領域に粒子を見いだす確率の時間依存性を計算せよ．

＊問2 時間に依存する Schrödinger 方程式を用いて，量子力学的な期待値が Newton 力学の第 2 法則 (運動方程式) に従うことを示せ (Ehrenfest の定理)．
ヒント：式(4.14) と同様にして，次の計算をせよ．

$$\frac{\mathrm{d}\langle\Psi(t)|\hat{p}|\Psi(t)\rangle}{\mathrm{d}t}$$

＊問3 式(9.14) のスピン状態について，$\hat{S}_y$ の正の方向を向いた固有状態成分の振幅を求めよ．

＊問4 磁場がベクトル $\mathbf{n}$ の方向 ($|\mathbf{n}|=1$) を向いている場合の，ハミルトニアン $-\boldsymbol{\mu}\cdot\mathbf{B}$ の時間発展演算子を書け．

＊問5 無限に深い矩形井戸ポテンシャル内の粒子が基底状態にある．右側の壁が瞬時に動いて井戸の幅が倍になった後に，$n=1,2,3$ の状態に粒子が見出される確率をそれぞれ求めよ．

＊問6 1次の摂動論によってスピン反転の確率を計算せよ．ハミルトニアンとして式(9.17) を採用し，$|\omega'/(\omega-\omega_L)|\ll 1$ を仮定すること．得られた結果を正確な結果 (9.21) と比較せよ．

＊問7 基底状態にある調和振動子が，移動する物体と相互作用をする．その相互作用の形は $V_0\delta(u-vt/x_c)$ と表される．

1. 時間区間 $t_1\leq t\leq t_2$ における第 1 励起状態への遷移確率を表す積分式を書け．
2. $t_1=-\infty$, $t_2=\infty$ と置いて，この遷移確率を計算せよ．

＊問8 2-スピン系に対して，

$$\hat{V}(t) = \frac{V_0}{\hbar^2}\hat{\mathbf{S}}_1\cdot\hat{\mathbf{S}}_2\cos(\omega t)$$

という形のハミルトニアンが作用する．次の条件下で時間に依存する解を見いだせ．

1. 系が $m_s=0$ の場合．
ヒント：$\Psi(t)=\cos\theta\exp(\mathrm{i}\phi)\chi_0^1+\sin\theta\exp(-\mathrm{i}3\phi)\chi_0^0$ という形で試みよ．
2. 系が Bell 状態 $\Psi_{B_0}=\frac{1}{\sqrt{2}}[\varphi_\uparrow(1)\varphi_\uparrow(2)+\varphi_\downarrow(1)\varphi_\downarrow(2)]$ にある場合．

練習問題 (第 9 章)

*問9 調和振動子に対して，時間 t のあいだ $V = Kx$ という摂動を加えた際に，基底状態から第 1 励起状態へ遷移を起こす確率を求めよ．

*問10 1. 摂動項が時間に依存しない場合の，2 次摂動の振幅 $c_k^{(2)}(t)$ の式を求めよ．

2. 問9 と同じ状況下において，第 2 励起状態への遷移確率を計算せよ．

*問11 1. 系の長さを Δl として，比 $2\Delta E \Delta l / \hbar c$ の意味を解釈せよ．

2. $A \approx 100$ の原子核について，"巨大共鳴" ($\Delta E \approx 4$ MeV) と遅い中性子共鳴 ($\Delta E \approx 0.1$ eV) に関して，上記の比の値を計算せよ．(第 6 章の問 7 ⟨p.120⟩ 参照)

3. エネルギー幅 200 MeV の中間子についても同様の計算をせよ (陽子の寸法 $\approx 10^{-17}$ m)．

*問12 基底状態にある水素原子に対して白色光を照射した場合に，φ_{210} と φ_{310} を電子が占有する確率の比を計算せよ．

*問13 1. 水素原子を φ_{310} 状態へ励起する光子と，それを緩和する光子の強度の比を計算せよ．

2. この励起状態の平均寿命を計算せよ．

3. この励起状態のエネルギー幅を計算せよ．

第 10 章 量子もつれ・量子情報

It's not your grandfather's quantum mechanics. [60]

10.1 概念的な枠組み

　一時的に，ヒルベルト空間において純粋な基本状態だけが許容されるものと仮想してみよう[1]．単一の量子ビット(qubit)において，許容される状態が2通りの基本状態 φ_1, φ_2 に限定されていると考える(式(10.1))．n 個の量子ビットから成る系では 2^n 次元ヒルベルト空間において，2^n 個の互いに直交するベクトル $\varphi_i^{(n)}$ だけが許容される．古典的な計算はこのような状況下で行われ，基本ベクトル間の線形結合は許容されない．したがってベクトルの寸法(規格化条件)を変えないという制約下で実施できる操作は，基本状態の置き換えだけである．

　量子力学では複数の基本状態 $\varphi_i^{(n)}$ を，それぞれに複素振幅 c_i を乗じて重ね合わせた任意の状態 $\Psi^{(n)}$ が許容される(式(2.6))．一般の量子力学的な状態ベクトルの操作における原理的な制約はユニタリー性だけである．すなわち状態ベクトルのノルムさえ保存すればよい．古典的な状態と操作によって構成される手続きは，それを包含する量子的な状態と量子的な操作による手続き全体に比べて，ほとんど無いに等しいほどの小さな容量しか備えていない．したがって新たな量子情報の概念は，豊かな可能性を展望させる．この膨大な容量を持つ空間において，あらゆる種類の干渉効果を利用できる．また，状態ベクトルのすべての成分を並行して機能させられるならば，画期的な高速計算が可能となる．計算問題を解くために要する時間は，典型的には問題の複雑さに応じて指数関数的もしくは多項式的に増大する．量子的干渉や量子もつれの利点を活かすことができれば，古典的な計算機において指数関数的に増大する計算時間を，多項式的な増大に抑えられる可能性がある．

　しかしながらこのような極めて有望な展望は，状態ベクトル $\Psi^{(n)}$ が膨大な情報を担えるとしても，そこから情報を引き出すことの難しさによって制約を受ける．実際，状態ベクトルから情報を得る唯一の方法は測定を行うことであり，測定は $\Psi^{(n)}$ を単

---

[1] Mermin による解説も参照されたい [19].

一の確率 $|c_i|^2$ へと結びつけるに過ぎない.したがって状態 $\Psi^{(n)}$ を,振幅 c_i' の多くが消失しないような状態 $(\Psi')^{(n)}$ へと移行させる変換を形成することが戦略の鍵となる.

量子的な過程は,まず系に対する最初の測定によって何らかの初期状態 $\varphi_0^{(n)}$ を用意することから始まり,終状態 $\varphi_f^{(n)}$ に対して再び測定を行うことによって終了する (2.4節および2.5節).測定は強制的に古典的な情報を確定させる特殊な変換作用を伴い,系の状態に非可逆的な変化を生じさせる.これに対して,初めの測定から後の測定までの間に起こり得る量子的な状態の推移は,数学的なユニタリー変換によって規定され,系の状態を決定論的に可逆な方法で変化させる.量子アルゴリズム全体は,必ずユニタリー操作に対応し,それは一連の論理機能要素に対応する個々のユニタリー操作 (式(9.6))――量子ゲート (10.7節)――の系列によって表現されることになる.

この章では,量子系に備わっているいくつかの特異な特徴についても述べる.その中でも量子もつれ (entanglement) の概念 (10.2節) は,量子力学における解釈問題の議論において基本的であるのみならず (第11章, 13.6節, 12.2節),過去20年間において量子情報の分野を創出する上で中心的な役割を担ってきた.

古典物理とは相容れないもうひとつの重要な量子系の性質として,複製不可能定理 (no-cloning theorem) もある (10.3節).

我々は量子情報の最近の進展に関する完全な記述を意図しているわけではない.むしろ読者が量子情報に関する題材を扱うために必要となる,量子力学に関する知識の正しい使い方を提示したいと考える.本章では量子暗号 (10.4節),量子遠隔移送 (10.5節),量子計算 (10.6節) などを素材として取り上げる.

これらの応用は,すべて2次元のヒルベルト空間を用いるものである.したがって本章の叙述は,5.2.2項 〈p.93〉 に与えてあるスピンを扱うための形式が前提となる.単一の量子ビットに関する基本状態の組は,2成分の縦ベクトルによって次のように表される.

$$\varphi_0 = \begin{pmatrix} 1 \\ 0 \end{pmatrix} ; \quad \varphi_1 = \begin{pmatrix} 0 \\ 1 \end{pmatrix} \tag{10.1}$$

量子ビットはスピン $s = 1/2$ の粒子によって実現されるが,その他に光子の2通りの偏極状態を利用したり (9.5.2項 〈p.196〉),一般の量子系において孤立した2つの準位を利用することなども可能である.通信分野に関しては光子の利用が好まれる傾向があるが,現在のところ量子計算を目的とする場合に,どのような物理系が最も適しているのか明確ではない.

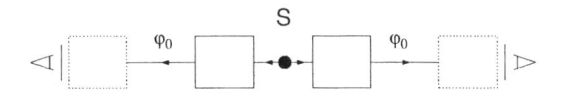

図10.1 量子もつれの性質を説明するための思考実験．中央の源から両側に放出された粒子は，それぞれが第 1 の選別用フィルター (実線の長方形) に入り，φ_0 状態の粒子だけが通過する．そして，それぞれその先方に弁別方向の角度を β とした観測用フィルター (破線の長方形) を設置してある．フィルター内部の軌道は描いていない．

10.2 量子もつれ

2 つもしくはそれ以上の量子系が関係を持ち，その全体の状態を，各々の量子系の状態の単純な積の形で表すことができないならば，それらの量子系は"もつれている"(entangled) と称する．2 粒子のもつれた状態の例が，式(7.5) と式(7.6) に与えられている．

2.5節において言及した，2 通りの基本状態を持つ粒子を弁別するフィルターの概念を再び利用して，いくつかの思考実験を扱ってみよう．ふたつの粒子 (粒子 1 と粒子 2) が，同じ源から同時に反対方向 (左右) に放出される状況を考える (図10.1)．それぞれの粒子を，まず弁別方向を実験室系の z 軸方向に設定した両側の選別用フィルターにそれぞれ通し，通過した粒子を各々の先方に設置した観測用フィルターによって検出する．両方の観測用フィルターは，実験室系 (z方向) に対して弁別方向が共通の角度 β をなすように設定してある．4 つのフィルターすべての内部において下向き状態のチャネル (径路) が遮られているものとしよう．式(5.28) の前者 (上向き) の状態に対して，結果的に粒子が検出される確率は $\cos^2(\beta/2)$，粒子が選別用フィルター内で遮られて検出にかからない確率は $\sin^2(\beta/2)$ となる．

2 つの粒子が源から放出されるときの初期状態は，両者が共通した 1 粒子状態を備えているけれども，もつれていて，

$$\frac{1}{\sqrt{2}}\bigl[\varphi_0(1)\varphi_0(2) + \varphi_1(1)\varphi_1(2)\bigr]$$

であると想定しよう．そうすると以下のことが言える．

- 粒子 1 に対する測定をすると，その測定行為はもつれた状態を破壊する．この測定の結果を受けて，粒子 2 も粒子 1 と同じ状態になったものと想定される．

- 両者の 1 粒子状態の相関は 100％である．この完全な相関は，観察用フィルターの設定角度 β によって変わらない．

- 両者の状態の完全な相関は，最初の z 方向の設定によっても変わらない．1 粒子状態を表す直交系 $\{\varphi_0, \varphi_1\}$ を，y 軸 (粒子の放出方向) のまわりに回転させて新たに設定した直交系 $\{\eta_0, \eta_1\}$ に変更すると (それぞれ φ_0 と φ_1 の線形結合で表される)，もつれた初期状態が，

$$\frac{1}{\sqrt{2}}\left[\eta_0(1)\eta_0(2) + \eta_1(1)\eta_1(2)\right]$$

と表される．やはり粒子 1 の測定を受けて，粒子 2 も同じ状態になったことが判明する．

- 2 つの粒子の状態の完全な相関は，両者が距離を隔てていても成立する．粒子 1 に対する測定結果によって，非局所的に粒子 2 に関する情報も得られることになる．

- もつれていない状態 $\varphi_0(1)\varphi_0(2)$ との比較によって，量子もつれの性質は更に明確になる．両方の粒子が共に選別フィルターを通って観測される確率は $\cos^4(\beta/2)$，両方とも選別用フィルターに遮られて観測されない確率は $\sin^4(\beta/2)$ である．したがって両方の観測者が同じ結果を得る確率は 1 ではなく $1 - (1/2)\sin^2\beta$ である．$\beta = \pi/2$ であれば同じ結果を得る確率は 1/2 となるが，これは古典的に 2 人が独立にコイン投げをして結果を照合する場合と同様で，両者に相関はない．

量子もつれは 2 つ (もしくはそれ以上) の量子的な実体の間に，深遠な非古典的相関を成立させる．もつれた系を構成する各部は，個別に量子状態を確定させていない．系全体だけがよく定義された状態を備えている．このような事情は，古典物理的な如何なる状況とも根本的に異なっている．

10.2.1　Bell状態

2-スピン系の状態を扱うための完全な基本系は，式(10.1) の積によって与えることもできるが，4 成分で構成される列ベクトルの形で表現することも可能である．

$$\varphi_0^{(2)} = \varphi_0\varphi_0 = \begin{pmatrix} 1 \\ 0 \\ 0 \\ 0 \end{pmatrix} \quad ; \quad \varphi_1^{(2)} = \varphi_0\varphi_1 = \begin{pmatrix} 0 \\ 1 \\ 0 \\ 0 \end{pmatrix}$$

$$\varphi_2^{(2)} = \varphi_1\varphi_0 = \begin{pmatrix} 0 \\ 0 \\ 1 \\ 0 \end{pmatrix} \quad ; \quad \varphi_3^{(2)} = \varphi_1\varphi_1 = \begin{pmatrix} 0 \\ 0 \\ 0 \\ 1 \end{pmatrix} \qquad (10.2)$$

10.2. 量子もつれ

積表現において第1ビットを制御-量子ビット（コントロール・キュービット），第2ビットを標的-量子ビット（ターゲット・キュービット）と考えるのが通例となっている．一般的な状態は，基本状態の重ね合わせとして表現される．

$$\Psi_c^{(2)} \frac{1}{\sqrt{|c_{00}|^2 + |c_{01}|^2 + |c_{10}|^2 + |c_{11}|^2}} \begin{pmatrix} c_{00} \\ c_{01} \\ c_{10} \\ c_{11} \end{pmatrix} \tag{10.3}$$

次に示すような，それぞれ対(つい)をなす，もつれた4つの状態を，特別にBell(ベル)状態と称する．

$$\varphi_{B_0} \equiv \frac{1}{\sqrt{2}} \begin{pmatrix} 1 \\ 0 \\ 0 \\ 1 \end{pmatrix}, \quad \varphi_{B_1} \equiv \frac{1}{\sqrt{2}} \begin{pmatrix} 1 \\ 0 \\ 0 \\ -1 \end{pmatrix}$$

$$\varphi_{B_2} \equiv \frac{1}{\sqrt{2}} \begin{pmatrix} 0 \\ 1 \\ 1 \\ 0 \end{pmatrix}, \quad \varphi_{B_3} \equiv \frac{1}{\sqrt{2}} \begin{pmatrix} 0 \\ 1 \\ -1 \\ 0 \end{pmatrix} \tag{10.4}$$

Bell状態に関して，以下のことが言える[§]．

- 4つのBell状態は正規直交系をなすので，2-量子ビット系の任意の状態を，これらのBell状態の線形結合によって表すことができる．
- Bell状態は，積演算子 $\hat{S}_z(1)\hat{S}_z(2)$ および $\hat{S}_x(1)\hat{S}_x(2)$ の固有状態である（問1 〈p.224〉参照）．これらの積演算子は，量子ビットを操作する制御ハミルトニアンに相互作用項として含まれるものである．
- このような積相互作用を連続的に導入することで，任意の2-量子ビット状態を4通りのBellチャネルへ分離できる．これは磁場との相互作用が単一量子ビットに関わる2通りのチャネルを分離すること（2.5節および5.2.1項〈p.91〉）と同様の操作である．
- 積演算子における2つのスピンは同時に測定される必要がある．一方のスピンをまず測定してしまうと，そのときに量子もつれの状態が破壊されてしまう．

[§](訳註) Bell状態は，両方の粒子が同じ状態同士のもつれか，もしくは互い違いの状態同士のもつれであることを，式(10.2)-(10.3)から看取してもらいたい．

10.3　複製不可能定理†

複製不可能定理 (no-cloning theorem) は，ある粒子の任意の状態を保持しながら，別の粒子へその状態を複製することが不可能だという定理であり [61]，やはり古典力学で起こり得る状況とは完全に性質を異にしている．それぞれが純粋な基本状態にある 2-量子ビット，

$$\varphi(1)\eta(2) \tag{10.5}$$

を考え，あるユニタリー操作によって，次のように状態 $\varphi(1)$ の複製過程が起こるものと仮定してみよう．

$$\varphi(1)\varphi(2) = \mathcal{U}\varphi(1)\eta(2) \tag{10.6}$$

この複製手続きが，別の 1 粒子状態 $\phi(1)$ に対しても働くものと仮定する．

$$\phi(1)\phi(2) = \mathcal{U}\phi(1)\eta(2) \tag{10.7}$$

式(10.6) と式(10.7) の内積を取ると，次式が得られる．

$$\langle\varphi|\phi\rangle^2 = \langle\eta\varphi|\mathcal{U}^+\mathcal{U}|\phi\varphi\rangle = \langle\varphi|\phi\rangle \tag{10.8}$$

これは 0 もしくは 1 だけが内積の値として許容される方程式であり，$\varphi = \phi$ か，これらが互いに直交する場合にしか成立しない．したがって一般的な任意の 1 粒子状態を対象として，複製をつくることのできる量子的な装置は存在しない．

ユニタリーでない複製装置を許容したとしても，互いに直交していない状態の複製は，何らかの忠実度の損失を許容しない限り不可能である．一般の量子ビットに関しても，同様の結論が導かれる．

10.4　量子暗号

伝統的な暗号解読方法 (暗号鍵) の秘密を保持するための戦略は，人的な要因に依存するので，その安全性の評価が難しい．したがって暗号化の手段は，かなりの程度まで複雑な暗号化システムに置き換えられている．通常の暗号は 0 と 1 から成る一連の数字の形で伝達される．現在のところその安全性は，古典的なコンピューターにおいて，大数を高速で素因数分解するアルゴリズムが存在しないことに依存している．しかしこのような事情は量子計算にはあてはまらないので (10.6節)，更に安全性の高

10.4. 量子暗号

い暗号伝達の方法に対して関心が高まっている．本節では量子的な暗号 (量子鍵の分配) が解読不可能であり，これが量子力学の基本法則によって保証されることを示す．

この分野で知られた BB84 という通信手順(プロトコル)がある¶[62]．暗号作成者(エンコーダー) (慣例としてアリス Alice と呼ぶ) は，$\hat{S}_z$ もしくは $\hat{S}_x$ の固有状態にした粒子を送ることができる．前者の固有状態を φ_0 および φ_1，後者の固有状態を η_0 および η_1 と表すことにする．解読者(デコーダー) (ボブ Bob と呼ぶ) は図5.3 ⟨p.92⟩ のような Stern-Gerlach の検出器を備えている．ボブは検出系を任意に x 方向に向けることも z 方向に向けることもできる．もしアリスが $\uparrow z$，$\uparrow x$，$\downarrow x$ の3つの偏極量子ビットを順次送信し，ボブが検出系を z 方向にして第1の量子ビットを受け，第2と第3の量子ビットを x 方向で受けたとすると，ボブは送信された量子ビットを φ_0，η_0，η_1 のチャネルで確実に検出する．これらは送信する側と受信 (検出) する側の検出系の向きが揃っているという意味で，良い量子ビットである．しかし仮にアリスが φ_0 状態の量子ビットを送信し，ボブが x 方向の受信を行った場合，ボブは η_0 と η_1 のどちらかを検出することになり，その確率は互いに等しい．このように送信者と受信者の検出系を異なった方向に向けてある場合，送信される量子ビットは悪い量子ビットとなる．

各々の量子ビットを送信する際に，アリスは送信側におけるフィルターの設定方向と固有値を記録する．ボブは各々の量子ビットを受信する際に，順次，任意に検出フィルターの方向を選び，その情報をアリスに伝える．それを聞いたアリスはボブに，送信順に各量子ビットが良い量子ビットか否かの情報だけを伝えるものとする．アリスとボブの間でやり取りされるこれらの情報は，それ自身は有用な情報とならないので，第三者も知り得る通常の方法で伝え合ってよい．

ここで，両者の間に盗聴者 (イヴ Eve と呼ぶ) が加わることを想定しよう．イヴも Stern-Gerlach 検出系を持っている．イヴは量子ビットをそのまま複製してボブに転送することはできないが (10.3節)，アリスからの量子ビットを検出した上で，それをボブへのチャネルに戻すことができる．このときイヴの盗聴行為そのものを防ぐことはできないとしても，アリスとボブは盗聴されたことを後から明確に知り得る．たとえばアリスが φ_1 状態の量子ビットを送信し，イヴの検出系は x 方向，ボブの検出系は z 方向を向いていたとしよう．イヴの測定によって量子ビットは η チャネルの一方の状態になる．したがってボブが φ_0 の量子ビットを検出する確率が生じる (問2 ⟨p.224⟩)．

ボブは彼が得た良い量子ビットの検出結果のリストをつくり，アリスにその結果を，他者も知り得る通常の方法で伝える．量子ビットの送信の途中で盗聴が行われているならば，アリスは自分の手元の記録とボブから伝えられた結果に違いを見出すはずで

¶(訳註) C. H. Bennett と G. Brassard によって1984年に提案されたことに因んだ呼称．

ある．良い量子ビットの送信記録と受信結果に違いがなければ，送受信されたそれらの量子ビットの方向情報について，アリスとボブの間で完全な秘密が保たれていると判断される．

量子暗号 (quantum cryptography) は，量子系に対して測定を行う者が，どのような観測量の測定ならば今の系の状態に影響を与えないで済むかという情報を前もって知らない限り，測定によって系の状態が変わることを回避できないという量子力学の原理を応用したものである．イヴはアリスからボブに送信される情報を前もって知らない限り，両者に気づかれずに盗聴に成功することはない．

たとえば特定区域内で為替を扱う商業施設などにおいて，量子暗号の利用を想定することができる．

10.5 量子遠隔移送 (量子テレポーテーション)

アリスとボブは，巨視的な距離を隔てていて，アリスの手元の粒子は最初に次の Ψ_c 状態にあるものとする．

$$\Psi_c = c_0\varphi_0 + c_1\varphi_1 \tag{10.9}$$

目的とするところは，粒子そのものを持って行ったり，その振幅に関する直接的な情報を古典的に伝えることをせずに，ボブ側の粒子にその状態の情報を反映させることである．

まずアリスとボブが，上記のアリスの量子ビットとは別に，たとえば Bell 状態 φ_{B_0} (式(10.4)) を形成している 2-量子ビットの片方ずつを持つことにする．アリスの手元には 2 つの量子ビット，すなわちボブに送りたい量子ビット Ψ_c と，確定した Bell 状態を形成している量子ビット対の片側の量子ビットがある (図10.2)．全体としての 3-量子ビット状態は，次のように表される．

$$\begin{aligned}
\Psi^{(3)} &= \Psi_c \varphi_{B_0} \\
&= \frac{1}{\sqrt{2}}\left(c_0\varphi_0\varphi_0\varphi_0 + c_0\varphi_0\varphi_1\varphi_1 + c_1\varphi_1\varphi_0\varphi_0 + c_1\varphi_1\varphi_1\varphi_1\right) \\
&= \frac{1}{2}\left[\varphi_{B_0}\begin{pmatrix}c_0\\c_1\end{pmatrix} + \varphi_{B_1}\begin{pmatrix}c_0\\-c_1\end{pmatrix} + \varphi_{B_2}\begin{pmatrix}c_1\\c_0\end{pmatrix} + \varphi_{B_3}\begin{pmatrix}-c_1\\c_0\end{pmatrix}\right]
\end{aligned}$$
$$\tag{10.10}$$

10.5. 量子遠隔移送 (量子テレポーテーション)

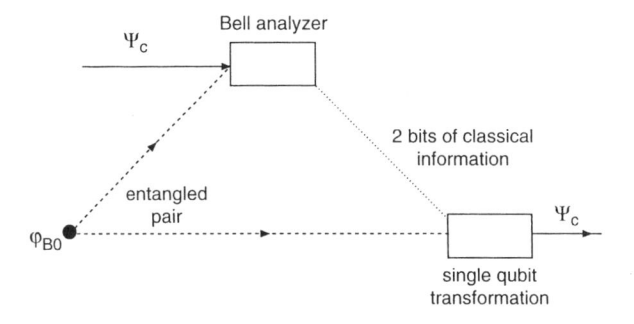

```
              Bell analyzer
       Ψ_c  ┌──────────┐
        ───→│          │
            └──────────┘
           ╱       ╲
          ╱         ╲  2 bits of classical
         ╱           ╲    information
        ╱  entangled  ╲
       ╱    pair       ╲
      ╱                 ↘
     ●─────────────────→┌──────────┐  Ψ_c
   φ_B0                 │          │────→
                        └──────────┘
                         single qubit
                         transformation
```

図10.2 量子遠隔移送の概念図．破線は量子ビット間がもつれて φ_{B_0} 状態を形成していることを示す．点線は古典的な情報の伝達を表す．

上式において，初めに確定している Bell 状態の一方にあたるボブの量子ビットを明確に分離し，アリス側の2つの量子ビットの組み合わせを Bell 状態の重ね合せとして表現し直した．

今，アリスは自分の手元にある2つの量子ビットを測定し，よく定義された Bell 状態の何れかへ遷移させる．すると同時にボブの手元の量子ビットもよく定義された状態へ遷移するという形で両者の間に量子的な移送が起こるが，このときボブは得られた状態と初期状態 Ψ_c の関係を知らない．ボブがアリス側にあった元々の量子ビットの情報を再構築するためには，アリス側の 2-量子ビット系がどの Bell 状態へと崩壊したかということを知る必要がある．アリスはこの情報を伝統的な通信手段に頼ってボブへ送らなければならず，その伝達速度は不可避的に光速以下となる[‡]．

たとえば上述の手続きを，アリスがスピンをフィルターにかけて Ψ_c 状態を構築し，そのフィルターの弁別方向の情報をボブに伝えて，ボブはアリスと同じ弁別方向で粒子をフィルターにかけるという手続きと比較してみよう．Bell 状態を利用する上述の情報移送には利点があるのだろうか？ 答えは肯定的なものであるが，理由は以下の通りである．

- 伝達される状態 Ψ_c をアリスは知らなくてよい (ここでは知る必要がないと考える)．アリスがそれを測定すると，その量子ビットの状態が変わってしまうが，こ

[‡](訳註) "テレポーテーション" という言葉は瞬時の情報伝達という誤解を与えやすいが，そうではなく，むしろ別種の "暗号" の形成と伝達の方法という意味合いで捉えた方がよい．アリス側の測定によってボブ側の状態の遷移を瞬時に起こせるという意味では，いわば "暗号" を瞬時に送ったように見ることもできるが，ボブがそれを読んだ結果から元の情報を復元する (読み解く) には，アリス側の 2-量子ビットに対する測定結果 ("暗号鍵") について，古典的な通信手段で後から連絡をもらわなければならない．問3 ⟨p.224⟩ 参照．

こでは情報を持つ粒子を初めに単独で測定する必要がない.

- ボブはアリスの量子ビットに関する情報を,量子ビットを測定で費やすことによって受け取る. 量子遠隔移送(テレポーテーション)において元の量子ビットは確実に破壊される. これは複製不可能定理 (10.3節) の実例である.

- 量子ビットの状態 Ψ_c は 2 つの振幅 c_0, c_1 によって決まるが,必要とされる正確さに応じて伝達に要する時間は長くなる. この量子実験の結果は離散数である. 初期状態のもつれによって, Bell状態の離散情報が, 量子ビットの連続情報に変換される.

- 距離がいかに遠くても, もつれが如何に遠い過去に起こったものであっても移送は起こる.

量子遠隔移送(テレポーテーション)の概念は 1993年に見いだされ [63], 実験的には 1997年に, もつれた光子を利用して初めて確認された [64].

10.6 量子計算[†]

量子計算機の潜在能力の全貌は未だに解明されていないが,"最も典型的な"例として因数分解について述べる[2]. 現在広く使われている暗号コードの安全性は, 古典的な計算機において大きな数 N を高速で因数分解することが不可能であるという前提に依存しているが, 量子計算はこの制約を破る.

量子計算を実現するためには, 具体的なアルゴリズムと普遍的な基本量子ゲートの組が必要となる. 因数分解アルゴリズムを 10.6.1項で論じ, しばしば採用される量子ゲートの例を, 次の 10.7節で紹介する.

10.6.1 因数分解[†]

整数 N の因数分解には, 次の性質を利用する. N より小さく, かつ N と互いに素である (共通の因数を含まない) 整数 a を用いて, 関数 f を次のように定義する.

$$f_{aN}(J) \equiv a^J \bmod N \tag{10.11}$$

この関数 (N を法とする a^J との合同式) は, 少なくとも以下 2 点の重要な性質を備えている.

---
[2]本節の内容は主として文献 [65] に依拠する.

10.6. 量子計算†

- これは周期関数である．たとえば $N = 15$ で，$a = 2$ とすれば，引数 $J = 0, 1, 2, 3, 4, 5, \ldots$ に対して f の値は $1, 2, 4, 8, 1, 2, \ldots$ となり，周期 $P = 4$ である．

- P が偶数ならば，整数の組合せ $(a^{P/2}+1, N)$ および $(a^{P/2}-1, N)$ の最大公約数は N の因数である．今の例では，それぞれ 5 および 3 である[§]．

この周期を古典的計算機を用いて計算させる複雑さの水準は，他のいかなる因数分解アルゴリズムとも同等で，これより容易なものはない．この問題に対して Peter Schor（ショア）によって提案された，次のような量子アルゴリズムが存在する [66]．

- n 個の量子ビットの集合体を，容量 n の量子レジスター（量子置数器）と呼ぶ．情報は二進法（バイナリー）の形態で蓄えられるものと仮定する．n-レジスターは $J = 0, 1, \ldots, (2^n - 1)$ までの数を保持できる．たとえば容量 2 のレジスターが保持できる数は $0, 1, 2, 3$ である．左側に制御（コントロール）レジスター (ctr)，右側に標的（ターゲット）レジスター (tag) があり，最初は両方が $J = 0$ の状態にあるものとしよう（すべての量子ビットが φ_0 の状態．式(10.33)参照）．

$$\Psi_1^{(1)} = \varphi_0^{(n)} \varphi_0^{(n)} \tag{10.12}$$

- 制御レジスターに一連の整数 $1 \sim J$ を重ねて読み込ませる（式(10.34)）．

$$\Psi_2^{(n)} = 2^{-n/2} \sum_{J=0}^{2^n-1} \varphi_J^{(n)} \varphi_0^{(n)} \tag{10.13}$$

- 因数分解の対象となる数 N に対して，合同式(10.11) に用いる a^J の底 a の値（N と互いに素の数）を選び，それぞれの J の値に応じて標的レジスターの初期状態 $\varphi_0^{(n)}$ を，式(10.35) のように $\varphi_{f_{aN}(J)}$ に置き換える．

$$\Psi_3^{(n)} = 2^{-n/2} \sum_{J=0}^{2^n-1} \varphi_J^{(n)} \varphi_{f_{aN}(J)}^{(n)} \tag{10.14}$$

先に示した数値例 ($N = 15$, $a = 2$) を採用し，レジスターの容量を $n = 4$ とすると，$\Psi_3^{(n)}$ は次の値を取る．

$$\frac{1}{4}\left(\varphi_0^{(4)} + \varphi_4^{(4)} + \varphi_8^{(4)} + \varphi_{12}^{(4)}\right)\varphi_1^{(4)}$$
$$+ \frac{1}{4}\left(\varphi_1^{(4)} + \varphi_5^{(4)} + \varphi_9^{(4)} + \varphi_{13}^{(4)}\right)\varphi_2^{(4)}$$

[§]（訳註）つまり $N = 15$ の因数を見つける問題を，合同式 $f_{2,15}(J) = 2^J \bmod 15$ の J に関する周期 P を見出す問題として捉え直すことができる．

$$+\frac{1}{4}\left(\varphi_2^{(4)}+\varphi_6^{(4)}+\varphi_{10}^{(4)}+\varphi_{14}^{(4)}\right)\varphi_4^{(4)}$$
$$+\frac{1}{4}\left(\varphi_3^{(4)}+\varphi_7^{(4)}+\varphi_{11}^{(4)}+\varphi_{15}^{(4)}\right)\varphi_8^{(4)} \tag{10.15}$$

- 標的レジスターに対して測定を行う．ひとつの値 $\chi=f_{aN}(J)$ だけが情報として得られ，他の情報は破棄される．式(2.19)に従って，制御レジスターでは1系統の $\varphi_J^{(n)}$ の項だけが保持され，系の状態は，これと標的レジスターの状態 $\varphi_\chi^{(n)}$ との積になる．

$$\Psi_4^{(n)}=\sqrt{\frac{P}{2^n}}\left(\sum_{r=0}^{2^n/P-1}\varphi_{J=rP+q}^{(n)}\right)\varphi_\chi^{(n)} \tag{10.16}$$

ここでは式(10.15)のように，$2^n/P$ が整数であると仮定する[3]．

- 周期を見出すために，余り q を消す必要がある．これを行うために，制御レジスターにフーリエ変換を施す (式(10.36)参照)．

$$\begin{aligned}\Psi_5^{(n)}&=\mathcal{U}_{\mathrm{FT}}^{(\mathrm{ctr})}\Psi_4^{(n)}\\&=\frac{\sqrt{P}}{2^n}\left(\sum_{K=0}^{2^n-1}\sum_{r=0}^{r<2^n/P}\exp\left[\mathrm{i}\frac{K(rP+q)}{2^{(n-1)}}\pi\right]\varphi_K^{(n)}\right)\varphi_\chi^{(n)}\\&=\left(\sum_{r=0}^{r<2^n/P}c_{\chi,rP}\varphi_{rP}^{(n)}\right)\varphi_\chi^{(n)}\end{aligned} \tag{10.17}$$

フーリエ変換は量子並列処理の利点を最大限に活かす処理なので，高効率の量子操作を構築する要素となる．式(10.17)の最後の式変形は，次の因子，

$$\sum_{r=0}^{r<2^n/P}\exp\left[\mathrm{i}\frac{K(rP)}{2^{(n-1)}}\pi\right] \tag{10.18}$$

が，K がゼロもしくは $2^n/P$ (整数と仮定) の整数倍でない場合にゼロになることによる．したがって式(10.15)のフーリエ変換は，

$$\left(c_{i0}\varphi_0^{(4)}+c_{i4}\varphi_4^{(4)}+c_{i8}\varphi_8^{(4)}+c_{i12}\varphi_{12}^{(4)}\right)\varphi_\chi^{(4)} \tag{10.19}$$

のように，制御レジスター側の添え字が，周期の整数倍のものだけになる．

- 制御レジスターに対する測定を行う．
- 周期が確定するまで，上記の操作を繰り返す．

---

[3] これ以外の場合にも，この手続きを拡張することが可能である．

10.6. 量子計算[†]

数 N を因数分解するために必要とされるビット操作の回数 ν は, 古典的な計算機では N に依存して,

$$\nu(N) = \exp\left[1.32 L^{1/3} (\log_2 L)^{2/3}\right] \tag{10.20}$$

のように増加するものと推定される. $L = \log_2 N$ は, N を表すために基本的に必要なビット数である. これに対して Schor のアルゴリズムを実行するために必要となる基本量子ゲート数 ν_q は, 次のように推定される.

$$\nu_\mathrm{q}(N) = L^2 (\log_2 L)(\log_2 \log_2 L) \tag{10.21}$$

つまり因数分解の問題は, 指数関数的に時間を要する問題から, 単に多項式的な時間を要する問題へと変わる. 各ゲートの動作速度を控えめに $(300\,\mu\mathrm{s})^{-1}$ と想定すると, 十進数で 309 桁[4]の数 N を Schor のアルゴリズムによって因数分解するのに要する時間は週のオーダーとなる. これは古典的な計算機において 2009 年頃に達成が見込まれる計算時間と同じオーダーである. これに対して十進数で 617 桁の数を因数分解しようとすると, 量子計算機では数ヶ月で済むが, 古典的な計算機では約 6000 万年を要することになる.

2-準位量子系として, 様々なものが考察の対象となっている. 現在までの実験技術の進展によって, 粒子のスピンやそれと等価な観測量を制御して, 量子ゲートとして機能させることが可能となっている. しかし多くのゲートを結合させた大規模な計算機を動作させようとすると, 状況は著しく複雑になる. 最大の問題は干渉喪失(デコヒーレンス)による状態の変化, すなわち環境要因との不可避的な結合の問題である (12.2節). 現在までのところ量子計算が実行できる規模は, 15 を素因数 3 と 5 に分解する程度に限られている [67].

しかし我々が経験した「Pascal機械(パスカル・マシン)からPentium(ペンティアム)プロセッサまで」という技術の長足の進歩も考え合わせるべきである. 干渉喪失(デコヒーレンス)を部分的に制御する新たな戦略も既に存在している. この課題が防衛問題や財政・金融活動に結びつくという事情から, 精力的に研究が進んでゆくことに疑いようはない. しかし量子計算への関心は, このような応用だけに限られるものではないことを心に留める必要がある. もつれた粒子を用いた実験は, 量子力学の基本的な部分に対する我々の理解を, さらに進展させる助けとなるであろう.

---

[4]これは現在, 暗号鍵として推奨されている数の大きさである.

10.7 量子ゲート[†]

量子ゲートは，変換の対象として選択した量子ビットに対して，ある時間内でユニタリー変換を施す仕掛けであり，量子アルゴリズムにおける基本単位にあたる．量子ネットワークは，時間的に同期して動作する多数の量子ゲートから構成される．

工学的な観点から，利用する変換操作全体を，1-量子ビット系および2-量子ビット系に対する操作の積として表現できるような変換操作だけに限定するのが実用的である．単一の量子ビットの操作は，その粒子の場所における磁場の制御によって実施できる (9.2節)．2-量子ビットの操作のためには，それらの量子ビット間の相互作用が必要である．そこで制御ハミルトニアンを次のように与える．

$$\hat{H}_{\text{ctr}} = -\mu_s \sum_i^N \mathbf{B}^{(i)}(t)\cdot\hat{\mathbf{S}}^{(i)} + \sum_{\substack{a,b \\ i \neq j}} J_{ab}^{(i,j)}(t)\hat{S}_a^{(i)}\hat{S}_b^{(j)} \tag{10.22}$$

a と b は空間内の方向を表すダミーの添字で，$a, b = x, y, z$ である (第6章の問9 ⟨p.120⟩ および第9章の問8 ⟨p.204⟩ 参照)．このハミルトニアンは，量子計算機を制御するための最低限の要件を満たし得るし，実際はそれ以上の機能も持つ．しかしながら測定器との相互作用や，環境要因との相互作用も，別途考慮する必要がある．

n-量子ビット系に対する任意のユニタリー操作は，必ず1-量子ビット系の操作と2-量子ビット系の操作の積の形で表現可能であることを証明できる．アダマールゲート (Hadamard gate)，位相ゲート (phase gate)，制御-NOTゲート (controlled-NOT gate) によって，基本ゲートの普遍的な組が構成される．ただし基本ゲートの決め方は一意的なものではない．レジスターを異なる状態に移す任意の変換を，基本ゲートの組を用いて構築することができる．

10.7.1 1-量子ビット系[†]

現実的に有用なゲートはアダマールゲート $\mathcal{U}_H$ と位相ゲート $\mathcal{U}_\phi(\beta)$ である．前者は1-量子ビットの状態を，次のように変換する．

$$\mathcal{U}_H \varphi_J = \frac{1}{\sqrt{2}} \sum_{K=0}^{1} \exp(iJK\pi)\varphi_K, \quad J = 0, 1$$
$$\mathcal{U}_H \varphi_0 = \frac{1}{\sqrt{2}}(\varphi_0 + \varphi_1), \quad \mathcal{U}_H \varphi_1 = \frac{1}{\sqrt{2}}(\varphi_0 - \varphi_1) \tag{10.23}$$

これは式(3.22)に与えた $\hat{S}_z$ の基本状態を $\hat{S}_x$ の基本状態に移すユニタリー変換と同じものであり，1-量子ビットを対象としたフーリエ変換とも見なせる[5]．位相ゲートは状態 φ_1 に対して次のように位相を加える．

$$\mathcal{U}_\phi(\beta)\varphi_J = \exp(\mathrm{i}J\beta)\varphi_J \tag{10.24}$$

これらの 2 種類の操作は，単一の量子ビットに対する任意のユニタリー変換を構築するために充分なものである．たとえば，

$$\mathcal{U}_\phi(\eta+\pi/2)\mathcal{U}_\mathrm{H}\mathcal{U}_\phi(\beta)\mathcal{U}_\mathrm{H}\varphi_0 = \varphi_0\cos\frac{\beta}{2} + \varphi_1\exp(\mathrm{i}\eta)\sin\frac{\beta}{2} \tag{10.25}$$

であるが，これは単一の量子ビットの状態を表現する最も一般的な形である．

単一の量子ビットに対する操作は，ハミルトニアン (10.22) の第 1 項の作用による．外部磁場の z もしくは x 成分を，時間 τ のあいだ印加することで，位相変換 $\mathcal{U}_z(\beta)$ もしくは $\mathcal{U}_x(\beta)$ を行える．これらは $\beta = \omega_L\tau$ と置いて，式(9.12) および式(9.16) の時間発展を施す操作にあたる．

アダマールゲートと位相ゲートは，次のように構築される．

$$\mathcal{U}_\mathrm{H} = \mathcal{U}_z(\pi/2)\mathcal{U}_x(\pi/2)\mathcal{U}_z(\pi/2) = \frac{1}{\sqrt{2}}\begin{pmatrix} 1 & 1 \\ 1 & -1 \end{pmatrix} \tag{10.26}$$

$$\mathcal{U}_\phi(\beta) = \mathcal{U}_z(-\beta) = \begin{pmatrix} 1 & 0 \\ 0 & \exp(\mathrm{i}\beta) \end{pmatrix} \tag{10.27}$$

縦ベクトル表示の 1-量子ビット状態 (10.1) に対して，上記の行列 (10.26) および (10.27) による変換を施すことによって，変換の式(10.23) および式(10.24) の具体的な表式が与えられる．

10.7.2　2-量子ビット系[†]

2-量子ビット状態は，単一量子ビット状態の積 $\varphi_J(1)\varphi_K(2)$ によって表すことも，計算上の基本状態 $\varphi_J^{(2)}$ ($J=0,1,2,3$. 式(10.2) の列ベクトル) を用いて表すこともできる．2 つの量子ビットは空間的に離れており，両者を識別可能と考えて Pauli の原理に付随する効果を無視してよい．

---

[5] 我々はここでも，これまで本書で用いてきた量子力学的な記法をそのまま用いる．計算機関係の書籍では，アダマールゲートを H と表し，連続した変換操作を左から右へ並べて書くなどの慣例の違いがある．全体の位相はしばしば省かれる．

2-量子ビットを構成するそれぞれの量子ビットに対して，続けてアダマールゲートの作用を及ぼすと，状態 $\varphi_0^{(2)}$ は次のように変換する．

$$\mathcal{U}_{\mathrm{H}}(2)\mathcal{U}_{\mathrm{H}}(1)\varphi_0^{(2)} = \mathcal{U}_{\mathrm{H}}(2)\frac{1}{\sqrt{2}}\left(\varphi_0^{(2)} + \varphi_2^{(2)}\right) = \frac{1}{2}\sum_{J=0}^{3}\varphi_J^{(2)} \tag{10.28}$$

2-量子ビット系に作用する有用なゲートは制御-NOTゲート $\mathcal{U}_{\mathrm{CNOT}}$ と，制御-位相ゲート $\mathcal{U}_{\mathrm{CB}}(\phi)$ である．

$$\mathcal{U}_{\mathrm{CNOT}}\varphi_J\varphi_K = \varphi_J\varphi_{J\oplus K}$$
$$\mathcal{U}_{\mathrm{CB}}(\phi)\varphi_J\varphi_K = \exp[iJK\phi]\varphi_J\varphi_K \tag{10.29}$$

記号 $\oplus$ は，和 $(J+K)$ の2を法とする剰余を表す．上記のゲートは，制御-量子ビットの状態が φ_1 であれば標的-量子ビットの状態を変換し，制御-量子ビットが φ_0 であれば，変換作用を持たない．

制御-NOTゲートと制御-位相ゲートの行列表示は，次のように与えられる．

$$\mathcal{U}_{\mathrm{CNOT}} = \begin{pmatrix} 1 & 0 & 0 & 0 \\ 0 & 1 & 0 & 0 \\ 0 & 0 & 0 & 1 \\ 0 & 0 & 1 & 0 \end{pmatrix}$$
$$\mathcal{U}_{\mathrm{CB}}(\phi) = \begin{pmatrix} 1 & 0 & 0 & 0 \\ 0 & 1 & 0 & 0 \\ 0 & 0 & 1 & 0 \\ 0 & 0 & 0 & \exp(i\phi) \end{pmatrix} \tag{10.30}$$

ここではハミルトニアン (10.22) からの制御-NOTゲートと制御-位相ゲートの構築については省略する．

これらの操作を組み合わせて，離散フーリエ変換を構成することができる．

$$\mathcal{U}_{\mathrm{FT}}\varphi_J^{(2)} = \frac{1}{2}\sum_{K=0}^{3}\exp[iJK\pi/2]\varphi_K^{(2)}$$
$$\mathcal{U}_{\mathrm{FT}} = \mathcal{U}_{\mathrm{SWAP}}\mathcal{U}_{\mathrm{H}}^{(\mathrm{tag})}\mathcal{U}_{\mathrm{CB}}\left(\frac{\pi}{2}\right)\mathcal{U}_{\mathrm{H}}^{(\mathrm{ctr})}$$
$$= \frac{1}{2}\begin{pmatrix} 1 & 1 & 1 & 1 \\ 1 & i & -1 & -i \\ 1 & -1 & 1 & -1 \\ 1 & -i & -1 & i \end{pmatrix} \tag{10.31}$$

上式の中の SWAP 変換は，制御-量子ビットと標的-量子ビットを入れ換える変換を表す．

$$\mathcal{U}_{\text{SWAP}} \varphi_J(1)\varphi_K(2) = \varphi_K(1)\varphi_J(2)$$
$$\mathcal{U}_{\text{SWAP}} = \mathcal{U}_{\text{CNOT}} \mathcal{U}_{\text{H}}^{(\text{ctr})} \mathcal{U}_{\text{H}}^{(\text{tag})} \mathcal{U}_{\text{CNOT}} \mathcal{U}_{\text{H}}^{(\text{tag})} \mathcal{U}_{\text{H}}^{(\text{ctr})} \mathcal{U}_{\text{CNOT}}$$
$$= \begin{pmatrix} 1 & 0 & 0 & 0 \\ 0 & 0 & 1 & 0 \\ 0 & 1 & 0 & 0 \\ 0 & 0 & 0 & 1 \end{pmatrix} \tag{10.32}$$

10.7.3　n-量子ビット系†

1-量子ビットと 2-量子ビットの状態については，積表現と列ベクトル表現の両方が可能である．多くの応用において，初期状態は次のように与えられる．

$$\varphi_0^{(n)} = \prod_{k=1}^{n} \varphi_0(k) \tag{10.33}$$

式(10.28) は，n-量子ビットに関して次のように一般化される．

$$\prod_{k=1}^{n} \mathcal{U}_{\text{H}}(k) \varphi_0^{(n)} = \frac{1}{\sqrt{2^n}} \sum_{J=0}^{2^n-1} \varphi_J^{(n)} \tag{10.34}$$

制御レジスターも標的レジスターも n-レジスターに置き換わると，式(10.29) に相当する操作は次のようになる．

$$\begin{aligned} \mathcal{U} \varphi_J^{(n)} \varphi_K^{(n)} &= \varphi_J^{(n)} \varphi_{K \oplus J}^{(n)} \\ \mathcal{U}_f \varphi_J^{(n)} \varphi_K^{(n)} &= \varphi_J^{(n)} \varphi_{K \oplus f(J)}^{(n)} \end{aligned} \tag{10.35}$$

n-レジスターを扱う場合の $\oplus$ は，たとえば第 1 式では和 $K+J$ の 2^n を法とする剰余を表す．関数 $f(J)$ は数 J と，n-レジスターに蓄える数との対応関係として定義される．

離散フーリエ変換の式(10.31) は，次のように一般化される．

$$\mathcal{U}_{\text{FT}} \varphi_J^{(n)} = 2^{-n/2} \sum_{K=0}^{2^n-1} \exp\left[i \frac{JK}{2^{(n-1)}} \pi \right] \varphi_K^{(n)} \tag{10.36}$$

上述のゲートを用いると，状態ベクトルのすべての成分が並行して働くことになる．

練習問題　(*略解 p.274)

*問1　積演算子 $\hat{S}_z(1)\hat{S}_z(2)$ および $\hat{S}_x(1)\hat{S}_x(2)$ の各 Bell 状態に関する固有値を, $\hbar^2/4$ 単位で求めよ.

*問2　量子暗号の伝達 (10.4節) において, アリスとボブが良い量子ビットを共有している. アリスが状態 φ_0 の量子ビットを送ったとしよう. 以下の状況においてボブが φ_0 チャネル, あるいは φ_1 チャネルの量子ビットを検出するそれぞれの確率を求めよ.

   1. 盗聴者がいない場合.
   2. イヴが盗聴を行っている場合.
   3. 後からアリスとボブが 100%良い一連の量子ビットを比較しても, イヴの盗聴が発覚しない確率を求めよ.

*問3　量子遠隔移送 (10.5節) において, アリスが各 Bell 状態を検出した場合について, ボブが元の量子ビットの情報を復元するために必要となる回転の生成子を求めよ.

*問4　1. 制御-量子ビットと標的-量子ビットの役割を入れ換えた行列 $\mathcal{U}'_{\text{CNOT}}$ を書け.
   2. $\mathcal{U}'_{\text{CNOT}}$ を基本量子ゲートを用いて表せ.

問5　$\mathcal{U}_x(\pi)\mathcal{U}_z(\beta)\mathcal{U}_x(-\pi) = \mathcal{U}_z(-\beta)$ を証明せよ.

問6　$\dfrac{\hbar}{2}\mathcal{U}_{\text{CNOT}}\hat{S}_x^{(\text{ctr})}\mathcal{U}_{\text{CNOT}} = \hat{S}_x^{(\text{ctr})}\hat{S}_x^{(\text{tag})}$ を証明せよ.

問7　式(10.34) を, $n=3$ の場合について証明せよ.

*問8　アリスとボブは, まず与えられた Bell 状態を構成する 2 つの粒子を分け合う. アリスが自分の量子ビットに対して, 単位行列 $\mathcal{I}$ もしくは Pauli 行列の何れかを用いてユニタリー変換を施してから, その量子ビットをボブへ送る.

   1. ボブはアリスがどの変換を行ったか分かるか?
   2. イヴはアリスがどの変換を行ったか分かるか?

   ボブが受け取る情報 (4 通りの数のうちのひとつ. これを用いて 1-量子ビットの情報が復元される) は古典的な 2 ビットの情報に符号化されるが, 受け取る量子ビットはひとつだけである. この量子的な結果を超高密度符号化 (superdense coding) と称する.

*問9.　フーリエ変換の式(10.19) における各振幅 c_{ir} を求めよ.

問10.　2-量子ビットの積に対して, 基本量子ゲートによって Bell 状態を構築せよ.

第 11 章　量子力学の検証

量子力学の歴史において，疑義の的になるような量子物理の諸側面を明らかにするために，種々の思考実験が決定的に重要な役割を果たした．Bohr(ボーア)と Einstein(アインシュタイン)の論争が，この種の最も典型的な例を与えている (13.5.2項 ⟨p.258⟩)．しかし 20世紀の末以降，それらの思考実験に対して，現実の実験が取って代わるようになった．各種の原理実験によって従来の考え方が確認されただけでなく，量子力学の更に非直観的な側面までもが明確になってきた．多様で魅惑的な多くの結果が得られており，更なる試みも色々と進められつつあるが，本章では 2 種類の実験だけに言及する[1]．

- 2-スリット実験．Feynman(ファインマン)によれば[2]，「古典的には "絶対に" 説明できない現象であり，そこに量子力学の核心が含まれている」

- 物理的世界を記述する上で，客観的かつ局所的な実在性の概念と量子力学の概念と，どちらが正しいかを判定する実験．

両方の実験において，量子もつれが中心的な役割を担う．もつれた光子の源として，パラメトリック下方変換 (parametric down conversion) を基礎とした手法が適用される．非線形光学結晶に対してレーザー光を照射し汲上げ(ポンピング)を施すと，ひとつの光子が (確率は $10^{-12} - 10^{-10}$ と低いけれども) 2 つのもつれた光子へと崩壊(つい)する．生成した光子対のエネルギーの和，および運動量の和は元の光子が持っていたエネルギーと運動量にそれぞれ等しい．生成した 2 つの光子の偏光は同じであっても異なっていてもよい．

11.1　2-スリット実験

Thomas Young(ヤング)が 1801年に (蝋燭(ろうそく)を光源に用いて) 光の波動性を立証して以来，2-間隙(スリット)を用いた干渉実験は，波動性と粒子性を区別するための決定的な手段と見なされている (図11.1)．物質波の干渉は 1927年に初めて確認された [5]．

---
[1] 文献 [68] と文献 [69] の題材を集中的に扱う．
[2] 文献 [23], p.1.

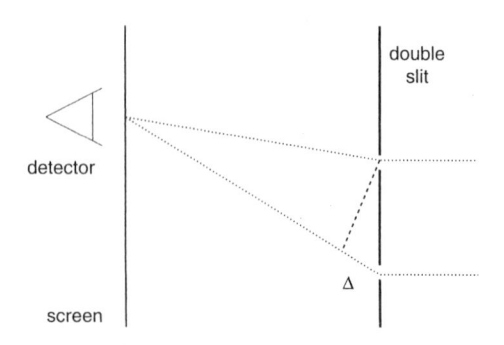

図11.1　2-スリット実験．双方のスリットからの距離の差 Δ が π/k の奇数倍になるような観測点における検出強度はゼロになる．

比較的最近では (1988年) 2 nm の波長を伴う速度の中性子を，互いに 104 μm 離れた 22 μm 幅と 23 μm 幅のスリットに通す実験が行われた．主要な結果は以下の通りである [70]．

- 波の干渉 (図11.2) を示す回折パターンが観察された．観察面はスリット面から 5 m 先方にあり，解像度は $\approx$ 100 μm である．実線は実験器具の特徴をすべて考慮した上で，量子力学から第一原理的に予測される干渉特性である．
- 観測される中性子は，観察面において 1 個ずつ個別に捕獲された．その最大検出頻度は 2 秒あたりに 1 個である．したがって，ひとつの中性子が検出されるときに，次に検出されるはずの中性子は，まだ中性子源であるウラン原子核の内部にある．つまり中性子の粒子性も同時に認められる．測定の対象を統計集団と見なさなければならないという制約もなく，ひとつの粒子に関する量子力学の検証実験となっている．

同様の干渉パターンが，原子や分子や，フラーレンのようなクラスター (原子・分子の集合体) を用いた実験からも得られている．フラーレンは 60 個の炭素原子から成る直径約 10^{-9} m の分子であるが，10^{-7} m 離れた 2 つのスリットを通過させると，それぞれのスリットを通った成分の重ね合わせの効果によって干渉を起こす [71]．

2 つの状態の重ね合わせによって，干渉を起こしている状態は，

$$\Psi = \frac{1}{\sqrt{2}}(\varphi_a + \varphi_{a'}) \tag{11.1}$$

と表されるが，そのとき粒子が a と a' のどちらの径路を通ったかを決める (知る) ことは原理的にも不可能である．もし粒子の径路に関する情報が存在するならば (たと

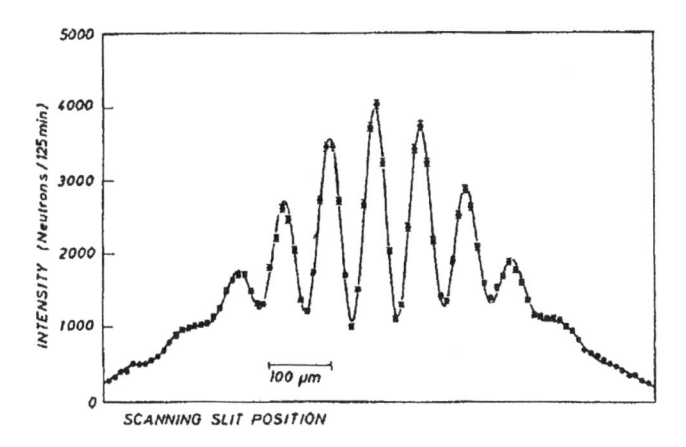

図11.2　中性子を用いた2-スリット実験から得られた回折パターン．A. Zeilinger, Rev. Mod. Phys. **71**, S288 (1999) より転載．著作権：American Physical Society and the Institut für Experimentalphysik, Universität Wien.

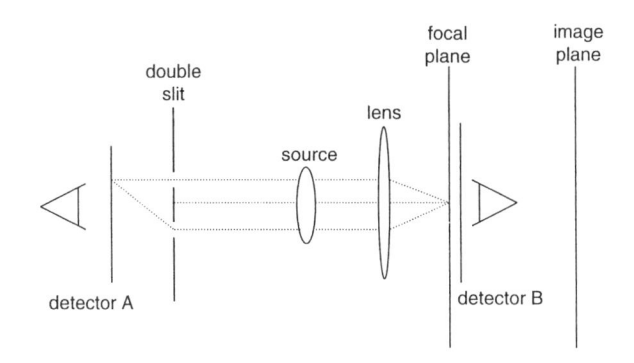

図11.3　もつれた光子による2-スリット回折の実験．光子の一方は2-スリットを通した背後において検出し(A)，もう一方はレンズを通して，その焦点面において検出する(B)．検出器Bの位置を，像面の方にずらして設定し直すことも可能である．もつれた光子対の生成にはパラメトリック下方変換を用いる．同時計数回路(図では省略)によって，両側で検出する光子が，もつれた状態を構成していた光子の対であることが保証される．

えその情報が環境内で散逸するとしても)干渉状態は喪失する．

2つの互いにもつれた粒子を用いた2-スリット実験は，量子力学に備わっている更に注目すべき非直観的な性質を明らかにする．実験系の構成を図11.3に示す．光源

の左側の 2-スリットの背後において検出した光子には A,光源の右側のレンズの背後において検出した光子には B という記号を充てる.B の検出位置については,レンズからの距離を変えて設定し直すことが可能である.

次のような,もつれた状態を考える.

$$\Psi = \frac{1}{\sqrt{2}}\bigl(\varphi_a(1)\varphi_b(2) + \varphi_{a'}(1)\varphi_{b'}(2)\bigr) \tag{11.2}$$

- B が特定の条件下で検出されないならば,2-スリットの背後の面における A の分布は干渉性を持たない¶.また,このことに関わる事実として,B の状態を測定することによって A の径路に関する情報を得ることも可能である.

- B をレンズの焦点面で検出すると,レンズを通過する前の光子の光軸からの距離の情報が失われ,それにともなって A の径路に関する情報も損われる.径路 (位置) 情報を犠牲にすることで,両方の光子の運動量はよく定義され,2-スリットの背後の面に A の干渉パターン (波動性) が現れる.光子は 1 個ずつ個別に検出されるが,その検出頻度から別々の光子の間の平均距離を見積ると,少なくとも 100,000 km 程度と推定される.

- B を 2-スリットが結像する像面において検出すると,像面における B の位置と 2-スリットにおける A の位置には 1 対 1 の対応関係があるので,B の検出によって A がどちらのスリットを通ったかを知ることになる (粒子性が現れる).この場合,干渉パターンは現れない.

- 干渉パターンと径路情報は,互いに排他的な関係の下で得られる結果である.Bohr の相補性原理 (13.5.1 項 ⟨p.257⟩) は,B の検出器を焦点面と像面で同時に機能させることはできないという帰結を導く.B の検出器を焦点面と像面の間に配置すると,干渉パターンがある程度まで弱まった中間的な状態が現れる.実験結果は相補性の連続的な移行を示す.

- A を検出した後に,測定者が任意に B の検出を遅らせて,B を焦点面で検出するか像面で検出するを決めることにするならば,回折パターンを得るか否かを,回折した光子を検出した "後で" 決定し得るとも考えられる.このことから量子力学では未来が過去を修正するという主張がなされたが,この解釈は誤っている.実験結果を予言するためには,すべての検出器の位置を含めた実験系全体の設定を知る必要がある (2.4.1 項 ⟨p.16⟩,Bohr による "現象" の定義を参照).

¶(訳註) 図 11.1-2 のような単純な 2-スリット実験では,源から一様に発して両方のスリットを等しく通り得る状態を初期状態として用意するわけだが,もつれた光子の一方はこのように確定した初期状態を持たない.もう一方の光子 (こちらも状態は確定していない) ともつれているという制約下で,初期状態の不定性が生じている.

- 2-スリットの背後の A の記録は，B を焦点面で検出するならばFraunhoferの 2-スリット回折パターンを形成するが，B が 2-スリットを通過するわけではない．A の回折パターンは，A が 2-スリットを通る状態が両方のスリット位置に等しく確率密度のピークを持つように，適正な運動量分布を備えた波束となったことの結果であると解釈される．光源において生じた光子対の運動量が互いに強くもつれているために，B の状態の運動量分布は A のそれと強く相関しており (実際，互いの波束は時間反転関係にある)，レンズの背後における B の検出によって，A に干渉を起こさせる条件を設定できるのである [68].

上述の実験結果は，量子力学の原理に確証を与えるものである．状態ベクトルこそが，我々が対象について持ち得る知識の唯一の表現であるという概念を受け入れるならば，得られた結果に矛盾はない．これに対して客観的に，伝播する波や径路をたどる粒子のような"実在的な"描像を持とうとすると，様々な概念的困難に陥ることになる．この観点に関する更に詳しい議論については 12.1 節を参照されたい．

11.2 EPR状態とBellの不等式

Bell状態にある 2 つの粒子を反対向きに放出する源を考える．

$$\varphi_{B_0} = \frac{1}{\sqrt{2}}\left[\varphi_0(1)\varphi_0(2) + \varphi_1(1)\varphi_1(2)\right] \tag{11.3}$$

それぞれの粒子を Stern-Gerlach 検出器で測定する (図2.4(c) ⟨p.20⟩)．双方の検出器を同じ方向に向けておくと，粒子 2 は必ず粒子 1 と同じスピン状態で検出される．この結果が相互の距離によって変わることはない．Einstein は Podolsky, Rosen とともに [16]，この量子力学的な予言 (EPR の逆理) を考察して，以下の理由から量子力学が成立し得ないと結論した[3]．

- 粒子の状態は，測定とは無関係に決まっているはずである (2.1節で述べた客観的実在性の概念)．
- 粒子 1 と粒子 2 が巨視的な尺度で充分に離れていれば，粒子 1 の測定が粒子 2 の状態に影響を及ぼすことはあり得ない (局所性の概念)．

つまり粒子 2 は，粒子 1 を検出する前に，そのスピン状態に関する情報を粒子 1 に送っていなければならない．したがって量子力学に代わるべく，背後に何らかの未知の機構——隠れた変数——が伏在するはずだという主張がなされた．

---
[3] この部分の記述は，元々の EPR による光子の偏光に関する議論を，粒子のスピンに関する議論に置き換えている．この措置は David Bohm に依拠する [73].

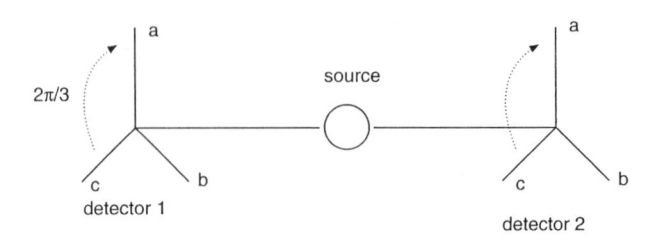

図11.4 本文中に述べてある Bell の不等式を検証するための実験系の模式図.

1964年に John Bell は，EPR が想定するような局所的な客観的実在性の概念は，量子力学の原理とは究極的に相容れないことを理解するに至った．そしてこれらの2通りの世界観の下で，異なる結果がもたらされるような思考実験を考案した [74]．Bell の実験を行えば，哲学論議ではなく事実に基づいて，局所的実在性の概念と量子力学的概念と，どちらが正しいかを決定することができる．

2つの Stern-Gerlach 検出器を，ビーム軸 (y 軸) のまわりに回転させて方向を3通りに設定できるようにしておき，それぞれの検出器を，3方向のどちらかに合わせる (図11.4)．設定が可能な3方向は，z 軸方向 (a)，これに対して $2\pi/3$ の角度をなす方向 (b)，$4\pi/3$ の角度をなす方向 (c) である．これ以降，検出器1および2の設定方向をまとめて (α_1, α_2) と表記する．たとえば (a, c) は，検出器1を z 軸方向，検出器2を z 軸に対して $4\pi/3$ の角度をなす方向に設定した全測定系の状態を表す．双方の検出器の向きは，互いに関係を持たないものとする．源と検出器や，検出器同士の間にも関係は持たせない．

まずはこの問題を，局所的な実在性の観点から考察してみる[4]．それぞれの粒子が伝える情報は $x_a x_b x_c$ という確定した数の組合せの形で表されるものと考えなければならない．ここで x_j ($x_j = 0, 1$) は，検出器の方向を j ($j = a, b, c$) に設定した測定の結果を意味する．ひとつの粒子が伝え得る情報の組合せは全部で8通り，すなわち 000, 001, 010, 011, 100, 101, 110, 111 である．個々の試行において，どの組合せが妥当するかは重要ではない，しかしながら両方の検出器の向きをそろえた場合に，両方の粒子が必ず同じ結果を与えるという実験事実 (Bohm-EPR 実験) から考えて，2つの粒子が必ず同じ組合せを伝えているという点は重要である．

---

[4] ここで記述する Bell の不等式は，文献 [75] から採っている．

11.2. EPR状態とBellの不等式

表11.1　粒子2の各測定結果の確率

検出器2	a	b	c	全確率
検出器1と同じ結果	1	1/4	1/4	50%
検出器1と異なる結果	0	3/4	3/4	50%

しばらく000と111の組合せを除外して考えよう．残りの6通りの粒子情報の何れについても，双方の検出器に関する (α_1, α_2) の全9通りの設定において，検出器の出力が互いに一致する場合が5通り，不一致の場合が4通りある．たとえば伝えられた情報の組合せが011であれば，(a,a), (b,b), (b,c), (c,b), (c,c) の測定では双方が同じ結果となり，(a,b), (a,c), (b,a), (c,a) では双方の結果が異なる．

上で除外した2通りの組合せまで考慮すると，双方の検出器が同じ結果を与える確率は上記よりも更に上がる．したがって双方の検出器において同じ測定結果を得る確率は，局所的な実在性を想定すると必ず $\geq 5/9$ となるはずである (Bellの不等式).

次に，この問題を量子力学的に考察してみよう．式(5.28)により，方向 b もしくは方向 c に関する固有状態を基本状態とすると，$\varphi_0^{(a)} = \varphi_0$ は次のように表される．

$$\varphi_0^{(a)} = \frac{1}{2}\varphi_0^{(b)} - \frac{\sqrt{3}}{2}\varphi_1^{(b)} = -\frac{1}{2}\varphi_0^{(c)} - \frac{\sqrt{3}}{2}\varphi_1^{(c)} \tag{11.4}$$

ここでは双方の検出器の相対的な角度だけが問題となるので，一般性を損うことなく粒子1が a 方向を向いた検出器によって φ_0 状態で検出されるものと仮定することができる．粒子2の測定のそれぞれ場合において，それぞれの結果が得られる確率を表11.1に示す．各方向に関する確率を平均すると，検出器の方向を特定せずに，粒子2に関して粒子1と同じ (もしくは異なる) 測定結果を得る確率が与えられる．これは先ほど示した局所的な実在性の仮定の下で予想される値と異なっている．粒子1の状態を $\varphi_1^{(a)}$ と仮定しても，同様の議論が成立する．

Bellの論文が出版された当時には，その検証実験を実際に行うことは不可能であった．検証を成功に導くための第1の試みとして，スピン1/2の粒子対が，Ca原子を源とする $J=0 \to J=0$ の連鎖遷移 (cascade) によって放射される2つの光子に置き換えられた (1981年)．互いにもつれた光子に対して予想される通りに，同時に放射された2つの光子の偏極が同じであることが確認され，上述のものとは少し異なるBellの不等式が実際の検証のために用いられた．得られた実験結果は局所的な実在性に基づく予言に反するものであり，非局所的量子相関の存在が実験的に支持されるに至った [76]．

この実験では局在性の検証のために，2つの検出器の距離を13 mまで隔てることによって，光速以下では他方の検出器の影響が検出に先立って伝わらないような状況の設定がなされた．

しかしながら，まだ論理的に2つの抜け穴が残されている[5]．その一方は，光子が検出される前に，実験系の状態が双方の検出器や源の間において相互に既知情報になっている可能性である．この抜け穴は，源にパラメトリック下方変換を導入し，検出器の距離を355 mまで離し，光子の飛行時間に比べて充分に短い時間尺度 (1/13) で乱数発生器を用いた測定器の設定変更を施すことによって埋められた．実験の妥当性を高める上で，最後の措置は特に重要である [77]．

もう一方の論理的な抜け穴として，検出される光子以外の大多数の光子は失われており，検出結果は放射されたすべての光子の特性を代表するものとして信頼の置けるものではないという可能性もある．この可能性は，共振孔(キャヴィティ)において，ほとんどすべてのもつれたイオン対を検出する実験によって排除された [78]．

今日，限られた時間内で，結果が標準偏差の範囲内でBellの不等式を破るような多くの実験結果を得ることが現実に可能である．更に3つもしくは4つの光子によるSchrödingerの猫の状態 (12.2節) についても，量子力学に基づく予言と局所的な実在性に基づく予言が正反対の結果を与える状況が存在する．実験結果は，やはり量子力学の予言の方を支持している．

粒子1の測定によって，粒子2の状態も (両者が元々もつれていれば) 瞬時に決まるという事実は，相対論的な因果律に抵触するものではない．粒子1に対する測定結果の情報は，それが通常の情報伝達手段によって粒子2の位置へ伝わるまでは，粒子2の場所において利用することができない情報である．量子遠隔移送(テレポーテーション)においても同様の制約がある (10.5節)．量子力学自体は相対論的に不変な理論ではないが，これが相対論的因果律の要請と両立することは注目に値する．

量子暗号と量子遠隔移送(テレポーテーション)に関する実験については，既にそれぞれ10.4節および10.5節において言及した．

現在の概況について，Anton Zeilinger(ツァイリンガー)は次のように述べている [68]．

> …将来的に，より大きな物体を用いた量子力学の検証実験が進んでゆくであろうことは興味深い．そして，もうひとつの将来を約束されている進展の道筋としては，より多くの粒子を互いにもつれさせたり，多くの自由度を含む系のもつれのような，より複雑な量子もつれ系の実現がある．これらの進展は，結局，量子物理の領域を巨視的な世界にまで押し拡げてゆくことになるであろう．

---

[5] これらの2つの抜け穴は，単独の実験においては未だ閉じられていない．

第 12 章 量子力学の解釈問題

> The problem of getting the interpretation proved to be rather more difficult than just working out the equations. [79]

　量子力学の結果に曖昧さはなく，その予言に反する実験結果は現在まで存在していないが，他方において，量子力学の理論形式の背後にある意味を解釈するために，膨大な労力が費やされ続けてきた．

　本章では議論の素材として，前章までに読者が馴染んできたスピンを用いる．スピン状態の時間依存性は 9.2 節で論じた．ここではコペンハーゲン解釈の範囲内での説明と，全く別の 2 通りの解釈を紹介する．

　また，測定が行われる状況を理解するための新たな観点を与える干渉喪失（デコヒーレンス）(decoherence) の概念についても論じることにする (12.2 節)．この目的のために，密度行列を用いた量子力学の定式化について概説する．

　このようにして本章の末尾までに，読者は 4 通りの異なる観点から量子力学の解釈に関する話題を提示されることになる．しかし本章の内容は到底，解釈問題に関する論点を尽くしたものとは言えない．未だに極めて多様な解釈が並存している状況は，量子力学の解釈問題がまだ完全には解決していないことを示している[1]．

12.1 測定に関する解釈の問題

12.1.1 コペンハーゲン解釈

　z 方向を向いた静磁場が存在し，時刻 t_0 にスピンが x 方向を向いているものと仮定する．式 (9.14) のように状態の時間依存性を考える．$t = t_0$ における状態ベクトルを $\Psi(t_0) = \varphi_0^{(x)}$ と書く．時刻 t_0 から時刻 t_1 までの間に，状態ベクトルは時間に依存する Schrödinger 方程式に従って決定論的かつ継続的な変化をして，状態 $\Psi(t_1)$

---

[1] 量子力学の諸解釈に関する批判的な議論は，たとえば文献 [80] に見られる．

へと移行する．時刻 t_1 において x 軸の正方向のスピン成分を，フィルターを用いて測定する．式(9.14)により，測定の対象となる状態ベクトルは次のように表される．

$$\Psi(t_1) = \varphi_0^{(x)} \cos\frac{1}{2}\omega_L(t_1-t_0) + i\varphi_1^{(x)} \sin\frac{1}{2}\omega_L(t_1-t_0) \tag{12.1}$$

測定行為の際に，結果として可能な2通りの状態は，それぞれが測定器や記録装置に含まれる異なる巨視的な自由度の組と関係を持つ．時刻 t_1 において固有値 $-\hbar/2$ が得られるという状況を想定してみよう．

最初の測定を行う以前には，式(12.1) の2つの項の線形結合に伴う干渉効果が存在し得る．しかし測定を行うと，仮に我々がその結果を見ないとしても，その干渉状態は喪失してしまう[2)]．重要な点は，量子力学における如何なる測定行為も，微視的な系と人間が特定の目的のために用意した巨視的な測定器との相互作用を含むという事実である [21]．

測定の直後には，成分 $\varphi_1^{(x)}$ が系の新たな初期状態となる．次に時刻 t_2 において再び測定を行うものとする．このときの状態の展開式は，式(12.1) の代わりに次のようになる．

$$\Psi(t_2) = i\varphi_0^{(x)} \sin\frac{1}{2}\omega_L(t_2-t_1) + \varphi_1^{(x)} \cos\frac{1}{2}\omega_L(t_2-t_1) \tag{12.2}$$

時刻 t_2 の測定で固有値 $\pm\hbar/2$ を得る確率は，各項の絶対値の自乗によって次のように与えられる．

$$P_+(t_2-t_0) = \left|\sin\frac{1}{2}\omega_L(t_2-t_1)\sin\frac{1}{2}\omega_L(t_1-t_0)\right|^2$$
$$P_-(t_2-t_0) = \left|\cos\frac{1}{2}\omega_L(t_2-t_1)\sin\frac{1}{2}\omega_L(t_1-t_0)\right|^2 \tag{12.3}$$

他方，時刻 t_1 における測定を省いて t_2 の測定だけを行う場合には，これらの確率は次のように置き換わる．

$$P_+(t_2-t_0) = \left|\cos\frac{1}{2}\omega_L(t_2-t_1)\right|^2$$
$$P_-(t_2-t_0) = \left|\sin\frac{1}{2}\omega_L(t_2-t_0)\right|^2 \tag{12.4}$$

物理学の役割は，初期状態 $\Psi(t_0)$ と，上記それぞれの測定結果を関係づけることだと考えることに不都合な点はない．この場合には，式(12.3) と式(12.4) が必要とされ

[2)] 測定器における巨視的な変化が，その変化の情報を引き出せないような方法で消し去られることがないという状況下において，干渉状態の喪失は不可避的に起こる．

12.1. 測定に関する解釈の問題　　235

る情報のすべてを与えている．Bohrは我々が古典的な概念を無批判に微視的な系へ援用することを戒めた．この態度は，物理過程の各段階において"客観的な実在性"を強調するEPRによる量子力学批判の根底にあった立場とは完全に対立している．

　測定を2回繰り返す上記の例は，量子力学の形式に関わる基本的な問題を強調することにもなっている．すなわち状態ベクトルの時間変化の仕方には，2通りの異なる種類のものが存在している．通常の状態ベクトルはSchrödinger方程式に従って，決定論的かつ連続的に状態を変えてゆく．しかし測定を行う時に，状態ベクトルには確率的にしか予測のできない突然の変化が起こる．

　粒子を検出すると，検出器内の原子がイオン化され，最初に数個の電子を生成する．その電子が連鎖衝突(カスケード)を起こして検出器内の電子数が増え，巨視的に出力できる検出信号を形成する．状態ベクトルの挙動を考えるには，これらの巨視的な効果の影響も考慮する必要がある．Schrödinger方程式は状態ベクトルに対して単純な線形の時間発展を誘発するだけなので，ここに時間発展を唐突に停止して，単一の測定結果を現出するような機構は含まれていない．究極的には，測定結果の確定に伴う唐突な時間変化は，測定者の脳までを含んで起こるような大局的な変化の一部であると見るべきかも知れない．巨視的に見て重ね合わせの状態がひとつの状態へ収縮するという状況は，測定者の存在に帰するべきものとも考えられるからである．この解釈の先鋭的な提唱者の一部は，この機構が人間の脳における意識の性質と結びついているという可能性を論じている[‡]．このようにして，量子力学は中世以降に閉却されてきたような人間中心の思想に基礎を置くべきだという議論も行われている．

　しかしながら，コペンハーゲン解釈の中でも上記ほどには極端ではない穏当な部分が，現実の基礎実験によって支持されるようになった(第11章)．Zeilinger(ツァイリンガー)は次のように述べている[§][68]．

> もし量子状態が，我々が持ち得る情報の表現以上のものではないという考え方を受け入れるならば，測定の際に生じる自発的な状態の変化，いわゆる状態(波束)

[‡](訳註) 測定者の意識(主観的な知覚)によって状態の収縮が起こる(と考えざるを得ない)という考え方を最初に表明したのはJ. von Neumann (ノイマン)で，E. P. Wigner (ウィグナー)などがその主張を継承した．

[§](訳註) 必ずしも"コペンハーゲン解釈"に含まれる概念の範囲が明確に規定されているわけではないが，その核心にある共通要素は，[a]状態ベクトルは物理系の客観的な実在性を想定してそれを表すものではない(そのようなことを理論に要請してはいけない)こと，[b]測定に伴う状態ベクトルの不連続的かつ非決定論的(確率的)な収縮過程を(その機構・解釈はどうであれ)認めること，[c]測定系の設定に依存する粒子性-波動性の排他的相補性の概念の是認，の3点と見てよいであろう．この文脈ではA. Zeilingerが最も正統的なコペンハーゲン解釈の継承者であるかのように読めてしまうし，おそらく今のところZeilingerの実験結果にコペンハーゲン解釈を否定する要素はない．しかしZeilinger自身は近年，宇宙を非局所的量子情報系と見なすことによる新解釈を試みており，具体的な描像を禁欲的に排したコペンハーゲン派の主流の考え方を，必ずしも究極的なものとして受け入れていないようでもある．

の収縮は，我々が知る情報が測定によって変わるために，その情報の表現である量子状態も変更されるという事実に対応する極めて自然な帰結に過ぎない．

さらに Gregor Weihs, Thomas Jennewein, Markus Aspelmeyer との共同研究から，Zeilinger は次のように付け加えた [69].

> 我々が一般的に，対象を波や粒子のように具象化して現実的に捉えようとしすぎる傾向が，量子力学における概念的な諸問題を生じている．波を表現しているように見える量子状態が，実は確率を計算するための道具に過ぎないと考えるならば問題は何も起こらない．光子が何処にあるかという確率は分かるのか？ 否，我々はもっと用心深く，光子の検出器が何処かに設置された際に，それが光子を検出する確率のようなものだけを扱わなければならない... 我々が粒子について，あるいは特別に光子について語る場合には，常に「検出器が反応する」現象だけに限って言及しなければならない．

12.1.2　2通りの別の解釈[†]

量子物理の解釈の種類は広範に及ぶが，以下に 2 つの例を紹介してみる．
Hugh Everett III（エヴェレット）は，物理系は測定者および環境とともに，状態ベクトルにおいて許容されるそれぞれの測定結果に対応するすべての分枝世界へ分裂を続けており，単一の測定結果だけが選ばれているのではないという仮説 (多世界解釈) を提案した [82]．但し，それぞれの特定の結果を得た測定者は，他の分枝世界の結果を知り得ない．この意味で，量子系自体にも測定という特殊な過程は存在しない．単一の結果が得られるという錯覚は，人間の認識能力の制約の結果として現れる．この概念にも人間中心の要素が入り込んでいる．Everett の仮説[3)]は，その規定方法自体のために反証が不可能であり，実在的な概念を具象化するためのひとつの極端な試みと言える．

これと対極的な解釈としては，Åge Bohr と Mottelson が Ole Ulfbeck とともに，量子力学を誘因のない時空微動（アンコーズド・クリック） (uncaused click) の分布理論として展開したものがある [84]．時空微動自体が偶発的な事象として定義され，粒子の方は媒介物として排除される (量子世界から分けて扱われる)．すなわち時空内の変換こそが量子的な"対象"（オブジェクト）となる．その数学的に非可換な性質による制約のために行列表現が必要となり，確率分布を表す状態ベクトルは時空微動（クリック）の分布という意味を持つ．これらの象徴的な構造は，通常の量子数を担うことになるが，それはもはや粒子には関係しない．たとえば座標演算子 $\hat{x}$ の概念は x, t 面における相対論的な Lorentz回転の下において不変な点から生じ，非相対論的な極限において，

[3)]この多世界 (many-worlds) の概念には，美しい文学的な先例がある [83].

$$[\hat{x}, \hat{k}] = i \tag{12.5}$$

という関係が満たされる．$\hat{k}$ は並進操作の生成子である．この量子物理の定式化では Planck 定数が不要であって，式(12.5) は時間と空間の次元だけしか含んでいない．

12.2 干渉喪失 (デコヒーレンス)[†]

過去 20 年のあいだ 12.1 節で論じたような解釈問題の進展が見られたが，これらは時間に依存する線形な Schrödinger 方程式が，閉じた系だけにおいて妥当であるという考え方に基礎を置いている．

実験に関わるすべての物が量子力学的であり，古典的状態よりも遥かに多様な状態を取り得るものと仮定してみよう．そうすると潜在的には Schrödinger 方程式の時間発展を検出器まで適用して，ヒルベルト空間における重ね合わせの概念を巨視的に拡張し得る可能性がある．しかしながら干渉喪失 (系と環境の相互作用) のために量子的な重ね合わせは解消されて，結局は部分的な，古典的選別状態 (pointer state) の組だけが残る [85]．

このことがスピン 1/2 系の測定においてどのように実現するかを見てみよう (図 12.1)．対象とするスピンの初期状態を次のように与える．

$$\Psi^{\mathcal{S}}(0) = c_0\varphi_0 + c_1\varphi_1 \tag{12.6}$$

量子測定器 $\mathcal{Z}$ を考え，その状態を表すヒルベルト空間が 2 つの基本状態 η_1, η_0 によって張られるものとしよう．このスピン-測定器系の初期状態を，次のように仮定する．

$$\Psi^{\mathcal{S},\mathcal{Z}}(0) = (c_0\varphi_0 + c_1\varphi_1)\eta_1 \tag{12.7}$$

スピンと測定器の量子もつれが，制御-NOT ゲートのような相互作用 (式(10.30)) の下で生じる．その結果，この複合系の状態は，

$$\Psi_t^{\mathcal{S},\mathcal{Z}} = c_0\varphi_0\eta_1 + c_1\varphi_1\eta_0 \tag{12.8}$$

となる．検出器の状態が η_1 (η_0) であれば，スピンの状態が φ_0 (φ_1) であることが保証される．現実には，たとえばスピン 1/2 の粒子と Stern-Gerlach の測定器によって量子もつれが構築される．しかし式(12.8) によって表される状態には曖昧さがあり，$\Psi_t^{\mathcal{S},\mathcal{Z}}$ を変えずにスピンと測定器の両方を回転させることが可能である (10.2 節)．この曖昧さを解消するには，もうひとつの系，すなわち環境 (environment) $\mathcal{E}$ を導

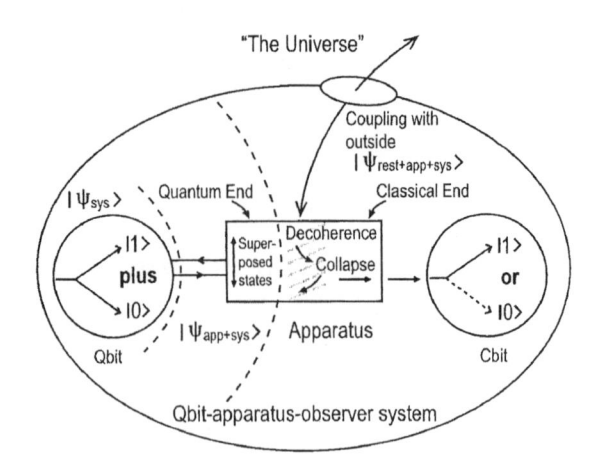

図12.1 量子ビットに対する測定の概念図．右側の部分 ('rest') は本文において"環境"として言及される．古典的な末端において，Schrödinger の猫の 2 通りの状態のうちの一方が起こる．(文献 [21] から Springer の許諾を得て転載．)

入すればよい．環境も 2 通りの量子状態 ε_1 と ε_0 を取り得るものとする．全体の状態の推移は，次のように表される．

$$\Psi^{S,Z,\mathcal{E}}(0) = \Psi^{S,Z}_t \varepsilon_1 \rightarrow \Psi^{S,Z,\mathcal{E}}_t = c_0 \varphi_0 \eta_1 \varepsilon_1 + c_1 \varphi_1 \eta_0 \varepsilon_0 \tag{12.9}$$

環境を意図的に制御することは一般に不可能で，我々にできるのは，部分系 $(\mathcal{S}, \mathcal{Z})$ に属する観測量(オブザーバブル)の期待値を求めることだけである．状態 (12.9) における任意の観測量の期待値は，次のように与えられる．

$$\langle Q \rangle = |c_0|^2 \langle \varphi_0 \eta_1 | \hat{Q} | \varphi_0 \eta_1 \rangle + |c_1|^2 \langle \varphi_1 \eta_0 | \hat{Q} | \varphi_1 \eta_0 \rangle$$
$$+ 2\mathrm{Re}\left(c_0 c_1^* \langle \varphi_1 \eta_0 | \hat{Q} | \varphi_0 \eta_1 \rangle \langle \varepsilon_0 | \varepsilon_1 \rangle\right) \tag{12.10}$$

上式の右辺第 3 項が量子干渉を表す項である．環境との相互作用は，異なる環境状態の重なりの因子 $\langle \varepsilon_0 | \varepsilon_1 \rangle$ によって干渉項を弱める効果を及ぼす．この重なりが充分に小さければ，環境が系に干渉喪失(デコヒーレンス)をもたらすと言える．式(12.9) のように対象と相関する環境の 2 通りの状態が互いに大きく異なるものであれば干渉喪失(デコヒーレンス)が有効に働く．この場合には，量子干渉が力学的に抑制される [85]．

測定器のすべての状態が等しく干渉喪失(デコヒーレンス)に与れる(あずかれる)ものでもない．測定器の相互作用ハミルトニアンを対角化するような状態は，特別に擾乱を受けにくい状態として維

12.2. 干渉喪失 (デコヒーレンス)†

持されやすい．これが測定器のいわゆる選別状態(ポインター)である．選別状態(ポインター)だけが比較的安定して存続し，測定対象の系と古典的な相関を持つことが可能である．このような考察を行うための数学的な定式化については 12.3.1 項 ⟨p.242⟩ で概説する予定である．

上述のように干渉喪失(デコヒーレンス)は，我々が何故，日常世界において量子的な重ね合わせを見ないのかという問題に対するひとつの解答を与える．巨視的な対象は微視的な対象よりも孤立状態を保持させることが困難である．またスピンの↑もしくは↓の状態が，それらを重ね合わせた状態より維持されやすい理由も，環境との相互作用を通じて説明される (図 12.1)．「干渉喪失(デコヒーレンス)は，複雑な状態を崩壊 (単純化) させるように見受けられる効果を生む」[86]．

"Schrödinger の猫(シュレーディンガー)" と呼ばれる有名な 逆理(パラドックス) がある [87]．式 (12.6) のような重ね合わせ状態の量子ビットを用意し，その量子ビットを持続的に測定器にさらしておき，状態 φ_0 が検出されたときに測定器に起こる巨視的な変化によって箱に閉じ込めた猫を自動的に殺すような仕掛けをつくっておく．φ_1 が検出されれば猫はそのままである．測定器を稼動させている間，元の重ね合わせ状態 (12.6) が維持されるならば，猫の状態は生死の重ね合わせ状態で表されなければならない[4]．

$$\Psi = c_0 \varphi_{\text{dead}} + c_1 \varphi_{\text{alive}} \tag{12.11}$$

しかしながら実際に観測者が見るのは，猫が死んでいるか，生きているかの "どちらか一方" の状態である¶．式 (12.11) のような奇妙な状態が持続する時間は，非常に

---

[4] $\Psi = \frac{1}{\sqrt{2}}(\varphi_0 \varphi_0 \cdots \varphi_0 + \varphi_1 \varphi_1 \cdots \varphi_1)$ と表される N 個のスピンが揃って正反対の方向を向いた状態同士をもつれさせた状態のことを，Schrödinger の猫の状態，もしくいは GHZ 状態 (Greenberger-Horne-Zeilinger 状態) と呼ぶ．

¶(訳註) 干渉喪失の捉え方も人によって異なる部分が無いとは言えないが，本節と次節の記述 (原著者の見解) に従うならば干渉喪失は猫の生死をどちらかに決定する機構を含まないので，干渉喪失の概念は測定の解釈問題に対する完全な解答という性格のものではないと考えるのが妥当であろう．干渉喪失過程は巨視的な世界において，極めて多くの自由度が互いに相関を持つ複雑な系に対応するヒルベルト空間内の可能な全状態の中から，観測されやすい安定な基本状態の組を選別し，それらの確率的な並立は認められるものの，それらの間の干渉が観測結果としては顕在化しないように分離する作用を持つものと見なされる．つまり状態の選別は起こるが，ひとつの状態への収縮過程ではない．したがって "干渉顕在性喪失" とでも意訳した方が，より適切かも知れない．Schrödinger の猫においては (ここで言う干渉喪失を重視する立場に立つならば) 人間が猫を見て生死を確認する以前に，生状態と死状態の確率が，互いに干渉し合った状態では観測されることの許されない選別状態の組として残されているものと考えられる．そのうちの一方が，実際の結果としてどのように選ばれるか (あるいは多世界解釈なら両方の状態が並存を続ける) は，再び測定の解釈の議論に帰することになる．未知の物理的な収縮機構を想定して，その解明を重視するような立場 (たとえば R. Penrose) の下では，干渉喪失機構は本質的に重要な役割を担っていないとする見方もあり得る．なお Schrödinger は 1935 年に，同年に発表された EPR 論文に触発され，コペンハーゲン流の非決定論的な見方を批判する意図で，この逆理を提示した．すなわち観測者が猫を見る前に (観測を実施する以前に) 猫の生死が決まっているのは常識的に自明であるはずだというのが Schrödinger の主張であった．

多くの構成要素を持つ系の中では信じられないほど短くなる．重ね合わせ状態に暗号化された量子情報は，猫や環境との相関を通じて解読不能となる．

干渉喪失(デコヒーレンス)に関しては現在も多くの研究が進められつつあるが，ここ数年で多くの疑問が解明された．たとえば干渉喪失の頻度(デコヒーレンスレート)，選別状態(ポインター)の力学的な選択機構，エネルギーの環境への散逸や，その他の多くの事項が理解されるようになった．

12.3 密度行列[†]

ここまで純粋状態 (pure state) $\Psi(t)$ にある単独の系を考察してきた．しかし Stern-Gerlach 実験系において，源から出てくる銀原子のスピンの向きは，個別に異なる方向 (β, ϕ) を持ち得る．図2.4 ⟨p.20⟩ において，粒子が第 1 のフィルターを通過する確率は $|c_\uparrow(\beta, \phi)|^2$ であり，元のスピン方向に依存して確率密度に重みが付く．この場合，我々は現実的な意味において個々の粒子に関する完全な情報を取得することができない．このような状況を扱うには，密度行列 (density matrix) を用いた統計的な量子力学の定式化が必要となる．

系の純粋状態 k を $\Psi_k = \sum_n c_n^{(k)}(t) \varphi_n$ と表し，系 (の属する統計集団) が異なる純粋状態を統計的に混合した状態を持つものと想定する．各状態 k には統計確率 p_k が付随している $(0 \leq p_k \leq 1, \sum_k p_k = 1)$．純粋状態を考える場合には $p_k = \delta_{ka}$ と置けばよい．こうすると密度行列による定式化は，我々が今まで採用してきた状態ベクトルによる定式化と等価のものに帰着する．

密度演算子 (density operator) は，次のような形で定義される[‡]．

$$\hat{\rho} \equiv \sum_k p_k \hat{\rho}_k; \quad \hat{\rho}_k = |\Psi_k\rangle\langle\Psi_k| \tag{12.12}$$

それぞれの状態に付随する確率 p_k は，式(12.6)のような純粋状態を構成する成分

[‡] (訳註)"純粋状態"はヒルベルト空間において単一のベクトルに対応するような状態であって，各基本ベクトルに対応する状態でも，基本ベクトルを成分とする任意の重ね合わせ状態でも，単一の系が実際に取り得る状態を用意できるのであれば，純粋状態として採用し得る．これに対して，密度演算子 (12.12) によって扱う統計混合状態 (純粋でない状態) は，そこに含まれる純粋状態 Ψ_k の重ね合わせ (ベクトル加算) ではなく，個別の純粋状態を持つ多数の系から構成される統計集団を想定して，その集団の総体に対して規定される状態である．各純粋状態 Ψ_k は統計集団を構成する個別の系において実現されていると考えるので，純粋状態間の重ね合わせを考慮する必要はない．一連の p_k は，対象として想定する統計集団の性質に基づいて与えられるが，たとえば個別には互いにほぼ独立な系と見なされ，しかし総体的には熱浴とのエネルギーのやり取りを通じて熱平衡状態を形成していると見なされる統計集団を扱う場合には，純粋状態の組 $\{\Psi_k\}$ としてエネルギー固有状態を選び，$p_k \propto \exp(-E_k/k_B T)$ と置くことになる．但し密度演算子は必ず統計混合状態を扱うというわけでもなく，本節の後半で示されるように，純粋状態における部分系を擬似的に統計集団のように扱う便法としての利用の仕方もある．

12.3. 密度行列†

の振幅の絶対値の自乗とは異なる役割を持つ．たとえば式(12.6) を唯一の純粋状態と見なして，成分振幅を用いて密度演算子を書き下すと，

$$\hat{\rho} = |c_0|^2 |0\rangle\langle 0| + |c_1|^2 |1\rangle\langle 1| + c_0^* c_1 |1\rangle\langle 0| + c_1^* c_0 |0\rangle\langle 1| \tag{12.13}$$

となる．これに対して φ_0, φ_1 をそれぞれ純粋状態と見なした統計混合状態を表す密度演算子は，

$$\hat{\rho} = p_0 |0\rangle\langle 0| + p_1 |1\rangle\langle 1| \tag{12.14}$$

であって，各純粋状態の位相に関する情報は省かれている．行列密度の性質の要点を以下にまとめておく．

- $\hat{\rho}$ と $\hat{\rho}^2$ の対角和(トレース)は，次のようになる．

$$\begin{aligned} \mathrm{trace}(\hat{\rho}) &= \sum_n \langle n|\hat{\rho}|n\rangle = \sum_{kn} p_k |\langle n|\Psi_k\rangle|^2 = 1 \\ \mathrm{trace}(\hat{\rho}^2) &= \sum_{kn} p_k^2 |\langle n|\Psi_k\rangle|^2 \leq 1 \end{aligned} \tag{12.15}$$

$\hat{\rho}$ の対角和(トレース)は常に 1 である．しかし $\hat{\rho}$ は純粋状態に対してのみ射影演算子として働き，この場合には $\hat{\rho}^2 = \hat{\rho}$ である．行列要素 $\langle n|\hat{\rho}|n\rangle = \sum_k p_k |c_n^{(k)}|^2$ は系が状態 φ_n にある統計的な確率を表すので，φ_n の統計頻度(ポピュレーション) (population) と呼ばれる．

- 時刻 t における演算子 $\hat{Q}$ の平均期待値は，次のように与えられる．

$$\begin{aligned} \langle \hat{Q} \rangle(t) &= \sum_k p_k \langle k|\hat{Q}|k\rangle = \sum_{mn} \langle m|\hat{\rho}|n\rangle \langle n|\hat{Q}|m\rangle \\ &= \mathrm{trace}(\hat{\rho}\hat{Q}) \end{aligned} \tag{12.16}$$

密度行列の非対角行列要素 $\langle m|\hat{\rho}|n\rangle = \sum_k p_k \left(c_n^{(k)}\right)^* c_m^{(k)}$ は交差項の平均を表す．これらは干渉性因子(コヒーレンス)と呼ばれ，個々の $\left(c_n^{(k)}\right)^* c_m^{(k)}$ がゼロでなくとも，全体としてはゼロになることがあり得る§．

---

§(訳註) 非対角行列要素がゼロでないということは，式(12.12) に用いられるような純粋状態の組 $\{\Psi_k\}$ とは異なる基本状態の組 $\{\varphi_n\}$ を用いて密度行列を表示していることを意味するので，このとき統計集団を構成する系の取り得る状態は，単独の φ_n ではなく，φ_n の重ね合わせ $\Sigma_n c_n^{(k)} \varphi_n$ である．$\{\varphi_n\}$ を基調として考えるならば，これは干渉状態と見なされる．元来の量子力学の体系では，ヒルベルト空間内における基本状態ベクトルの組 (完全正規直交系) の選びかたには任意性があり，干渉の有無というものも基本状態の選び方に依存した相対的な概念であるはずであるが，環境との相互作用の下で"選別状態"の組が基本状態として別格の意味を付与されることに伴い，干渉の有無という概念にも固定的な意味が生じる．

- この定式化において，状態ベクトルの前に付く位相因子は(不要なので)消えてしまう．

密度行列(密度演算子)には多くの有用な利用方法があるが，たとえば複合系 $A \otimes B$ において，部分系 A (もしくは B) に属する観測量（オブザーバブル）を記述するための適切な形式が，密度行列によって与えられる．縮約密度演算子 (reduced density operator) が次のように定義される．

$$\hat{\rho}^{(A)} = \text{trace}_B \left(\hat{\rho}^{(AB)} \right) \tag{12.17}$$

$\hat{\rho}^{(AB)}$ は複合系全体を記述する密度演算子であり，trace_B は系 B に関する部分的な対角和（トレース）を表す．

例として，2-量子ビット系が Bell 状態 (10.4) のうちのひとつの状態にあると仮定しよう．

$$\hat{\rho} = |\varphi_{B_i}\rangle\langle\varphi_{B_i}| \tag{12.18}$$

これは純粋状態なので，$\text{trace}(\hat{\rho}^2) = 1$ である．第 2 量子ビットに関する対角和（トレース）を取って，第 1 量子ビットに関する簡約密度行列を求めると，次のようになる．

$$\hat{\rho}^{(1)} = \text{trace}_2(\hat{\rho}) = \frac{1}{2}\left(|0\rangle\langle 0| + |1\rangle\langle 1|\right) = \frac{1}{2}\begin{pmatrix} 1 & 0 \\ 0 & 1 \end{pmatrix} \tag{12.19}$$

$\text{trace}\left[(\hat{\rho}^{(1)})^2\right] = 1/2$ なので，これは混合状態である．Bell 状態において，我々は各量子ビットに関する完全な情報を持たない．その上，式(12.19)の情報は任意の Bell 状態に関して同じである．

12.3.1 干渉喪失への適用[†]

ひとつの量子ビットが，環境に相当する $N-1$ 個の他の量子ビットと結合しているものと考える[5]．環境側に属する量子ビット同士の相互作用は考えずに，ハミルトニアンを，

$$\hat{H} = -\frac{4}{\hbar}\hat{S}_z^{(1)} \sum_{k=2}^{N} j_k \hat{S}_z^{(k)} \tag{12.20}$$

と置く．そして初期状態を次のように設定する．

---
[5] 文献 [85] の 2.5 節を参照．

12.3. 密度行列†

$$\Phi(0) = \Psi(0) \prod_{k=2}^{N} \Psi^{(k)}(0) \tag{12.21}$$

$$\Psi(0) = c_0 \varphi_0 + c_1 \varphi_1$$

$$\Psi^{(k)}(0) = c_0^{(k)} \varphi_0^{(k)} + c_1^{(k)} \varphi_1^{(k)}$$

系の時間発展は，次のように与えられる．

$$\Phi(t) = \exp(-i\hat{H}t/\hbar)\Phi(0)$$

$$= c_0 \varphi_0 \prod_{k=2}^{N} \left[c_0^{(k)} \exp(ij_k t) \varphi_0^{(k)} + c_1^{(k)} \exp(-ij_k t) \varphi_1^{(k)} \right]$$

$$+ c_1 \varphi_1 \prod_{k=2}^{N} \left[c_0^{(k)} \exp(-ij_k t) \varphi_0^{(k)} + c_1^{(k)} \exp(ij_k t) \varphi_1^{(k)} \right] \tag{12.22}$$

この系の時間発展を扱う密度演算子を導入する，

$$\hat{\rho}(t) = |\Phi(t)\rangle\langle\Phi(t)| \tag{12.23}$$

我々は第1量子ビットに関心があるので，残りの環境量子ビットに関して対角和（トレース）を取る．

$$\hat{\rho}^{(1)} = |c_0|^2 |0\rangle\langle 0| + |c_1|^2 |1\rangle\langle 1| + z(t) c_0 c_1^* |0\rangle\langle 1| + z^*(t) c_0^* c_1 |1\rangle\langle 0|$$

$$z(t) = \prod_{k=2}^{N} \left[\left|c_0^{(k)}\right|^2 \exp(ij_k t) + \left|c_1^{(k)}\right|^2 \exp(-ij_k t) \right] \tag{12.24}$$

非対角項に付いている時間依存因子 $z(t)$ は，系の干渉性に関する情報を含んでいる．もし $|z(t)| \to 0$ であれば，それは非可逆的な情報の損失を伴う非ユニタリー過程が働くことを意味する．ここで採用したモデルは単純すぎるので，$z(t)$ が時間に対して循環的になっていて充分に目的に適うものではない．それでも次のように，ここから実効的な干渉性の喪失を推定することができる．

$$\langle z(t) \rangle = \lim_{T \to \infty} \frac{1}{T} \int_0^T dt'\, z(t') = 0$$

$$\langle |z(t)|^2 \rangle = \frac{1}{2^{N-1}} \prod_{k=2}^{N} \left[1 + \left(\left|c_0^{(k)}\right|^2 - \left|c_1^{(k)}\right|^2 \right)^2 \right] \tag{12.25}$$

上式は，$z(t)$ の平均値ゼロのまわりの揺らぎが（たとえば $|c_0^{(k)}|^2 = |c_1^{(k)}|^2$ ならば）ヒルベルト空間の次元の平方根に反比例することを示している．したがって環境量子

ビットを xy 面内に向けておいて，充分に時間が経過すると，非可逆的に情報の損失が起こる．これが干渉喪失(デコヒーレンス)である[¶]．

練習問題 (∗略解 p.275)

問1 密度演算子の平均値が常に正であることを示せ．

問2 密度演算子がエルミート演算子であることを示せ．

∗問3 純粋なスピン状態 $\varphi_\uparrow^{\beta\phi}$ (式(5.28)) を考える．

1. 密度演算子を構築せよ．
2. 平均値 $\langle S_x \rangle$, $\langle S_y \rangle$, $\langle S_z \rangle$ を求めよ．

∗問4 非偏極の混合スピン状態を考える ($p_{\beta\phi} \to \mathrm{d}\Omega/4\pi$)．

1. 密度演算子を構築し，式(12.19) の結果と比較せよ．
2. 平均値 $\langle S_x \rangle$, $\langle S_y \rangle$, $\langle S_z \rangle$ を求めよ．
3. ここで得た各平均値と，問3 の各平均値の違いを解釈せよ．

∗問5 温度 T において調和振動子ポテンシャルの中を運動する粒子の Δx を計算せよ．Maxwell-Boltzmann分布を仮定し ($p_n = \exp[-\hbar\omega_n/k_B T]$)，次式を利用せよ．

$$\int_0^\infty \exp[-x] x^n \mathrm{d}x = \Gamma(n)$$

[¶](訳註) $\pm z$ 方向のスピン状態 $|0\rangle$ と $|1\rangle$ が選別状態として残ったのは (そうなることを見越して式(12.24) では $|0\rangle$ と $|1\rangle$ による表示を与えてあるわけだが) 元々ハミルトニアン (12.20) においてスピンの z 成分だけを相互作用させているという特異な便宜的措置のためであり，本項の議論は必ずしも現実のスピン系に対応するものではない．環境との相互作用ハミルトニアンの性質が干渉喪失の起こり方 (選別状態の残り方) に影響するという事情を把握するための，ひとつの仮想モデルとして捉えておく方がよい．環境による干渉喪失機構を重視する立場からすると，おそらく"量子測定の結果によって猫を殺す仕掛けとその環境"のハミルトニアンは，状態 $|生\rangle$ と状態 $|死\rangle$ を選択的に安定して存続させる性質を備えており，$\frac{1}{\sqrt{2}}(|生\rangle \pm |死\rangle)$ のような状態はすぐに観測できなくなるのである．

第 13 章　量子力学の歴史

13.1　1920年代における中央ヨーロッパの情勢

　第 1 章の冒頭にも述べたように，20世紀初頭に物理学の理論的な基礎が根底から揺るぎかねない兆候が現れた．その物理学における微震は，20世紀前半の社会全体に起こる混乱に先行するものであった．歴史家 Eric Hobsbawm は次のように書いている [88].

> 第一次世界大戦の勃発から第二次世界大戦後までの期間は，この世界にとって"大災厄の時代"であった．[…] 2 度の世界大戦による混乱の後には，2 つの自由化と革命の波が世界を覆った．[…] 帝国主義時代までに建国された多くの植民地支配国が没落し，全く先例のない深刻な世界的経済危機が最強の資本主義諸国にも救い難い打撃を与えた．経済恐慌は 19世紀に自由な資本主義によって進展してきた世界経済の流れを逆行させてしまうように見えた．一次大戦と革命の危機から一線を画して安全な状況を保っていたアメリカでさえ，崩壊が近いものと思われた．世界経済が混乱をきたす一方で，自由な民主主義を支持する団体は 1917年から 1942年にかけて，ヨーロッパの周辺部と北米の一部とオーストラレーシアを除いて事実上消滅してしまった．そしてファシズムとそれに追従する独裁主義の体制が台頭した．

量子力学の大部分は北ヨーロッパと中央ヨーロッパにおいて進展した (表13.1)．ここでは特にドイツとデンマークの状況に注意を向けることにしよう．
　Hobsbawm の記述は 20世紀前半の世界情勢をよく説明している．世界恐慌前の 1920年代に目を向けると，アングロ-サクソン世界と，中立を保った国々は 1922年から 1926年まで多少なりとも経済の安定化に成功したが，ドイツには 1923年に経済的，政治的および世情的な危機が訪れた．マルクの価値は 1913年以前の 1 兆分の 1 にまで急落し，ドイツの各所で暴動が起こった．北ドイツにおける軍の反乱の鎮圧，ライン川地域における分離主義者の動き，ルール地域に関する対フランス問題，ザクセンとチューリンゲンにおける急進的な左傾化運動など，さらに多くの難しい状況が加わった．東ヨーロッパのソヴィエトでも騒然とした状況に大差はなかった．

表13.1 量子物理の分野における発表論文数. 1925.6-1927.3. [90]

国	論文数	国	論文数
ドイツ	54	フランス	12
アメリカ	26	ソヴィエト	11
スイス	21	オランダ	5
イギリス	18	スウェーデン	5
デンマーク	17	その他	7

教条的合理主義に反対する文化的動向が，一次大戦後のドイツに根を下ろした．当時最も多く読まれた本(『西洋の没落』[89])では，社会の因果関係が生物の成長・衰退過程と対比され，物理もそのような見地から捉えられた．さらにドイツの物理学界に政治的，科学的，地域的な理由に基づく深刻な分裂が起こりつつあった．右翼の物理学者たちは一般に排他的・狂信的愛国者であり，著しく保守的かつ偏狭で，反ワイマール，反ユダヤ主義であった．彼らは実験結果だけに関心を持ち，抽象的な量子論や相対性理論を退けた．一方ベルリンの物理学者たちはリベラル派・理論派というレッテルを貼られた．しかしEinstein（アインシュタイン）とBorn（ボルン）を例外として，リベラル派にしても，それは偏狭なJohannes Stark（シュタルク）やPhilipp Lenard（レナルト）などとの比較においてリベラルもしくは進歩的ということでしかなかった．当時の"理論"という形容詞(コペンハーゲンにおけるBohr（ボーア）の研究所の名前にも見られる)は，今日では"基礎"と言い換えるべきものであろう．理論の進展の主要な中心はベルリンであったが，ゲッチンゲンとミュンヘンでも理論的学派が活動の場を保った．しかし'30年代にはナチスによる迫害が始まり，ユダヤ人が社会の第一線から排斥されたことにより，物理学の最も基礎的な側面に携わる物理学者たちがドイツを離れて世界に分散することになった．

第一次世界大戦(1914-18年)終戦後の当時，ドイツ人物理学者は国際的な共同研究から排除され，外貨の欠乏のために国外の論文誌や装置を購入することはほとんど不可能であった．しかしながら1920年にMax von Laue（ラウエ）とMax Planck（プランク）の指揮下で設立された新たな国立機関Notgemeinschaft der Deutschen Wissenschaftが科学研究の基金を用意する助けになった．Heisenberg（ハイゼンベルク）やBornの例のように，ベルリンやゲッチンゲンやミュンヘンの原子物理学者たちは，ここから物理学の研究を支援する助成を充分に受けることができた．スカンジナビアとオランダでは目立った外国人の排斥運動はなかった．Bohrはドイツの研究者と友好関係を維持し続けた．

デンマークは，少なくともプロシャとオーストリアに攻め入られて領土の三分の一を失った1864年から斜陽が続いていた．デンマークでも一次大戦後には，やはり前

例のない混乱が生じた．過去400年間において初めて，この国は革命の瀬戸際の状況を経験したが，その様相は近隣の諸国とは異なっていた．対ドイツ国境の変更に関する論争，都市と地方の間の社会的闘争，雇用条件の改善のための運動などの錯綜した状況が，戦時市場の消失，貿易赤字，インフレと重なっていたのである．そのような厳しい背景の下で，1921年にBohrの新しい研究所が発足した．

20世紀の初頭における科学の危機と社会の危機は，両方とも非常に深刻なものであった．この最初の危機は1920年代後半に一旦終息したかに見えた．しかしそれに続いてすぐに第2の危機が始まり，さらに深刻さを増しながら第二次世界大戦の終戦(1945年)まで続いた．

13.2　量子物理前史 $(1860 \leq t \leq 1900)$

Gustav Kirchhoff（キルヒホッフ）は，量子物理の光（輻射）に関わる部分と物質に関わる部分の両方の発端に関与している[1]．彼は1860年に，熱した理想黒体（と等価と見なせる空洞の開口部）から発生する輻射の強度分布 $E(\nu)$（パワー）が，光の振動数 ν と温度 T だけに依存することを示し，当時の実験家や理論家に対してその性質の検証を促した [93]．しかしこの研究は非常に困難なものであることが判明した．1893年になってようやくWilhelm Wien（ウィーン）が輻射の変位則（式(13.1)の第1式）を巧妙に導き，1896年には $f(\nu/T)$ を指数関数で表した具体的な式を提案した[‡][94]．1900年にPlanck（プランク）は，ある推測に基づいて，Wienの式を，今日まで用いられている式(13.2)に修正した．

$$E(\nu) = \nu^3 f(\nu/T) \qquad f(\nu/T) = \alpha \exp[-\beta\nu/T] \tag{13.1}$$

$$\rightarrow \frac{h\nu^3}{c^2} \frac{1}{\exp[h\nu/kT] - 1} \tag{13.2}$$

ここにおいて初めてPlanck定数 h が導入されたのである [2]．

---

[1] 本章では特に文献[90-92]を参考にした．（以下訳註）国内の参考文献として次の4点を推奨する．髙林武彦『量子論の発展史』(筑摩書房, 2002年)，朝永振一郎『量子力学』(I) 第2版 (みすず書房, 1969年)，Hendry (宜野座, 中里訳)『量子力学はこうして生まれた』(丸善, 1992年)，パイス (西島和彦監訳)『神は老獪にして・・・アインシュタインの人と学問』([91] 第1文献訳書，産業図書, 1987年) の「VI 量子力学」の部分．

[‡] (訳註) Wienは気体分子運動論からの類推によって発見的に式を導いたが，彼の式は振動数が高い（短波長の）領域だけで実験結果とよく一致した．これに対して Rayleigh は光の波動論と統計力学に基づくならば $E(\nu) \propto \nu^2 T$ であるべきことを指摘したが (1900年)，この式は振動数が低い（長波長の）領域だけで実験結果と一致した．Planck は黒体を輻射場と相互作用する多振動子系のように扱い，その仮想振動子の方にエネルギー量子仮説を導入して全振動数領域に適用できる輻射分布の式を得た．しかしこの式は輻射場自体の波動的描像に根本的な変更を加えた，上記2者を折衷したものに修正したことの帰結と解釈することも可能である (次節)．

他方，1860年にはKirchhoffとRobert Bunsen（ブンセン）の共同研究として，分析的な分光学も始まった [95]．水素原子からの離散的な発光スペクトル線の位置を表すBalmer（バルマー）系列の式は，1885年に見いだされている．

$$\nu_n = cR_{\mathrm{H}}\left(\frac{1}{4} - \frac{1}{n^2}\right), \quad n = 3, 4, \ldots \tag{13.3}$$

R_{H}はRydberg（リュードベリ）定数である [7]．しかしBalmerの式を理論的に理解することに関しては，その後28年間にわたり重要な進展がなかった．

13.3　前期量子論 $(1900 \leq t \leq 1925)$

13.3.1　輻射の量子論

Planckは，当時としては正統的な通常のエネルギー等分配則を採用せず，エネルギー量子の仮説に基づいてエネルギーの分配方法を修正することによって，正しい黒体輻射の式を導くことができた．すなわち黒体に (仮想的に) 含まれる各振動子が持ち得るエネルギーは連続ではなく，振動数に依存した次の量 (エネルギー量子) を単位とするものと想定された [2]．

$$\epsilon = h\nu \tag{13.4}$$

1905年にEinsteinは，輻射場自体を分子気体のように見立てるという新しい概念を導入し，相互作用のない分子気体におけるエントロピーの体積依存性の式において分子数 n を $E/h\nu$ で置き換えるならば (E は全エネルギー)，Wienの指数関数則 (13.1) に従う単色輻射を扱うエントロピーの式と同じ形になることを示した．この純粋に統計熱力学的な考察に基づいてEinsteinは次のように結論した．「… 光の輻射と光の変換過程の理論を，光が … エネルギー量子 (光量子) から成るという想定の下で構築できないかどうか研究を進めることが，理に適った方向であると思われる．」[3]　この提案は，それまで光を扱う理論としてMaxwellの電磁波理論が全面的に受け入れられてきた風潮の中で，徐々に変革を誘発することになった．それと同時にEinsteinはPlanckの仮説に物理的な具象性（リアリティー）を付与したのであった．

式(13.4)に基づいてEinsteinは光電効果 (photoelectric effect : 物質に光を照射すると電子が発生する現象) を，個々の光子[2]がその全エネルギーを電子に与えるこ

---

[2] "光子" (photon) という術語は，その後1920年代に造られたものである．

13.3. 前期量子論 ($1900 \leq t \leq 1925$)

とによって起こる過程と解釈し，光電効果によって放出された電子のエネルギー E は，

$$E = h\nu - W \tag{13.5}$$

と表されるものと予想した．W は金属の仕事関数である．この関係は1914年にようやく実験的に確認された．それは Robert Millikan の仕事であったが [96]，彼は Einstein の「無謀とは言わぬまでも大胆すぎる仮説」に対して肯定的ではなかった．実際1905年から1923年までの間，Einstein は光量子 (light quantum) の存在を真面目に考えていたほとんど唯一の物理学者であった．

1906年から1911年まで，量子論は Einstein にとって主要な関心事であった (それは相対論に対する関心を凌いでさえいた)．彼は固体の比熱の理論や，黒体輻射のエネルギーゆらぎの理論にも寄与した．1909年に Einstein は次のように予言した．「私の見解では，理論物理の次の段階において，波動理論と量子放出の理論を融合したものと解釈できるような，新しい光の理論が形成されるであろう．」

1916年から1917年にかけて，Einstein は輻射の理論に基礎的な貢献をした [58]．彼は古典的な熱力学と電磁気学を Bohr の最初の2つの量子仮説 (次の13.3.2項) と組み合わせ，原子系と輻射場の熱平衡を仮定して，以下の結果を導いた．

- 自発放射，誘導放射，および吸収の概念．これらに基づいて Planck の黒体輻射の式(13.2)が導き出される (9.5.4項 ⟨p.200⟩ 参照)．

- 光量子の性質は，そのエネルギーと，運動量 $h\nu/c$ によって決まる (1905年)．

- 自発放射の概念を表すには，確率的な記述が必要である．

Einstein の1917年の論文は，物理学に多くの進展の種を蒔いた．しかし彼自身は，より直接的な以下の2つの結論を導かなかった．

1. 原子と光量子の散乱現象．Arthur Compton はこのような実験を行って，エネルギーと運動量の保存則が成り立つことを示し，光量子仮説の妥当性を確認した (Compton効果)[3] (1923年, 文献 [4])．

2. 光量子に非識別性を仮定して Planck の式を導出した Satyendra Bose による論文は，1924年に Einstein によって翻訳され，論文誌に投稿された [48]．同年 Einstein は Bose の考え方を，粒子の理想気体へ適用した [39] (7.5節の Bose-Einstein凝縮の解説を参照)．

---

[3] しかしながら古典的な電磁波理論に立脚した放射・吸収過程だけの量子化という解釈を完全に退けることができたのは，光電効果において光エネルギーの蓄積時間に下限がないこと [97] や，光子がそれ自身と相関を持たないこと [98] について，実験的な証拠が得られた後である．

やがて量子力学が成立すると，Einstein はその批判者として論争を始めることになる (13.5.2項〈p.258〉参照)．

13.3.2 物質の量子論

1911年にRutherford（ラザフォード）の若い同僚 Hans Geiger（ガイガー）と Ernest Marsden（マルスデン）は，水素原子が原子核と，その外部にあるひとつの電子から構成されており，原子核の質量はほとんど原子の中心部に集中していることを α 粒子の散乱実験によって示した [6]．そのとき電子は単なる粒子と仮定された．(電子の波動性は後に文献 [5] において実験的に確認されている．)

1905年の Einstein と同様に，Bohr も 1913に原子模型を提案したとき [8]，それが古典物理学に対立するものであることを理解していた．

- 原子には一連の定常状態があり，それらのエネルギー E_n の値は離散的である．定常状態において，原子からの光の放射は起こらない．

- 定常状態から別の定常状態への遷移過程は，一般化した Balmer 系列の式を満たすような振動数 ν を持つ単色光の放射を伴う．

$$h\nu = E_n - E_m \tag{13.6}$$

この仮定には，遷移を誘発する要因が欠如しており，因果律の放棄を含意していた．

- n が大きい場合には，量子的な振動数 ν は，原子核のまわりを回転運動する電子から古典的に放射されるべき光の振動数に一致する．この対応原理 (correspondence principle) によって，古典論と量子論の間に主要な関係性が設定される[§]．(量子力学において対応原理が顕現する事例については図4.2 を参照．)

Bohr が水素の Rydberg（リュードベリ）定数を，電子の質量と電荷と Planck 定数から導いたこと，およびヘリウムイオン／水素の Rydberg 定数比を 5 桁の精度で与えたことから，物理学者たちは Bohr の原子模型に注意を向けるようになった．

Bohr の正確な X 線エネルギーの推定に基づき，Henry Moseley（モーズレー）は既知の全元素の原子番号 Z を決定し，併せて未発見の元素を予言することによって Bohr の原子模型を支持する成果を示した [100]．James Franck（フランク）と Heinrich Hertz（ヘルツ）は原子に外部

[§](訳註) 定常状態として許容される状態を選別する条件は "量子条件" と呼ばれたが，Bohr 自身は水素原子における電子の軌道として円軌道を想定し，対応原理の考察から量子条件として $(2\pi) \times$ (角運動量) $= nh$ を与えた $(n = 1, 2, \ldots)$．Sommerfeld はこれを一般の周期運動へと拡張し，量子条件として $\oint p\,dq = nh$ を与えた．q は解析力学的な一般化座標，p はそれと共役な運動量を表す．

13.3. 前期量子論 (1900 ≤ t ≤ 1925)

から電子を衝突させて原子内電子を励起する方法によって，原子内の離散準位構造の存在を実験的に確認し，Bohr の原子模型の信頼性を検証した [101]．Bohr の模型は，その恣意的な仮定にもかかわらず，実際に役に立つように見えた．前期量子論の状況にまつわる冗談として，Bohr はよく次の話をしたものである．Bohr の自宅に来た来訪者が，入口のドアに蹄鉄(ていてつ)が掛かっているのを見た．彼は不思議に思って，君はこのようなもので幸運が来ることを信じるのかと Bohr に尋ねた．Bohr の答えは「もちろん信じないが，信じなくても御利益(ごりやく)はあると言われたよ」であった¶[92]．

Bohr は博士号取得後(ポストドクトリアル)の研究者としてイギリスの Rutherford の研究室 (マンチェスター大学) に在籍したときに，原子模型の検討を開始した．彼は 1916 年にコペンハーゲン大学の物理学教授に任命され，1921 年には理論物理学研究所 (その後 Niels Bohr 研究所と改称されて現在も続いている) を創設し，その所長に就任した．Einstein や Dirac(ディラック)とは違って Bohr は単独で仕事をすることが少なかった．彼の最初の共同研究者は Hendrik Kramers(クラマース) (オランダ人) で，Oscar Klein(クライン) (スウェーデン人) がそれに続いた．1920 年代に彼の研究所を訪れて 1 ヶ月以上滞在した研究者は 63 人を数え，そこから 10 人のノーベル賞受賞者を輩出した．Bohr の生涯を通じてデンマーク国外から多くの研究者の来訪が続いた．彼は人々に刺激を与える存在であり，なおかつ父親のような役割も果たした．

Arnold Sommerfeld(ゾンマーフェルト)はミュンヘン大学において重要な学派を形成していた．1914 年には Balmer の式で与えられる各スペクトル線が，細かく分裂した複数の線から構成されていることが発見されたが，Sommerfeld はこれを説明するために相対論的な効果を考慮して，電子の軌道を近日点歳差を持つ近似的な楕円と想定した原子模型を提案した [102]．この Sommerfeld の仕事は量子論と相対論の統合を目指した最初の試みのひとつと言えるが，両者の完全な統合がなされたわけではなかった．

Born はゲッチンゲン大学に赴任した 1921 年頃から原子物理に関心を向けるようになった．その後の一時期，Heisenberg と Jordan(ヨルダン)が Born の助手に就いた‡．

¶(訳註) 西洋では馬のひづめに付ける蹄鉄を，幸運をもたらすものとして慶事の贈り物などにする風習がある．Heisenberg の自伝『部分と全体』(山崎和夫訳，みすず書房，1974年) によると，Bohr はこのエピソードを Bohr 自身ではなく，別荘の近くに住むある男とその知人の会話の形で語っている．

‡(訳註) Heisenberg は初めミュンヘンの Sommerfeld の下で学んだが，そこには 1 年年長の Pauli もいた．Heisenberg は 1923 年から '26 年まで Born のいるゲッチンゲンと Bohr のいるコペンハーゲンに 2 回ずつ籍を置いた後，'27 年にライプチヒ大学の教授となった．ライプチヒにはその後の一時期，コペンハーゲンと並んで国際的に優秀な人材が集まった (朝永振一郎は 1937 - 39 年に Heisenberg の下へ留学した)．Jordan は最初からゲッチンゲンに学び Born の下で研究をしたが，'28 年にはロストク大学に移り，そこで準教授・教授として '44 年までを過ごした．Pauli はミュンヘンから，Heisenberg に 2 年ほど先行する形でゲッチンゲン，コペンハーゲンへ移り，'23 年から 5 年間ハンブルクで講師を務めた後，チューリッヒ連邦工科大学

1924年までにPauli(パウリ)は相対論から前期量子論までの分野にわたって15本の論文を出版したが，最初のものはミュンヘン大学に入学する前に書かれたものであった．1922年に Pauli は 1 年間コペンハーゲンに滞在し，その後の数年間ハンブルク大学に講師の職を得た．彼は電子に関する非古典的二価性の仮説を唱え，排他律を発見したが [35] (7.1節)，これらはその後，原子，金属，原子核，重粒子(バリオン)などの性質を理解する上で極めて重要な概念であった．

Stern(シュテルン)とGerlach(ゲルラッハ)による重要な実験結果 (5.2.1項 ⟨p.91⟩) は 1921年に発表された [17]．それを受けてオランダのライデン大学にいた 2 人の学生 Uhlenbeck(ウーレンベック) と Goudsmit(カウシュミット) が 1925年に電子の自転 (スピン) の仮説を提案し[4]，第 4 の量子数としての $m_s = \pm 1/2$ の存在を主張した [31] (5.2.2項 ⟨p.93⟩)．

自転電子のモデルを異常Zeeman(ゼーマン)効果に対応させるには，式(5.25) のように，通常の回転運動とは異なり因子 2 (磁気回転比) を導入する必要があるが，この特別な因子が入る理由は，翌年に L. H. Thomas(トーマス)によって考察された [103]．Uhlenbeck と Goudsmit は論文を投稿した直後に Hendrik Lorentz(ローレンツ)の意見を求めたところ，批判的な見解を聞かされて論文を取り下げようと考えたが，それは遅きに失した (彼らの教師であった Paul Ehrenfest(エーレンフェスト)は，2 人はまだ若いから仮に彼らの仮説が間違いであったとしても失うものはないと評していた)．2 成分スピンの形式(5.24) は Pauli によって 1927年に導入されることになる [32]．

そして Dirac と，それとは独立に Enrico Fermi(フェルミ)も，排他律に従う多粒子系の量子統計を見いだした (1926年) [49,50]．

しかしながら 1925年までは前期量子論を応用する試みにおいて，成功したものと同じくらい，うまくいかないものも多かった．たとえば Kramers や Heisenberg などの大変な努力にもかかわらず，He のスペクトルを説明するには至らなかった[§]．前

の教授に就任した．Heisenberg と Pauli はミュンヘンを離れた後も，互いに手紙等で頻繁に意見を交換する関係を続けた．

[4] オランダで，この両者よりも半年ほど先に Ralph Kronig (クローニッヒ) が Pauliの原理と自転する電子の描像を組み合わせて，半整数スピンの概念を提案しようと考えた．しかし Pauli やその他の研究者たちが Kronig の発表を思いとどまらせてしまった．その理由のひとつは，球体の電子が $\hbar/2$ の自転角運動量を持つようなモデルでは，その大きさを古典電子半径 r_0 程度と仮定すると表面の速度が c をはるかに超えてしまうことになり，電子の半径を r_0 よりもはるかに大きいものと考えなければならないという点にあった．(訳註：古典電子半径は $r_0 \equiv e^2/4\pi\epsilon_0 m_e c^2 \approx 2.82 \times 10^{-15}$ m であり，電子の古典論において重要な役割を果たした．自由電子が低エネルギーの電磁波を散乱する Thomson 散乱の断面積は $(8/3)\pi r_0^2$ と表される．)

[§] (訳註) 対応原理に頼るためには，まず電子の運動について単純な古典的周期運動のモデル (水素原子に適用された Bohr の円軌道モデルや Sommerfeld の楕円軌道モデルのようなもの) を想定する必要があるが，He原子では電子間の Coulomb 斥力までを考えると，単純な個別の電子運動モデルが成立しない．

期量子論への最後の一撃として，Bohr-Kramers-Slater (BKS) の提案 (13.5.2項 ⟨p.258⟩) に対して否定的な実験結果が 1925 年に与えられた．

13.4 量子力学の成立 $(1925 \leq t \leq 1928)$

Bohr は過去に関わりを持った若い研究者たちを定期的にコペンハーゲンの自分の研究所に集めた．1925年に，そこで Bohr, Kramers, Heisenberg, Pauli の面々が量子論の危機的な状況について議論をした．数ヶ月後，ゲッチンゲンに戻った Heisenberg は，行き詰まりを打開する方法を見いだした [9]．彼は電子軌道の概念から離れて，観測可能な量だけを扱うことによって，理論の定式化に成功したのである (2.1節)．Heisenberg は粒子の位置座標変数 $x(t)$ に対応する 2 つの添字を持つ一連の数 x_{mn} (m, n は異なる定常状態の識別指標である) を考えた．$x_{mn}(t)$ は遷移している電子の位置と解釈される量であって，それゆえ原理的には発光の観測による測定が可能である．$x^2(t)$ を表すために，彼は決定的に重要な仮定として $(x^2)_{mn} = \sum_p x_{mp} x_{pn}$ と置き，単純だが自明ではない振動子の問題を運動方程式から解いてみた．得られた解を用いて振動子の Hamilton 関数に相当するものを計算すると $H_{mn} = E_n \delta_{mn}$ となり，その E_n として前期量子論から適正と考えられるエネルギー値が再現された¶(3.2節)．

Born と Jordan は，Heisenberg の思いついた一連の数 (x_{mn}) の配列が，線形代数に用いられる行列 (matrix) に相当することを見抜き，基本的な交換関係 (2.16) の行列形式による表現 (3.45) に到達した [104]．Born と Heisenberg と Jordan は翌 1926 年に包括的な量子力学 (行列力学) の解説を出版したが，そこには既にユニタリー

¶(訳註) 電子の軌道自体は観測できないが，"遷移"の現象は光の放出を通じて観測できるという着想が決定的に重要であった．遷移に伴って放射される光 (ここでは Maxwell の古典的な光波放射の描像を採る) を見ることは，それを放射する"遷移電子の座標の時間依存性のフーリエ成分"$X_{mn}(\omega_{mn})$ を観測することにあたる．
　前期量子論では，まずは本質的に不完全な (そして電磁波の放射を恣意的に除いた) 古典力学に基づいて定常的な軌道運動を求め，不完全さを補うための後付けの量子条件によって実際に存続できる定常状態を選別するという手続きが採られた．これに対して Heisenberg は，実質的に行列量にあたる x_{mn} (および $\dot{x}_{mn}$, $\ddot{x}_{mn}$) を用いることによって，最初から量子条件を式(2.16)と等価な和則の形で設定しておいて，その下で運動方程式 (調和振動子の $\ddot{x} + M\omega^2 x = 0$) を解くという，"力学"として (非束縛，非定常状態の扱い方や，理論の基礎的解釈において多大の課題を残しつつも) 一応の自己完結性を備えた定式化に持ち込むことに成功した．本書第 3 章では"時間"を導入していないが，元々の Heisenberg の定式化においては，各行列要素にあたる量が 9.4 節で扱ったような遷移の時間依存因子 $\exp(i\omega_{mn}t)$ を伴っている (p.183訳註も参照)．なお当時の物理学者にとって，行列を用いる線形代数は物理数学の素養として一般的なものではなく，Heisenberg は行列を知らなかった．したがって，本書で用いられている"Heisenberg 形式"の呼称は，"Born-Heisenberg-Jordan形式"とするほうが，より適切であろう．

図13.1 1930年のコペンハーゲン会議. 前列左から Klein, Bohr, Heisenberg, Pauli, Gamow, Landau, Kramers. (Niels Bohr Archive, Copenhagen の許諾を得て転載.)

変換, 摂動論, 縮退系の取扱い, 角運動量の交換関係などの記述が含まれていた[‡][10].

Dirac も Heisenberg の最初の論文から上記の三者論文と同様の結果を導いたが[11], 彼は物理系の状態がヒルベルト空間内のベクトルによって記述され, 物理量はそのベクトルに作用する演算子に対応するという, より抽象的な概念を導入した (Born たちの行列は, 演算子を表現する方法のひとつに過ぎない). そして別々の演算子の間に設定すべき交換関係を, 古典論(解析力学)におけるPoisson括弧(ポワソン)と関係づけた.

[‡](訳註) Heisenberg は当時, 名目上 Born の下で研究をしており, 数学の伎倆に長けた Born や同僚の Jordan との協力関係を持ち得たことで非常に早く行列形式による定式化にまで到達したのであるが (3人連名の論文というのは当時のこの分野の理論の重要論文としては珍しい), Heisenberg はこの時点では基本的な物理解釈の面で新しい力学の真の成立には至っていないと認識しており, どちらかというと物理概念の哲学的詮索よりも数学的な側面に力点を置きながら理論の形式的な整備と拡充を重視する Born との間には相当な意見の相違もあった. その後, 両者の資質の違いは, たとえば「波動関数の確率解釈」(Born, 1926年) と「不確定性原理」(Heisenberg, 1927年) において対照される. 行列力学が発表された当時, ゲッチンゲン大学全体においても新しい力学の基礎は行列力学によって既に確立されたと見る数学派 (Hilbert など) と, まだその基本的な解釈面において全く不満足と見る物理派 (Franck など) の2つの陣営への分裂があって緊張関係が生じていたことを Heisenberg は書き残している.

また, 後世の我々は量子力学の成功を知っているので, 行列力学が当時の学界の主流にあったように錯覚しがちであるが, 当時は行列力学の価値について真っ向から否定的な見解を表明する人々や行列代数による概念に馴染めない人々がむしろ多数存在した (Wien や Fermi など).

13.4. 量子力学の成立 ($1925 \leq t \leq 1928$)

1926年に，Pauli と Dirac はそれぞれ独立に，前期量子論によって得られていた水素原子スペクトルの結果を，新しい行列力学に基づいて再現することに成功した [105,106]．

チューリッヒにいた Schrödinger(シュレーディンガー)は，コペンハーゲン-ゲッチンゲン-ミュンヘンの伝統に属していなかった．彼は 1925年に，その 2 年前にパリ大学の de Broglie(ドゥ・ブロイ)が発表していた，物質粒子にも粒子-波動の二重性を認めて運動量-波数の関係式(4.32)を適用すべきであるとする仮説 [28] を知った．この関係式は，粒子の運動量とエネルギーを，式(4.4) および式(9.5) のように波動場 (9.9) に作用する演算子に置き換えることで再現できる．翌年，Schrödinger は一般の Hamilton(ハミルトン)関数にも同様の置換則を適用して，状態関数 (波動関数) を求めるための時間に依存しない定常状態の方程式と，時間に依存する方程式を見出したが [12]，これらの式には彼の名が冠せられることになった．波動関数が 1 価関数でなければならないという要請を通じて (式(5.49))水素原子の適正な量子条件が得られた．Schrödinger は自身の方程式の導出を，本質的には連続な理論を構築するための仕事と捉え，古典的な弦の振動に生じる節の数のように整数 (離散的な量子数) が現れるものと想定した§．Schrödinger の定式化 (波動力学) はすぐに多くの研究者に受け入れられたが，その背景には，式から得られる結果の正しさもさることながら，当時の物理学者にとって馴染みやすい数学的技法が用いられていたという心理的な理由もあった．Schrödinger は電子波の波動力学が古典物理の新分野に位置づけられることを望んでいた．すなわち彼の方程式によって記述される連続的な波動こそが唯一の物理的実在であり，粒子の概念は波束に対応するものと考えた．しかしながら，この予想は誤っていることが後から明らかになる．

1926年のうちに Schrödinger は，行列による定式化と，自身による微分方程式を用いた定式化が数学的に等価であることも証明した．物理学者たちは，波動力学の言葉と行列力学の言葉を相互に翻訳し直すことができるようになると，それ以降には両者をまとめて量子力学と呼ぶようになった¶．

---

§(訳註) Schrödinger が波動方程式を見出した元々の発想は，実際には de Broglie が考察した Einstein - de Broglie の関係式 (p.184訳註参照) に従う物質波の描像にもとづく発見的なものと推測される．しかし彼が波動力学を打ち出した一連の論文「固有値問題としての量子化」(I-IV) の第 1 論文では敢えて de Broglie の議論を起点とはせず，解析力学の Hamilton - Jacobi 作用関数 S を $S = \hbar \log \Psi$ と置くことで可積分 Ψ を導入し，量子条件の代わりに変分規則を設定して時間に依存しない方程式を導くという高踏的な方法を採っており，電子波を古典論的 (解析力学的) な観点から捉えるための彼独自のこだわりが見られる．時間に依存する波動関数は本質的に複素数でなければならないが，Schrödinger は最初の段階では Ψ を実数と考えていた．

¶(訳註) Born-Heisenberg-Jordan は自分たちの理論を元々"量子力学"と称しており，彼らが 1925年の末に仕上げたいわゆる三者論文のタイトルにもこの術語を用いている．特に，新たな物理的基礎概念の確立を志向する Heisenberg は，単に数学形式に因んだ"行列力学"の呼称が定着することを疎ましく感じていたようで，当時の Pauli への手紙にそのような記述がある．一方 Schödinger は実在的な波動一元論の立場から"電子波の波動力学"を構築し，原

Schrödinger の方程式が発表されたすぐ後に，$|\Psi(x,t)|^2$ が粒子の存在確率密度に対応するという波動関数の確率解釈 (4.1.1項⟨p.55⟩) が現れた．これは通常，コペンハーゲン解釈の一部と見なされているが，この概念を最初に明確に記述したのはゲッチンゲンの Born であった [27]．この解釈を導入して原子による電子の散乱を扱った論文において Born は $|c_i|^2$ (式(2.6)) が，物理系が状態 i にあることを見いだす確率にあたることも述べている．彼は量子力学が問題に対して確定した解答を与えるものではないことを強調した．すなわち量子力学から分かるのは，散乱が起こった後の電子の状態そのものではなく，どのような状態になる傾向が強いかということに過ぎない．このようにして，原子の世界において決定論的な概念が棄てられることになった．

1926年に Heisenberg は，Schrödinger 方程式と Pauli の原理とスピンの概念を併用して，He 原子の問題 (7.2節，8.3節) を解くことに成功した [107]．

Schrödinger 方程式に対して，2 成分のスピンを組み込む形式 (式(5.24)) が 1927 年に Pauli によって提案されたが，時間に依存する Schrödinger 方程式を相対論的に不変 (共変) な形式へ一般化する試みは困難に直面していた．1928年に Dirac は，時間についても座標についても 1 階の新しい偏微分方程式 (Dirac 方程式) を考え出したが，それは次の性質を備えていた．

- Lorentz 不変である．
- Dirac 方程式から確率密度分布にあたる (常に正の) 変量 $\rho(\mathbf{r},t)$ を定義することが可能で，それは連続の方程式(4.16) を満足する．
- あらかじめスピンを含んでいる．
- H 原子のスペクトル (特に微細構造) に関して，相対論的な効果までを考慮した Sommerfeld 模型の正確さを再現できる．この点で (非相対論的な) 量子力学よりも正確な結果を与える．

この 20 世紀の理論物理学において生み出された最も数学的に美しい式で扱われる変量 (波動関数) は，式(5.24) のような 2 成分量ではなく，4 成分量であった．この Dirac 方程式の解釈の問題については，成分が 2 つ増えたことを含め，この概説で扱うことのできる範囲を超えている．

コメントをいくつか付け加えておく．

- 量子力学とその正統的な解釈は，わずか数年の間 (1925-1928年) に確立された．この期間には論文が発表される頻度が異常に高く，多くの物理学者たちが，時流

子内電子の状態に対して不連続性の概念を据えているゲッチンゲン-コペンハーゲン流の"量子力学"とは (数学的な等価性はともかく基本概念的に) 対立する見地に立っていた．したがって Schrödinger にとって，自分の理論が"量子力学"の一部として扱われることはおそらく不本意であった．彼はコペンハーゲン流の非決定論的な考え方も是認しなかった (p.239 訳註参照)．

についてゆくことの困難を嘆いた．欧米以外の物理学者は，当時の情報伝達の時間差のために，この期間にほとんど貢献を残すことができなかった．

- 量子力学は，極めて厳しい社会情勢の下で成立した (13.1節)．
- それ以前の物理学の歴史において，孤立的な才能によって構築されてきた基礎的な体系とは異なり，量子力学は主として北ヨーロッパと中央ヨーロッパにおける多くの物理学者たちの強調的・競合的な努力の集積によって生み出された．表13.1 ⟨p.246⟩ に量子力学が成立した期間に各国から発表された論文の数を示してあるが，ここから当時の物理学におけるドイツの支配的な地位と，特にデンマークに関しては他国から来訪した研究者の多さを推し量ることができる．第二次世界大戦 (1939-1945年) 以前には世界の科学の中心がヨーロッパにあって，それが大西洋の反対側に移ったのは戦後であることも，この表から再認識させられる．
- 1922年にゲッチンゲンで Bohr の連続講演 (Bohr祭) が行われた．講演の後で，20歳の Heisenberg が立ち上がり，Bohr の計算に対して異議を申し立てた．その日の午後に，この二人は連れ立って丘へ散歩に出かけ，Bohr は Heisenberg にコペンハーゲンに来て助手として滞在するように誘った．この逸話は量子力学の成立に貢献した人々の顕著な若さ (と強い自信) の例を示している．1925年当時，Dirac は23歳，Heisenberg は24歳，Jordan は22歳，Pauli は25歳であった．当時の"年輩者"としては Bohr (40歳)，Born (43歳)，Schrödinger (38歳) などが，量子力学の成立に深く関与した．

13.5 哲学的な側面

13.5.1 相補性原理

　量子力学の Heisenberg による定式化も，Schrödinger による定式化も，そのままでは粒子-波動の二重性に対する理解を深めるものではなかった．Heisenberg は1927年に，粒子が近似的に決まった位置にあって近似的に決まった速度を持つことができるという事実 (p.26参照) を量子力学は表現できるかどうか，そのような良好な近似が数学的な困難なしに行えるかという問題を設定し，これに対する解答を見いだした [24]．それは不確定性関係 (式(2.37) および式(9.34)) として与えられた．Heisenberg の論文は量子力学における測定問題 (第12章) を議論する最初のものとなり，その後，この仕事を基点として測定問題に関する非常に多くの論文が書かれることになる．

大多数の理論物理学者が採用するであろう流儀にしたがい，Heisenberg は定式化された量子力学に基づいて不確定性原理を導いた[‡](2.6節)．しかし Bohr はこれとは対極的な考え方を採った．正しい量子力学的な結果が与えられる定式化の方法が，少なくとも 2 通り存在するということを鑑み，Bohr は特定の定式化に基づく数式上の議論よりも，まず哲学的な含意を理解することに腐心した．Bohr の主な道具は数式よりも言葉であり，彼は言葉を正確に定義するための努力を継続した．Bohr は物理の理論というものが——量子論でさえも——古典的な器具による測定で検証されねばならないという点を指摘した．したがって実験的な証拠はすべて古典的な言語で表現される必要がある．古典論では"粒子"と"波"が互いに排他的な描像としてよく定義されているので，どちらの描像を実験結果に適用するにしても，そのときもう一方の描像は適用不可能となる．微視的な世界を完全に理解するためには，一方の描像だけでは不完全であり，両方の描像を相補的に適宜に使い分けることで初めて完全な理解が得られる，というのが Bohr による相補性 (complementarity) の概念の一例である．

つまり，両方の描像が並存するが，個別の問題に対して一方が適用されるときに，もう一方は排除される．この概念は 1927 年 9 月にイタリアのコモで開催された会議において初めて表明された．Bohr は彼の残りの全生涯を通じて，この相補性の概念の表現を改善し続けた [22]．Bohr は"現象"という言葉を，調べようとする対象だけでなく，それを観測する状況も含めた概念として定義した．

13.5.2 Bohr-Einstein 論争

科学史に関する多くの著作は，連続的な成功だけを記述し，創造の過程における多くの挫折や隘路を無視してしまっている．しかし物理学の原理に関する Bohr と

[‡] (訳註) 時系列的な順序としては，「量子力学 (行列力学・波動力学) の基礎的な定式化」→「確率解釈と変換理論」→「不確定性関係」であったが，Heisenberg としては定式化された数学形式からの帰結というより，むしろ特殊相対性理論における光速不変の原理 (任意の慣性系において共通の確定した"時間"の概念の否定) のように，定式化と不可分の根本的な規定として「不確定性"原理"」を位置づける意図があった．そこで物理的な位置-運動量の不確定性原理を設定する必然性の論拠として，有名な γ 線顕微鏡 (極短波長光の照射観察系) の思考実験を示し，Compton 散乱を用いた精度の高い電子の位置観察において不可避的に電子の運動量が不確かになることを併せて論じた．Bohr は当初，Heisenberg の不確定性の導き方を形式主義的で，かつ粒子の描像 (光量子-電子衝突散乱の描像) を偏重したものと見て強く批判し，発表を思い止まらせようとさえしたが (次項に言及があるように Bohr は光量子の概念を嫌い，輻射に関しては波動場の描像に固執した)，しばらく後には相補性の考察に基づき，その顕現例として Heisenberg の不確定性を受け入れた (p.26参照)．Bohr の相補性に関する議論は，まず"観測"と"定義"の間に相補性原理を置き，そこから"時空記述-因果律"や"粒子-波動"の相補性，Heisenberg の不確定性などを"導出"するという，物理理論としては更に破格のものである．

13.5. 哲学的な側面

Einstein の論争は，最も偉大な先達たちにとっても，物理世界を記述する方法を変えることには著しい困難が伴うことを教えてくれる．

Bohr と Einstein が最初に会ったのは，1920年に Bohr がベルリンを訪れたときのことで，それは光の屈曲現象の観測§を通じて一般相対論が検証されて間もない頃であった．したがって Einstein の名声は天頂に輝いており，一方の Bohr は昇り始めた星のひとつに過ぎなかった．彼らは互いに友好的な賛辞を交わしたようだが，このベルリンの会見における話題が何であったのか明らかではない．当時の Bohr は，他の物理学者たちと同様に光量子の存在を信じておらず¶，その信念は Compton の実験 (1923年) 以降までも続いた．1924年に Bohr は Kramers および米国から来た John Slater（スレーター）と連名の論文において，以下の見解を示した (BKSの仮説) [109]．

- 光に関する連続的な波動理論と，物質 (原子) の離散的なエネルギー遷移に関する記述が同時に妥当性を持つということは，エネルギー保存の概念とは相容れないので，個々の事象においてエネルギー保存則や運動量保存則は成立していないと考えるべきである．これらは統計的な法則として成立するに過ぎない．

- 別々の原子からの光の放射や吸収の過程は，統計的に独立な過程であると想定する．

- 遷移振動数を持つ仮想振動子によって常に生成されている仮想場が，遷移を確率的に誘導するものと想定する．(しかしこの論文は，仮想振動子や仮想場の振舞いを説明する数式的モデルも，現実の電磁場との相互作用の方法についても記述していない．実際，この論文に含まれている数式は，式(13.6) だけである．)

Born, Klein および Schrödinger はこの仮説に対して好意的に反応したが，Einstein と Pauli はこれに反対する見解を示した．翌年に行われた Compton散乱の 2 つの実験によって BKS の仮説は否定された．その実験は，光子の電子による散乱と電子の反跳の時間関係，および個々の過程における運動量とエネルギーの保存を調べるものであった．BKS仮説の不成功は，前期量子論の終焉を象徴する出来事である．

Heisenberg と Schrödinger によって構築された量子力学に対して，当初 Einstein の態度は肯定的なものであった．しかし Born が確率解釈を提示すると，その是認は

---

§(訳註) 1919年 5月の皆既日蝕の際に太陽の近傍に見える恒星の位置を精密に観測することによって，恒星からの光が太陽の重力場によって曲げられている現象が確認された．

¶(訳註) Bohr の原子模型では，電子軌道の方には離散的な量子条件が適用されるものの，遷移によって放出される光は粒子性を備えた光量子ではなく，古典的な電磁波であるという描像が採用されていた (輻射をむしろ古典的に捉えることが，原子模型における対応原理の拠り所となったのである)．1925年の Heisenberg による "電子の量子力学 (行列力学)" の構築においても，出発点では輻射場との関わりの部分において，このような前期量子論的な半古典描像の残滓が引き継がれており，輻射場 (光子) の放出・吸収までを完全に量子力学の枠内で扱うことは 1927年に Dirac によって果たされた (9.5節参照)．

図13.2 1930年のソルヴェイ会議後の Einstein と Bohr. (Niels Bohr Archive, Copenhagen の許諾を得て転載.)

撤回された. Einstein は理論の第一原理において我々の知識が制限されるという考え方を決して受け入れなかった.

新しい量子力学は, ブリュッセルで開催された第5回ソルヴェイ会議 (1927年) の議題となり, その会議には量子力学の形成に貢献した人々がすべて参加した. Einstein は量子力学において時空の因果律が破綻していることを執拗に指摘した. そして, 個々の過程におけるエネルギーと運動量の入念な考察を通じて, より完全な現象の記述が可能となるかどうかという点に議論が集中した. たとえば Einstein は, ビームを構成する粒子がスリットを通るときに, スリットの反跳運動量を精密に測定すれば不確定性関係は破られると主張した. すると Bohr はその晩に, スリットの反跳に伴ってスリットの位置が不確かになることは避けられず, やはり Heisenberg の原理は成立

13.5. 哲学的な側面

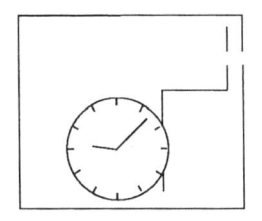

図13.3 時刻-エネルギーの不確定性関係を否定するために Einstein が提案した思考実験器具．(Niels Bohr Archive, Copenhagen の許諾を得て転載．)
(訳註：図では省略されているが，箱内に光源があり，箱の外部は暗室で外部から光子は入らないと考える．そして箱全体が重量計に載っている．)

すると反論した．Bohr はいかなる実験においても，測定器の設定状態までを完全に特定する必要性を系統的に主張した．このような状況の中で Einstein は，"神"はサイコロ遊びをするものだろうかと問うた．これに対して Bohr は日常的な"神意" (Providence) という言葉に内在する意味について，改めて多大な注意を払う必要性を強調した．

1930年に行われた次のソルヴェイ会議 (図13.2) で，Einstein は特殊相対性理論を利用してエネルギーと時刻を同時に決定できると主張した．彼は穴のある箱の内部に時計を設置し，穴のシャッターを時計と連動させて，光子が箱の内部から外部に出た時刻が任意の精度で分かるようにした，図13.3 のような思考実験を考案した．そして箱全体の重さを重量計で精密に測定すれば，特殊相対論による $E = mc^2$ の関係に基づいて，原理的には外部へ逃避した光子のエネルギーも必要な精度で調べることができる (すなわちエネルギーと時刻の不確定性関係 (9.40) が破られる)．この主張は量子物理学者たちを困惑させたが，翌日には Bohr が一般相対論を用いた反論を行った．時計が進む速さは重力場において時計 (箱) が占める位置に依存しており，箱の重さを測るために箱の位置が変動するならば，時刻の決定には不確かさ Δt が生じる．他方，箱の位置変動を抑制するならば，測定されるエネルギーの不確かさは増す．したがって，やはり $\Delta t \Delta E$ は Heisenberg の不確定性関係に従うことになる．

そのときから Einstein は量子力学内部の無矛盾性を疑う批判を止めた．しかし1935年に Einstein は Podolsky，Rosen とともに，物理理論としての量子力学の不完全性の指摘を試みて，深遠な議論を行った (EPR の逆理) [16]．彼らは空間的には距離を隔てているが，互いに量子もつれを生じている 2 つの粒子から成る系を考えた．彼らの議論をスピンの量子もつれに置き換えた議論を 11.2 節に与えてある．Einstein は，量子力学が与える結果は正しいにしても，その不確かさは，系を特徴づける何ら

かの測定できないパラメーターによって生じているとの確信を生涯にわたって持ち続けた.将来の理論においては,そのような隠れた変数の効果も物理系の記述に組み込まれるべきであり,より基礎的な理論と量子力学との関係は,古典力学と統計力学の関係と似たようなものになると Einstein は考えていた [110].

物理学者の大多数は,Bohr の"現象"という概念の入念な検討に基づく反論を受け入れて,EPR の結論に対して否定的な立場をとった.Bohr によれば,実験の設定の (相互に排他的な) 違いの部分が,EPR による"客観的な実在性"の定義からは抜け落ちてしまっているのである [81].

Einstein と Bohr のそれぞれの立場が明確に表明されている文献としては,Einstein の 70 歳を祝って出版された書籍への Bohr の寄稿 [111] と,Einstein がそれに答えて同じ書籍において表明している見解 [110] が,おそらく最も優れたものである.

13.6 その後の経緯

大多数の物理学者たちは,哲学的な解釈問題に深入りするよりも,量子力学の応用範囲を,興味深い多くの対象へと拡げていった [86].

> このアプローチは驚くべき成功を収めた.量子力学は反物質を予言したり,放射性元素の性質を理解したり (これは核開発・原子力技術につながる),半導体や超伝導体などの物質の性質を説明したり,光と物質の相互作用 (レーザーの発明につながる) や,電波と原子核の相互作用 (MRI:磁気共鳴画像技術につながる) を記述したりするための有用な手段となった.量子力学から発展した場の量子論 (quantum field theory) は,素粒子物理の基礎を与え,...

他方において EPR の疑義は消滅せず,重要な着眼点は量子力学の完全性ではなくて局所性であることが分かってきた.1952 年に Bohm(ボーム)は,EPR 型の系に関する量子力学の予言を,決定論的な隠れた変数の理論によって再現したが,その理論は空間的に離れた粒子の非局所的な相互作用を含むものであった [112].

1964 年に Bell は,隠れた変数の理論によって量子力学の結果を再現するには,非局所性の導入が避けられないことを証明した [74].その上,彼は古典的で決定論的で局所的な如何なる 2 粒子の理論においても,測定量が必ず満たさねばならない不等式を導いた.2 つの粒子が量子力学的にもつれていることを仮定する場合に限り,その不等式は破られる.3 粒子系のもつれを考えると更に特異な効果が現れることも予言された.

実験技術の進展の下で,もつれた光子を生成できるようになり,Bell の不等式の成否を検討するための実験方法が色々と考案された.それらの試みは文献 [76] や文

13.6. その後の経緯

献 [77] などに示されている成果へと結実したが,実験結果は局所的な隠れた変数の理論を否定している.客観的な局所的実在性の概念の下で,量子力学的な相関を再現することはできない (11.2節).

しかしながら,これらの検証実験によって量子力学の妥当性が完全に "証明" されたわけではない.現実の限定的な実験というものは,何らかの理論による予言と異なる結果が得られた際に,その理論を否定できるに過ぎないということを心に留めておくことが重要である.量子力学に含まれる基本原理 (たとえば Schrödinger 方程式 (9.5) の線形性など) が様々に修正される可能性を視野に入れ,その理論的な予言を実験結果と付き合わせながら,現在の量子力学の妥当性をさらに広範に検証してゆくべきであろう.

第 14 章　練習問題の略解と定数表

14.1　練習問題の略解

第 2 章

問1　1. $\Psi = \dfrac{c_1}{\sqrt{|c_1|^2+|c_2|^2}}\Psi_1 + \dfrac{c_2}{\sqrt{|c_1|^2+|c_2|^2}}\Psi_2$

　　2. $\dfrac{|c_1|^2}{|c_1|^2+|c_2|^2}$

問2　1. $\Psi_3 = -\dfrac{c}{\sqrt{1-|c|^2}}\Psi_1 + \dfrac{1}{\sqrt{1-|c|^2}}\Psi_2$

　　2. $\Psi = \dfrac{(c_1+cc_2)\Psi_1 + c_2\sqrt{1-|c|^2}\Psi_3}{\sqrt{|c_1|^2+|c_2|^2+c_1 c^* c_2^* + c_1^* c c_2}}$

問5　$-\mathrm{i}\dfrac{\hbar \hat{p}}{M}$

問6　1. $-\mathrm{i}\hbar n \hat{p}^{n-1}$

　　2. $-\mathrm{i}\hbar \dfrac{\mathrm{d}f}{\mathrm{d}\hat{p}}$

問8　1. $\hat{R}\Psi = \Psi$

　　2. $\hat{R}\Psi = 0$

問9　$\dfrac{\langle i|\hat{p}|j\rangle}{\langle i|\hat{x}|j\rangle} = \dfrac{\mathrm{i}M(E_i-E_j)}{\hbar}$

問10

結果	確率	結果	確率
g_1	4/5	f_1	17/25
g_2	1/5	f_2	8/25

問11　1. $P(4k_p) = \dfrac{1}{6},\quad P(k_p) = \dfrac{5}{6}$

　　2. $\langle\Psi|\hat{K}|\Psi\rangle = \dfrac{3}{2}k_p,\quad \Delta K = \dfrac{\sqrt{5}}{2}k_p$

　　3. $\dfrac{1}{\sqrt{5}}\varphi_p + \dfrac{2}{\sqrt{5}}\varphi_{(-p)}$

問12 $\Delta x \approx 10^{-19}$ m, $\Delta v \approx 10^{-19}$ ms^{-1}

問13 1. $\Delta E_\mathrm{H}/\Delta E = O(10^{-25})$

2. $x = O(10^{10})$ m

第3章

問1 1. $0, \pm\sqrt{2}$

2. $\varphi_{\pm\sqrt{2}} = \dfrac{1}{2}\begin{pmatrix} 1 \\ 0 \\ 0 \end{pmatrix} \pm \dfrac{1}{\sqrt{2}}\begin{pmatrix} 0 \\ 1 \\ 0 \end{pmatrix} + \dfrac{1}{2}\begin{pmatrix} 0 \\ 0 \\ 1 \end{pmatrix}$

$\varphi_0 = \dfrac{1}{\sqrt{2}}\begin{pmatrix} 1 \\ 0 \\ 0 \end{pmatrix} - \dfrac{1}{\sqrt{2}}\begin{pmatrix} 0 \\ 0 \\ 1 \end{pmatrix}$

4. $\mathcal{U} = \dfrac{1}{2}\begin{pmatrix} 1 & \sqrt{2} & 1 \\ \sqrt{2} & 0 & -\sqrt{2} \\ 1 & -\sqrt{2} & 1 \end{pmatrix}$

問2 1. $\Delta_\pm = \pm\sqrt{a^2 + c^2}$

2. $\Delta_\pm = \pm|a|\left(1 + \dfrac{c^2}{2a^2} + \cdots\right)$

3. $\Delta_\pm = \pm|c|\left(1 + \dfrac{a^2}{2c^2} + \cdots\right)$

問3 $\langle 1|2\rangle = \langle 1|3\rangle = \langle 2|4\rangle = \langle 3|4\rangle = 0$

問4 1. $\Delta_Q = (0.5, 0.5, -1)$, $\Delta_R = (0.5, -0.5, 1)$

2. $[\hat{Q}, \hat{R}] = 0$

3. $\begin{pmatrix} 1/\sqrt{2} \\ 1/\sqrt{2} \\ 0 \end{pmatrix}$, $\begin{pmatrix} 1/\sqrt{2} \\ -1/\sqrt{2} \\ 0 \end{pmatrix}$, $\begin{pmatrix} 0 \\ 0 \\ 1 \end{pmatrix}$

問5 1. $\pm\dfrac{\hbar}{2}$

3. $\varphi_{\beta\uparrow} = \cos\dfrac{\beta}{2}\begin{pmatrix} 1 \\ 0 \end{pmatrix} + \sin\dfrac{\beta}{2}\begin{pmatrix} 0 \\ 1 \end{pmatrix}$

$\varphi_{\beta\downarrow} = \sin\dfrac{\beta}{2}\begin{pmatrix} 1 \\ 0 \end{pmatrix} - \cos\dfrac{\beta}{2}\begin{pmatrix} 0 \\ 1 \end{pmatrix}$

問7 1. $E = V_0 + \dfrac{7\hbar}{2}\sqrt{\dfrac{c}{M}}$

2. $E = -\dfrac{b^2}{2c} + \hbar\sqrt{\dfrac{c}{M}}\left(n + \dfrac{1}{2}\right)$

問8 1. $x_{\rm c} = \sqrt{\hbar}/(Mc)^{1/4}$

2. $3\hbar\omega$

問9 1. $\dfrac{2M\omega}{\hbar}\langle n+2|x^2|n\rangle = -\dfrac{2}{\hbar M\omega}\langle n+2|p^2|n\rangle = \sqrt{(n+1)(n+2)}$, 他はゼロ

2. $\dfrac{\langle n|\hat{K}|n\rangle}{\langle n|\hat{V}|n\rangle} = -\dfrac{\langle n\pm 2|\hat{K}|n\rangle}{\langle n\pm 2|\hat{V}|n\rangle} = 1$

問10 ゼロ.

問11 1. $\Psi = \dfrac{1}{\sqrt{2}}\varphi_0 + \dfrac{1}{\sqrt{2}}\varphi_1$

2. $\langle\Psi|x|\Psi\rangle = \dfrac{1}{\sqrt{2}}x_{\rm c}$, $\quad \langle\Psi|\hat{p}|\Psi\rangle = \langle\Psi|\hat{\Pi}|\Psi\rangle = 0$

第 4 章

問2 1. $\varphi_n = \sqrt{\dfrac{2}{a}}\sin(k_n x)\ (0 \le x \le a)$, $\quad \varphi_n = 0$ (その他)
$k_n = n\pi/a$, $E_n = \hbar^2 k_n^2/2M$

3. 持たない.

問3 $E \approx (\Delta p)^2/2M \ge \hbar^2/8Ma^2$

問4 $i\kappa\coth\dfrac{\kappa a}{2} = k\cot\dfrac{ka}{2}$
$\kappa = \sqrt{2M(V_0-E)}/\hbar$, $\quad k = \sqrt{2ME}/\hbar$

問5 $\displaystyle\sum_k E_k - \dfrac{a}{2\pi}\int E_k\,{\rm d}k \approx E_{k_{max}} = \hbar^2 k_{\max}^2/2M$

問6 1. $\rho(E) = \dfrac{a}{\pi\hbar}\sqrt{\dfrac{M}{2E}}$

2. 0.81×10^7 eV

問7 $-\cot\dfrac{ka}{2} = \dfrac{\kappa}{k}$

問8 1 eps, 1 eps + 1 ops, 2 eps + 1 ops, 2 eps + 2 ops

問9 $R = 0.030$, $T = 0.97$

問10 1. $x_{\rm d} \approx 1/\kappa = 1.13$ Å

2. $T = 1.7 \times 10^{-15}$

問11 $\displaystyle\lim_{\kappa a \ll 1} T = \dfrac{2E/V_0}{2E/V_0 + MV_0 a^2/\hbar^2}$
$\displaystyle\lim_{\kappa a \gg 1} T = \dfrac{16E}{V_0}\left(1 - \dfrac{E}{V_0}\right)\exp\left[-\dfrac{2a}{\hbar}\sqrt{2M(V_0-E)}\right]$

問12 3×10^{-3} Å

問13 2. 電子が結晶格子から力を受けるから．

3. $\langle k|\hat{p}|k\rangle = \hbar k \int |u_k|^2 \mathrm{d}x - \mathrm{i}\hbar \int u_k^* \dfrac{\mathrm{d}u_k}{\mathrm{d}x}\mathrm{d}x$

問14 $f(E_0) = \pm 1$ のところで，$\dfrac{1}{M_\text{eff}} = \dfrac{1}{M} \mp \dfrac{d^2}{\hbar^2 (\mathrm{d}f/\mathrm{d}E)_{E=E_0}}$

問15 1. $\eta = \left(\dfrac{2\hbar\sqrt{2\pi}}{a\alpha}\right)^{1/2}$

2. $|\Psi|^2 = \dfrac{\alpha}{\hbar\sqrt{2\pi}} \exp\left[-x^2\alpha^2/2\hbar^2\right]$

3. $0,\ \hbar^2/\alpha^2$

4. $0,\ \alpha^2/4$

第5章

問1 $O(10^{31})$

問2 $\dfrac{\hbar}{\sqrt{2}}\begin{pmatrix} 0 & 1 & 0 \\ 1 & 0 & 1 \\ 0 & 1 & 0 \end{pmatrix} \to \hbar\begin{pmatrix} 1 & 0 & 0 \\ 0 & 0 & 0 \\ 0 & 0 & -1 \end{pmatrix}$

問4 $\mathrm{i}\hbar\mathbf{J}$

問5 1. $\langle 00|Y_{20}|00\rangle = \langle 11|Y_{21}|21\rangle = \langle 00|Y_{11}|11\rangle = \langle 00|\Pi|10\rangle = 0$

2. $\langle 10|Y_{20}|10\rangle = 0.25,\ \langle 00|Y_{11}|1(-1)\rangle = -0.28$
$\langle 00|\Pi|00\rangle = -\langle 11|\Pi|11\rangle = 1$

問7 1. $\varphi_{s_x = \pm\frac{1}{2}} = \dfrac{1}{\sqrt{2}}\begin{pmatrix} 1 \\ \pm 1 \end{pmatrix},\ \varphi_{s_y = \pm\frac{1}{2}} = \dfrac{1}{\sqrt{2}}\begin{pmatrix} 1 \\ \pm \mathrm{i} \end{pmatrix}$

2. $\pm\dfrac{\hbar}{2},\ \dfrac{1}{2}$

3. $\hat{S}_x = \dfrac{\hbar}{2}\begin{pmatrix} 0 & \mathrm{i} \\ -\mathrm{i} & 0 \end{pmatrix}$

4. $\varphi_{s_x=\pm\frac{1}{2}} = \dfrac{1\pm\mathrm{i}}{2}\varphi_{s_y=\frac{1}{2}} + \dfrac{1\mp\mathrm{i}}{2}\varphi_{s_y=-\frac{1}{2}}$

問8 1. $\dfrac{1}{2}(a+b)^2$

2. $\dfrac{1}{2}(a^2+b^2)$

3. a^2

問9 1. $\dfrac{\hbar}{2},\ \cos^2\dfrac{\beta}{2},\ -\dfrac{\hbar}{2},\ \sin^2\dfrac{\beta}{2}$

2. $\dfrac{\hbar}{2}\cos\beta$

問10　1. $\varphi_{\frac{3}{2}\frac{1}{2}} = -\sqrt{\dfrac{2}{5}}Y_{20}\begin{pmatrix}1\\0\end{pmatrix} + \sqrt{\dfrac{3}{5}}Y_{21}\begin{pmatrix}0\\1\end{pmatrix}$

$\varphi_{\frac{5}{2}\frac{1}{2}} = \sqrt{\dfrac{3}{5}}Y_{20}\begin{pmatrix}1\\0\end{pmatrix} + \sqrt{\dfrac{2}{5}}Y_{21}\begin{pmatrix}0\\1\end{pmatrix}$

2. $Y_{ll}\begin{pmatrix}1\\0\end{pmatrix}$, 1

問11　式(7.12)

問12　$\displaystyle\sum_{m_1 m_2} c(j_1 m_1, j_2 m_2, jm)\, c(j_1 m_1, j_2, m_2, j'm') = \delta_{jj'}\delta_{mm'}$

$\displaystyle\sum_{jm} c(j_1 m_1, j_2 m_2, jm)\, c(j_1 m_1', j_2 m_2', jm) = \delta_{m_1 m_1'}\delta_{m_2 m_2'}$

問13　$\varphi_{\frac{1}{2}ljm} = (-1)^{\frac{1}{2}+l-j}\varphi_{l\frac{1}{2}jm}$

第6章

問1　2.5×10^{-3} eV

問2　1. $1s_{\frac{1}{2}},\ 2s_{\frac{1}{2}},\ 2p_{\frac{1}{2}},\ 2p_{\frac{3}{2}},\ 3s_{\frac{1}{2}},\ 3p_{\frac{1}{2}},\ 3p_{\frac{3}{2}},\ 3d_{\frac{3}{2}},\ 3d_{\frac{5}{2}}$

2. $0s_{\frac{1}{2}},\ 1p_{\frac{1}{2}},\ 1p_{\frac{3}{2}},\ 2s_{\frac{1}{2}},\ 2d_{\frac{3}{2}},\ 2d_{\frac{5}{2}},\ 3p_{\frac{1}{2}},\ 3p_{\frac{3}{2}},\ 3f_{\frac{5}{2}},\ 3f_{\frac{7}{2}}$

問3　1. $(N+1)(N+2)$

2. $\dfrac{\hbar^2}{2}N(N+3)$

3. $E_{Nlj} = \hbar\omega\left(\dfrac{\alpha_{Nlj}}{16} + \dfrac{3}{2}\right)$

$\alpha_{Nlj} = 0\,(0s_{\frac{1}{2}}),\ 10\,(1p_{\frac{3}{2}}),\ 20\,(1p_{\frac{1}{2}}),\ 27\,(2d_{\frac{5}{2}}),\ 37\,(2d_{\frac{3}{2}}),\ 37\,(2s_{\frac{1}{2}})$

$39\,(3f_{\frac{7}{2}}),\ 53\,(3f_{\frac{5}{2}}),\ 53\,(3p_{\frac{3}{2}}),\ 39\,(3f_{\frac{1}{2}})$

4. $l = N,\ j = N + \dfrac{1}{2}$

問4　$\varphi_n = \dfrac{1}{\sqrt{2\pi a}}\dfrac{1}{r}\sin\dfrac{n\pi r}{a},\ E_n = \dfrac{1}{2M}\left(\dfrac{\hbar n\pi}{a}\right)^2$

問5　$r_{\max}^{(n_r=1,l=0)} = 5.2a_0,\ \langle 200|r|200\rangle = 6a_0$

$r_{\max}^{(n_r=0,l=1)} = 4a_0,\ \langle 21m_l|r|21m_l\rangle = 5a_0$

問7　1. $\dfrac{R}{\langle 100|r|100\rangle} = 1.5\times 10^{-5}$ (H), $\dfrac{R}{\langle 100|r|100\rangle} = 7.3\times 10^{-3}$ (Pb)

2. $\dfrac{R}{\langle 100|r|100\rangle} = 3.1\times 10^{-3}$ (H), $\dfrac{R}{\langle 100|r|100\rangle} = 1.5$ (Pb)

問8 $r^2 \to s$, $\varphi(r^2) \to s^{1/4}\phi(s)$, $l(l+1) \to \frac{1}{4}l(l+1) - \frac{3}{16}$
$\frac{1}{4}E \to \frac{e^2}{4\pi\epsilon_0}$, $\frac{1}{8}M\omega^2 \to -E$

問9 $E_{s=0} = -\frac{3}{4}a\hbar^2$, $E_{s=1} = \frac{1}{4}a\hbar^2$

問10 1. $\mu_B B_z$
2. $\frac{3}{2}v_{so}\hbar^2$
3. $\frac{1}{2}v_{so}\hbar^2 \left(9 + 2q + q^2\right)^{1/2}$

問11 $j_r = |A|^2\hbar k/r^2 M$, flux(dΩ) $= |A|^2\hbar k \mathrm{d}\Omega/M$

問12 1. $\beta_- = -1 + ak_- \cot ak_-$; $k_- = \frac{1}{\hbar}\sqrt{2MV_0}$
2. $\beta_+ = \sin\delta_0/(ak\cos\delta_0 + \sin\delta_0)$; $k = \frac{1}{\hbar}\sqrt{2ME}$
3. $\tan\delta_0 = ka(1 - \tan ak_-/ak_-)$
4. $\sigma(\theta) = a^2(1 - \tan ak_-/ak_-)^2$
5. $\sigma = 4\pi a^2(1 - \tan ak_-/ak_-)^2$

問13 1. $V = V(\rho)$, $\rho \equiv \sqrt{x^2 + y^2}$, $\phi \equiv \tan^{-1}(y/x)$
2. $\frac{1}{2M}\left(\hat{p}_x^2 + \hat{p}_y^2\right) = -\frac{\hbar^2}{2M}\left(\frac{\partial^2}{\partial\rho^2} + \frac{1}{\rho}\frac{\partial}{\partial\rho} + \frac{1}{\rho^2}\frac{\partial^2}{\partial\phi^2}\right)$, $E_{m_l} = E_{-m_l}$
3. $E_n = \hbar\omega(n+1)$, $n+1$, $n = 0, 1, 2, \ldots$

第7章

問1 1. $\frac{1}{2x_c\sqrt{2\pi}}\exp\left(-\frac{x^2}{2x_c^2}\right)\left(1 + \frac{x^2}{x_c^2}\right)$, $x_c\sqrt{2}$, 0.10
2. $\frac{1}{x_c\sqrt{2\pi}}\exp\left(-\frac{x^2}{2x_c^2}\right)$, x_c, 0.16
3. $\frac{1}{x_c^3\sqrt{2\pi}}\exp\left(-\frac{x^2}{2x_c^2}\right)x^2$, $x_c\sqrt{3}$, 0.0021

問2 1. $\varphi_+ = \frac{1}{\sqrt{2}}\left[\varphi_{100}(1)\varphi_{21m_l}(2) + \varphi_{100}(2)\varphi_{21m_l}(1)\right]\chi_{s=0}$
$\varphi_- = \frac{1}{\sqrt{2}}\left[\varphi_{100}(1)\varphi_{21m_l}(2) - \varphi_{100}(2)\varphi_{21m_l}(1)\right]\chi_{s=1, m_s}$
2. $E_+ > E_-$

問3 $J = 0, 2, 4$

問4 1. 対称
2. 反対称

3. 対称

4. 反対称

5. 対称

問5 偶数の J が可能.

問6 1. 3/2, 1/2

2. 1/2

問8 1. $\frac{1}{2}+, \frac{3}{2}-, \frac{1}{2}-, \frac{5}{2}+, \frac{7}{2}-, \frac{1}{2}-$

2. $\frac{3}{2}-, \frac{5}{2}+, \frac{7}{2}-$

3. $\frac{1}{2}+$ or $\frac{3}{2}+, \frac{3}{2}-$ or $\frac{5}{2}-$

問9 1. $3.8 / -0.26 / 4.8$ (μ_p)

2. $-1.9 / 0.64 / -1.9$ (μ_p)

問10 1. 1×10^{-3}

2. 2×10^{-1}

3. 4×10^{-3}

問11 $n(\epsilon) = \dfrac{M\epsilon}{\pi\hbar^2}$, $C_\mathrm{V} = 2n_\mathrm{F} k_\mathrm{B} \dfrac{T}{T_\mathrm{F}}$

問12 1/3; 1/2; 3/5

問13 1. 5.9×10^3 Å

2. 赤

問14 1. $-\dfrac{\pi^2}{12}(k_\mathrm{B}T)^2/\epsilon_\mathrm{F}$

2. -1.7×10^{-4} eV

問15 一定

問16 $q_{aa} + q_{bb}$, $-q_{ac}$, q_{bc}

問17 2. $-\sqrt{2j+1}$

第8章

問1 1. 式(8.10)

2. $c_{p \neq n}^{(2)} = \dfrac{1}{E_n^{(0)} - E_p^{(0)}} \left[\sum_{q \neq n} c_q^{(1)} \langle \varphi_p^{(0)} | \hat{V} | \varphi_q^{(0)} \rangle - E_n^{(1)} c_p^{(1)} \right]$

$c_n^{(2)} = -\dfrac{1}{2} \sum_{p \neq n} |c_p^{(1)}|^2$

問2 1. $E_1^{(1)} = E_2^{(1)} = 0, \ E_3^{(1)} = 2c$

2. $E_1^{(2)} = -E_2^{(2)} = \dfrac{|c|^2}{3}, \ E_3^{(2)} = 0$

3. $\varphi_1^{(1)} = \dfrac{c}{3}\varphi_2^{(0)}, \ \varphi_2^{(1)} = -\dfrac{c}{3}\varphi_1^{(0)}, \ \varphi_3^{(1)} = 0$

4. $\varphi_1^{(2)} = -\dfrac{|c|^2}{18}\varphi_1^{(0)}, \ \varphi_2^{(2)} = -\dfrac{|c|^2}{18}\varphi_2^{(0)}, \ \varphi_3^{(2)} = 0$

5. $E_\pm = \dfrac{7}{2} \pm \dfrac{3}{2}\sqrt{1 + \dfrac{4|c|^2}{9}} \approx \dfrac{7}{2} \pm \dfrac{3}{2} \pm \dfrac{|c|^2}{3}, \ E_3 = -1 + 2c$

問3 1. $E_0^{(1)} = 0, \ E_0^{(2)} = -\dfrac{k^2}{2M\omega^2}$

2. $E_0^{(1)} = \dfrac{bx_c^2}{4}, \ E_0^{(2)} = -\dfrac{b^2 x_c^2}{16M\omega^2}$

問4 1. $E_0^{(1)} = -\dfrac{3}{32M}\left(\dfrac{\hbar\omega}{c}\right)^2$

2. 10^{-8}

問5 $\Psi_n = \left[1 - \dfrac{1}{2}\displaystyle\sum_{p \neq n} \dfrac{|\langle \varphi_p^{(0)}|\hat{V}|\varphi_n^{(0)}\rangle|^2}{(E_n^{(0)} - E_p^{(0)})^2}\right]\varphi_n^{(0)}$

$+ \displaystyle\sum_{p \neq n} \dfrac{\langle \varphi_p^{(0)}|\hat{V}|\varphi_n^{(0)}\rangle}{E_n^{(0)} + \langle \varphi_n^{(0)}|\hat{V}|\varphi_n^{(0)}\rangle - E_p^{(0)}}\varphi_p^{(0)}$

$+ \displaystyle\sum_{p,q(\neq n)} \dfrac{\langle \varphi_p^{(0)}|\hat{V}|\varphi_q^{(0)}\rangle \langle \varphi_q^{(0)}|\hat{V}|\varphi_n^{(0)}\rangle}{(E_n^{(0)} - E_p^{(0)})(E_n^{(0)} - E_q^{(0)})}\varphi_p^{(0)}$

問7 1. $\langle \hat{H} \rangle = \dfrac{\hbar\omega}{4}\left[\dfrac{M}{M^*} + \dfrac{M^*}{M} - \dfrac{3}{8}\dfrac{\hbar\omega}{Mc^2}\left(\dfrac{M^*}{M}\right)^2 \right.$
$\left. + \dfrac{15}{32}\left(\dfrac{\hbar\omega}{Mc^2}\right)^2\left(\dfrac{M^*}{M}\right)^3 + \cdots\right]$

2. $1 = \left(\dfrac{M^*}{M}\right)^2 - \dfrac{3}{4}\dfrac{\hbar\omega}{Mc^2}\left(\dfrac{M^*}{M}\right)^3 + \dfrac{45}{32}\left(\dfrac{\hbar\omega}{Mc^2}\right)^2\left(\dfrac{M^*}{M}\right)^4 + \cdots$

3. $\dfrac{M^*}{M} = 1 + \dfrac{3}{8}\dfrac{\hbar\omega}{Mc^2} - \dfrac{45}{128}\left(\dfrac{\hbar\omega}{Mc^2}\right)^2 + \cdots$

4. $\langle \hat{H} \rangle = \dfrac{\hbar\omega}{2}\left[1 - \dfrac{3}{16}\dfrac{\hbar\omega}{Mc^2} + \dfrac{3}{16}\left(\dfrac{\hbar\omega}{Mc^2}\right)^2 + \cdots\right]$

問8 $\left\langle 1s2p\pm \left| \dfrac{e^2}{4\pi\epsilon_0 r} \right| 1s2p\pm \right\rangle = -(0.98 \pm 0.08)E_\mathrm{H}$

問9

	$\langle \hat{H} \rangle_Z$	Z^*	$\langle \hat{H} \rangle_{Z^*}$	exp
He	5.50	1.69	5.69	5.81
Li$^+$	14.25	2.69	14.44	14.49
Be^{++}	27.00	3.69	27.19	27.21

14.1. 練習問題の略解　　　■273■

問10　$\Delta E = \dfrac{3\hbar\omega}{4}\left(\dfrac{x_c}{R_0}\right)^4 l(l+1) - \dfrac{\hbar\omega}{2}\left(\dfrac{x_c}{R_0}\right)^6 l^2(l+1)^2$

問11　1. $\epsilon_0 = -8.75 \times 10^{-4}$ eV; $R_0 = 2.87$ Å

2. $\hbar\omega = 4.0 \times 10^{-3}$ eV

3. $\hbar^2/2\mu R_0^2 = 1.29 \times 10^{-4}$ eV

問12　1.
$$\begin{pmatrix} 19.382 & & -1.052 \\ & 21.618 & 1.702 \\ -1.052 & 1.702 & 30 \end{pmatrix}$$

2.

n	E_n	$c_1^{(n)}$	$c_2^{(n)}$	$c_3^{(n)}$
1	19.278	0.807	-0.588	0.099
2	21.272	0.596	0.783	-0.203
3	30.449	0.023	0.225	0.975

3. 違い：$\mathcal{O}(10^{-3})$

問13　$E_\pm(m=0) = E_{n=2}^{(0)} \pm 3eE_z a_0$, $E(m=\pm 1) = E_{n=2}^{(0)}$

問14　1. $j(2j+1) \times j(2j+1)$

2. $\left(j+\dfrac{1}{2}\right) \times \left(j+\dfrac{1}{2}\right)$

3. $E_a = -g\left(j+\dfrac{1}{2}\right)$, $E_b = 0$

第9章

問1　$0.50 - 0.40\sin\left(3\pi^2\hbar t/2Ma^2\right)$

問2　$\dfrac{d\langle\Psi|\hat{p}|\Psi\rangle}{dt} = -\left\langle\Psi\left|\dfrac{dV}{dx}\right|\Psi\right\rangle$

問3　$c_{y\uparrow} = \dfrac{1-i}{\sqrt{2}}\cos\left(\dfrac{1}{2}\omega_L t + \dfrac{\pi}{4}\right)$

問4　$\mathcal{U}_{\mathbf{n}}(t,0) = \cos\dfrac{\omega_L t}{2}\mathcal{I} + i\sin\dfrac{\omega_L t}{2}\mathbf{n}\cdot\hat{\boldsymbol{\sigma}}$

問5　$0.36,\ 0.50,\ 0.13$

問6　$P^{(1)}_{\uparrow \to \downarrow} = \dfrac{\omega'^2}{(\omega-\omega_L)^2}\sin^2\left[\dfrac{1}{2}t(\omega-\omega_L)\right]$

問7　1. $c_{0\to 1} = -\dfrac{ivV_0}{\hbar x_c}\sqrt{\dfrac{2}{\pi}}\exp\left(-\dfrac{\hbar\omega}{4Mv^2}\right)\int_{t_1}^{t_2} t\exp\left[-\dfrac{v^2}{x_c^2}\left(t - i\dfrac{\hbar}{2Mv^2}\right)^2\right]dt$

2. $|c_{0\to 1}|^2 = \dfrac{V_0^2}{2M^2 v^4}\exp\left(-\dfrac{\hbar\omega}{2Mv^2}\right)$

問8 1. $\Psi(t) = \cos\theta_0 \exp\left[-\dfrac{\mathrm{i}V_0 \sin(\omega t)}{4\hbar\omega}\right]\chi_0^1 + \sin\theta_0 \exp\left[\dfrac{\mathrm{i}3V_0 \sin(\omega t)}{4\hbar\omega}\right]\chi_0^0$

2. $\Psi(t) = \exp\left[-\dfrac{\mathrm{i}V_0 \sin(\omega t)}{4\hbar\omega}\right]\varphi_{B_0}$

問9 $P_{0\to 1} = 2\left(\dfrac{Kx_\mathrm{c}}{\hbar\omega}\right)^2 \sin^2\dfrac{\omega t}{2}$

問10 1. $c_k^{(2)} = \dfrac{1}{\hbar^2}\displaystyle\sum_j \langle k|\hat{V}|j\rangle\langle j|\hat{V}|i\rangle \left[\dfrac{1}{\omega_{ki}\omega_{kj}} + \dfrac{\exp(\mathrm{i}\omega_{ki}t)}{\omega_{ki}\omega_{ji}} + \dfrac{\exp(\mathrm{i}\omega_{kj}t)}{\omega_{kj}\omega_{ij}}\right]$

2. $P_{0\to 2} = 2\left(\dfrac{Kx_\mathrm{c}}{\hbar\omega}\right)^4 \sin^4\dfrac{\omega t}{2}$

問11 2. $0.5,\ 0.5\times 10^{-7}$

3. 2×10^{-2}

問12 $\left|\dfrac{\langle 210|\mathbf{r}|100\rangle}{\langle 310|\mathbf{r}|100\rangle}\right|^2 = 6.3,\quad \dfrac{P(100\to 210)}{P(100\to 310)} = 3.8$

問13 1. $\dfrac{P(310\to 200)}{P(310\to 100)} = 0.13$

2. 1.1×10^{-8} s

3. 4×10^{-7} eV

第10章

問1

	φ_{B_0}	φ_{B_1}	φ_{B_2}	φ_{B_3}
$\hat{S}_z(1)\hat{S}_z(2)$	1	1	-1	-1
$\hat{S}_x(1)\hat{S}_x(2)$	1	-1	1	-1

問2 1. $(1,0)$

2. $(3/4, 1/4)$

3. $\mathcal{O}(10^{-13})$

問3 $\hat{S}_z(\varphi_{B_1}),\ \hat{S}_x(\varphi_{B_2}),\ \hat{S}_y(\varphi_{B_3})$

問4 1.
$$\begin{pmatrix} 1 & 0 & 0 & 0 \\ 0 & 0 & 0 & 1 \\ 0 & 0 & 1 & 0 \\ 0 & 1 & 0 & 0 \end{pmatrix}$$

2. $\mathcal{U}_\mathrm{H}^\mathrm{ctr}\mathcal{U}_\mathrm{H}^\mathrm{tag}\mathcal{U}_\mathrm{CNOT}\mathcal{U}_\mathrm{H}^\mathrm{tag}\mathcal{U}_\mathrm{H}^\mathrm{ctr}$

問8 アリスのそれぞれの変換の下で一意的にBell状態が決まる．

問9

f_i	c_{i0}	c_{i4}	c_{i8}	c_{i12}
1	1	1	1	1
2	1	i	-1	$-i$
4	1	-1	1	-1
8	1	$-i$	-1	i

第12章

問3 1. $\hat{\rho} = \dfrac{1}{2} \begin{pmatrix} 1+\cos\beta & \exp[-i\phi]\sin\beta \\ \exp[i\phi]\sin\beta & 1-\cos\beta \end{pmatrix}$

2. $\langle \hat{S}_x \rangle = \dfrac{\hbar}{2}\sin\beta\cos\phi;\ \langle \hat{S}_y \rangle = \dfrac{\hbar}{2}\sin\beta\sin\phi;\ \langle \hat{S}_z \rangle = \dfrac{\hbar}{2}\cos\beta$

問4 1. $\hat{\rho} = \dfrac{1}{2}\begin{pmatrix} 1 & 0 \\ 0 & 1 \end{pmatrix}$

2. $\langle \hat{S}_x \rangle = \langle \hat{S}_y \rangle = \langle \hat{S}_z \rangle = 0$

問5 $\Delta x = \sqrt{\dfrac{\hbar}{M\omega}\left(\dfrac{1}{2} + \dfrac{k_B T}{\hbar\omega}\right)}$

14.2 基礎物理定数の単位と数値

表14.1 基礎物理定数の単位と数値 [113].

	MKS単位	原子尺度の単位	原子核尺度の単位
	1 m	10^{10} Å	10^{15} fm
	1 J	0.625×10^{19} eV	0.625×10^{13} MeV
	1 kg	0.56×10^{36} eV/c^2	0.56×10^{30} MeV/c^2
Bohr磁子 μ_B	0.93×10^{-23} J/T	0.58×10^{-4} eV/T	0.58×10^{-10} MeV/T
Bohr半径 a_0	0.53×10^{-10} m	0.53 Å	0.53×10^5 fm
Boltzmann定数 k_B	1.38×10^{-23} J/K	0.86×10^{-4} eV/K	0.86×10^{-10} MeV/K
Coulomb係数 $e^2/4\pi\epsilon_0$	2.34×10^{-28} Jm	14.4 eV Å	1.44 MeV fm
電子の電荷 e	-1.60×10^{-19} C		
電子の質量 M, M_e	0.91×10^{-30} kg	0.51×10^6 eV/c^2	0.51 MeV/c^2
微細構造定数 α ($\equiv e^2/4\pi\epsilon_0\hbar c$)	1/137		
水素原子の基底エネルギー E_H	-2.18×10^{-18} J	-13.6 eV	-1.36×10^{-5} MeV
重陽子核の基底エネルギー E_D	-3.57×10^{-13} J	-2.23×10^6 eV	-2.23 MeV
核磁子 μ_p	0.51×10^{-26} J/T	0.32×10^{-7} eV/T	0.32×10^{-13} MeV/T
Planck定数/$2\pi = \hbar$	1.05×10^{-34} Js	0.66×10^{-15} eVs	0.66×10^{-21} MeVs
陽子質量 M_p	1.67×10^{-27} kg	0.94×10^9 eV/c^2	0.94×10^3 MeV/c^2
Rydberg定数 R_H	1.10×10^7 /m	1.10×10^{-3} /Å	1.10×10^{-8} /fm
光速 c	3.00×10^8 m/s	3.00×10^{18} Å/s	3.00×10^{23} fm/s

参考文献

1. B. C. Olschak: *Buthan. Land of Hidden Treasures*. Photography by U. and A. Gansser (Stein & Day, New York 1971).
2. M. Planck: Verh. Deutsch. Phys. Ges. **2**, 207, 237 (1900).
3. A. Einstein: Ann. der Phys. **17**, 132 (1905).
4. A. H. Compton: Phys. Rev. **21**, 483 (1923).
5. C. L. Davisson and L. H. Germer: Nature **119**, 528 (1927); G. P. Thomson: Proc. R. Soc. A **117**, 600 (1928).
6. H. Geiger and E. Marsden: Proc. R. Soc. A **82**, 495 (1909); E. Rutherford: Philos. Mag. **21**, 669 (1911).
7. J. Balmer: Verh. Naturf. Ges. Basel **7**, 548, 750 (1885); Ann. Phys. Chem. **25**, 80 (1885).
8. N. Bohr: Philos. Mag. **25**, 10 (1913); **26**, 1 (1913); Nature **92**, 231 (1913).
9. W. Heisenberg: Zeitschr. Phys. **33**, 879 (1925).
10. M. Born, W. Heisenberg and P. Jordan: Zeitschr. Phys. **35**, 557 (1926).
11. P. A. M. Dirac: Proc. R. Soc. A **109**, 642 (1925).
12. E. Schrödinger: Ann. der Phys. **79**, 361, 489 (1926); **80**, 437 (1926); **81**, 109 (1926).
13. D. F. Styer et al.: Am J. Phys. **70**, 288 (2002).
14. J. Schwinger: *Quantum Mechanics. Symbolism of Atomic Measurements*, ed. by B. G. Englert (Springer, Berlin Heidelberg New York 2001) Chap.1. 〔シュウィンガー (清水清孝, 日向裕幸訳)『シュウィンガー量子力学』シュプリンガー・フェアラーク東京, 2003年〕
15. P. A. M. Dirac: *The Principles of Quantum Mechanics* (Oxford University Press, Amen House, London 1930). 〔ディラック (朝永振一郎他訳)『量子力学』岩波書店, 1968年〕
16. A. Einstein, B. Podolsky and N. Rosen: Phys. Rev. **47**, 777 (1935).
17. O. Stern and W. Gerlach: Zeitschr. Phys. **8**, 110 (1921); **9**, 349 (1922).
18. G. Kaiser: J. Math. Phys. **22**, 705 (1981).
19. N. D. Mermin: Am. J. Phys. **71**, 23 (2003).
20. D. F. Styer: Am. J. Phys. **64**, 31 (1996).
21. J. Roederer: *Information and its Role in Nature* (Springer, Berlin Heidelberg New York 2005).

22. N. Bohr: *The Philosophical Writings of Niels Bohr* (Ox Bow, Woodbridge, Connecticut 1987).
23. R. P. Feynman, R. B. Leighton and M. Sands: *The Feynman Lectures on Physics. Quantum Mechanics* [Addison-Wesley, Reading (MA), London, New York, Dallas, Atlanta, Barrington (IL) 1965] Chap.5. 〔ファインマン, レイトン, サンズ (砂川重信訳)『ファインマン物理学 V 量子力学』岩波書店, 1986年〕
24. W. Heisenberg: Zeitschr. Phys. **43**, 172 (1927).
25. B. Cougnet, J. Roederer and P. Waloshek: Z. fur Naturforshung A **7**, 201 (1952).
26. R. S. Mulliken: Nature **114**, 350 (1924).
27. M. Born: Zeitschr. Phys. **37**, 863 (1926); **38**, 499 (1926).
28. L. de Broglie: C. R. Acad. Sci. Paris **177**, 507, 548 (1923).
29. G. Binning and H. Rohrer: Rev. Mod. Phys. **71**, S324 (1999) and references contained therein.
30. F. Bloch: Zeitschr. Phys. **52**, 555 (1928).
31. G. E. Uhlenbeck and S. A. Goudsmit: Nature **113**, 953 (1925); **117**, 264 (1926).
32. W. Pauli: Zeitschr. Phys. **43**, 601 (1927).
33. A. K. Grant and J. L. Rosner: Am. J. Phys. **62**, 310 (1994).
34. D. A. McQuarrie: *Quantum Chemistry* (University Science Books, Herndon, Virginia 1983) Fig.6-12.
35. W. Pauli: Zeitschr. Phys. **31**, 625 (1925).
36. Å. Bohr and B. Mottelson: *Nuclear Structure* (W. A. Benjamin, New York, Amsterdam 1969) Vol.1, Chaps.2-4.
37. M. Kastner: Physics Today **46**, 24 (1993).
38. R. Fitzgerald: Physics Today **57** 22 (2004) and references contained therein.
39. A. Einstein: Sitz. Ber. Preuss. Ak. Wiss. **2**, 261 (1924); **3** (1925).
40. D. Kleppner: Physics Today **49**, 11 (1996); F. Dalfovo, S. Giorgini, L. P. Pitaevckii and S. Stringari: Rev. Mod. Phys. **71**, 463 (1999).
41. M. H. Anderson, J. R. Enscher, M. R. Matthews, C. E. Wieman and E. A. Cornell: Science **269**, 198 (1995); J. R. Enscher, D. S. Jin, M. R. Matthews, C. E. Wieman and E. A. Cornell: Phys. Rev. Lett. **77**, 4984 (1996).
42. K. von Klitzing, G. Dorda and M. Pepper: Phys. Rev. Lett. **45**, 494 (1980).
43. D. C. Tsui, H. L. Störmer and A. C. Gossard: Phys. Rev. Lett. **48**, 1559 (1982); Phys. Rev. B **25**, 1405 (1982).
44. R. E. Prange: *Introduction to The Quantum Hall Effect*, ed. by R. E. Prange and S. M. Girvin (Springer, Berlin Heidelberg New York 1987) Fig.1.2.
45. B. L. Halperin: Scientific American **254**, Vol.4, 52 (1986).
46. J. D. Jackson: *Classical Electrodynamics* (Wiley, New York, Chichester, Brisbane, Toronto 1975) p.574. 〔ジャクソン (西田稔訳)『ジャクソン電磁気学』(上/下) 吉岡書店, 2002年/2003年〕
47. R. B. Laughlin: Phys. Rev. Lett. **50**, 1395 (1983).

48. S. N. Bose: Zeitschr. Phys. **26**, 178 (1924).
49. P. A. M. Dirac: Proc. R. Soc. A **112**, 661 (1926).
50. E. Fermi: Zeitschr. Phys. **36**, 902 (1926).
51. R. P. Feynman: Phys. Rev. **76**, 769 (1949).
52. C. Itzykson and J. B. Zuber: *Quantum Field Theory* (McGraw-Hill, New York, St. Louis, San Francisco, London 1980).
53. B. H. Brandow: Rev. Mod. Phys. **39**, 771 (1967); E. M. Krenciglowa and T. T. S. Kuo: Nucl. Phys. A **240**, 195 (1975).
54. C. Bloch and J. Horowitz: Nucl. Phys. **8**, 91 (1958).
55. C. Becchi, A. Rouet and R. Stora: Phys. Lett. B **52**, 344 (1974); M. Henneaux and C. Teitelboim: *Quantization of Gauge Systems* (Princeton University Press, Princeton, NJ 1992).
56. D. R. Bes and J. Kurchan: *The Treatment of Collective Coordinates in Many-Body Systems. An Application of the BRST Invariance* (World Scientific Lecture Notes in Physics, Vol.34, Singapore, New Jersey, London, Hon Kong 1990); D. R. Bes and O. Civitarese: Am. J. Phys. **70**, 548 (2002).
57. J. Bardeen, L. N. Cooper and J. R. Schrieffer: Phys. Rev. **106**, 162 (1957).
58. A. Einstein: Verh. Deutsch. Phys. Ges. **18**, 318 (1916); Mitt. Phys. Ges. Zürich **16**, 47 (1916); Phys. Zeitschr. **18**, 121 (1917).
59. T. H. Maiman: Nature **187**, 493 (1960).
60. B. M. Terhal, M. M. Wolf and A. C. Doherty: Physics Today **56**, 46 (2003).
61. W. Wootters and W. Zurek: Nature **299**, 802 (1982).
62. C. H. Bennet and G. Brassard: Proc. IEEE Int. Conf. on Computers, Systems and Signal Processing (IEEE Press, Los Alamos, California 1984) p.175.
63. C. H. Bennett, G. Brassard, C. Crépeau, R. Jozsa, A. Peres and W. Wootters: Phys. Rev. Lett. **70**, 1895 (1993).
64. D. Bouwmeester, J. W. Pan, K. Mattle, M. Eibl, H. Weinfurter and A. Zeilinger: Nature **390**, 575 (1997).
65. E. Gerjuoy: Am. J. Phys. **73**, 521 (2005).
66. P. W. Schor: Proc. 34th Annual Symp. Fond. Comp. Scien. (FOCS), ed. by S. Goldwasser (IEEE Press, Los Alamitos, CA 1994) p.124.
67. I. L. Chuang, L. M. K. Vandersypen, X. L. Zhou, D. W. Leung and S. Lloyd: Nature **393**, 143 (1998).
68. A. Zeilinger: Rev. Mod. Phys. **71**, S288 (1999).
69. A. Zeilinger: G. Weihs, T. Jennewein and M. Aspelmeyer: Nature **433**, 230 (2005).
70. A. Zeilinger, R. Gähler, C. G. Shull, W. Treimer and W. Hampe: Rev. Mod. Phys. **60**, 1067 (1988).
71. O. Nairz, M. Arndt and A. Zeilinger: Am. J. Phys. **71**, 319 (2003).
72. B. Dopfer, Ph.D. thesis, Universität Innsbruck (1998).

73. D. Bohm: *Quantum Theory*. Prentice Hall, New Jersey (1951). 〔ボーム (高林武彦他訳)『量子論』みすず書房, 1964年〕
74. J. S. Bell: Physics **1**, 195 (1964).
75. N. D. Mermin: Physics Today, 38 (1985).
76. A. Aspect, P. Grangier and G. Roger: Phys. Rev. Lett. **47**, 460 (1981): **49**, 91 (1982).
77. G. Weihs, T. Jennewein, C. Simon, H. Weinfurter and A. Zeilinger: Phys. Rev. Lett. **81**, 5039 (1998).
78. M. A. Rowe et al.: Nature **409**, 791 (2001).
79. P. A. M. Dirac: Hungarian Ac. of Sc. Rep. KFK-62 (1977).
80. R. Penrose: *The Road to Reality* (Alfred A. Knopf, New York, 2005) Chap.29.
81. N. Bohr: Nature **136**, 65 (1935); Phys. Rev. **48**, 696 (1935).
82. H. Everett III: Rev. Mod. Phys. **29**, 315 (1957).
83. J. L. Borges: The Garden of Forking Paths. In: *Labyrinth. Selected Stories and Other Writings* (New Directions Publishing, New York 1961) p.26. First Spanish edition: *El Jardín de los Senderos que se Bifurcan* (Sur, Buenos Aires 1941).
84. Å. Bohr, B. Mottelson and O. Ulfbeck: Found. Phys. **34**, 405 (2004) and references contained therein.
85. J. P. Paz and W. H. Zurek: Environment-Induced Decoherence and the Transition from Classical to Quantum. In: *Coherent Atomic Matter Waves*, Les Houches Session LXXXII, ed. by R. Kaiser, C. Westbrook and F. Davids (Springer, Berlin Heidelberg New York 2001) p.533.
86. M. Tegmark and J. A. Wheeler: Scientific American **284**, 2, 54 (2001).
87. E. Schrödinger: Naturwissenschaftern. **23**, 807, 823, 844 (1935).
88. E. Hobsbawn: *The Age of Extremes. A History of the World, 1914-1991* (Vintage Books, New York 1996) p.7.
89. O. Spengler: *Der Untergang des Abendlandes. Umrisse einer Morphologie der Weltgeschichte*, Vol.1: *Gestalt und Wirklichkeit* (Munich, 1918). First English translation: *The Decline of the West*, Vol.1: *Form and Actuality* (Knof, New York 1926). 〔シュペングラー (村松正俊訳)『西洋の没落―世界史の形態学の素描〈第1巻〉形態と現実と』五月書房, 2001年〕
90. H. Kragh: *Quantum Generations. A History of Physics in the Twentieth Century* (Princeton University Press, Princeton, NJ 1999).
91. A. Pais: *'Subtle is the Load ...' The Science and the Life of Albert Einstein* (Oxford University Press, Oxford, New York, Toronto 1982) 〔パイス (西島和彦監訳)『神は老獪にして … アインシュタインの人と学問』産業図書, 1987年〕; *Inward Bound* (Oxford University Press, Oxford, New York, Toronto 1986); *Niels Bohr's Times. In Physics, Philosophy and Politics* (Clarendon Press, Oxford 1991) 〔パイス (西尾成子他訳)『ニールス・ボーアの時代 1 ― 物理学・哲学・国家』みすず書房, 2007年〕
92. P. Robertson: *The Early Years. The Niels Bohr Institute 1921-1930* (Akademisk Forlag. Universitetsforlaget i København, Denmark 1979).
93. G. Kirchhoff: Ann. Phys. Chem. **109**, 275 (1860).

94. W. Wien: Sitz. Ber. Preuss. Ak. Wiss. 55 (1983); Ann. Physik **58**, 662 (1896).
95. G. Kirchhoff and R. Bunsen: Ann. Phys. Chem. **110**, 160 (1860).
96. R. Millikan: Phys. Rev. **4**, 73 (1914); **6**, 55 (1915).
97. E. Lawrence and J. Beams: Phys. Rev **32**, 478 (1928); A. Forrester, R. Gudmundsen and P. Johnson: Phys. Rev. **90**, 1691 (1955).
98. J. Clauser: Phys. Rev. D **9**, 853, (1974).
99. E. Rutherford: Philos. Mag. **49**, 1 (1900).
100. H. G. J. Moseley: Nature **92**, 554 (1913); Philos. Mag. **26**, 1024 (1913); **27**, 703 (1914).
101. J. Frank and H. Hertz: Verh. Deutsch. Phys. Ges. **16**, 457 (1914).
102. A. Sommerfeld: Sitz. Ber. Bayer. Akad. Wiss. 459 (1915).
103. L. H. Thomas: Nature **117**, 514 (1926); Philos. Mag. **3**, 1 (1927).
104. M. Born and P. Jordan: Zeitschr. Phys. **34**, 858 (1925).
105. W. Pauli: Zeitschr. Phys. **36**, 336 (1926).
106. P. A. M. Dirac: Proc. R. Soc. A **110**, 561 (1926).
107. W. Heisenberg: Zeitschr. Phys. **38**, 499 (1926).
108. P. A. M. Dirac: Proc. R. Soc. A **117**, 610 (1928); A **118**, 351 (1928).
109. N. Bohr. H. A. Kramers and J. C. Slater: Philos. Mag. [6] **47**, 785 (1924); Zeitschr. Phys. **24**, 69 (1924).
110. A. Einstein: Reply to Criticisms. In: *Albert Einstein. Philosopher-Scientist*, ed. by P. A. Schilpp (Open Court Publishing, Peru, Illinois 2000) p.663.
111. N. Bohr: Discussions with Einstein on Epistemological Problems in Atomic Physics. In *Albert Einstein. philosopher-Scientist*, ed. by P. A. Schilpp (Open Court Publishing, Peru, Illinois 2000) p.199.
112. D. Bohm: Phys. Rev. **85**, 166, 180 (1952).
113. The NIST Reference on Constants, Units, and Uncertainty: Appendix 3. (http:/physics.nist.gov/cuu/Units/units.html)

訳者あとがき

　量子力学の教科書は，いろいろなタイプのものが出版されており，実際にいろいろなものが必要とされていて，"これ1冊"で済ますことのできる決定版というものはおそらく存在しない．題材の選び方や難易度も様々であるし，そもそも量子力学をどのように捉えるかという根本的な部分においても色々な立場がある．量子力学の教科書として新たに上梓される本書の性格について，訳者の見解を記しておくことにする．

　初学者にとって量子力学が馴染み難い理由としては，数学的な道具立てに付随する表面的な難しさもさることながら，むしろ力学としての体系化の考え方が古典力学の場合と全く異なっているという本質的な問題がある．しかし既存の一般的な教科書からは，このような本質的な部分はなかなか鮮明には伝わり難い．体系化の側面に本腰で取り組もうとするならば，たとえばディラックやフォン・ノイマンの古典的な著作があるが，初学者向けの教科書としては難物に過ぎるし，現在の学生にとってバランスのとれた内容とも言い難い．

　本書では，量子力学における基本原理を，

1. 物理系の**状態**とヒルベルト空間内の**状態ベクトル** (p.11)
2. 物理的**観測量**と状態ベクトルに作用する**エルミート演算子** (p.12)
3. 状態ベクトル・エルミート演算子と**測定**の結果との関係性 (p.14)
4. 同種粒子の**多体の非識別性** (p.126)
5. 物理系の**時間発展** (p.184)

に関する規定として明示し，大筋においてそれらに基づく演繹的な展開の形で内容を簡明に構成してある．この種の書籍にありがちな過度の抽象的な難解さを抑制し，全体として体系的に見通しのよい概説を与えることが志向されている．この点がまず本書の第1の特徴と言える．

　第2の特徴としては，対象とする題材を原子の問題から量子情報関係まで広範囲の分野から選んであり，応用面において伝統的なものから現代的なものまでを含めた偏

りのない内容を含んでいる．古い教科書ではほとんど扱われていない"量子もつれ"に伴う非局所的性質の紹介にも相応の頁が割かれ，近年の原理検証実験への言及もある．

また基本原理を基調とした記述スタイルには，現実的な実情として存在する多様な考え方が抜け落ちてしまうという欠点がある．量子力学は一応は完成された力学体系であるしても，その受け止め方や背景となる哲学的な部分において様々な考え方があり，微妙な問題が残存している．物理学に本格的に関わるのであれば，正統的とされる概念だけを鵜呑みにするのではなく，やはり物理学は一筋縄では済まないという感覚を併せ持つことも重要である (どのような優れた理論も，本質的には仮説以上のものではない)．そのような側面を補うために，本書の最後の方では量子力学の解釈問題や歴史的経緯にも言及してある．主軸となるコペンハーゲン解釈だけで済まさずに，解釈面でも総体的なバランスに一定の配慮がなされている点が，本書の第3の特徴である．

訳者としては上述の理由から，本書が正統的かつ現代的な新しい量子力学の教科書として有用な1冊となり得るものと考えている．初学者向けの教科書としての使用も可能であるが，すでにある程度まで量子力学の勉強に手をつけている方，ひと通りのことを習得しながら得心できない感覚をお持ちの方々にも目を通していただきたいと思う．本書は多様な水準の読者層から見て，それぞれ読むに値する内容を含んでいると言えるタイプの書籍であるし，訳出作業においても，重層的な関心に応え得る訳稿に仕上げるように努めたつもりである．

本訳書の出版にあたっては水越真一氏，戸辺幸美氏をはじめとする丸善プラネット株式会社の関係各位に世話になった．御礼を申し上げる．

2009年4月
茨城県ひたちなか市にて

樺 沢 宇 紀

索引

<あ行>
アイソトープ (同位体), 132
アイソトーン (同中性子体), 131
アイソバー (同重体), 131
Einstein, A., 1, 5, 144, 197, 201, 229, 248, 259
Einstein - de Broglieの関係式, 184
Aspelmeyer, M., 236
アダマールゲート, 222
α粒子, 126
EPRの逆理, 5, 229, 261
異常Zeeman効果, 252
位相 [状態ベクトル], 12
位相ゲート, 221
位相ずれ [散乱理論], 112
位置 (座標) 演算子, 12, 54
1-量子ビット系, 220
因数分解, 216
Wien, W., 247
Wigner, E. P., 157, 235
Wigner係数, 98
ヴィリアル定理, 49, 118
Uhlenbeck, G., 93, 252
Weihs, G., 236
Woods - Saxon型ポテンシャル [原子核], 132
Ulfbeck, O., 236
運動量演算子, 12, 54
　　—の固有値, 固有関数, 63, 68, 134
Everett III, H., 236
Ehrenfest, P., 252
Ehrenfestの定理, 204
H_2^+, 42, 168
$\hbar$, 7, 13, 276
エニオン, 126, 153
n-量子ビット系, 217, 223
エネルギーバンド [結晶], 77, 137, 173

エルミート演算子, 10, 14, 30
エルミート共役, 10, 30
エルミート行列, 10
エルミート多項式, 60
演算子, 9, 12, 14
　　行列形式の—, 38
　　微分形式の—, 54
オブザーバブル (観測量), 12, 14, 16

<か行>
Geiger, H., 250
回転運動 [分子], 170
回転スペクトル [分子], 172
回転変換 (回転操作), 28, 88
　　—の生成子, 88
Goudsmit, S., 93, 252
可干渉性 (コヒーレンス), 203
角運動量, 85
　　—の行列形式による取扱い, 85, 98
　　—の交換関係, 85, 86
　　—の合成, 96, 102
　　軌道—, 89, 100
殻構造, 130
　　原子核の—, 133
　　原子内電子の—, 130
核磁子, 91, 276
拡張変換, 29
確率解釈 [波動関数], 55, 256
確率密度, 33, 55
確率流束密度 (確率の流れ), 57
隠れた変数, 229, 262
重ね合わせの原理, 12
価電子帯, 137
GaAs, 142
Galilei, G., 1
Ca原子 [Bell実験], 231
環境, 237, 242

換算質量, 114, 170
干渉性因子 (コヒーレンス), 241
干渉喪失 (デコヒーレンス), 237, 242
完全正規直交系, 9, 14, 28, 38
　　　　—による無変換演算子の表現, 31
　　　　位置 (座標) 演算子の固有状態による—, 56
　　　　エルミート演算子と—, 30
　　　　球面調和関数による—, 89
　　　　調和振動子のエネルギー固有状態による—, 46, 60
観測量 (オブザーバブル), 12, 14, 16
規格化 (正規化), 9, 12, 38, 56
期待値, 19, 58
基本状態ベクトル, 9
客観的実在性, 5, 17, 225, 229, 230
吸収 [光子], 200
球ノイマン関数, 112, 119
球ハンケル関数, 112, 119
キュービット (量子ビット), 96, 207, 208
　　　　コントロール (制御)—, 211
　　　　ターゲット (標的)—, 211
球ベッセル関数, 112, 119
球面調和関数, 89, 101, 106
球面波, 111
境界条件, 61
　　　　1次元非束縛問題の—, 71
　　　　散乱問題の—, 111
　　　　周期—, 67, 81, 134, 139, 195
　　　　調和振動子問題の—, 59
　　　　2原子分子問題の—, 171
共役ベクトル, 37
共有結合, 168
行列 (正方行列), 38
　　　　—の固有値方程式, 39
　　　　—の積, 39
　　　　—の対角化, 40, 173
　　　　エルミート—, 10
　　　　スピン—(Pauli—), 41, 94
　　　　ユニタリー—, 11, 31
行列形式 (Heisenberg形式), 37
　　　　—による角運動量の取扱い, 85, 98
　　　　—によるスピンの取扱い, 93
　　　　—による調和振動子の取扱い, 45
行列要素, 10
　　　　粒子間距離の逆数の—, 175
行列力学, 253

極座標, 88
　　　　—で表したラプラシアン (Laplace演算子), 105
局所的な実在性, 225, 230
Kirchhoff, G., 247
銀原子 [Stern-Gerlach実験], 92
金属, 138
　　　　—内部の電子系, 67, 134
偶然縮退, 42, 89, 130
　　　　球対称問題における—, 89, 130
　　　　非交差則と—, 42
Cooper対 (つい), 181
Coulomb斥力 (反発), 129, 166
Coulombポテンシャル, 106, 115
　　　　—における粒子の確率密度分布, 115
矩形井戸, 66, 68
　　　　—における粒子の確率密度分布, 67, 70
矩形障壁, 74
Klein, O., 251
Kramers, H., 251, 259
Klitzing, K. von, 147
Clebsch-Gordan係数, 98, 109
Kronig, R., 252
Crイオン, 202
ケット (ケットベクトル), 10
Gerlach, W., 7, 92, 252
原子核, 131
　　　　—の殻構造, 133
原子模型, 250
　　　　Sommerfeldの—, 251
　　　　Bohrの—, 1, 250
光学定理, 114
交換関係, 12
　　　　—と不確定性原理, 24
交換子, 9, 29
光子, 94, 199, 202, 248
　　　　—の偏極, 196, 198, 208
　　　　—の放射と吸収, 200
　　　　もつれた—, 225, 228
光速, 276
拘束条件 [変数], 176
光電効果, 1, 248
合流型超幾何関数, 117
黒体輻射, 1, 247
Gossard, A., 148
古典的な計算, 207
古典電磁気学, 6, 91, 195

古典物理学, 5
　—における測定の概念, 6
コヒーレンス (可干渉性), 203
コペンハーゲン解釈, 16, 233, 235, 256
固有状態 (固有関数, 固有ベクトル), 9, 19
　　位置演算子の—, 56
　　運動量演算子の—, 63
　　エルミート演算子の—, 30
　　矩形井戸内の—, 66, 69
　　自由粒子の—, 68
　　測定と—, 14, 17, 25
　　調和振動子の—, 59
　　同時—, 63, 86
固有値, 10, 19, 30
　　位置演算子の—, 56
　　エネルギー—, 16
　　エルミート演算子の—, 10
　　行列形式における—, 39
　　矩形井戸内のエネルギー—, 67
　　自由粒子のエネルギー—, 63
　　測定と—, 14, 17, 18, 25
　　調和振動子の—, 47, 59
　　2 × 2 行列の—, 41
　　パリティ演算子の—, 49
固有値方程式, 14, 19, 21, 55
混成, 51
コントロール・キュービット, 211
Compton, A., 249
コンプトン効果, 1, 249

<さ行>
最外殻 [原子], 131
散乱, 111
　　剛体球ポテンシャルによる—, 113
j 殻, 160, 181
Jennewein, T., 236
時間発展, 184
　　—と光子の放射・吸収, 200
　　—と遷移, 191
　　スピン系の—, 186, 233
時間発展演算子, 183, 184
磁気回転比, 91, 95
磁気共鳴, 187
磁気トラップ, 145
磁気能率 (磁気モーメント), 7, 91
仕事関数, 77
　　光電効果と—, 249

自乗平均平方根 (r.m.s.) 偏差, 19, 49
実対称行列変換, 28
自発放射, 200, 249
周期境界条件, 67, 81, 134, 139, 195
周期ポテンシャル, 77, 173
周期律表 [元素], 131
終状態, 38, 187, 191, 201, 208
重心系 (重心座標系), 114, 115
集団座標, 177, 179
集団部分空間, 179
重陽子, 160
自由粒子, 63
　　—の確率密度分布, 64
縮退 (エネルギー縮退), 65
　　—状態の対角化, 175
　　—によるLandau準位の形成, 149
　　球対称問題における—, 89, 106, 107
　　自由粒子の状態の—, 65, 68
縮約密度演算子, 242
Stark, J., 246
Stark効果, 181
Störmer, 148
Stern, O., 7, 252
Stern-Gerlachの実験, 7, 91, 252
寿命 [励起状態], 200
Schrödinger, E., 2, 255
Schrödinger形式 (微分形式), 53
Schrödingerの猫, 232, 239
Schrödinger描像, 183
Schrödinger方程式, 55, 184
　　時間に依存しない—, 55
　　時間に依存する—, 184
　　自由粒子の—, 63
　　調和振動子の—, 59
純粋状態, 240
Schor, P., 217
Schorのアルゴリズム, 217, 219
状態関数, 11, 53
状態の収縮 [測定], 15, 183
状態ベクトル, 7, 11, 14, 15, 37, 53
状態密度, 82, 135, 193, 198
消滅演算子, 46, 139, 156, 158, 196
初期状態, 38, 187, 191, 201, 208
人工原子, 141
振動運動 [分子], 171
振動スペクトル [分子], 172
水素原子, 107, 110, 115, 165

水素分子, 42, 168
スカラー積 (内積), 8, 27, 38, 53
スピン, 7, 93, 252
　　—行列, 41, 42
　　—と軌道角運動量の合成, 102
　　—と粒子統計, 94, 126
　　—の歳差運動, 187
　　—の磁気共鳴, 187
　　—の定式化, 93
　　—反転 (フリップ), 188
スピン-軌道相互作用, 109
　　原子核 (核子系) における—, 132
スピントロニクス, 93
Slater, J., 259
Slater行列式, 127, 152
正規直交系, 9, 14, 27
　　エルミート演算子と—, 30
制御-位相ゲート, 222
制御-NOTゲート, 220, 222
制御ハミルトニアン, 220
制御-量子ビット, 211
整数量子Hall効果, 148
生成演算子, 46, 139, 156, 158, 196
生成子, 55, 88
Zeeman効果, 89, 91
　　異常—, 252
絶縁体, 137
摂動論, 163
　　時間に依存する—, 190
ゼロ点エネルギー, 48
遷移確率, 187, 191
　　—と非対角行列要素, 193
　　—に関するFermiの黄金律, 193
線形独立, 27
選択則 [遷移], 98, 201, 202
選別状態 (ポインター状態), 237, 239, 244
占有数, 126, 157
占有数表示, 156
走査型トンネル顕微鏡, 76
相対論補正, 180
相補性原理, 228, 257, 258
測定, 14, 16, 17
　　—に関する解釈問題, 233
　　—に関するBohrの概念, 16, 258
測定器, 16, 17, 237
測定と意識, 235
ソルヴェイ会議, 260

Sommerfeld, A., 250, 251
Sommerfeld展開 [低温フェルミオン系], 156

<た行>

ターゲット・キュービット, 211
対応原理, 62, 250
対角要素 [行列], 18
対角和 (トレース), 32
　　スピンの—, 43
　　密度行列の—, 241
対称な状態 [多粒子系], 124, 126
第二量子化, 156, 157
多世界解釈, 236
単位演算子 (無変換演算子), 10, 31
断面積 [散乱], 113
中心力ポテンシャル, 105
中性子, 131, 133
　　—の干渉実験, 226
超微細相互作用, 110
調和振動子, 59
　　—の確率密度分布 [1次元], 60
　　—の確率密度分布 [3次元], 117
　　3次元—, 106, 115, 145
　　2次元—, 149
直交関係, 8, 27
Zeilinger, A., 232, 235
Tsui, D., 148
定常状態, 14, 44, 45, 55, 185, 250
Dirac, P. A. M., 2, 94, 157, 191, 252, 254, 256
Dirac方程式, 94, 109, 202, 256
デコヒーレンス (干渉喪失), 237, 242
デルタ関数, 56
電子殻 [原子], 130
電子気体 [金属], 67, 134
電子汲上げ放射 (ポンピング放射), 202
電磁場 (輻射場), 194
　　—の量子化, 196
伝導帯, 137
同位体 (アイソトープ), 132
透過係数, 74
　　矩形障壁の—, 75
　　ポテンシャル段差の—, 74
統計頻度 (ポピュレーション), 241
同重体 (アイソバー), 131
同種粒子, 123
導体, 138

同中性子体 (アイソトーン), 131
de Broglie, L., 255
de Broglie の関係, 64
トレース (対角和), 32
　　スピンの—, 43
　　密度行列の—, 241
トンネル効果, 62
　　矩形井戸における—, 70
　　矩形障壁における—, 75
　　調和振動子における—, 62
　　ポテンシャル段差における—, 73

<な行>
内積 (スカラー積), 8, 27, 38, 53
内部座標, 177
Niels Bohr 研究所, 251
2スピン系の状態, 128, 210
2スリット実験, 225
2電子状態 [He原子], 128
Newton, I., 1
Newton 力学の第 2 法則, 6
2-量子ビット系, 221
熱平衡状態, 153
　　電子気体 (金属電子系) の—, 136
　　フォノン (格子振動) の—, 140
　　輻射 (光子) と気体の—, 201
Neuman, J. von, 235
ノルム, 10, 28, 30

<は行>
Heisenberg, W., 1, 26, 251, 253, 257
Heisenberg 形式 (行列形式), 37
Heisenberg 描像, 183
Pauli, W., 94, 126, 251, 252, 255, 256
Pauli 行列, 94
Pauli の原理 (排他律), 127, 252
　　—と元素の周期律, 129
　　—と反交換規則, 158
　　結晶のバンド構造と—, 137
　　原子核における—, 132
　　電子気体 (金属電子系) における—, 136
　　He原子 (2電子問題) における—, 129
波数, 63
波束, 83
波動関数, 53, 56, 184
　　—の接続条件, 66, 69, 74, 79, 113
　　球対称ポテンシャル内の—, 105

矩形井戸内の—, 66
散乱粒子の—, 112
時間に依存する—, 184
周期ポテンシャルの中の—, 78
自由電子気体 (金属電子系) の—, 134
自由粒子の—, 63, 185
水素分子イオンの—, 168
多粒子系の—, 126
調和振動子の—, 59
2粒子問題の—, 124
ポテンシャル段差における—, 72
Laughlin 状態の—, 152
波動力学, 255
ハミルトニアン, 13, 184
　　—の唐突な時間変化, 189
　　中心力問題の—, 105
　　調和振動子の—, 44
パラメトリック下方変換, 225, 232
パリティ, 49, 66, 89, 108
　　—の偶/奇, 49, 66
Balmer 系列, 248, 250
反交換関係, 158
反射係数, 73
　　矩形障壁の—, 75
　　ポテンシャル段差の—, 74
反対称な状態 [多粒子系], 124, 126
半導体, 137
　　—量子ドット, 142
BRST処方, 178
Binnig, G., 76
非可換代数, 9, 13
非交差則, 42
微細構造定数, 199, 276
非束縛問題 [1次元系], 71
非対角要素 [行列], 18
　　—と遷移, 193, 201
　　角運動量の—, 88
　　スピン行列の—, 42, 95
　　調和振動子の—, 47
比熱, 136, 140
　　電子気体の—, 136
　　フォノンの—, 140
微分形式 (Schrödinger形式), 53
標準偏差, 19, 25, 33
標的-量子ビット, 211
ヒルベルト空間, 9, 11, 27
Feynman, R. P., 126, 225

Feynman の摂動論, 165
Faraday, M., 1
フィルター (弁別器), 19
　　　　Stern-Gerlach 型の—, 20
　　　　量子ドットを用いた—, 143
フーリエ展開, 28, 174
フーリエ変換, 218, 222
Fermi, E., 123, 252
Fermi エネルギー (Fermi 準位), 76, 135, 150, 156
フェルミオン (Fermi 粒子), 126
Fermi 温度, 135
Fermi-Dirac 分布, 155
Fermi の黄金律, 193, 199
Fermi 波数, 135
フォノン, 138
不確定性関係 (不確定性原理), 25, 26, 257
　　　　エネルギーと時間の—, 193, 194, 261
　　　　自由粒子における—, 64
　　　　調和振動子における—, 49, 62
　　　　ポテンシャル段差における—, 73
輻射場 (電磁場), 194
　　　　—の量子化, 196
複製不可能定理, 212, 216
不確かさ, 19
ブラ (ブラベクトル), 10
Fraunhofer パターン, 229
Franck, J., 250
Planck, M., 247, 248
Planck 定数, 7, 247, 276
Planck の熱輻射公式, 247
Brillouin-Wigner 摂動, 165, 180
Bloch の定理, 78
分子, 167
　　　　—の回転運動, 170
　　　　—の振動運動, 171
　　　　—の内部運動, 168
分数量子 Hall 効果, 152
閉殻, 130, 134
　　　　原子核の—, 134
　　　　原子の—, 130
平均, 33
並進操作, 54
平面波, 63, 67, 134, 185, 196
ベクトル, 7, 27, 37, 53
He 原子, 128, 166
He^3 と He^4, 126

Bell, J., 230, 262
Bell 状態, 210, 214, 229
Hertz, H., 250
Bell の不等式, 231, 262
Helmholtz, H., 1
変数分離, 106
変分法, 166
ポインター状態 (選別状態), 237, 239, 244
方解石, 198
放射 [光子], 200
Bose, S., 123, 249
Bose-Einstein 凝縮, 128, 144, 249
Bose-Einstein 分布, 155
Bohr, N., 1, 17, 235, 246, 258
Bohr, Å, 236
Bohr 角振動数, 191
Bohr 磁子, 91, 95, 276
Bohr による"現象"の概念, 17, 228, 258, 262
Bohr の原子模型, 1, 250
Bohr 半径, 107, 115, 276
Bohm, D., 229, 262
Bohm-EPR 実験, 230
Hall 効果, 147
ポジトロニウム, 120
ボソン (Bose 粒子), 126
ポテンシャル段差, 71
　　　　—における確率密度分布, 73
Podolsky, B., 5, 229
ポピュレーション (統計頻度), 241
Boltzmann, L., 1
Boltzmann 定数, 135, 276
Born, M., 1, 251, 253, 256
Born-Oppenheimer 近似, 138, 167
Poisson 括弧, 254
ポンピング放射 (電子汲上げ放射), 202

＜ま行＞
Maxwell, J., 1
Maxwell-Boltzmann 分布, 144, 145, 154
Mulliken, R., 48
Malus の法則, 22
Marsden, E., 250
密度演算子, 240
　　　　縮約—, 242
密度行列, 240
Millikan, R., 249
無次元座標変数, 59, 107, 115

メーザー, 202
Mendeleevの周期律表, 131
Moseley, H., 250
Mottelson, B., 236
もつれた状態, 125, 129, 209

<や行>
Young, T., 225
ユークリッド空間, 27
有効質量, 83
誘導放射, 200, 203, 249
ユニタリー行列, 11, 31
ユニタリー変換, 11, 31
　　　回転を表す—, 88
　　　スピン行列の—, 43, 96
　　　対角化と—, 40
　　　並進を表す—, 54
陽子, 131
陽子質量, 276
Jordan, P., 1, 157, 251, 253

<ら行>
Laue, M. von, 246
ラゲールの陪多項式, 115
Rutherford, E., 250
ラプラシアン (Laplace演算子), 105
Laughlin状態, 152
Lambシフト, 165
乱雑位相近似, 141
Landau準位, 143, 149
粒子-波動の二重性, 23, 26, 255
　　　—と相補性, 258
Rydberg定数, 248, 250, 276
量子暗号, 212
量子遠隔移送 (量子テレポーテーション), 214
量子計算, 216
量子ゲート, 220
量子情報, 207
量子電磁力学, 194
量子ドット, 141
量子ネットワーク, 220
量子ビット (キュービット), 96, 207, 208
　　　制御 (コントロール)—, 211
　　　標的 (ターゲット)—, 211
量子ビット系
　　　1 —, 220
　　　n —, 217, 223

2 —, 221
量子Hall効果, 147
　　　整数—, 148
　　　分数—, 152
量子もつれ, 209
量子力学, 253, 255
量子レジスター (量子置数器), 217
ルジャンドル関数 (ルジャンドル多項式), 100, 176
ルビー・レーザー, 202
Rb (ルビジウム) 原子 [B-E凝縮], 146
Ryleigh-Schrödinger摂動, 165
レヴィ-チヴィタのテンソル, 86
レーザー, 202
列ベクトル, 37
連続の方程式 [確率密度], 57
Rosen, N., 5, 229
Rohrer, H., 76

訳者略歴

1990年　大阪大学大学院基礎工学研究科物理系専攻前期課程修了
　　　　㈱日立製作所　中央研究所　研究員
1996年　㈱日立製作所　電子デバイス製造システム推進本部　技師
1999年　㈱日立製作所　計測器グループ　技師
2001年　㈱日立ハイテクノロジーズ　技師

著書

Studies of High-Temperature Superconductors, Vol.1
（共著，Nova Science, 1989）
Studies of High-Temperature Superconductors, Vol.6
（共著，Nova Science, 1990）

訳書

『多体系の量子論』（シュプリンガー，1999）
『現代量子論の基礎』（丸善プラネット，2000）
『メソスコピック物理入門』（吉岡書店，2000）
『量子場の物理』（シュプリンガー，2002）
『ニュートリノは何処へ？』（シュプリンガー，2002）
『低次元半導体の物理』（シュプリンガー，2004）
『素粒子標準模型入門』（シュプリンガー，2005）
『半導体デバイスの基礎（上/中/下）』（シュプリンガー，2008）
『ザイマン現代量子論の基礎－新装版』（丸善プラネット，2008）

現代量子力学入門
――基礎理論から量子情報・解釈問題まで

2009年7月20日　発　行

訳　者　　樺　沢　宇　紀　　　　Ⓒ 2009

発行所　　丸善プラネット株式会社
　　　　　〒 103-8244 東京都中央区日本橋三丁目9番2号
　　　　　電　話　(03) 3274-0609
　　　　　http://planet.maruzen.co.jp/
発売所　　丸善株式会社出版事業部
　　　　　〒103-8244 東京都中央区日本橋三丁目9番2号
　　　　　電　話　(03) 3272-0521
　　　　　http://pub.maruzen.co.jp/

印刷・製本／富士美術印刷株式会社

ISBN 978-4-86345-020-2 C3042